Calhoun Wick
Roy Pollock
Andrew Jefferson

6Ds

As seis disciplinas
que transformam
educação em resultados
para o negócio

Calhoun Wick
Roy Pollock
Andrew Jefferson

6Ds

As seis disciplinas que transformam educação em resultados para o negócio

Prefácio à Edição Brasileira
Conrado Schlochauer

Diretor-presidente
Henrique José Branco Brazão Farinha

Editora
Cláudia Elissa Rondelli Ramos

Editoração
Jessica Siqueira/Know-how Editorial

Capa
LAB SSJ

Tradução
Alexandre Callari

Revisão
Vânia Cavalcanti/Know-how Editorial

Revisão Técnica
LAB SSJ

Impressão
Edições Loyola

Título original: *The Six Disciplines of Breakthrough Learning*: How to Turn Training and Development into Business Result

Copyright © 2011 by Editora Évora Ltda – EPP

A tradução desta publicação foi feita sob acordo com John Wiley & Sons International Rights, Inc.

Todos os direitos desta edição são reservados à Editora Évora.

Rua Sergipe, 401 – conj. 1310 – Consolação
São Paulo, SP – CEP 01243-906
Telefone: (11) 3562–7814 / 3562-7815
Site: http://www.editoraevora.com.br
E-mail: contato@editoraevora.com.br

Dados Internacionais de Catalogação na Publicação (CIP)

S463
  [The six disciplines of breakthrough learning. Português]
    6Ds : as seis disciplinas que transformam educação em resultados para o negócio / Calhoun W. Wick ... [et al.]. - São Paulo : Évora, 2011.
    384 p.

  Tradução de: The six disciplines of breakthrough learning : how to turn training and development into business results.
  Inclui bibliografia.

  ISBN 978-85-63993-21-2

  1. Aprendizagem organizacional. I. Wick, Calhoun W. II. Título. III. Título: Seis Ds. IV. Titulo: As seis disciplinas que transformam a educação em resultados.

CDD- 658.3124

José Carlos dos Santos Macedo   Bibliotecário CRB7 n.3575

Mais elogios para

6Ds – as seis disciplinas que transformam educação em resultado para o negócio

"Profissionais de aprendizagem que aplicam As Seis Disciplinas em seu dia a dia irão somar um valor inegável a qualquer organização."

— **Nicole Roy-Tobin**, CLO em Serviços de Aconselhamento Financeiro na Deloitte Services, LLP

"6Ds é realmente uma obra prima de conselhos e guias úteis para alavancar os resultados do treinamento e desenvolvimento. É de longe o melhor livro escrito sobre o assunto e sem dúvida irá exercer uma enorme influência positiva."

— **Geoff Rip**, diretor estratégico do Institute for Learning Practitioners (Austrália) e presidente da Changelever International

"Eu me perguntava por que companhias usando a estrutura de 6Ds se destacam como um desempenho de ponta. Agora eu sei. A segunda edição está ainda mais recheada com bons exemplos, conceitos de design e ferramentas úteis."

— **Sue Todd**, presidente e CEO da Corporate University Xchange

"Eu recomendo este livro para qualquer treinador, seja ele novato ou experiente, pois ele força a olhar para os resultados do treinamento mais como um fim para um processo que holisticamente vai muito além da sala de aula."

— **Dorairaj Selvan**, Ph.D., vice-presidente senior de Talent Transformation da Wipro Technologies, Bangalore, Índia

"A segunda edição de 6Ds contém um tesouro de poderosas ideias para facilitar a transferência e aplicação de novo aprendizado no local de trabalho. Poucos fizeram mais do que Cal Wick e seus colegas para construir uma ponte na lacuna que existe entre o corpo crescente do entendimento acadêmico da transferência do problema e dos ainda relutantes praticantes de aprendizagem e desenvolvimento."

— **Robert Terry**, Ph.D., diretor gerencial da Ask Europe

"Obrigatório para a prateleira de todos os profissionais que são cobrados de trazerem mudanças às suas organizações e verem de fato um retorno para o investimento."

— **Beverly Kaye**, fundador e CEO, Career Systems International; coautor, *Love 'em or Lose 'em;* autor, *Up Is Not the Only Way*

"6Ds descreve e ilustra seis princípios praticados por companhias que obtêm os retornos mais altos ao converterem com eficiência a aprendizagem em resultados comerciais. Um livro realmente valioso!"

— **Ken Blanchard**, coautor de *The One Minute Manager* e *O Segredo*

"6Ds transcende gerações, estilos de aprendizagem, cultura e tecnologia como uma forma prática e perene de assegurar que a aprendizagem seja importante para os negócios."

— **Maryann Billington**, sócia senior da Korn/Ferry Leadership e Talent Consulting

Sobre este livro

Este livro é para todos que são fornecedores, patrocinadores, compradores ou consumidores de treinamento e desenvolvimento corporativo. Ele descreve um conjunto comprovado de processos e ferramentas que representam um progresso na educação corporativa e que melhoram significativamente o retorno do investimento que as companhias fazem em aprendizado e desenvolvimento.

Por que este tópico é importante?

Permanecer competitivo na atmosfera empresarial nos dias de hoje depende de know-how, capital humano e a habilidade de aprender rapidamente tanto no nível individual, quanto no organizacional. As companhias investem pesado em treinamento e desenvolvimento – mais de U$50 bilhões anualmente só nos EUA – em um esforço para melhorar a sua liderança, eficiência, qualidade, serviço ao consumidor e assim por diante. Há evidências convincentes de que esses investimentos podem pagar os dividendos – e o fazem.

Há evidências igualmente convincentes, contudo, de que os benefícios que aprendizagem e desenvolvimento trazem para os negócios podem ser muito maiores do que a maioria das organizações percebe. Um valor substancial tem sido desperdiçado na forma de "esboços do aprendizado" – treinamento e desenvolvimento que nunca é transferido para o trabalho da organização de uma maneira que melhore seu desempenho.

O que você pode conseguir com este livro?

Este livro descreve e ilustra seis disciplinas que, juntas, representam uma inovação no treinamento e desenvolvimento corporativo: (1) Determinar os resultados para o negócio, (2) Desenhar uma experiência completa, (3) Direcionar a aplicação,

(4) Definir a transferência do aprendizado, (5) Dar apoio à performance, (6) Documentar os resultados. Ao praticar essas seis disciplinas, você será capaz de desenhar, entregar e documentar programas do aprendizado e desenvolvimento que produzam impactos maiores nos negócios e retornos mais altos nos investimentos.

Como este livro é organizado?

Na introdução, nós fornecemos uma breve visão geral das seis disciplinas que transformam educação em resultado para o negócio. Então, dedicamos um capítulo inteiro para cada disciplina, explorando-a em profundidade e dando recomendações e ferramentas para maximizar a sua contribuição. Insights de excepcionais líderes comerciais e de aprendizagem, assim como estudos de casos, são usados para ilustrar conceitos-chaves. No final de cada capítulo, fornecemos listas para a implantação e itens de ação para ambos, gerentes gerais e líderes de aprendizagem, uma vez que maximizar o retorno do investimento a partir de aprendizagem e desenvolvimento requer uma parceria verdadeira entre a linha gerencial e os profissionais que trabalham com aprendizado.

O Manual de Instrução da segunda edição de *6Ds* – as seis disciplinas que transformam educação em resultado para o negócio está disponível gratuitamente on-line para instrutores universitários qualificados. Se você quiser fazer o download e imprimir uma cópia do guia, por favor, visite: www.wiley.com/college/wick.

Para nossos clientes, por nos permitir trabalhar e aprender com eles em sua busca por excelência; aos nossos funcionários, por fazer com que a coisa acontecesse; e à nossas famílias, por nos encorajar a perseguirmos nossos sonhos.

Sumário

Prefácio	XIII
Prefácio à edição brasileira	XVII
Introdução: As 6Ds	1
D1. Determinar os resultados para o negócio	19
D2. Desenhar uma experiência completa	65
D3. Direcionar a aplicação	109
D4. Definir a transferência do aprendizado	163
D5. Dar apoio à performance	217
D6. Documentar os resultados	261
CODA	327
Reflexões finais: Aprendizagem é a habilidade-mestre	337
Referências	341
Sobre a Fort Hill	357

Prefácio

Como você está lendo este livro, eu sei que já teve experiência com treinamento e aprendizagem. Sem dúvida você já viveu os lados positivo e negativo. No lado positivo, você esteve em cursos em que aprendeu a ter habilidades e insights, os quais, quando aplicados em assuntos reais, ajudaram-no a alcançar resultados importantes. Se você for como eu, gosta de experiências iguais a essas.

E, caso seja como a maioria das pessoas, você também viu o lado negativo – experiências de treinamento em que um aprendizado poderoso ocorreu, mas então... nada: nenhuma aplicação, nenhuma continuidade nos comprometimentos e, não surpreendentemente, nenhum resultado. Esse aspecto negativo da indústria do treinamento e da aprendizagem é profundo, largo e espalhado. E esses problemas não são conhecidos apenas por gerentes executivos, profissionais de RH e coachs; eles são vistos e sentidos por milhares que se sentam para assistir treinamentos, mas não veem valor nisso. Planos de ação e boas intenções esvanecem como miragens; ninguém parece se importar. E após anos de experiências assim, as pessoas concluem que a maior parte do treinamento é perda de tempo e dinheiro. É algo que você simplesmente aguenta para que, em algum lugar, um quadradinho seja assinalado.

Mas existe esperança. E você segura em suas mãos uma chave essencial para a solução. *6Ds* – as seis disciplinas que transformam educação em resultado para o negócio, de Cal Wick, Roy Pollock e Andy Jefferson é uma abordagem prática e memorável para maximizar os pontos positivos e superar os negativos no que se refere à aprendizagem e desenvolvimento. Esses autores, os quais são coachs e gerentes experientes, entendem de fato que o aprendizado corporativo tem a ver com mudar o comportamento das pessoas para produzir os resultados esperados para a organização. Este livro contém uma riqueza de informação, ideias, exemplos e passos para ajudá-lo a atingir essa meta. Esta segunda edição inclui doze novos exemplos, citações e pesquisa de estudos que a tornam ainda mais valiosa.

Houve um tempo, não muito distante, quando profissionais do aprendizado e desenvolvimento organizacional dispensavam a ideia de intervenções vinculadas para atingirem resultados corporativos. Nós sentíamos que nosso trabalho era ajudar a desenvolver as pessoas porque isso era a coisa certa a ser feita. Ponto final. Porém, estávamos errados. Ajudar as pessoas a se desenvolverem e crescerem ainda é a coisa certa a ser feita; mas isso também precisa apresentar resultados.

Como os autores explicam, líderes comerciais são cobrados para investir os recursos corporativos de modo que isso produza os melhores resultados possíveis para os principais interessados na organização – clientes, funcionários e diretores. Na atmosfera altamente competitiva de hoje, nenhuma organização pode esbanjar tempo ou dinheiro em atividades que não consigam produzir valor. Isso significa que, como profissionais de aprendizagem, nós temos que voltar nossos olhos para uma "nova linha de chegada". Precisamos continuar a treinar bem as pessoas. Mas, em somatória a isso, precisamos nos certificar que pessoas recentemente treinadas de fato se comportem de maneira diferente em seus empregos e que esses novos comportamentos levem à melhorias demonstráveis para os resultados que as companhias estejam tentando atingir. Qualquer coisa aquém disso não passa de entretenimento e, portanto, é dispensável.

Enquanto eu lia esta nova edição, ficava impressionado com as diversas ferramentas, passos e insights que foram incluídos. Aqui estão alguns pontos que eu gostaria de destacar:

- As seis disciplinas fazem sentido; elas são teoricamente sólidas, Cal, Roy e Andy são pesquisadores maduros, passaram anos nas trincheiras, identificaram os obstáculos, partilharam muitos casos reais e úteis em todo o mundo, e estratégias específicas. Eu pude ver claramente as evidências que eles estudaram e como ajudaram centenas de companhias a alcançarem um grande avanço no aprendizado. Raramente vemos um livro tão completo e tão bem-concebido.
- Este livro é uma grande e poderosa caixa de ferramentas. Os autores são eminentemente pragmáticos. Então, além da teoria e da sábia perspectiva, eles partilham e explicam listas, classificações, avaliações e pontos de ação para líderes do aprendizado e líderes de programas. Essas são ferramentas de diagnóstico e conselhos sobre as armadilhas que devem ser evitadas.
- E existem maravilhosas risadas e diversões. Claro, aquilo que é epifania e o que é humor irão variar de um indivíduo para outro. Mas eu tive a minha parte de ambos e sei que você também terá.

A segunda edição de *6Ds* – as seis disciplinas que transformam educação em resultado para o negócio é um livro notável. Tenho certeza que ele continuará a dar uma poderosa contribuição para toda a indústria de treinamento, assim como o fez a primeira edição.

Também estou convencido de que o investimento que você e sua equipe farão ao ler, discutir e aplicar os conceitos deste livro fará uma diferença positiva e mensurável no sentido de conectar treinamento e aprendizagem aos resultados comerciais que importam. *6Ds* – as seis disciplinas que transformam educação em resultado para o negócio permitirá que você, com maior frequência, dê uma contribuição tão necessária, em uma escala maior, da que jamais fez; ajudando-o a ser um daqueles influenciadores que estão mudando o mundo para melhor.

Junho de 2010

Al Switzler
Autor do best-seller *Crucial Conversations*
Provo, Utah

Prefácio à edição brasileira

Quando começamos a escrever a introdução para a edição brasileira do livro *6Ds* – as seis disciplinas que transformam educação em resultado para o negócio, pensamos em contar um pouco sobre o nosso encontro com os autores e sua empresa, a Fort Hill Company. Conversando um pouco mais, percebemos que existem dois caminhos para mostrar como chegamos aos conceitos apresentados neste livro: um tem 20 anos de duração, o outro tem 10 meses. Vamos começar pelo mais curto.

No final de 2009, estávamos estudando muito a questão de aprendizagem informal no LAB SSJ. A pergunta que nos intrigava na época era "qual a melhor maneira de aproveitar o dia a dia do participante para que o aprendizado continue ocorrendo?". Ao longo de nossa pesquisa, tivemos a chance de conhecer um excelente vídeo de Jay Cross[*], um dos maiores pesquisadores sobre o assunto. O vídeo começa com ele dizendo: "*Todo início de ano, uma série de pensadores da área de educação corporativa se encontra em Londres para um evento chamado Learning Technology*". Precisávamos investigar isso.

Pesquisamos, encontramos o programa e decidimos aprender um pouco mais com este evento, que nasceu com foco no e-learning, mas evoluiu para um fórum europeu de discussão sobre práticas e tendências na área de educação. Viajamos até Londres e lá conhecemos um dos principais conferencistas convidados, Josh Bersin, sócio-fundador da consultoria norte-americana Bersin, que elabora publicações e pesquisas de tendência na área de gestão de talentos.

Em sua palestra, Josh apresentou sua visão completa sobre arquitetura de aprendizagem corporativa –, hoje uma referência definitiva na área. No final, ele nos convidou para participar de um evento que sua empresa realiza todos os anos em Saint Petersburg, na Flórida (EUA). Lá fomos mais uma vez para apreciar relatórios, modelos e casos apresentados.

---

[*] Informal Learning 2.0 – disponível em <http://www.youtube.com/watch?v=Pi3r-GBD1tk>.

Uma das sessões mais concorridas era a de Jayne Johnson, diretora responsável pelos programas de liderança da GE, na famosa sede de Crotonville. No início da palestra – a única que não seria filmada e nem teria os PPTs distribuídos –, Jayne disse que essa seria uma das apresentações mais especiais da vida dela, pois sua mãe estava presente. Para as quase 100 pessoas que estavam na sala, ficou claro que veríamos uma palestra especial.

A simplicidade com que os projetos e estratégias da GE foram apresentados transformou o ambiente em um grande círculo de aprendizagem. E, com uma vontade sincera de ajudar todos os presentes a criar programas mais eficientes para suas empresas, Jayne disse algo como: *"As grandes transformações começaram quando li o livro* 6Ds *– as seis disciplinas que transformam educação em resultado para o negócio. Ele nos ajudou a entender como vincular educação corporativa aos resultados do negócio. Com ele, conseguimos engajar nosso líder, envolvê-lo – de verdade – no processo de crescimento e identificar quando efetivamente impactamos nosso negócio."*

Não tinha como não nos interessarmos pelo livro. Meia hora depois da palestra, já estávamos comprando-o em um Ipad recém-lançado. Ficamos maravilhados com a metodologia. Ela estava conectada com a nossa crença e a nossa prática no campo da educação corporativa. Mais ainda, é descrita de uma maneira profunda, gostosa de ler, cheia de exemplos e, principalmente, com dicas de como aplicar.

Voltamos para o Brasil, compramos algumas cópias do livro, distribuímos para nossas equipes e montamos grupos de estudo. Depois de confirmar que isso era realmente tudo aquilo que Jayne disse, ligamos para a Fort Hill Company, tivemos uma conversa maravilhosa, fechamos uma parceria e trouxemos os autores para o Brasil para nos ensinar essa metodologia na prática.

O outro jeito de contar essa história, aquele mais comprido, é pensar na trajetória do LAB SSJ, que existe há mais de 20 anos. Ainda éramos estagiários e estudávamos em uma das principais escolas de negócio do Brasil, a FGV, quando enfrentamos a dificuldade de aplicar no dia a dia o conteúdo do curso de Administração de Empresas. Esse foi o principal estímulo para começarmos o processo de pensar como a educação pode ajudar o desenvolvimento e a performance de pessoas e organizações.

Desde então, o que temos feito é explorar maneiras de ensinar e aprender que sejam diferentes e inovadoras. Como não é tão simples assim transferir o aprendizado para o trabalho cotidiano da empresa, buscamos o tempo todo formatos alternativos para as pessoas refletirem e implementarem de fato o conhecimento adquirido. No fundo, esse é o maior diferencial das 6Ds.

Por um lado, quando falamos em transferência, pode ser que alguém pense em algo muito prático como uma "lista de tarefas de segunda-feira pela manhã". Isso também é importante, mas não pode ser uma ação isolada. Ao desenharmos um programa, focamos toda a experiência no participante, buscando metodologia e conteúdo que sejam profundos e diferentes. Isso é o mais desafiador. Não é para menos que o primeiro livro desta coleção fala de Andragogia, a forma como os adultos aprendem.

A história do LAB SSJ tem muito a ver com a história das 6Ds: foco em resultado de negócio desde o começo, ênfase na transferência do aprendizado e respostas às necessidades do cliente. Fazer treinamento só por fazer não é o tipo de coisa que consideramos como solução.

Do início do LAB SSJ, quando ainda éramos estudantes, para as mais de 200 pessoas que formam a empresa hoje, precisávamos de uma ferramenta para organizar tudo. Nossa inquietação era como colocar em prática de maneira sistemática e objetiva. Foi aí que as 6Ds se revelaram como um jeito excelente de fazer isso.

A proposta das 6Ds para desenhar uma solução de aprendizagem é sempre começar pelo fim, isto é, pelos resultados de negócio pretendidos, não por quais competências ou temas serão trabalhados. Basicamente, é preciso pensar primeiro em quais impactos se pretende alcançar no negócio; em seguida, em quais comportamentos serão necessários desenvolver e, por fim, qual tipo de programa estará mais de acordo. Já fazemos isso, mas agora temos um referencial, as 6Ds, para incentivar mais gente a fazer dessa maneira.

Depois de conversarmos, analisarmos e pesquisarmos bastante com a Fort Hill Company, chegamos à conclusão que nosso maior desafio ao trazer a metodologia para o Brasil é a aplicação prática. Devemos levar em conta fatores particulares da nossa cultura, da formação do brasileiro e da atuação em negócio. Não será fácil, mas podemos conduzir de duas formas: aceitar passivamente o estereótipo de que o brasileiro é desorganizado por natureza e não vai fazer a gestão da transferência do aprendizado depois do treinamento como ela deve ser feita, ou – como acreditamos mais – enxergar uma oportunidade para implantar um processo bem-estruturado e superar isso.

Pelo contato direto que temos com os autores deste livro, sentimo-nos seguros do ponto de vista da aplicação da metodologia, pois ela não é teórica, mas fruto de pesquisas e experiências executivas aplicadas e documentadas com mais de 125 mil pessoas, em 150 empresas ao redor do mundo.

E, principalmente, as 6Ds nos ajudam a falar efetivamente em RH estratégico. A necessidade de profissionais de Recursos Humanos que entendem cada vez mais sobre o negócio é algo que temos acompanhado e considerado há 20 anos.

Sabemos que o discurso do RH precisa mudar, está mudando e deve continuar ainda mais rápido. Essa é uma mudança de postura em relação à maneira como são propostas ideias para o negócio, traduzidas em treinamento e desenvolvimento de pessoas. Também sabemos que capital humano é um recurso fundamental para o sucesso da organização.

Enquanto olharmos para métricas como o número de módulos e a quantidade de horas treinadas como resultado, estaremos perdendo uma boa oportunidade para fazer a real diferença para o negócio. Mesmo porque isso é custo, não resultado. O RH estratégico precisa ter conhecimento do negócio. Para isso, o *Teste de Reconhecimento do Negócio* com seis perguntas e a *Roda do Planejamento* (que estão no primeiro e no sexto capítulos, respectivamente) podem ser alternativas eficientes para compreender de fato o que é conhecimento de negócio.

As 6Ds não dão margem para que "termos corporativos vagos" sejam utilizados como resposta. O RH assume um grande desafio de precisar conhecer sobre o negócio, educação e comportamento humano.

No fundo, a escolha deste livro para a Coleção Educação & Negócios tem muito a ver com o espírito do LAB SSJ. A história deste prefácio, sobre como chegamos a este livro, é um bom exemplo do nosso jeito de ser curioso, diverso, conectado e profundo.

Esperamos que a metodologia faça tanto sentido para você quanto fez para nós. Boa leitura.

Conrado Schlochauer
Sócio-diretor do Laboratório de Negócios SSJ

Introdução

As 6Ds

O treinamento que você oferece tem que contribuir – visível e substancialmente – para a concretização das estratégias comerciais de seus clientes.
— Van Adelsberg e Trolley

Ao longo de nossas carreiras, fomos convencidos da importância estratégica da aprendizagem e da contribuição que o treinamento corporativo e programas de desenvolvimento podem e devem fazer. Mas também estivemos profundamente preocupados que o impacto verdadeiro deles seja frequentemente menor que seu verdadeiro potencial.

Dez anos atrás, começamos nossa missão para entender – e encontrar maneiras de remover – os impedimentos para que o aprendizado alcance seu pleno potencial e contribuição estratégica. Trabalhamos com centenas de organizações, grandes e pequenas, e milhares de diferentes programas. Fomos privilegiados ao fazer parte de programas inovadores de aprendizagem – iniciativas que ajudaram a impulsionar as empresas a um nível mais alto de desempenho e que entregaram resultados de valor inegável. Mas também observamos programas que produziram um impacto mínimo ou até negativo, em geral pela falta de transferência do aprendizado. Novas habilidades e conhecimentos foram ensinados, mas nunca de fato aplicados em favor da organização.

Quando comparamos as diferenças entre esses dois extremos, descobrimos que a inovação no aprendizado é o resultado de uma abordagem sistemática e disciplinada, executada com paixão, excelência e comprometimento para uma melhora contínua. Não existe "mágica" – ninguém que transforma simples aprendizado corporativo da periferia para a importância da estratégica central.

Sete anos trás, nós destilamos as práticas críticas que caracterizam iniciativas de alto impacto nas 6Ds (Figura 1.1), que descrevemos em *6Ds* – as seis disciplinas que transformam educação em resultado para o negócio (2006).

Figura 1.1
As seis Ds que transformam aprendizagem em resultados comerciais

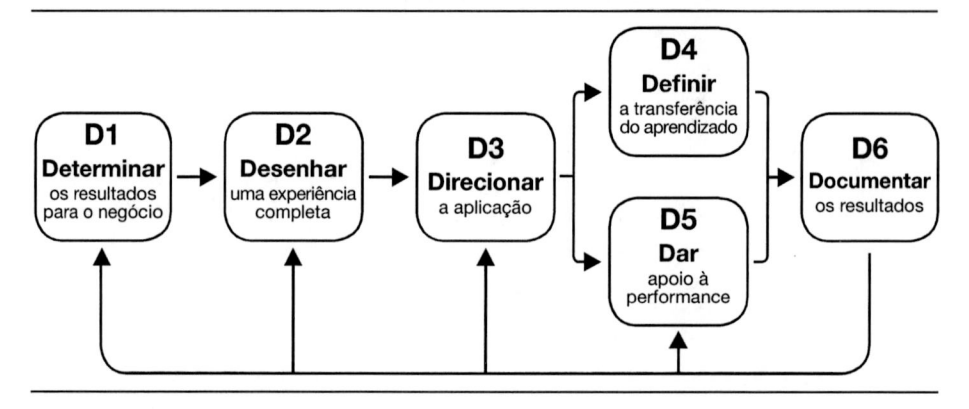

```
D1                    D2                    D3              D4                     D6
Determinar     →    Desenhar       →    Direcionar    →    Definir          →    Documentar
os resultados        uma experiência       a aplicação        a transferência         os resultados
para o negócio       completa                                 do aprendizado

                                                            D5
                                                            Dar
                                                            apoio à
                                                            performance
```

Caso em Pauta 1.1
As 6Ds na GE

Jayne Johnson, diretora de Liderança Educacional da *GE Global Learning* em *Crotonville*, apresentou à empresa as Seis Disciplinas. "Parte do meu papel ao liderar o Conselho de Aprendizagem Global é dividir as melhores práticas com o grupo. Eu li o livro *6Ds* e me apaixonei pela metodologia. Fazia tanto sentido começar com o resultado em mente e trabalhar de trás para frente. Os conceitos realmente tinham a ver comigo, então apresentei as Seis Disciplinas para o Conselho de Aprendizagem Global e trouxe um dos autores para Crotonville para conduzir uma sessão para nós. Olhando para trás agora, fico muito feliz por ter feito isso por que as 6Ds vivem em toda a *GE Global Learning*.

A GE é uma organização dirigida por métricas, muito orientada para os resultados. As 6Ds nos deram uma linguagem em comum para intensificar todos nossos esforços e garantir que estamos gerando um impacto com os cursos que promovemos. Antes de conhecermos as Seis Disciplinas, sempre que alguém ia para alguma de nossas aulas, fazíamos com que a pessoa montasse um plano de ação baseado em todas as coisas que tinha aprendido e queria implantar quando voltasse para casa.

Uma vez que as pessoas deixavam nossos grupos aqui em Crotonville, realmente não tínhamos a menor ideia do que elas haviam feito. Ocasionalmente, dávamos uma checada, mas não havia consistência. Então, o que as Seis Disciplinas nos deu foi uma abordagem mais consistente e bem-elaborada para garantir que os participantes continuem a pensar sobre o que se comprometeram a fazer nas aulas e, como resultado, tivemos um percentual mais alto de pessoas nos acompanhando. As Seis Disciplinas nos deram uma linguagem e um processo em comum que fazem um enorme sentido. Funciona muito bem na GE".

Desde a primeira edição deste livro, organizações de aprendizagem em muitas companhias líderes adotaram as 6Ds como os princípios organizadores para seus esforços de treinamento e desenvolvimento. Elas as acharam poderosos mnemônicos e uma linguagem comum para alavancar práticas melhores por todas suas organizações de aprendizagem (veja Caso em Pauta 1.1).

Esta nova edição de *6Ds* – as seis disciplinas que transformam educação em resultado para o negócio foi extensivamente revisada. Incorporamos novas pesquisas e exemplos das melhores práticas de companhias inovadoras que são líderes na obtenção dos melhores resultados a partir da aprendizagem. Também incorporamos muitas das novas ferramentas e guias que desenvolvemos em conjunto com os Workshops das 6Ds.

O que se segue é uma breve introdução para cada uma das 6Ds. Cada uma começa com um "D" para ser mais fácil de lembrá-las e aplicá-las. Conquanto implantar os princípios de qualquer uma das 6Ds individualmente irá melhorar os resultados, a maior melhoria é atingida quando todos os seis são usados em conjunto; há sinergia entre eles. No resto do livro, dedicamos um capítulo inteiro para cada disciplina, explorando-a em profundidade e dando exemplos e ferramentas para maximizar a sua contribuição.

D1 Determinar os resultados para o negócio

Uma premissa fundamental deste livro é que o capital humano é a mais importante fonte de vantagem competitiva na economia de hoje baseada no crescimento constante do conhecimento. Pressão competitiva requer que as organizações melhorem continuamente a qualidade de seus produtos e serviços e a eficiência com a qual os entregam. Manter a vantagem competitiva por meio do capital humano requer contínuo investimento no desenvolvimento dos funcionários, de forma que eles permaneçam atualizados em um mundo que muda rapidamente, e para que fiquem na empresa. De acordo com James K. Harter, Ph.D., cientista chefe de gestão de trabalho da Gallup, uma das melhores formas da reter o funcionário é fazer com que ele sinta que tem oportunidades para aprender e crescer no local de trabalho (Robison, 2008).

A educação corporativa patrocinada representa um investimento que as companhias fazem para aumentar o seu capital humano e, assim, garantir o futuro. As companhias esperam que esse investimento pague os dividendos em termos de maior eficiência, produtividade melhorada, maior satisfação do cliente, melhor comprometimento, retenção mais alta e assim por diante. Isso significa que toda empresa que financia oportunidades de aprendizado – seja treinamento em salas de aula, treinamento virtual, aprendizado informal, treinamento executivo, reembolso de matrícula e assim por diante – no final, serve a um propósito comercial.

Devemos dizer a esta altura que ao longo deste livro, usaremos "comercial" e "corporativo" para nos referirmos às grandes organizações que patrocinam o aprendizado e iniciativas de desenvolvimento. Isso também inclui agências governamentais e empreendimentos do terceiro setor. Apesar de eles não serem "negócios" no sentido comum, o aprendizado contínuo também é essencial para que essas organizações cumpram suas missões, e ele precisa ser gerenciado na forma de um negócio para ser eficiente. Quer a organização produza lucros ou não, o raciocínio fundamental – e a expectativa gerencial – é que o desempenho irá, de alguma maneira, melhorar ao seguir um programa de treinamento e desenvolvimento, ou outra oportunidade de aprendizado (ver Figura 1.2).

Em outras palavras, como profissionais do aprendizado no local de trabalho, "Não estamos no negócio de oferecer aulas, ferramentas de aprendizado ou mesmo o próprio aprendizado em si. Estamos no negócio de facilitar a melhoria dos resultados comerciais" (Harburg, 2004, p. 21). A extensão à qual organizações estão dispostas a custear o aprendizado, e o cuidado com que isso é feito, depende da extensão com que as iniciativas do aprendizado cumprem as expectativas da administração para melhorar o desempenho.

Portanto, a D1 – e talvez a mais crítica – é claramente *determinar os resultados para o negócio* esperados de cada iniciativa de aprendizagem. Não estamos falando de resultados do aprendizado ou metas do aprendizado. Muitos programas já têm metas do aprendizado bem-definidas que articulam o que os participantes irão aprender ou o que serão capazes de fazer ao final do programa. Isso continua sendo necessário para desenhar o curso, mas não responde às questões fundamentais que interessam aos líderes empresariais:

- Como esta iniciativa irá beneficiar meu negócio?
- Como eu saberei disso?

Figura 1.2
A administração espera que o treinamento melhore o desempenho

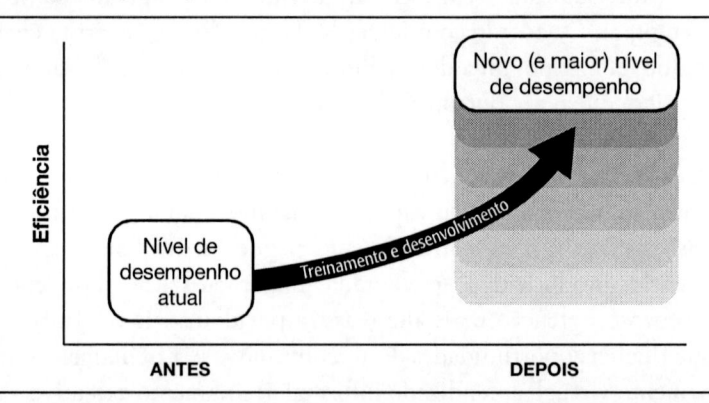

Enquanto as metas do aprendizado explicam o que os participantes *saberão* ou *serão capazes* de fazer ao *final do programa*, os resultados empresariais especificam o que eles *irão fazer no trabalho*, e os *benefícios para os negócios*. Definir claramente os resultados empresariais esperados tem muitas vantagens:

- Faz do aprendizado uma função mais estratégica, uma vez que o relacionamento com a missão da organização está claro.
- Aumenta a motivação dos adultos de aprender ao responder à questão "o que há nisso para mim?".
- Aumenta a probabilidade do investimento ao tornar o valor do negócio explícito.
- Chama a atenção para a responsabilidade compartilhada de gerentes de treinamento e gerente de linha; resultados no trabalho só podem ser obtidos com o apoio e reforço deles.

Empresas que implantaram a D1 em suas organizações de aprendizagem descobriram que elas obtêm um apoio muito maior, não só da gestão, mas também dos próprios participantes dos programas. Ser claro sobre a D1 – o resultado empresarial que se deseja – torna mais fácil conceber uma intervenção mais específica. Também é prerrequisito para documentar os resultados com eficiência (D6). Por fim, ter clareza na definição dos resultados permite que as organizações de aprendizagem *vençam*: elas podem demonstrar ambiguamente o seu valor porque sabem o que o sucesso significa para os negócios.

No capítulo sobre a D1, nós sublinhamos a importância de assegurar que exista um alinhamento aberto, transparente e aparente entre as necessidades empresariais e as metas das iniciativas do aprendizado. Nós damos linhas gerais para distinguir entre resultados empresariais e do aprendizado, e para diferenciar entre problemas de desempenho que possam, e não possam, ser melhorados mediante o treinamento. Incluímos ferramentas e orientações, pois ter um diálogo com líderes empresariais é necessário para garantir uma conexão. Destacamos os benefícios de entender a cadeia de valor do aprendizado, de mapear o impacto esperado, escolher os problemas corretos e gerenciar as expectativas.

D2 | Desenhar uma experiência completa

O segundo tema deste livro é que converter o aprendizado em resultados empresariais é um *processo*, não um único evento. Organizações de aprendizagem precisam ser muito mais explícitas e objetivas em relação ao processo por meio do qual o aprendizado é transformado em resultados, do que tem sido o usual no passado (ver Figura 1.3).

O aprimoramento do processo requer considerar todos os fatores que afetam o resultado e destacar e dar atenção especial àqueles que tiveram influência mais profunda. A D2 para o progresso do aprendizado, portanto, é desenhar uma experiência completa. A ênfase está em completa, o que significa incluir o que acontece antes e depois dos períodos formais da instrução como parte do desenho.

Historicamente, sistemas de desenho instrucional e organizações de educação corporativa se focavam primordialmente no "curso" – o período e método de instrução – com relativamente pouca atenção prestada ao que acontecia antes e, especialmente, após a instrução. Os resultados da pesquisa são claros, contudo. O que "cerca" o programa – o que acontece antes e depois do treinamento – é tão importante quanto o curso em si para determinar os resultados. O "ambiente de transferência" no local de trabalho do participante tem um impacto particularmente profundo; de fato, ele pode consolidar ou derrubar o valor de qualquer programa de aprendizado.

Figura 1.3
Treinamento e desenvolvimento precisam desenhar uma experiência completa

"Eu acho que você precisa ser mais explícito aqui no passo dois."

© Sidney Harris/Condé Nast Publications. Disponível em: <www.cartoonbank.com>.

A D2 – desenhar uma experiência completa – reconhece que, do ponto de vista dos participantes, a experiência do aprendizado começa bem antes do curso formal. Ela também deve continuar muito depois, até que eles tenham melhorado seu desempenho e gerado os resultados (ver Figura 1.4).

A D2 exige um novo paradigma: a área de treinamento é responsável por otimizar a experiência total de quem aprende – não só o que acontece em sala de aula (ou o seu equivalente virtual, eletrônico, ou informal). Os programas eficazes de aprendizado tentam ao máximo uma abordagem abrangente e sistêmica; eles prestam atenção especial ao impacto que os gestores dos participantes tem e como o ambiente de trabalho transfere aprendizado e resultados. Desenhar iniciativas de aprendizado que cumpram todos os fatores que influenciam os resultados – incluindo aqueles fora do escopo tradicional de treinamento e desenvolvimento – é mais importante agora do que nunca; organizações de aprendizagem estão cada vez mais sendo financiadas com base no valor empresarial que geram (ou deixam de gerar).

No capítulo sobre a D2, examinamos o que torna uma experiência completa e quais elementos têm mais impacto na transferência do aprendizado e na criação de valor comercial. Sugerimos métodos e ferramentas para otimizar os resultados, alguns dos quais desafiam o pensamento convencional. Argumentamos que organizações de aprendizagem precisam redefinir o que significa "terminar um curso". O trabalho dos participantes não está completo quando eles chegam ao final de um módulo on-line, ou ao último dia de aula; a verdadeira linha de chegada para o aprendizado é a entrega documentada de resultados empresariais. Nós mostramos que melhorar o ambiente de transferência e fornecer um apoio pós-instrucional para o desempenho do participante são oportunidades particularmente ricas para se obter o progresso.

> "A verdadeira linha de chegada para o aprendizado
> é a entrega de resultados empresariais."

Figura 1.4
A experiência do aprendizado completo engloba muito mais do que o período de instrução

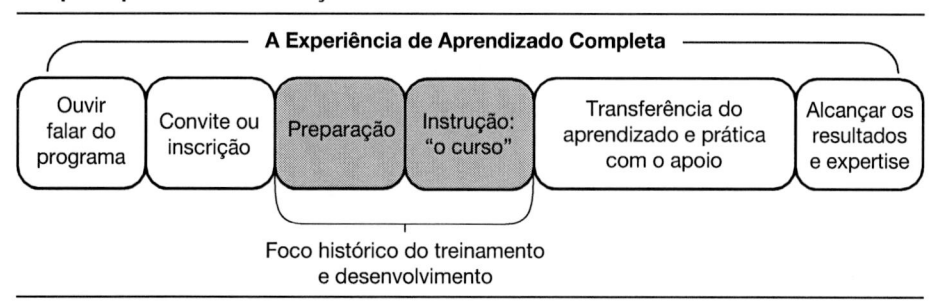

A Experiência de Aprendizado Completa

Ouvir falar do programa — Convite ou inscrição — Preparação — Instrução: "o curso" — Transferência do aprendizado e prática com o apoio — Alcançar os resultados e expertise

Foco histórico do treinamento e desenvolvimento

Desenhar uma experiência completa permite que organizações de aprendizagem cumpram a promessa plena de gerar valor para a organização. Uma vez que programas de treinamento e desenvolvimento demandam tempo e custam caro, todo mundo se beneficia quando eles são planejados e administrados de uma forma que maximize as probabilidades de sucesso.

D3 | Direcionar a aplicação

A D3 que caracteriza programas de alto impacto é que eles são determinados para facilitar a aplicação. Ou seja, seus desenhos instrucionais começam com uma finalidade em mente – o que os participantes devem *fazer* de forma diferente e melhor – e, então, conscientemente selecionar estratégias para ajudá-los a fazer uma ponte entre "aprender – fazer" (ver Figura 1.5).

Direcionar a aplicação significa selecionar o que ensinar e como ministrar o ensino da maneira mais eficiente, baseando-se nos resultados empresariais desejados e nos comportamentos necessários para atingi-los. Significa usar abordagens instrucionais, tecnologias e estratégias de apoio que acelerem a transferência do aprendizado e aplicação no trabalho. No cerne da D3 está o princípio de que o aprendizado cria valor somente quando é aplicado, portanto, a forma pela qual ele é entregue deve refletir e facilitar a maneira com a qual será usado.

No capítulo D3, olhamos para formas inovadoras com as quais organizações de aprendizagem de ponta estão fazendo pontes entre a lacuna aprender – fazer, ao tornar clara a relevância do material; mostrar como cada elemento está conectado aos verdadeiros assuntos empresariais; motivar a aplicação ao responder à questão "o que há nisso para mim?"; e ajudar os participantes a prepararem-se e planejarem a aplicação em seu local de trabalho. Revisamos insights sobre o que torna o aprendizado memorável e damos ferramentas para mapear a cadeia de valor e monitorar a percepção da utilidade do programa.

Figura 1.5
Sempre existe uma lacuna entre aprender e fazer; a meta da D3 é transpor essa lacuna

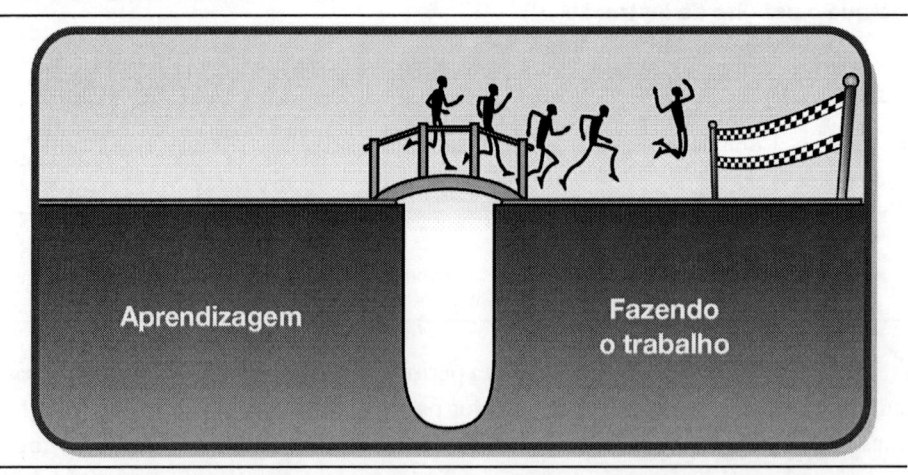

© 2008 Fort Hill Company. Todos os direitos reservados.

D4 — Definir a transferência do aprendizado

Como as empresas investem no aprendizado para identificar as necessidades e oportunidades empresariais, as suas metas são, com efeito, metas empresariais. E eles devem ser tratados assim. Em qualquer empresa bem-geridas, os sistemas existem para definir, medir, monitorar e recompensar os resultados das metas empresariais. Historicamente, contudo, não existem mecanismos assim para as metas do aprendizado – transferência (ver Figura 1.6). Os participantes dos programas recebem permissão para defini-los e esquecê-los. Relativamente pouca elucubração foi atingida. "Converse com qualquer grupo de leigos ou profissionais sobre o que não está funcionando no atual processo de treinamento e desenvolvimento, e a maioria irá dizer que é a falta de um acompanhamento pós-treinamento sério" (Zenger, Folhman & Sherwin, 2005, p. 30).

A transferência do aprendizado é o processo de colocá-lo em prática de uma forma que melhore o desempenho. A D4 que caracteriza organizações de aprendizagem eficazes é que elas dirigem a transferência do aprendizado de volta para o negócio. Elas não deixam isso ao acaso ou à iniciativa individual. Ao contrário, criam sistemas e processos para incentivar e gerenciar ativamente os processos de transferência. A D4 inclui se certificar de que os participantes estabeleçam (ou sejam designados para) as metas corretas, que transfiram o aprendizado para o trabalho que fazem, e que seus gerentes os responsabilizem por fazê-lo.

> "As metas do aprendizado são, com efeito, metas empresariais."

Figura 1.6
A transferência do aprendizado é o elo mais fraco em programas de treinamento e desenvolvimento

© Grantland Enterprises. Disponível em: <www.grantland.net>. Usada sob permissão.

No capítulo sobre a D4, apresentamos o conceito do aprendizado sucata e o alto custo de não se fazer nada para garantir a transferência. Explicamos os elementos que definem o ambiente de transferência e determinam os resultados que o treinamento enfim proporciona. Revisamos o que é necessário para melhorar o desempenho e discutimos progressos no gerenciamento do processo de transferência do aprendizado que a tecnologia tornou possível. Finalmente, fornecemos casos para exemplificar em que medida dar apoio à transferência do aprendizado aumenta o valor de programas que já são eficientes.

D5 — Dar apoio à performance

Empresas que levam a sério receber o retorno de seu investimento em treinamento e desenvolvimento entendem que o trabalho não está terminado até que o novo conhecimento e as habilidades sejam aplicados com sucesso, de uma forma que melhore o desempenho. Elas reconhecem que melhorar em qualquer coisa requer prática e, quando tentam algo novo, as pessoas precisam de apoio e treinamento (Figura 1.7).

Figura 1.7
Programas de treinamento e desenvolvimento criam mais valor quando incluem apoio e a atribuição de responsabilidade

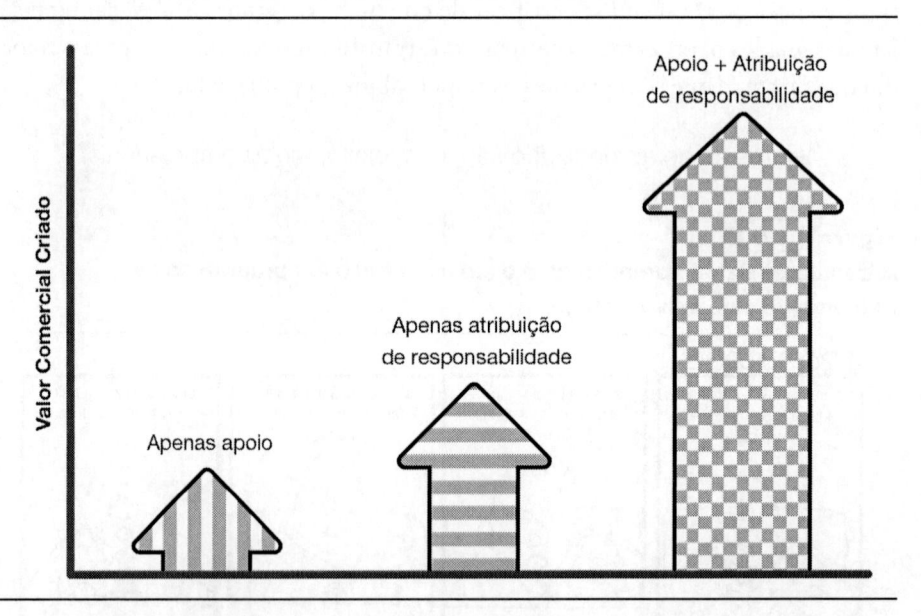

Para maximizar a probabilidade de entregar resultados empresariais mais significativos, organizações de aprendizagem altamente eficientes praticam a D5: elas distribuem várias formas de apoio contínuo ao desempenho após o período instrucional. Elas trabalham com a alta liderança para desenvolverem uma cultura na qual os gerentes entendem que têm a responsabilidade de dar apoio ao aprendizado. Eles "colocam o recurso onde estão suas necessidades" ao realocar parte de seus recursos de instrução pura, para instrução somada ao suporte do desempenho, a fim de obter transferência e aplicação.

No capítulo sobre a D5, fazemos a analogia entre suporte ao produto e apoio ao desempenho, para obter a transferência do aprendizado. Exploramos as três fontes de apoio – materiais, sistemas e pessoas – e damos exemplos. Discutimos a necessidade de equilibrar a atribuição de responsabilidade e o suporte e as novas demandas que isso traz para a organização do aprendizado e para a gestão na linha gerencial. Damos uma atenção especial para o gerente participativo porque ele tem um grande impacto se o aprendizado será aplicado ou sucateado. Nós contra argumentamos com os motivos que os gerentes alegam ter para não dar mais apoio ao uso do treinamento e fornecemos passos específicos para garantir que o ambiente de transferência seja favorável aos resultados.

D6 Documentar os resultados

As principais questões que precisam ser respondidas sobre qualquer iniciativa de treinamento e desenvolvimento são estas: fez uma diferença positiva? Atingiu os resultados pretendidos? Valeu a pena?

A D6 trata de documentar os resultados de uma forma relevante, convincente e que dê credibilidade, para justificar investimentos posteriores e uma melhoria contínua ao suporte. Evidências dos resultados são necessárias para justificar um investimento contínuo em qualquer iniciativa comercial. Treinamento não é exceção, especialmente em uma época de arrocho financeiro. Na atmosfera empresarial de hoje, as companhias precisam melhorar constantemente a eficácia e eficiência de todos os seus processos empresariais para continuarem competitivas.

Organizações de aprendizagem devem ser modelos de melhoria permanente. Mas isso só é possível, e o investimento contínuo só é garantido, quando há evidências inequívocas de que a iniciativa agrega valor. Os dados requisitados são os que documentam os resultados da importância do empreendimento – não apenas da atividade (pessoas treinadas, cursos dados), satisfação dos que aprendem (reação) ou até mesmo o montante aprendido (ver Figura 1.8).

"Organizações de aprendizagem devem ser modelos de melhora permanente."

A D6 – documentar os resultados – é essencial para dar apoio a um ciclo de aprendizado contínuo, de inovação, adaptação e melhoria. Os resultados de um programa são a matéria-prima para o próximo ciclo de definição de resultados, desenho de experiências, determinação, direção, distribuição e documentação. Um ciclo infinito de reinvenção e renovação garante que a educação corporativa acompanhe o ritmo do competitivo ambiente de trabalho em constante mudança, a força de trabalho e as necessidades empresariais.

No capítulo sobre D6, discutimos por que as organizações de aprendizagem têm que documentar os resultados. Estabelecemos uma diferença entre a necessidade da métrica para administrar a organização do aprendizado e os verdadeiros resultados que são o que interessa para o negócio. Damos princípios a serem seguidos para a avaliação do programa e conselhos sobre o que mensurar, de que forma coletar e analisar a informação e, especialmente importante, como "vender" os resultados.

Figura 1.8

Os resultados que interessam aos negócios são os comportamentos e resultados no trabalho

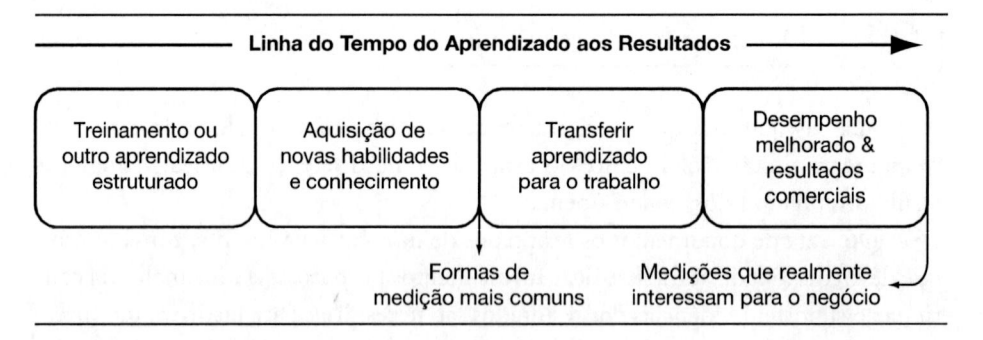

Linha do Tempo do Aprendizado aos Resultados ▶

| Treinamento ou outro aprendizado estruturado | Aquisição de novas habilidades e conhecimento | Transferir aprendizado para o trabalho | Desempenho melhorado & resultados comerciais |

Formas de medição mais comuns — Medições que realmente interessam para o negócio

Resumo

Programas de aprendizado são investimentos que uma empresa faz para aumentar o valor e a eficiência de seu capital humano. A gestão tem uma responsabilidade fiduciária e ética em garantir que esses investimentos produzam um retorno: resultados que melhorem o desempenho e a competitividade.

Identificamos seis disciplinas que transformam educação em resultado para o negócio – as 6Ds – que caracterizam alto valor, evolução do aprendizado e iniciativas de desenvolvimento (ver Figura 1.9). Organizações de aprendizagem que adotaram as 6Ds como princípios operacionais e que as têm praticado diligentemente aumentaram a contribuição que o aprendizado traz para o sucesso das empresas (ver Caso em Pauta 1.2). Como resultado, organizações de aprendizagem que usam as 6Ds gozaram de um aumento correspondente no reconhecimento e apoio que recebiam.

Figura 1.9
As 6Ds que transformam educação em resultado para o negócio

D1
Determinar os resultados para o negócio

- Liga os objetivos do programa às necessidades empresariais
- Descreve o que os participantes farão de diferente
- Concorda com a definição de sucesso

D2
Desenhar uma experiência completa

- Inclui todas as quatro fases do aprendizado
- Planeja e gerencia o processo de transferência de aprendizado
- Redefine a linha de chegada como os resultados no trabalho

D3
Direcionar a aplicação

- Dá relevância e utilidade ao conteúdo
- Dá tempo para praticar com feedback
- Usa métodos que tornam o aprendizado memorável

D4
Definir a transferência do aprendizado

- Reconhece a transferência como uma parte crítica do processo
- Trata os objetivos do aprendizado como objetivos empresariais
- Cria sistemas e processos que deem suporte à transferência

D5
Dar apoio à performance

- Envolve os gerentes dos participantes
- Dá auxílio no trabalho e sistemas de suporte ao desempenho
- Garante a disponibilidade do treinamento e feedback

D6
Documentar os resultados

- Mede o que interessa para os apoiadores (resultados da D1)
- Usa insights para direcionar a melhoria contínua
- Comercializa os resultados com acionistas-chave

Nos capítulos seguintes, nós exploraremos cada uma das 6Ds em profundidade e daremos ferramentas práticas e conselhos para a implantação delas. Cada disciplina está ilustrada com exemplos de casos e insights de líderes corporativos. Nossa experiência em ajudar as empresas a implantar as 6Ds renovou nosso otimismo em relação a pessoas, aprendizado e organizações. Fomos privilegiados em trabalhar com profissionais do aprendizado e de linha criativos e talentosos, e de vermos o progresso dos resultados; acreditamos estar no começo de um verdadeiro renascimento da educação corporativa. Estamos confiantes de que você irá ampliar os princípios articulados neste livro para atingir um sucesso ainda maior. E estamos ansiosos para escutar suas histórias.

Caso em Pauta 1.2
As 6Ds na Kaiser Permanente

Fundada em 1945, a Kaiser Permanente é a maior empresa não lucrativa de planos de saúde da nação, servindo 8.6 milhões de membros. No campo da saúde altamente mutável, treinamento e desenvolvimento são especialmente importantes para ajudar a Kaiser Permanente a cumprir sua missão de dar saúde de qualidade para seus membros e suas famílias, e contribuir para o bem-estar de suas comunidades.

Robert Sachs, Ph.D., é vice-presidente de aprendizado e desenvolvimento. Ele introduziu as Seis Disciplinas na Kaiser Permanente por causa do "foco nos resultados, a ideia de criar impacto e o conceito de desenhar uma experiência completa. Não se trata apenas daquilo que acontece dentro das paredes durante a instrução – seja uma sala de aula, curso virtual, ou o que for –, mas como preparar as pessoas para ajudá-las a traduzir o que aprenderam em resultados.

Historicamente, somos uma organização bastante descentralizada, então provavelmente obtivemos nosso aprendizado de alguma maneira imaginável. As 6Ds nos deram uma estrutura de trabalho que era fácil de ser entendida e ensinada, de forma que as pessoas pudessem aplicá-la. Tanto a visão quanto a estratégia eram de que todos nós iríamos usar essa estrutura para refletir sobre nosso trabalho.

Tenho um grupo que faz uma grande quantidade de design instrucional para nossos programas centrais de aprendizado, e, então, ele começou a modificar o design da sua estrutura de trabalho e metodologia, para incorporar as Seis Disciplinas. É difícil tornar o impacto totalmente tangível do ponto de vista dos dólares e centavos porque grande parte do que aplicamos até aqui tem sido treinamento de liderança em geral. Mas estamos claramente pegando pessoas que estão ativamente se esforçando para traduzir as coisas que elas aprenderam no programa para a vida real.

Fizemos algum trabalho em ROI, e ainda há oportunidade de refinar nossas medições de impacto comercial, mas vemos as pessoas sendo mais efetivas na administração de suas equipes, diminuindo o tempo que leva para trabalhar em assuntos relacionados aos funcionários, e tornando as reuniões muito mais eficientes e efetivas como resultado da aplicação de algumas das habilidades adquiridas durante seus programas. Também vemos as pessoas assumindo tópicos mais estratégicos e ampliando os seus relacionamentos estratégicos. Esses foram alguns dos resultados tangíveis".

Alan Jang, gerente sênior da equipe de soluções do aprendizado, disse: "Para que as soluções de aprendizado sejam bem-sucedidas na Kaiser Permanente, o que significa atingir resultados que impactem nos negócios, tivemos que criar uma nova linha de chegada no treinamento. O treinamento não termina com o final do curso; ele também inclui suporte e acompanhamento. As [Seis Disciplinas] nos deram a estrutura para fazer isso" (citado em Chai, 2009).

Pontos de ação

Para líderes do aprendizado
- Avalie até que ponto você pratica as 6Ds.
- Selecione um programa pelo qual você é responsável que tenha importância estratégica e um grande potencial de contribuição.
  - Pontue o programa selecionado utilizando o cartão de pontuação das 6Ds (Exibição 1.1).
- Decida qual disciplina, se fortalecida, irá produzir a maior melhoria mais rapidamente ("a fruta pendurada mais baixo").
- Use os capítulos relevantes deste livro e o conhecimento de sua organização para desenvolver um plano.
- Apresente suas descobertas, o alvo, seu plano e justifique a causa para a equipe de gestão.
- Solicite recursos e a cooperação necessária para implantar suas recomendações.
- Avalie os resultados e repita o processo para direcionar a melhora contínua.

Para líderes de linha
- Pense sobre as necessidades críticas do negócio que podem ser tratadas (ao menos em parte) por um programa de aprendizado e desenvolvimento; então complete a planilha na Tabela 1.1.
  - Na primeira coluna, chamada "Necessidades Críticas do Negócio", escreva as oportunidades ou desafios mais urgentes no negócio que o treinamento pode ajudar a resolver.
  - Na segunda coluna, chamada "Condições de Satisfação", descreva os resultados que você precisa ter para considerar o programa um sucesso – que pessoas irão fazer melhor e diferentemente e o impacto empresarial que isso terá.
  - Na terceira coluna, chamada "Evidência Aceitável", descreva a informação que você precisará para ter certeza de que o programa está dando certo. Que tipo de dados você irá considerar relevante e crível?
- Mostre a planilha completa para o responsável por treinamento e desenvolvimento. Pergunte se será possível entregar os resultados esperados. Então, trabalhe junto com ele para fazer a coisa acontecer.
- Se você já estiver investindo em treinamento e desenvolvimento (por meio de uma unidade interna ou vendedores externos), use o cartão de pontuação das 6Ds (Exibição 1.1) para identificar as áreas de melhoria mais promissoras. Peça ao responsável pelo aprendizado fazer o mesmo e compare os resultados.
- Use os capítulos relevantes deste livro para desenvolver conjuntamente um plano de melhoria.

Exibição 1.1
Cartão de pontuação de aprendizado e aplicação das 6Ds

Use esta ferramenta para avaliar a prontidão do programa para entregar os resultados. Para cada um dos itens abaixo, marque a caixa que descreve melhor o programa usando o seguinte código:

1 = Nada   2 = Uma pequena parte   3 = Mais ou menos
4 = Uma grande parte   5 = Quase tudo

1. As necessidades empresariais são bem-entendidas. Os resultados antecipados do treinamento no trabalho são claramente mensuráveis e definidos. [1] [2] [3] [4] [5] — *Determinar*

2. O desenho do programa cobre o processo completo do convite à aplicação até a medição dos resultados. [1] [2] [3] [4] [5] — *Desenhar*

3. A relevância de cada seção para o negócio está explicitamente estabelecida; a aplicação é sublinhada o tempo todo, assim como a expectativa para a ação. [1] [2] [3] [4] [5] — *Direcionar*

4. Um processo robusto e tempo suficiente são dados aos participantes para estabelecer metas fortes, planos de ação e preparar a comunicação com os demais. [1] [2] [3] [4] [5]

5. Após o programa, os participantes são lembrados periodicamente de seus objetivos e da oportunidade de aplicarem aquilo que aprenderam. [1] [2] [3] [4] [5]

6. Os gerentes dos participantes estão ativamente envolvidos durante o período pós-programa. Eles revisam e concordam com os objetivos e aguardam e monitoram o progresso. [1] [2] [3] [4] [5] — *Definir*

7. Os participantes continuam a aprender uns com os outros após o programa. Materiais e conselhos estão disponíveis para ajudá-los a atingirem suas metas. [1] [2] [3] [4] [5]

8. Os participantes podem envolver facilmente os coaches para pedir feedback, conselhos e suporte. O grupo é rastreado e apoiado durante a fase de aplicação (pós--programa). [1] [2] [3] [4] [5] — *Dar apoio*

9. Os resultados no trabalho são medidos com base nos resultados esperados, identificados anteriormente ao programa. [1] [2] [3] [4] [5]

10. Um processo ativo de melhoria contínua é usado para fortalecer a preparação, o programa e a transferência de aprendizado. [1] [2] [3] [4] [5] — *Documentar*

Pontuação Total: _____

Instruções de pontuação: some o valor numérico (1 a 5) de todas as caixas selecionadas. A pontuação máxima possível é 50. Use a tabela abaixo para avaliar a disponibilidade do programa em entregar resultados valiosos de acompanhamento.

> 45 Excelente probabilidade de resultados mensuráveis e retorno para os investimentos no programa. Ação: continue a abordagem disciplinada do aprendizado; fortaleça os itens que pontuaram menos.

33-44 Probabilidade moderada de obter resultados positivos, mas o resultado pode ser menos do que o ideal. Ação: fortalecer os pontos mais fracos para aumentar a pontuação acima de 44.

< 32 Resultados valiosos e um retorno adequado do investimento são menos prováveis. Ação: revise o programa de forma sistêmica.

© 2008, Fort Hill Company. Usado sob permissão.

Tabela 1.1
A planilha do aprendizado para resultados

Necessidades Críticas do Negócio (que o treinamento pode ajudar a endereçar)	Condições de Satisfação (o que será diferente se o programa for um sucesso?)	Evidência Aceitável (que dados são necessários para mostrar que o programa está funcionando?)

D1
Determinar os resultados para o negócio

> *O gerenciamento precisa sempre, em toda decisão e ação, colocar o desempenho econômico em primeiro lugar. Ele só pode justificar sua existência e sua autoridade por meio dos resultados econômicos que produz. Pode haver grandes resultados não econômicos: a felicidade dos membros do empreendimento, a contribuição para o bem-estar ou cultura da comunidade etc. Contudo, o gerenciamento terá falhado caso não consiga produzir resultados econômicos... Ele terá falhado caso não melhore, ou ao menos mantenha, a capacidade de produção de riqueza dos recursos econômicos que lhe foram confiados.* — Peter Drucker

Numa análise final, as organizações investem em treinamento, desenvolvimento e outras atividades corporativas que permitem o aprendizado por um único motivo: melhorar a performance dos funcionários e, portanto, da organização como um todo. Um aprendizado eficiente contribui para o sucesso do empreendimento de várias maneiras: diretamente – mediante a potencialização do desempenho de trabalho – e indiretamente – por meio de uma melhor retenção, recrutamento, comprometimento dos funcionários e assim por diante. As organizações procuram facilitar o aprendizado com o propósito de ser uma *atividade empresarial* para garantir o próprio sucesso delas e de seu pessoal.

A agilidade e velocidade do aprendizado são essenciais para permanecer competitivo, talvez até viável, em uma economia global cada vez mais dirigida pelo conhecimento. De acordo com Warren Bennis, professor de Administração Empreendedora no Instituto USC de Liderança: "Não tem a ver com tratar as pessoas gentilmente, tem a ver com ajudar a desenvolvê-las para que elas atinjam seu melhor, porque esta é a única maneira pela qual as empresas serão bem-sucedidas. O capital humano é a base para a vantagem competitiva" (Bennis, n.d.). Como um dos mais famosos CEOs da *Proctor & Gamble*, Richard "Red" Deupree, afirma: "Se você nos deixar nossos prédios e nossa marca, mas levar nosso pessoal, a empresa irá falir" (citado em Dyer, Dalzell & Olegario, 2004, p. 159).

Assim, a verdadeira medida do sucesso do treinamento corporativo e iniciativas de desenvolvimento é a extensão à qual ambos ampliam o valor do capital humano da organização e a ajudam a alcançar a respectiva meta. Esse é um padrão novo e mais exigente. No passado, "entregar um grande programa de treinamento era suficiente. Não mais. A competição global, exigências do mercado pela performance e recente desaceleração econômica moveram a linha de chegada de lugar. Há um novo critério para o sucesso do treinamento: melhorar o desempenho no trabalho" (Wick, Pollock & Jefferson, 2009). Entregar grandes experiências de aprendizado continua sendo importante, mas somente como parte de um *processo* que propicia bons resultados para a empresa. E a única forma de saber se uma organização de aprendizagem atingiu sua meta é entrar em um acordo sobre quais são os resultados que mais importam *antecipadamente* e qual é a definição de sucesso.

Assim, a D1 do progresso para o aprendizado define claramente, em parceria com líderes de linha, os resultados *empresariais* desejados. Neste capítulo, sublinhamos a importância de mudar o foco do treinamento e desenvolvimento de resultados do aprendizado para resultados empresariais, e fornecemos ferramentas e orientações para fazer essa transição. Os tópicos incluem:

- Comece com o fim em mente
- Expresse os resultados em termos de negócios
- Identifique os problemas certos
- Traduza as necessidades em prestações
- Evite armadilhas de treinamentos
- Gerencie as expectativas
- Checklist para D1
- Pontos de ação para líderes do aprendizado e de linha

D1   Comece com o fim em mente

Um dos hábitos de pessoas altamente eficientes é que elas começam algo com o fim em mente (Covey, 2004, p. 96). O mesmo princípio se aplica a organizações de aprendizagem eficientes. O treinamento corporativo e iniciativas de desenvolvimento devem ser sempre um meio para um fim, não um fim em si. O "fim" específico a ser atingido depende da natureza e da direção do negócio e suas oportunidades, desafios e do ambiente. Independentemente da meta específica a ser alcançada, contudo, todo o aprendizado corporativo se pontua em melhorar o desempenho dos empreendimentos de alguma maneira (ver Caso em Pauta D1.1 e Figura D1.1). Assim, ajudar os funcionários a aprender como ter uma liderança mais efetiva, reduzir acidentes, fornecer um melhor serviço ao cliente, acelerar o desenvolvimento de produtos, aumentar o trabalho em equipe, fazer apresentações mais eficientes, entre outros, está tudo interligado com a meta derradeira de melhorar a saúde e a performance financeira da empresa.

A efetividade da intervenção do aprendizado, então, é a extensão de como ele ajuda a organização a atingir o "fim que ela tem em mente". Segue-se que essa efetividade só pode ser avaliada – e declarada um sucesso – se as metas da intervenção forem claramente definidas desde o início, e se essas metas estiverem alinhadas com a efetividade organizacional e com ela contribuírem.

Caso em Pauta D1.1
Aprendizado como estratégia empresarial

> Uma empresa que realmente entende a natureza estratégica do aprendizado é a *Ingersoll Rand*. Como declara Rita Smith, vice-presidente de aprendizado empresarial: "Nós estamos aqui por apenas um motivo: ajudar a direcionar os resultados empresariais. Temos que entender a estratégia do negócio, os principais direcionadores estratégicos, ameaças externas e métricas financeiras. Precisamos literalmente ser bilíngues, falando a língua do aprendizado e do negócio" (Smith, 2008).
>
> O CEO da *Ingersoll Rand*, Herb Henkell, vê o aprendizado como a alavanca estratégica principal, tanto que ele a tornou parte integrante do processo de planejamento estratégico: "Quando passamos pelo processo de planejamento estratégico, trazemos ideias, estratégias e visões de onde estaremos. A seguir decidimos no que investir para obtermos as coisas que queremos. Então, olho para a quantidade de dólares que gastamos em tijolos e argamassa; em desenvolvimento de novos produtos; e de quanto treinamento precisamos para atingir nossas metas. Construída no processo de planejamento está a presunção de que algum tipo de treinamento precisará existir. Então, não consideramos isso diferente do que o faríamos com qualquer outra coisa em termos de decisões de investimentos" (citado em Bingham & Galagan, 2008).

Metas são prerrequisitos para o sucesso

Na falta de metas empresariais relevantes e claramente definidas, as organizações de aprendizagem nunca poderão "vencer" em sua busca por reconhecimento e recursos. É divertido assistir a eventos esportivos porque todos conhecem as regras e sabem o que "vencer" significa. Corridas têm marcas de chegada claramente definidas. Outras competições têm placares e metas estabelecidos. Ninguém pagaria para assistir a um jogo de futebol se as regras fossem decididas após o jogo ou se a vitória se baseasse em qual time se divertiu mais. Ninguém investiria em ações na ausência de princípios contábeis e medidas de sucesso para os resultados financeiros.

De forma parecida, um plano de comissões eficaz dirige o comportamento das vendas porque ele diz como os vendedores podem aumentar suas próprias recompensas financeiras. Os contratos incluem níveis de desempenho especificados para evitarem uma discordância futura sobre as prestações. A evidência necessária para dar apoio a uma reivindicação terapêutica específica está de acordo com o

FDA* antes dos resultados clínicos. Os objetivos da gestão funcionam quando os indivíduos se encontram com seus gerentes para definir metas que sejam específicas, mensuráveis, alcançáveis, relevantes e dentro do calendário.

Figura D1.1
Programas de treinamento eficientes sempre mantêm em mente as metas empresariais

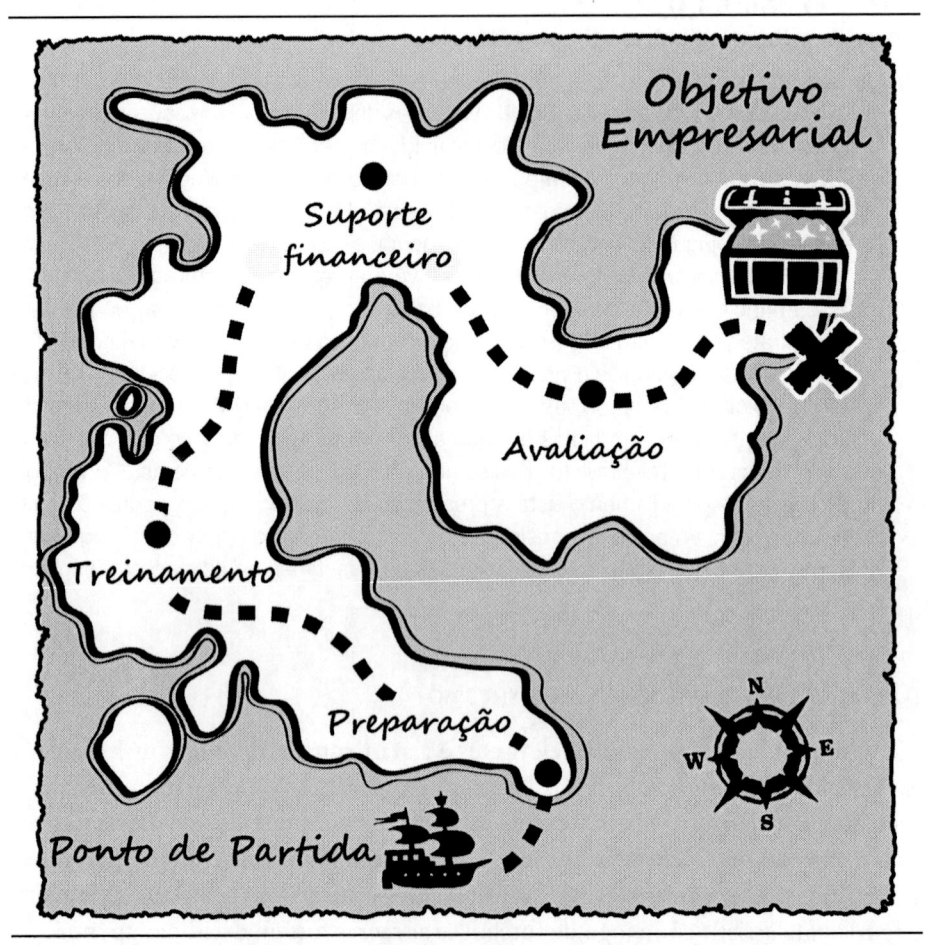

As metas para uma iniciativa de aprendizado e desenvolvimento não devem ser diferentes. As organizações de gerenciamento e aprendizado precisam trabalhar juntas para definir as "Condições de Satisfação" logo no começo do processo de

---

* FDA é a sigla para *Food and Drug Administration*, órgão governamental norte-americano que controla alimentos e suplementos alimentares, medicamentos, cosméticos, materiais biológicos e produtos derivados do sangue humano. (N.T.)

desenvolvimento (ver Caso em Pauta D1.2). Os resultados prometidos e a forma como serão medidos devem ser acordados como parte do design, e não como um pensamento posterior. O ponto é que o aprendizado e desenvolvimento jamais poderão competir com sucesso ou rogar ser bem-sucedidos, se as metas não estão estabelecidas, colocadas em posição, e definidas com antecipação.

Somente, então, aqueles responsáveis pela implementação terão a oportunidade de se distinguirem.

Caso em Pauta D1.2
Condições de satisfação

Quando pedimos para Richard Leider, o premiado coautor de *Whistle While You Work* e *Claiming Your Place at the Fire*, sobre a importância de definir metas, ele nos disse que isso é algo vital, e seguiu com a explicação:

"Nós ensinamos os líderes a criarem algo que chamamos de COS – condições de satisfação. Quais são suas condições de satisfação? O que nós devemos fazer diferente após isso e até quando? O que você espera que lhe seja entregue e até quando? Ou criado até quando?

Você pode chamar isso de contabilidade, mas quando líderes lideram, eles são clientes. Para a liderança do desenvolvimento, os líderes de linha são clientes. Há um pedido, há certas condições de satisfação. Então, toda essa noção do líder enquanto cliente se traduz em treinamento, e o que se segue é a prática; os líderes têm certas condições de satisfação a serem atendidas pelo treinamento.

Com frequência, os líderes não são claros sobre quais as suas condições de satisfação. Há um determinado rigor e certa linguagem que os líderes precisam aprender a fim de que as reuniões, treinamentos e transações sejam eficientes. Isso realmente esclarece toda aquela escuridão. Você pode até dizer que isso é senso comum, mas o fato é – olhe onde estão os transtornos."

Resultados empresariais devem ser o critério para definir as metas do aprendizado e desenvolvimento, o "verdadeiro norte" com base no qual os programas são desenhados, implantados e medidos. Qualquer outro princípio organizacional tem a chance de tirar a iniciativa de seu eixo porque, como afirma David Campbell: "Se você não sabe para onde está indo, provavelmente irá acabar em algum outro lugar" (Campbell, 1974).

Que os programas do aprendizado e desenvolvimento devem ser desenhados tendo uma finalidade em mente mal parece ser uma revelação. Por pelo menos 20 anos, virtualmente todos os modelos de design – ADDIE e seus muitos derivados – enfatizaram a importância de começar com a análise e definição das metas do aprendizado. De forma parecida, o "foco nos resultados" é o padrão principal da Sociedade Internacional para a Melhora do Desempenho (*International Society for Performance Improvement*, 2002, p. 1). Há 15 anos, os Robinsons publicaram a primeira edição de *Performance Consulting*, que reconhecia que a verdadeira responsabilidade dos profissionais de Recursos Humanos, aprendizado e papéis de desenvolvimento organizacional, era "potencializar o desempenho das pessoas para dar apoio às metas empresariais" (Robinson & Robinson, 1995).

Contudo, nossa experiência em dúzias de companhias e centenas de programas sugere que, até hoje, a maioria das iniciativas do aprendizado não vai longe o suficiente para definir seu derradeiro propósito. Muitas ainda estão felizes em definir metas "para o final deste programa", quando, na verdade, "não é suficiente que as pessoas frequentem um programa de treinamento e adquiram habilidades; o que importa no final das contas é que esses indivíduos apliquem essas habilidades em seus trabalhos, de forma que o desempenho melhore e que o negócio seja beneficiado" (Robinson & Robinson, 2008, p. 2).

Em outras palavras, a "linha de chegada" para o aprendizado não se encontra no final do programa, mas muito mais tarde, no emprego, após a transferência do aprendizado. As citações dos Robinsons resumem a distinção entre a prática da D1 – determinar os resultados para o negócio – e a prática mais comum de definir resultados do aprendizado, que geralmente falha em fazer a ligação com o derradeiro propósito explícito. Programas eficientes definem suas metas em termos de comportamentos no trabalho e de resultados empresariais; programas menos eficientes meramente definem o que será aprendido ou coberto.

Susan Burnett, atual vice-presidente sênior de talentos e desenvolvimento organizacional do Yahoo!, explica: "Uma de nossas conclusões estratégicas com a Deloitte foi que precisávamos desenhar e entregar resultados baseados no aprendizado (ver Caso em Pauta D2.3). O que digo para minha equipe é que você precisa mudar a conversa que tem com seus parceiros de negócios. Se for falar sobre qual tipo de treinamento eles precisam, vai receber uma lista de supermercado. Tudo tem que ter a ver com resultados empresariais; esse é o poder das 6Ds – tudo começa aqui.

Se um dia eu escrever um livro, será sobre o motivo pelo qual organizações de aprendizagem e desenvolvimento se desconectam tanto dos negócios e como resolver o problema. Sinto com frequência que esta é uma profissão isenta de um processo profissional" (Burnett, comunicação pessoal, 2009). As 6Ds definem um processo para manter o aprendizado conectado e focado no negócio – um processo que começa ao ser transparente em relação ao propósito e seus resultados.

> "Resultados empresariais devem ser o critério
> para definir as metas do aprendizado e desenvolvimento."

D1 | Expresse os resultados em termos de negócios

Ao longo desta discussão, iremos enfatizar repetidamente que as metas para iniciativas do aprendizado precisam ser expressas como "resultados empresariais". A famosa frase de Drucker com a qual iniciamos este capítulo é intransigente: a responsabilidade da administração é garantir que todos os investimentos que uma companhia faz gerem valor econômico. Negócios, em suma, têm tudo a ver com retorno financeiro.

Enquanto Drucker estava escrevendo sobre empresas com fins lucrativos, líderes do Terceiro Setor e organizações governamentais também precisam garantir que todos os gastos que aprovam contribuam para as metas da organização, ainda que isso não inclua "lucro" entre elas. Treinamento em liderança, ética, diversidade e assim por diante são louváveis (ter mérito) por si próprias, mas elas também precisam pagar os dividendos (ter valor) em termos de custos operacionais mais baixos, produtividade maior, aumentar o comprometimento dos funcionários, melhorar a confiança do consumidor etc. Programas que ajudam os participantes a melhorar a sua performance pessoal também pagam seus dividendos na forma de maior satisfação no emprego, motivação, esforço discricionário e retenção.

O que estamos dizendo é que todas as iniciativas do aprendizado patrocinadas pela corporação precisam (derradeiramente) produzir um retorno financeiro positivo, direta ou indiretamente; é a única justificativa aceitável para continuar a investir. Isso pode surpreender alguns leitores como sendo grosseiro e mercenário, especialmente aqueles que acreditam que ajudar as pessoas a crescerem e desenvolverem-se é a "coisa certa". Nós concordamos que é a coisa certa a ser feita e uma obrigação corporativa. Ao mesmo tempo, estamos convencidos de que a habilidade para definir e entregar benefícios empresariais é a única forma pela qual o aprendizado e desenvolvimento podem comprovar seu valor. A melhor defesa contra ter o orçamento do treinamento cortado é mostrar de forma convincente que, caso isso seja feito, irá ferir os resultados financeiros e reduzir a probabilidade de sucesso da organização. "Aprendizado é essencial somente no grau em que ele contribui mais para o desempenho do que outras alocações de recursos escassos" (Danielson & Wiggenhorn, 2003, p. 20).

Resultados podem ser medidos

Temos que fazer uma pausa aqui para desfazer uma confusão comum. Uma desculpa frequente do aprendizado e desenvolvimento pela falha em definir os resultados esperados é que "eles não podem ser mensurados". Um comentário supostamente feito por Jack Welch sobre esse efeito é geralmente citado como prova. O que ele realmente disse foi: "Não iremos medir os nossos sistemas de aprendizado *da mesma maneira* que fazemos com outras iniciativas empresariais. Agir dessa maneira apenas os trivializaria" (citado em Baldwin & Danielson, 2000, ênfase adicionada).

Não negamos que possa ser difícil isolar e quantificar as contribuições específicas do treinamento. Muitos fatores influenciam os resultados comerciais; atmosfera econômica geral, sucesso do marketing, ações dos competidores, novos operadores no mercado e, em muitos negócios, até mesmo o tempo. Mas esses mesmos fatores também confundem a avaliação das vendas, marketing e outras atividades comerciais. Independente disso, essas funções são consideradas contáveis e são recompensadas ao entregarem o que prometeram. Que algo é difícil de ser medido com precisão, ou que é influenciado por numerosos outros fatores não é desculpa para não definir ou avaliar os resultados.

Conforme discutiremos mais profundamente na D6, a "afirmativa" fundamental ou promessa de treinamento é que "se você der dinheiro para a organização do aprendizado e tempo para seus funcionários, ajudaremos a melhorar o desempenho deles". Tal afirmativa requer evidência para se sustentar. Para fazer uma analogia, considere afirmações na área da saúde. Quando uma companhia farmacêutica desenvolve uma nova droga, ela precisa especificar os respectivos efeitos – o que ela supostamente trata ou cura. Então, a empresa precisa fornecer evidências para as autoridades reguladoras nos países em que ela quer comercializá-la, que mostrem *além de uma dúvida razoável* que a droga faz, de verdade, o que eles dizem que ela faz. Dados precisam ser obtidos a partir de pacientes de verdade, em tempo real.

O quão bem um remédio funciona em pacientes de verdade, contudo, é influenciado por muitos outros fatores – estilo de vida, doenças concomitantes, estágio da doença e background genético (Figura D1.2). Pacientes não seguem necessariamente as orientações corretamente e os resultados podem ser bem difíceis de serem mensurados. Não interessa. Se uma companhia quer os direitos de comercializar um remédio, ela precisa desenhar e executar uma avaliação que apoie de forma inequívoca suas afirmações, independentemente das dificuldades.

Antes que a FDA fosse estabelecida, fornecedores de remédios patenteados faziam qualquer afirmação que quisessem. O resultado era o "vendedor de banha de cobra", que fazia afirmações extravagantes a fim de vender remédios fajutos para os crédulos – remédios que supostamente curariam o que quer que os afligisse. Para evitar a promulgação de tais remédios, um consórcio entre a Associação Americana de Pesquisa Educacional, a Associação Americana de Psicologia e o Conselho Nacional de Medição em Educação preparou as "Normas para Testes Educacionais e Psicológicos". As normas exigem que as medições (e por inferência, os programas de Recursos Humanos baseados nessas medições) fossem confiáveis e que dessem previsões válidas de seu valor para os indivíduos e organizações. As normas reconhecem a dificuldade de definições confiáveis e de medir os resultados de programas educacionais, mas elas são claras quanto a essas dificuldades não serem suficientes para fornecer uma exceção.

O mesmo vale para os negócios. "Experiências com diversos CEOs e suas equipes de ponta e discussões regulares com seus conselheiros me convenceram que a rejeição das medições no aprendizado é um beco sem saída. A medição é uma parte integral da empreitada humana, e seu poder não pode ser cancelado por um sentimento exagerado" (Bordonaro, 2005, p. 229). Afirmar que os efeitos do aprendizado e desenvolvimento não podem ser medidos é errado – e potencialmente perigoso; se os efeitos positivos do aprendizado e desenvolvimento não puderem ser medidos, então, presume-se que também não o podem os efeitos negativos reduzi-los ou eliminá-los. A falha em documentar rotineiramente o valor empresarial do treinamento e desenvolvimento, sem dúvida, contribui para a prática de fazer com que os orçamentos de treinamento estejam entre os primeiros a serem cortados em épocas de vacas magras. A disciplina de sempre começar com os resultados empresariais é uma importante salvaguarda contra essa eventualidade. Uma vez que ela define as condições de sucesso como os resultados que interessam para a gestão, será maior a relutância em abrir mão dela.

"A medição é uma parte integral da empreitada humana."

Figura D1.2
Muitos fatores além do treinamento afetam os resultados empresariais, assim como muitos fatores além de um remédio afetam resultados médicos

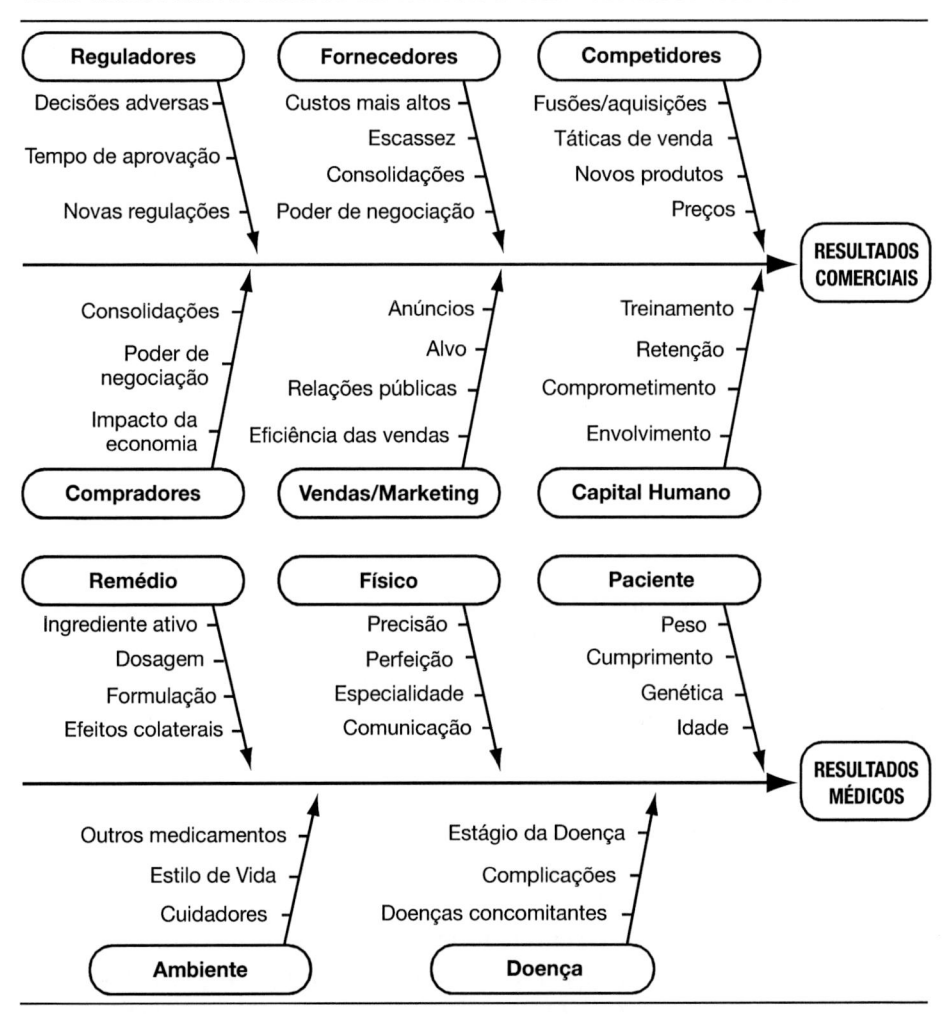

Diagrama de espinha de peixe (Ishikawa) com as seguintes categorias e fatores:

Resultados Comerciais:
- **Reguladores**: Decisões adversas, Tempo de aprovação, Novas regulações
- **Fornecedores**: Custos mais altos, Escassez, Consolidações, Poder de negociação
- **Competidores**: Fusões/aquisições, Táticas de venda, Novos produtos, Preços
- **Compradores**: Consolidações, Poder de negociação, Impacto da economia
- **Vendas/Marketing**: Anúncios, Alvo, Relações públicas, Eficiência das vendas
- **Capital Humano**: Treinamento, Retenção, Comprometimento, Envolvimento

Resultados Médicos:
- **Remédio**: Ingrediente ativo, Dosagem, Formulação, Efeitos colaterais
- **Físico**: Precisão, Perfeição, Especialidade, Comunicação
- **Paciente**: Peso, Cumprimento, Genética, Idade
- **Ambiente**: Outros medicamentos, Estilo de Vida, Cuidadores
- **Doença**: Estágio da Doença, Complicações, Doenças concomitantes

Tabela D1.1
Comparação das metas do aprendizado e resultados empresariais

	Metas do Aprendizado Tradicionais	Metas dos Resultados Empresariais
Tempo	Fim do curso	No trabalho
Foco	Habilidades e capacidades	Comportamentos e resultados

Resultados empresariais versus *metas do aprendizado*

Fazer a mudança das metas do aprendizado definidos para resultados empresariais definidos é, por um lado, uma mudança sutil para a organização de aprendizagem, porém tem implicações profundas. Resultados empresariais definidos diferem da prática tradicional de definir resultados do aprendizado em duas dimensões importantes: tempo e foco (Tabela D1.1).

A maioria dos objetivos dos cursos que vemos são metas do aprendizado que definem *capacidades* – o que os participantes aprenderão ou serão capazes de fazer ao final do curso de instrução. Em contraste, os resultados centrados nos negócios que defendemos se focam no *desempenho* – o que os participantes farão em seus trabalhos – seus comportamentos e os resultados que irão gerar (Tabela D1.2). Essa distinção é crucial porque o aprendizado só pode gerar valor quando ele é transferido e aplicado ao trabalho do indivíduo e da organização. "Aprendizado de alta qualidade e treinamento não se traduzem necessariamente em resultados comerciais. O aprendizado empresarial precisa ser dirigido com um fim em mente: os resultados empresariais a serem atingidos" (Vanthournout & outros, 2006, p. 17). Definir as metas do aprendizado ainda é uma parte essencial do desenho do processo instrucional, mas eles estão subordinados as metas empresariais; eles são meios para um fim, não a meta final.

Ser explícito acerca dos resultados empresariais que um programa de aprendizado tenciona alcançar tem muitas vantagens:

- Torna explícito o valor comercial do tempo e dinheiro que serão investidos.
- Como tal, ele angaria um apoio maior dos gerentes e participantes.
- Ajuda a gestão a priorizar o treinamento da mesma forma que pesa outros investimentos (ver Caso em Pauta D1.1).
- Responde a questão "o que há nisso para mim?" para os participantes e, portanto, satisfaz um dos princípios do aprendizado adulto: a necessidade de saber *por quê?*
- Destaca a necessidade do envolvimento gerencial, uma vez que gerentes controlam o ambiente no qual a transferência e a aplicação costumam ocorrer.

- Dá alinhamento com o negócio e critérios claros para avaliar abordagens potenciais: *Esta é a melhor maneira de se chegar ao resultado?*
- Os resultados são afirmados de modo a tornar a medição deles aparente.

"No instante em que o treinador ou o pesquisador assumem a perspectiva da performance, todo o processo de pensamento se torna aquele de um acionista organizacional ou de um especialista em sistemas organizacionais... A perspectiva da performance cria metas racionais de desempenho e a matriz de conexões de variáveis e níveis dentro da organização necessárias para garantir as ações e desempenhos apropriados" (Swanson, 2003, p. 122).

Não se trata apenas de dinheiro

Definir resultados em termos comerciais não significa, contudo, que todo resultado tem a obrigação de ser expresso em termos financeiros ou que a ROI é a única medida que interessa aos líderes empresariais. Tal reducionismo nem sempre é necessário ou desejado (como iremos discutir detalhadamente na D6 – Documentar os resultados). Basta dizer aqui que "resultados empresariais" incluem um amplo intervalo de métricas potenciais em somatória às medidas financeiras, como aumento da satisfação do cliente, maior comprometimento do funcionário, aumento da eficiência da liderança, abordagens de vendas mais produtivas, melhora na qualidade do trabalho, entre outras. Se essas não são medições financeiras diretas, os líderes empresariais entendem que elas são contribuidoras principais para o desempenho financeiro e, com frequência, são indicadores-chave para o sucesso futuro do negócio.

Tabela D1.2
Exemplos de resultados empresariais *versus* metas do aprendizado

Metas do Aprendizado	Resultados Empresariais
• Ser capaz de descrever os estilos de liderança e estágios de desenvolvimento do modelo de liderança situacional e combinar o estilo apropriado com um estágio em desenvolvimento.	• Aumentar a produtividade de sua equipe e sua efetividade gerencial ao utilizar corretamente o modelo de liderança situacional.
• Ser capaz de aplicar o modelo *Six Sigma* DMADDI a um processo empresarial.	• Reduzir o número de erros no processo de entrada dos pedidos ao aplicar as ferramentas e processos da *Six Sigma*.
• Ser capaz de explicar cada um das 6Ds e dar um exemplo da aplicação deles no aprendizado corporativo.	• Reduzir a quantidade de aprendizado que permanece sem uso ao aplicar as 6Ds ao programa de aprendizado e sua execução.
• Demonstrar como dar feedback eficiente em um relatório direto.	• Aumentar o comprometimento do funcionário ao dar feedback com mais frequência e eficiência.
• Mostrar como usar reformulações para superar as objeções de clientes.	• Aumentar as vendas ao descobrir e endereçar as objeções dos clientes.

De fato, líderes empresariais podem não querer, ou não dar crédito, aos esforços para rentabilizar mais diretamente os resultados dos treinamentos (Redford, 2007). Um estudo na *Ashridge Business School*, por exemplo, descobriu que líderes de linha eram, na verdade, mais flexíveis sobre o que definia resultados aceitáveis, do que líderes do aprendizado (Charlton & Osterweil, 2005). Os autores concluíram: "os patrocinadores podem não ser tão apegados a provas de taxa de retorno financeiro como muitos profissionais de RH supõe" (p. 13).

Se um elo causal claro já foi estabelecido entre certos comportamentos (por exemplo, melhor treinamento de subordinados) e retornos financeiros (redução dos custos de emprego como resultado de maior retenção), então, pode ser mais barato, mais útil e mais crível documentar os aumentos no comportamento desejado do que aplicar uma transmogrificação financeira abstrata. Charles Jennings, chefe de aprendizado global da Reuters, concorda: "um gerente de serviço ao cliente não irá se importar com ROI, mas ele irá querer entender como o aprendizado melhora a satisfação do cliente" (citado em Redford, 2007).

Por "resultados empresariais" nós queremos dizer *resultados verificáveis de relevância para o negócio* da organização. Queremos dizer que deve-se definir uma meta para o programa como, por exemplo, "os relatórios diretos dos participantes receberão treinamento mais frequente e eficaz", ao invés de "os participantes serão capazes de demonstrar a abordagem SBA para dar feedback". A anterior é concreta, mensurável e conectada às necessidades do negócio. A última pode ser testada e mensurada, mas perde o foco. O assunto não é se a nova abordagem foi aprendida ou mesmo demonstrada, mas se ela é usada no dia a dia do participante de forma que beneficie a organização. "Novas habilidades e conhecimentos por si só não agregam valor; ambos têm que ser aplicados, então, nutridos até que um desempenho melhorado possa ser contabilizado de forma consistente para produzir resultados importantes no trabalho" (Brinkerhoff & Apking, 2001, p. 4).

> "Os patrocinadores podem não ser tão apegados a provas de taxa de retorno financeiro como muitos profissionais de RH supõe."

Um programa que aumentará a satisfação do cliente vale a pena o investimento; um programa que entrega satisfação somente para o participante não vale. A tarefa do aprendizado e desenvolvimento não estará completa até que o aprendizado tenha sido transferido e aplicado de forma a produzir resultados; a medida de seu sucesso é em termos empresariais.

"O treinamento eficiente ocorre quando ele é completamente transferido e quando a performance atinge ou excede as metas comerciais" (Wall & White, 1997, p. 169).

D1 | Apanhe os problemas certos

A essência do sucesso militar é concentrar os recursos certos, no campo de batalha certo, na hora certa. A essência do sucesso para uma organização do aprendizado é concentrar os recursos certos, nos assuntos certos, na hora certa. Quanto mais limitados forem seus recursos, mais importante é para uma organização de aprendizado se focar nesses assuntos e nas oportunidades que têm potencial de retorno mais alto. Mas como você sabe quais são esses assuntos? Há cinco pontos-chave:

- Entenda o negócio
- Entenda a situação atual
- Faça sua pesquisa de mercado
- Traduza necessidades em resultados desejados
- Reforce as prioridades

Entenda o negócio

Não há substituto para isso. Para que o treinamento e desenvolvimento agreguem valor, os líderes do aprendizado precisam entender a natureza fundamental do negócio na qual a sua organização está envolvida. Isso não quer dizer que eles precisam ser especialistas em finanças, ou estratégia comercial, marketing ou produção. Eles não precisam correr para tirar o seu MBA. Mas eles precisam ter um senso claro de como as respectivas organizações cumprem suas missões, ganham dinheiro e se diferenciam no mercado de trabalho. Em seu livro *What CEOs Expect from Corporate Training* (O que CEOs Esperam de Treinamento Corporativo, em tradução livre), Rothwell, Lindholm, e Wallick (2003) listam as sete competências que CEOs esperam de profissionais de aprendizado no local de trabalho. "Conhecer o negócio" encabeça a lista.

Líderes empresariais querem profissionais de aprendizado que entendam de negócios em geral. Mas o que eles *realmente* querem são profissionais que entendam do negócio específico com que eles trabalham, que possam clara e sucintamente explicar o modelo comercial de sua companhia ou divisar seus desafios e condutores comerciais mais importantes. Eles querem líderes do aprendizado que entendam o que mantém os líderes empresariais acordados à noite, as limitações do capital humano para o crescimento e, portanto, como o aprendizado e o desenvolvimento do talento podem ajudar a companhia a atingir suas metas.

> "Líderes empresariais querem profissionais
> de aprendizado que entendam de negócios."

A *Plastipak Academy* recebeu em 2010 o Prêmio *Exemplary Practice for Business Alignment* da *Corporate University Xchange*. De acordo com a líder da *Academy*,

Diane Hinton, "O sucesso da *Platipak Academy* é construído sobre nossa reputação como uma função empresarial que dirige resultados comerciais verdadeiros mediante soluções específicas de aprendizado. E damos ênfase às colaborações por meio do desenvolvimento do aprendizado e do processo de implantação, alavancando o envolvimento do líder e a transferência do aprendizado para chegar aos resultados empresariais".

Teste a si próprio. Você pode responder as questões que estão na Exibição D1.1? Se sim, parabéns, você está em contato com seu negócio. Se não, ou se você teve dificuldade com algumas das questões, então tem a oportunidade de melhorar o seu desempenho ao aprofundar o entendimento do negócio de sua empresa.

Como você pode aprofundar seu conhecimento sobre o negócio e, assim, aumentar o seu valor como parceiro comercial? Existem amplas oportunidades de aprendizagem no emprego e no curso de seu trabalho. Os primeiros e mais importantes requerimentos são interesse e curiosidade. Uma vez que você esteja genuinamente interessado em como o negócio funciona e curioso sobre os tipos de questões na Exibição D1.1, você irá encontrar muitas informações para aprofundar o seu entendimento em planos comerciais, relatórios e conversações com líderes empresariais.

Boudreau (2010) defende a ideia de que quanto mais os líderes de RH forem capazes de explicar o que fazem usando *modelos empresariais* – que os gerentes de linha usam intuitivamente –, mais bem eles serão compreendidos. Um exemplo seria relacionar o gerenciamento de um banco de talentos a um modelo de gestão de inventário. Os líderes empresariais entendem os tipos de permutas que precisam ser feitas ao estabelecer os níveis de estoque para diversos produtos ou matérias-primas; há paralelos diretos com gerir um inventário de talentos. Do mesmo modo, os gerentes empresariais entendem a administração de processos e modelos para melhorias processuais na fabricação; explicar os paralelos com o processo do aprendizado irá ajudá-los a entender por que tratar o aprendizado como um processo isolado irá subotimizar os resultados.

Um exemplo de um modelo assim é dado na Figura D1.3. Ela ilustra o conceito de que há apenas dois caminhos fundamentais para melhorar os resultados comerciais: (1) aumentar a renda (volume de vendas); e (2) aumentar a produtividade (reduzir o custo de fornecer produtos e serviços).

Por exemplo, treinamentos que geram comportamentos de venda mais eficientes contribuem para o aumento do volume de vendas. Treinamentos de economia que reduzem tempo perdido com acidentes contribuem com a produtividade por meio de custos mais baixos e uma produtividade maior. É importante perceber que não é o treinamento em si que contribui para o sucesso da organização, mas as ações que fluem a partir dele. De fato, o treinamento na verdade *aumenta* o custo e *diminui* a produtividade, a não ser que seja transferido para o trabalho e traduzido em um comportamento produtivo. Ações de melhoria e comportamentos modificados necessariamente *precedem* o impacto empresarial (Figura D1.4). Esta sequência de eventos é relevante para definir os resultados (D1) e documentá-los (D6). Uma mudança no comportamento será a primeira evidência de que o programa está surtindo o efeito esperado. É, portanto, o *indicador principal* do impacto comercial.

Exibição D1.1
Auto-teste do conhecimento do negócio

Responda as seguintes questões sobre seu negócio:
1. A nossa mais importante fonte de renda é:
2. O mais importante direcionador de nosso crescimento é:
3. Os elementos centrais de nossa estratégia são (lista):
4. Nosso principal concorrente é:
5. A maior ameaça que encaramos é:
6. O maior desafio de capital humano que encaramos como empresa é:

Figura D1.3
Caminhos para melhorar os resultados comerciais

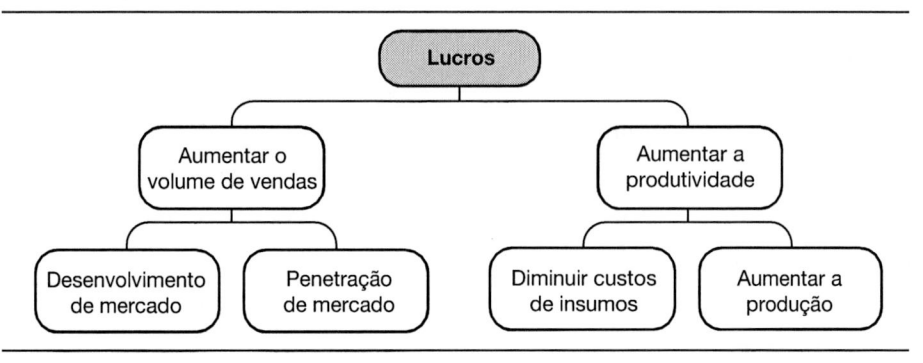

```
                        Lucros
           ┌──────────────┴──────────────┐
    Aumentar o                      Aumentar a
  volume de vendas                 produtividade
    ┌─────┴─────┐                  ┌─────┴─────┐
Desenvolvimento  Penetração   Diminuir custos  Aumentar a
  de mercado     de mercado    de insumos       produção
```

Por outro lado, um programa que falha em mudar o comportamento provavelmente não será capaz de entregar resultados e necessidades para serem examinados com a finalidade de entender a(s) causa(s) primordial(is) do colapso.

O fluxo da causalidade é da esquerda para a direita, do treinamento para comportamentos e, então, resultados (Figura D1.4). Portanto, programas de aprendizado e desenvolvimento precisam ser planejados na direção oposta, começando com os resultados esperados, indo para os comportamentos necessários para produzi-los, até os tipos de experiências do aprendizado e exercícios necessários para criar a capacidade de oferecer o melhor desempenho (Figura D1.5). Para desenhar intervenções do aprendizado tão efetivas, você precisa conhecer os comportamentos – em particular, de alta-propulsão ou *comportamentos vitais* – que tenham o maior impacto sobre os resultados desejados (Patterson, Grenny, Maxfield, McMillan & Switzler, 2008, p. 28). Uma tarefa principal da fase de análise do ADDIE, TDQAS, e outras abordagens instrucionais, é identificar o conhecimento, habilidades e capacidades principais necessárias para desempenhar as tarefas requeridas e, então, usar isso para informar o processo desenhado.

O treinamento, claro, é somente parte do processo do aprendizado e de adotar comportamentos novos e mais eficientes. Na D2, falaremos sobre a importância de desenhar uma experiência completa para otimizar a mudança do comportamento. Na D3, discutiremos como a entrega afeta a transferência do aprendizado, e na D4 e D5, como o clima de transferência regula a taxa de conversação da aprendizagem até a performance.

Figura D1.4
Aprendizado e desenvolvimento produzem resultados mediante comportamentos novos e mais eficientes dos participantes

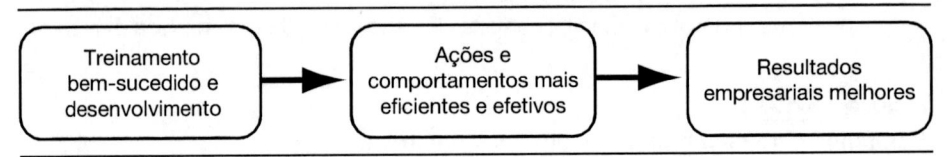

Treinamento bem-sucedido e desenvolvimento → Ações e comportamentos mais eficientes e efetivos → Resultados empresariais melhores

Figura D1.5
O desenho de programas do aprendizado começa com resultados empresariais e com comportamentos necessários para atingi-los

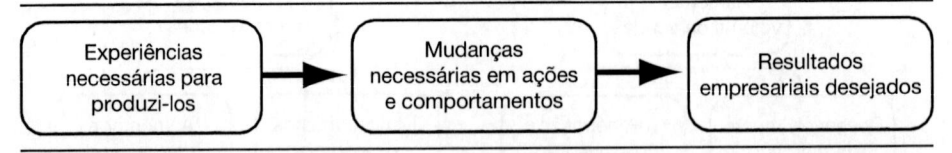

Experiências necessárias para produzi-los → Mudanças necessárias em ações e comportamentos → Resultados empresariais desejados

O ponto aqui é que intervenções de aprendizado contribuem, em última instância, com os negócios ao torná-los mais eficientes (aumento da produtividade, redução do desperdício) ou mais efetivos (dirigindo o crescimento da renda), e o passo intermediário em ambos os caminhos requer uma mudança de comportamento para novas e melhores formas de se fazer as coisas. Qual caminho e quais comportamentos são mais críticos dependem do modelo comercial da organização, atmosfera e estado de desenvolvimento. Portanto, é essencial entender as circunstâncias atuais.

Entenda a situação atual

Uma vez que você entenda o "quadro geral" dos fundamentos do negócio de seu empreendimento, estará em posição para dar o próximo passo, que é descobrir as necessidades ou oportunidades de valor mais alto que o treinamento e desenvolvimento podem ajudá-lo a atingir.

É importante investir abertamente nesse esforço. Empresas de sucesso investem um tempo substancial e esforço para descobrir as necessidades não atendidas mais importantes de seus clientes. Em *Innovator's Solution,* Christensen e Raynor (2003) explicam: "Quando os clientes estão cientes de um trabalho que querem que seja feito em suas vidas, eles procuram por um produto ou serviço que possam 'contratar' para fazê-lo". Portanto, "as empresas que miram seus produtos em circunstâncias nas quais os clientes as encontram, em vez de elas próprias o fazerem, são aquelas que podem lançar produtos que provavelmente farão sucesso" (p. 75).

Com efeito, organizações de linha "contratam" o aprendizado e desenvolvimento para fazerem um trabalho que elas precisam que seja feito. Quanto melhor o grupo de aprendizado e desenvolvimento entender os desafios que gerentes de linha encaram – os fins comerciais que eles estão tentando atingir – mais eles serão capazes de entregar soluções que a organização valorize e recompense com um investimento contínuo. De fato, Swanson (2003) afirma que a negligência da análise *front-end* é uma das causas mais comuns para o fracasso da transferência do treinamento.

Quais alvos de melhoria oferecem os maiores potenciais de retorno têm muito a ver com a especificidade do tempo e da situação. Depende da história da empresa, ambiente, mercado, concorrência, ciclo de vida dos produtos, custo da estrutura e assim por diante. As circunstâncias mudam. As oportunidades ou necessidades de negócios mais prementes, neste ano, provavelmente são diferentes das do ano anterior. Assim, o melhor investimento de recursos de aprendizado (os programas que entregarão o valor mais alto) também provavelmente mudou. Organizações de aprendizado corporativo precisam mapear continuamente o ambiente e ajustar as suas ofertas, caso elas queiram continuar sendo relevantes.

Em um negócio bem-dirigido, as maiores quotas de publicidade disponíveis, vendas, marketing e outros recursos estão comprometidas com aquelas linhas de produtos que tenham um maior potencial para crescimento e lucratividade. Organizações de aprendizagem devem seguir o mesmo caminho, distribuindo as maiores porções de seus recursos para oportunidades e problemas que sejam "críticos para a missão". Isso pode tirar recursos de – ou mesmo descontinuar – programas de importância menor. Tomar decisões de alocação de recursos tão difíceis e vitais é a essência do gerenciamento estratégico. Mas como você decide quais oportunidades são as mais promissoras?

Faça sua pesquisa de mercado

As companhias decidem quais necessidades de seus clientes oferecem as oportunidades mais atrativas para seus produtos e serviços mediante pesquisa de mercado. Várias fontes de dados são consultadas. Estudos, entrevistas e grupos de foco são conduzidos para entender o que os clientes querem, quanto estão dispostos a pagar, como eles irão julgar o sucesso e como devem ser segmentados e mirados. Definir as necessidades dos clientes para as iniciativas de aprendizado e desenvolvimento deve seguir uma abordagem similar. Uma vez que os principais clientes de aprendizado e desenvolvimento são internos, a análise das necessidades deve ser mais rápida e barata do que seria para o consumidor do produto; mas para um grande programa, ela não deveria ser menos radical.

Duas fontes de informação estão disponíveis para identificar as mais valiosas intervenções de treinamento: "conhecimento explícito" contido em planos comerciais e relatórios, e o "conhecimento tácito" de líderes, gerentes e funcionários. Ambos serão necessários para tomar uma decisão embasada. Você deve começar revisando toda a informação publicada "explícita" (planos estratégicos, planos comerciais, relatórios de forças-tarefa ou de consultores, e assim por diante) antes de levar a ocupada equipe de gerentes para entrevistas e grupos de foco.

Existem três motivos para isso. Primeiro, demonstra o seu respeito pelo tempo dos líderes empresariais e a pressão que eles encaram. Você nunca deve desperdiçar o tempo de um gerente solicitando que ele ou ela revise coisas que você próprio poderia facilmente ter lido. Segundo, você ganhará mais respeito – e provavelmente mais tempo – se estiver claro de que fez a sua lição de casa e criou ideias por conta própria. Terceiro, com o plano empresarial como pano de fundo, você será capaz de fazer perguntas mais inteligentes e penetrantes e, assim, atingir um nível mais profundo de entendimento do que se simplesmente aparecesse e pedisse esclarecimentos.

Obtenha uma cópia do plano de negócios da unidade e leia-o cuidadosamente. Revise qualquer outro documento relevante da empresa, como plano estratégico, relatório de consultores e análises competitivas. Leia ativamente, com um pensamento inquisidor.

- O que a unidade empresarial está tentando alcançar?
- Quais são as metas e iniciativas principais dos líderes empresariais?
- O que eles listam como ameaças competitivas e cenários desvantajosos?
- O que mantém a equipe acordada de preocupação à noite?
- Quais são as causas do desempenho mediano que a educação pode ajudar a resolver?
- Onde se encontram as ineficiências e inconsistências que desperdiçam quantidades significativas de tempo e dinheiro?
- Onde um programa efetivo de treinamento e desenvolvimento pode reduzir o risco e melhorar a probabilidade ou magnitude do sucesso?

A meta é entender as maiores necessidades e oportunidades não atendidas do negócio, e formular suas próprias ideias sobre onde o aprendizado pode agregar valor. Entender o plano comercial permite que você seja proativo, que deixe de ser "quem anota os pedidos" para tornar-se um parceiro comercial estratégico e consultor de desempenho.

Uma vez que tenha revisado os documentos disponíveis e formulado algumas ideias sobre as necessidades principais, é hora de sair e conversar com os líderes de linha. Sugestão de um roteiro de entrevistas é dada em Exibição D1.2. Evite a tentação de entrevistar somente outros líderes de aprendizado ou as cabeças dos recursos humanos; a informação que coletará será insuficiente. Por mais bem-informados e bem-intencionados que possam ser, eles estão afastados da ação. Da mesma maneira, você não pode confiar no ponto de vista de um único gerente (veja abaixo "Input Inadequado"). Você precisa conversar com as pessoas que estejam na arena, cujas carreiras dependem de entregar resultados. Isso é crucial porque organizações de aprendizagem que chegam a um alinhamento real e vão ao encontro das necessidades do negócio gozam de um forte apoio, mesmo diante de exigências financeiras (ver Caso em Pauta D1.3).

Traduza necessidades em resultados desejados

A meta de sua discussão com líderes empresariais é definir os resultados esperados em áreas nas quais o aprendizado pode ajudar a suprir uma lacuna crítica ou agarrar uma oportunidade comercial valiosa. Desde a publicação original de 6Ds, milhares de profissionais de aprendizado utilizaram a Roda de Planejamento dos Resultados (Figura D1.6) para ajudar a orientar e estruturar discussões com líderes de linha sobre as necessidades do treinamento.

Essa abordagem simples em quatro passos funciona bem para prospectos e discussões com líderes, sobre soluções de treinamento em potencial, assim como responder a um pedido de treinamento. Nós modificamos um pouquinho seu formato original baseado na nossa experiência e nas sugestões dos leitores e clientes. A Roda é simples de ser esboçada – em um gráfico, por exemplo – para ajudar a facilitar discussões em grupo, mas também funciona no um a um, ou até mesmo ao telefone. Apesar de as questões serem numeradas e inicialmente abordadas em ordem, respostas para uma pergunta, com frequência, pertencem a outro quadrante ou levam à questão seguinte. Seja flexível e modifique o fluxo, se necessário, para obter a informação que precisa; não se sinta escravizado à forma.

Exibição D1.2
Roteiro de entrevistas para descobrir as necessidades do negócio

Preparação
- Faça seu dever de casa; leia os planos comerciais relevantes, relatórios e materiais relacionados.
- Agende sua entrevista com o líder comercial de antemão; estabeleça a meta e o tempo necessário.
- Saiba o que quer tirar da entrevista antes mesmo de começar.

A entrevista
- Siga a abertura clássica de vendas: encontre e cumprimente, determine o valor, proponha uma agenda, verifique se há acordo.
- Comece e termine no tempo certo.
- Use questões abertas, verifique se foi entendido ao reafirmar; sonde questões mais profundas.
- Resuma o que você entendeu pela leitura do plano e cheque o seu entendimento: "Do que pude ler, parece que as coisas mais importantes que você está tentando atingir são X, Y, Z. Eu resumi corretamente? Perdi alguma coisa?".
- Identifique as lacunas principais entre a atual performance e a desejada. Existem áreas nas quais as pessoas carecem de habilidades primordiais ou capacidades, que tornará difícil atingir as metas?
- Que melhoria em termos de habilidades ou comportamento das pessoas ajudaria mais o líder a alcançar suas metas?
- Existem novas iniciativas, oportunidades ou estratégias que irão necessitar de um novo conhecimento ou habilidade para serem executadas?
- Use a Roda de Planejamento dos Resultados (Figura D1.6) para ajudar a identificar os elos entre as necessidades comerciais gerais, comportamentos desejados, evidência confirmatória e condições de sucesso.

Follow-up
- Imediatamente após a entrevista, resuma a discussão por escrito.
- Inclua as respostas para as quatro questões da Roda de Planejamento dos Resultados como uma forma eficiente de definir a sua compreensão entre os resultados desejados e as capacidades necessárias para alcançá-los.
- Envie uma nota de agradecimento para a pessoa que você entrevistou e inclua uma cópia de seu resumo ("Muito obrigado por seu tempo. Achei nossa discussão muito útil e esclarecedora. Anexei um breve resumo dos pontos principais. Por favor, avise-me se esqueci de algo ou interpretei mal algum ponto").
- O propósito é quádruplo:
  - Resumir suas notas irá encorajá-lo a refletir sobre o que você aprendeu e cimentar melhor em sua memória.
  - O documento será uma referência útil conforme o processo de planejamento siga em frente.
  - Seu resumo reconhece que você valoriza o tempo e o input do líder.
  - Finalmente, partilhar seu resumo com a pessoa que entrevistou dá a ela a oportunidade de corrigir qualquer descuido ou mal-entendido, o que irá ajudá-lo a criar uma solução superior.

Caso em Pauta D1.3
Aprendendo a efetuar a mudança

A indústria da saúde está em vertiginosa mudança. A velocidade da mudança gera exigências sem precedentes em seus líderes. Habilidades e abordagens que foram bem-sucedidas no passado não são mais adequadas; novas competências de liderança e insights são necessários.

Ray Vigil, CLO da *Humana, Inc.*, acredita fortemente que a estratégia de desenvolvimento da liderança tem que ser uma parte integral da estratégia geral do negócio. É necessário começar com o fim em mente. Como essas condições foram encontradas na *Humana*, o Instituto de Liderança é visto pela gestão de topo como uma importante ferramenta do empreendimento, com um tremendo impacto comercial positivo.

"O CEO queria pegar uma companhia muito tradicional e mudá-la para um ponto de vista centrado no consumidor, abordando os problemas e a indústria de uma maneira bem diferente, de forma que produzíssemos vantagens competitivas por meio de uma ruptura na forma da estratégia de mudança com a qual abordamos o mercado. Mas historicamente, líderes na área da saúde não gozaram do mesmo tipo de foco no desenvolvimento da liderança que os de outras indústrias. Então, o grande desafio que tivemos inicialmente foi de que maneira pegar um time administrativo que havia sido bem-sucedido com habilidades funcionais bastante tradicionais e fazer com que eles percebessem que tinham que abraçar uma visão bem diferente; eles tinham que desenvolver a capacidade de trabalhar ao longo do empreendimento, não apenas em suas funções.

Nosso CEO tinha trabalhado com a equipe de liderança sênior para desenvolver uma visão esclarecedora e uma estratégia para tornar a empresa centrada no consumidor. Enquanto os líderes entendiam a estratégia intelectualmente, eles estavam tendo dificuldades de compreender o que precisavam fazer diferentemente.

A maioria das pessoas diria, 'Nossa, se você entende algo, é óbvio que tomará ações em relação àquilo'. Mas eu acho que é um grande desafio para as pessoas executarem uma estratégia que é bem diferente da mentalidade e habilidades que lhes trouxeram sucesso no passado.

Desde o começo, quando nosso CEO disse 'Sei que preciso de um CLO', interpretei isso como ele tendo uma estratégia comercial que ia precisar de uma boa dose de mudança na liderança, e que ele precisava de uma estratégia de aprendizado para complementar a estratégia empresarial. Consegui convencer minha equipe de que precisávamos pensar sobre o que estávamos fazendo de forma estratégica. Nós realmente tínhamos que detalhar para onde o CEO queria levar o negócio e o que custaria para chegarmos até lá. Como esse estado futuro se pareceria? Como você implanta e executa essa estratégia com o capital humano de que dispõe?

Desenvolvemos algo que chamamos de Programa Ponto de Toque para identificar as principais intersecções, os principais pontos de alavancagem com a organização que poderiam fazer a diferença. Identificamos os investidores-chave e fizemos deles parte do design da equipe. Eles nos ajudaram a desenhar o projeto inteiro, incluindo a avaliação e a revisão pós-ação. Quando chegou o momento da implantação, todo mundo estava chocado pelo fato de que houve uma aceitação tão grande, mas isso foi porque nós identificamos os pontos de alavancagem e, mediante a campanha do ponto de toque, incorporamos os interesses e pensamentos deles dentro do programa. Como começamos com um resultado de uso e, como o estado final deveria ser, fomos capazes de integrar todas as peças dentro de uma estratégia coerente e uma experiência integrada para os participantes".

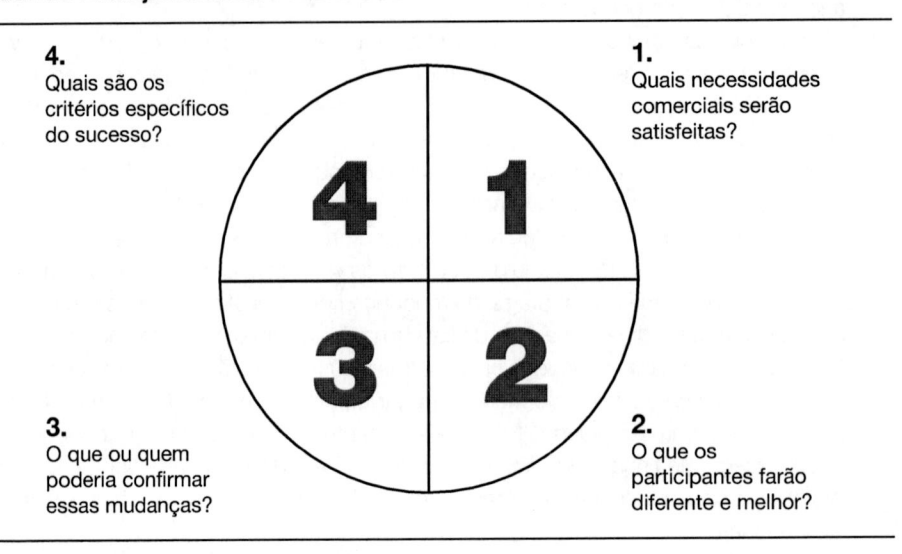

Figura D1.6
Roda de Planejamento dos Resultados

4.
Quais são os critérios específicos do sucesso?

1.
Quais necessidades comerciais serão satisfeitas?

3.
O que ou quem poderia confirmar essas mudanças?

2.
O que os participantes farão diferente e melhor?

© 2010 Fort Hill Company. Usada sob permissão.

Ao se mover de um papel de treinamento reativo para um como consultor de desempenho, lembre-se que muitos líderes empresariais estão acostumados a simplesmente "encomendar" treinamento, e não pensaram profundamente sobre as questões que são o coração da Roda de Planejamento dos Resultados. Você precisará levantar algumas questões de sondagem e esclarecimento para chegar ao nível de entendimento mútuo necessário para desenvolver um programa verdadeiramente efetivo. Pode ser até que encontre resistência de alguns gerentes que podem se sentir desafiados ou ameaçados pelo seu interesse em tentar entender a justificativa real que está por trás de "nós precisamos de um programa".

A melhor abordagem que encontramos é assegurar ao líder honestamente que você tem o melhor interesse em mente pela companhia e que a razão da entrevista é maximizar a probabilidade de sucesso ao dizer algo como: *"Porque o treinamento irá consumir tempo dos participantes e dinheiro da companhia, quero ter certeza de que entregaremos os melhores resultados possíveis a você. Gostaria de lhe fazer uma série de perguntas para ter certeza de que entendo as motivações comerciais por trás do pedido e os resultados que você realmente espera do treinamento. Isso nos ajudará a desenhar a melhor solução, que tenha o melhor custo-eficácia."*

Ao longo da conversa, escute ativamente. Pare periodicamente e verifique se entendeu. *"Deixe-me ter certeza de que entendi corretamente.* (Reafirme as necessidades, comportamentos etc. na medida em que os compreender). *Isso está certo?"*. Da mesma maneira, não tenha medo de admitir que não compreendeu algo: *"Você poderia explicar o que quer dizer com..."*.

"Ajude-me a entender..." é uma frase bastante útil que pode ser usada genuinamente para buscar entendimento, mas também de uma maneira graciosa para pontuar inconsistência ou confusão, como em: *"Ajude-me a entender como o curso de treinamento que você pediu está ligado às suas necessidades comerciais."*.

D1 | As quatro questões

Existem quatro questões na Roda de Planejamento dos Resultados. Cada uma está discutida abaixo.

1. Quais necessidades comerciais serão satisfeitas?

A primeira pergunta é sobre as necessidades do negócio que serão encontradas (ou oportunidades percebidas) se o curso for um sucesso. A meta é conseguir clareza sobre o verdadeiro problema ou oportunidade do negócio por trás do pedido de treinamento. Isso é crítico não só para informar o design do programa, mas para garantir que o treinamento seja uma parte apropriada da solução (veja "Armadilhas do Treinamento" abaixo). Ser capaz de juntar intimamente o treinamento com as necessidades específicas do negócio aumenta o apoio dos participantes e de seus gerentes. Organizações de aprendizagem que adotaram as 6Ds descobriram que gozam de um suporte maior para seus programas quando elas incluem a proposta comercial na descrição do curso, em vez de simplesmente listar os tópicos cobertos ou metas aprendidas. Por exemplo: "Este curso irá ajudá-lo a aumentar a produtividade de sua equipe para o...", ou "Este programa irá ajudá-lo a aumentar as vendas para o...".

Provavelmente você terá que fazer uma série de perguntas esclarecedoras para obter uma definição da necessidade comercial que seja específica o suficiente para ser acionável. A primeira resposta de um gerente para esta pergunta normalmente afirma apenas a necessidade do treinamento, "Nós precisamos de um programa de treinamento para o sistema de entrada de pedidos", em oposição a afirmar a necessidade empresarial por trás da solução proposta ou que problema o programa de treinamento se destina a resolver. O desafio em casos assim é ajudar o cliente a *reestruturar* a questão: "a transição de um foco na solução para um foco nos resultados do desempenho e nos negócios" (Robinson & Robinson, 2008, p. 171). Você precisa investigar o resultado derradeiro, mensurável, relacionado ao negócio, que está por trás do treinamento proposto: *"Você pode me ajudar a entender o que está por trás de seu pedido de treinamento? Se o treinamento for bem-sucedido, como o negócio será beneficiado? Por exemplo, nós iremos experimentar menos erros, velocidade maior, custo mais baixo ou algo do gênero?"*.

A percepção da necessidade de treinamento geralmente se origina porque a gestão acredita que algo que deveria estar acontecendo não está, ("os vendedores não estão perguntando aos clientes sobre materiais relacionados") ou que está acontecendo algo que não deveria ("muitos erros", "comportamento inapropriado" e assim por diante). Sua meta é extrair a percepção subjacente e o motivo de isso ser um problema: o custo ou oportunidade perdida para a organização.

Uma segunda situação comum é a resposta inicial para definir o resultado desejado, mas em termos muito gerais para serem usados, por exemplo: "Precisamos aumentar as vendas". Nesse caso, você tem que sondar os detalhes, os passos intermediários ou aspectos do processo que requerem sua atenção: *"Você foi bastante claro sobre a necessidade urgente de aumentar as vendas. Pode falar mais a respeito dos aspectos específicos do processo de vendas que você sente que mais precisamos endereçar e melhorar?"*.

2. O que os participantes farão diferente e melhor?

Esta segunda pergunta foi feita para ajudar a identificar os comportamentos ou ações vitais necessários para efetuar os resultados desejados. O conceito central é a piada frequentemente atribuída a Einstein: "Uma definição de insanidade é continuar fazendo a mesma coisa, esperando um resultado diferente". Em outras palavras, as pessoas têm que fazer algo diferente, de modo diferente, para produzirem um resultado diferente. Apenas 'conhecer' ou 'entender' não é suficiente. Os participantes precisam colocar suas novas habilidades e o conhecimento para trabalhar de maneira que sejam diferentes, melhores, e mais eficientes do que estavam fazendo antes. As organizações de aprendizagem precisam saber quais são os comportamentos desejados a fim de desenhar uma instrução efetiva e ajudar a criar um "clima de transferência" positivo (ver D4) que dê apoio a esses comportamentos no emprego.

Peça que os clientes descrevam as mudanças de comportamento que querem: *"Se o treinamento for um sucesso, e nós fôssemos observar como as pessoas desempenham suas funções após ele, o que as veríamos fazendo que é diferente e melhor?"*. Outra abordagem útil é perguntar sobre os comportamentos de executantes de ponta: *"O que os executantes de ponta fazem que os menos eficientes não fazem? Se o treinamento for bem-sucedido, mais pessoas deverão fazer o que o executante de ponta faz. Como seria isso?"*.

3. O que ou quem poderia confirmar essas mudanças?

A meta desta terceira questão é dar início ao diálogo sobre como avaliar se o treinamento está produzindo o resultado desejado ou não. O conceito central é que a única forma de as organizações de aprendizagem poderem ser bem-sucedidas é se elas souberem como o *cliente define* sucesso. A frase está em itálico porque, como explicaremos em maiores detalhes na D6, é o cliente quem decide, em última instância, se a iniciativa foi um sucesso ou um fracasso. Envolver o cliente (o que, nos negócios, geralmente significa o departamento que está pagando as contas) em uma discussão sobre o que *pode* ser medido facilita a discussão sobre o que *deve* ser medido e sobre como o sucesso será definido (Questão 4, a seguir). A hora certa de ter essas discussões é na fase de definição do projeto, uma vez que isso afeta todo o resto – de conceber a experiência completa (D2) até documentar os resultados (D6).

A discussão inicial da pergunta 3 deve ser partilhada em uma sessão de brainstorm. *"Como podemos ter certeza de que o treinamento está funcionando? Quer dizer, se nós acertarmos o treinamento e o clima de transferência, o desempenho dos participantes deve começar a melhorar. Quem irá notar essas mudanças primeiro? Como descobriremos se as pessoas estão realmente usando o que aprenderam? O que mais irá mudar ou ser mensurável?"*.

Talvez aqui você tenha que estimular ao oferecer sugestões que ajudem seu cliente a pensar sobre os resultados potenciais e como eles podem ser confirmados. Exemplos incluem:

- Se formos observar de fato os participantes trabalhando, seríamos capazes de enxergar a mudança? O que estaríamos procurando?
- Quem notaria uma mudança como parte de suas interações normais com os participantes, por exemplo, clientes, gerentes, ou relatórios diretos? Para quem poderíamos perguntar?
- Alguma das métricas comerciais que rastreamos rotineiramente (vendas, qualidade, satisfação do cliente, entre outras) mudaram? Quais?

Acontece que enquanto há um grande número de resultados potenciais, existe apenas um pequeno número de *tipos* de resultados e formas para avaliá-los. Use a Tabela D1.3 para ajudar a orientá-lo em seu brainstorm.

Nos primeiros estágios da conversa, a meta é explorar um número de opções para medir o resultado. Entretanto, às vezes as mudanças que o cliente quer (por exemplo, mudança no volume de negócios) irão levar tanto tempo para se tornarem evidentes que o impacto do treinamento será obscurecido por outros fatores. Em casos assim, encoraje os clientes a ajudá-lo a identificar "indicadores principais". Eles são a evidência mais antecipada de que as coisas estão indo na direção certa.

Sua discussão de acompanhamento pode soar assim: *"Concordamos no começo de nossa conversa que melhorar a retenção é uma necessidade e uma meta de longo prazo. O problema de confiar somente nela para medir o impacto do treinamento é que nós não veremos uma mudança significativa nas taxas de retenção por meses. Até lá, será difícil perceber se foi o treinamento ou alguma outra coisa. O que poderíamos medir mais cedo que nos daria um indicador de que o treinamento está surtindo o efeito desejado? Uma pesquisa? Pontuação do compromisso de funcionários? Feedback de 360 graus?"*.

Tabela D1.3
Principais categorias de resultados pós-aprendizado e formas de documentá-los

Tipo de Resultado	Fontes de Dados Potenciais	Coleção de Dados
Mudança de comportamento	Próprios participantes Gerentes dos participantes Clientes Observadores treinados	Pesquisa Entrevista Observação
Opinião melhorada pelos principais interessados	Clientes Relatórios diretos Gerentes Outros	Pesquisa de satisfação Entrevistas Grupos de foco
Métricas comerciais melhoradas	Sistema TI da companhia Recurso de monitoramento independente	Extração de dados Compra de dados
Melhoria do produto de trabalho	Amostras de trabalho	Revisão ou supervisão de um especialista

Identificar e avaliar os principais indicadores é importante para obter uma leitura prévia se o treinamento está tendo o efeito esperado, e para dar apoio à melhora contínua de classes subsequentes.

4. Quais são os critérios específicos do sucesso?

Uma vez que você listou todos os resultados possíveis que *podem* ser medidos, é hora de concordar sobre o que *será* medido e quando, e o quanto de mudança é necessário para que o programa seja considerado um sucesso. É vital obter concordância sobre as "condições de satisfação" *previamente*, uma vez que elas serão os resultados do contrato entre a organização de aprendizado e a gerência de linha.

A discussão da Questão 4 deve ser primariamente um processo seletivo, diminuindo as possíveis escolhas da Questão 3 para algumas poucas principais. Deve ser inclusa uma discussão de alto nível sobre como elas serão medidas; por exemplo, os relatórios serão suficientes? Sua meta é chegar a um acordo com os líderes empresariais sobre os resultados principais e as abordagens aceitáveis para documentá-los, não desenvolver um plano de avaliação detalhado – isso é trabalho para a D6.

Por exemplo, suponha que a derradeira necessidade comercial é reduzir a rotação de funcionários, e que você e o patrocinador concordaram (como a pesquisa mostra) que um indicador principal da intenção deles de permanência na empresa é um bom trabalho de relacionamento entre o funcionário e seu supervisor. Para um programa de treinamento administrativo, então, você tem que definir as medidas de sucesso específicas como "Em uma pesquisa três meses após o programa, pelo menos metade dos relatórios diretos das pessoas apontam que o relacionamento delas com a gerência melhorou".

Para outros tipos de programas, o critério para o sucesso pode ser uma mudança em uma métrica de rastreamento comercial (índice de qualidade, satisfação do cliente, média de vendas); enquanto para outros, uma avaliação do gerente da performance do participante pode ser uma medição adequada do sucesso. Não existe uma resposta certa. A meta da Questão 4 é chegar a um acordo sobre o que o programa deve alcançar em termos que o cliente considere relevante e crível, e que a organização do aprendizado acredite que possa estar de acordo com os recursos disponíveis e o nível de apoio da transferência do aprendizado.

Definir o critério de sucesso deve ser uma discussão "dar e receber". A organização do aprendizado não deve aceitar cegamente alvos impossíveis – uma vez que, cedo ou tarde, ela será chamada para prestar contas. Conquanto comprometer-se com níveis específicos de realizações possa parecer desconfortável e estranho para profissionais que trabalham com aprendizagem, esta é, conforme Basarab pontua, a norma no negócio. Líderes de vendas precisam se comprometer com atingir níveis específicos de vendas, comerciantes com cotas específicas do mercado, CEOs com lucratividade e crescimento dos alvos, chefes de produção com baixar os custos ou aumentar a qualidade. Um alvo conhecido permite que a organização de aprendizagem otimize a experiência do aprendizado e implemente uma melhoria contínua. E, talvez ainda mais importante, um conjunto claro de resultados comerciais a partir do treinamento aumenta a credibilidade da organização, ganhando para si um assento de verdade à mesa, e sua longa e perseguida meta de ser abraçada como um verdadeiro parceiro comercial.

> "Um conjunto claro de resultados comerciais a partir
> do treinamento aumenta a credibilidade da organização."

Crie copropriedade

Uma vez que os resultados comerciais desejados tenham sido esclarecidos, há mais uma questão crítica a ser discutida: *"Além do treinamento, quais outras necessidades precisam ser supridas para alcançar esses resultados?"*. Este é um ponto crítico a ser levantado, por que o treinamento nunca é a resposta completa. Obter uma mudança duradoura de comportamento requer treinamento e encorajamento dos gerentes; apoio quando as pessoas entram em dificuldades; e reconhecimento e sistemas de recompensa que estejam alinhados com as ações desejadas.

Como a Mosel pontuou há mais de cinquenta anos: "É a gestão de topo, por meio da atmosfera organizacional ou da estrutura de recompensas criada, que está *realmente* operando o treinamento, independente do que a equipe de treinos faça.

O treinamento administrado pela equipe 'gruda' somente se coincidir com o que a gestão de topo está ensinando diariamente" (Mosel, 1957, ênfase no original).

Use a questão final "o que mais?" para começar a educar o patrocinador à medida que os fatores além do treinamento (ver D4 – Definir a transferência do aprendizado) influenciam o sucesso ou o fracasso do esforço. *"Nós certamente podemos ensinar as pessoas como e por que esses comportamentos são importantes e iremos implantar sistemas para dar suporte e documentá-los. Mas quais outras necessidades devem aparecer para dar apoio e encorajar esses comportamentos no trabalho? Estou pensando em tudo, do treinamento a ferramentas e sistemas de recompensa."* Outra forma útil de ajudar os clientes a pensarem a respeito do ambiente pós-treinamento é perguntar: *"O que normalmente fica no caminho do desempenho que se espera das pessoas? Quais barreiras podemos reduzir ou eliminar para aumentar a probabilidade de sucesso?"*.

Sua meta é ajudar o patrocinador a perceber que o negócio é uma corresponsabilidade para o sucesso ou fracasso de qualquer iniciativa de treinamento. Você precisa que eles se comprometam, pois fazem parte do "contrato", para criar um clima de apoio à transferência. O treinamento tem que definir claramente os resultados comerciais para ser bem-sucedido, mas também precisa de um ambiente de suporte e da cooperação da gerência.

Reforce as prioridades

Uma vez que você comece a pensar proativamente sobre as áreas nas quais o aprendizado pode contribuir para o sucesso do negócio, descobrirá muitos programas potenciais que podem fazer uma diferença significativa. De forma alguma todos eles devem ser perseguidos. Organizações de aprendizagem – como qualquer outra função empresarial – precisam escolher seus alvos cuidadosamente. Nenhuma companhia tem recursos suficientes para ir atrás de todas as oportunidades de mercado; nenhum grupo de aprendizado e desenvolvimento pode assumir todos os lugares potenciais nas quais o desempenho pode ser melhorado através do treinamento.

O perigo de tentar perseguir muitas oportunidades ao mesmo tempo é que você diminui os recursos de todas elas, com o resultado final de que nenhuma trará uma contribuição significativa. É melhor executar bem um pequeno número de iniciativas importantes, do que executar mal um número grande. A regra geral é que quanto mais seus recursos forem limitados, mais seletivo você precisa ser, dirigindo seus esforços para onde é mais provável que eles produzam o maior retorno.

Mirar seus esforços em oportunidades que têm um potencial maior significa necessariamente dizer "não" para algumas solicitações. Organizações de aprendizagem não podem – e não devem – tentar satisfazer todos os pedidos de treinamento ou perseguir cada oportunidade, especialmente quando sobrecarregadas com recursos fixos ou escassos. Precisa existir uma base defensiva rigorosa para levar adiante algumas oportunidades e negar ou postergar outras. Nesse tocante, um conselho de aprendizagem, ou um comitê de direção podem ser bastante úteis:

> Executivos seniores, de diversas unidades empresariais e funções corporativas, devem se encontrar regularmente e dar o input sobre o que precisa ser feito (e, neste processo, ganhar implicitamente buy-in). Eles ajudarão a passar os programas pela aprovação e orçar processos, e prover tempo e um feedback preciso sobre a eficiência do programa. Programas educacionais terão um peso significativo se forem apoiados pelo conselho consultivo e o suporte do conselho irá aumentar a credibilidade de todo o executivo e da função educacional (Saslow, 2005, p. 45).

Três fatores precisam ser pesados no processo de priorização:

- *O potencial maior.* Este é o impacto positivo que ocorrerá se o programa atingir os resultados comerciais para o qual foi criado.
- *O custo menor de matar ou atrasar um programa.* Isto pode incluir a perda de oportunidades, exposição legal, adversa ou reguladora, linha inadequada de liderança e assim por diante.
- *A probabilidade de sucesso.* Um programa pode muito bem ter um maior potencial significativo, mas se a gerência de linha não estiver disposta a investir tempo e recursos necessários para criar uma atmosfera favorável de transferência, então a probabilidade de atingir os resultados projetados é baixa, e o retorno esperado deve ser significativamente descontado.

Para garantir que tais fatores serão levados em consideração, algumas companhias, como a *Randstad*, usam um formulário de apresentação comercial que faça com que os gerentes pensem a respeito da magnitude do problema e do valor de resolvê-lo (Bersin, 2008b). Um de nossos clientes biofarmacêuticos precisa de unidades comerciais para forçar oportunidades potenciais de treinamento hierárquico em termos de valores comerciais em potencial. Independentemente do mecanismo específico usado, a chave é ter um processo que envolva líderes empresariais para garantir que os escassos recursos de treinamento sejam focados nas oportunidades que oferecem valor mais alto.

D1 | Evite armadilhas de treinamentos

O campo do desenvolvimento humano está cheio de armadilhas para os desavisados. Na nossa prática de consultoria, encontramos muitas organizações de aprendizagem que sucumbiram a uma ou mais potenciais arapucas (Caso em Pauta D1.4). Algumas das mais comuns armadilhas estão listadas a seguir, com sugestões sobre como evitá-las, porque nada é mais trágico do que ver designers, facilitadores e técnicos devotarem suas energias e criatividade em um programa que não leva a resultados de valor. É o que Peterson e Nielsen chamam de "trabalho falso" e é trágico porque é tão difícil quanto o trabalho real, uma vez que consome tempo, recursos e as carreiras das pessoas, mesmo que não represente um avanço para a missão da organização (Peterson & Nielsen, 2009, p. 4).

Como uma coisa assim pode acontecer? Por que até mesmo organizações sábias saem do trilho? Nossa experiência sugere que existem cinco armadilhas de treinamento principais que precisam ser evitadas:

- Treinamento como reparador de tudo
- Ter um programa para ter um programa
- Confundir meios com fins
- Intenção louvável
- Input inadequado

Caso em Pauta D1.4
Mapa rodoviário detalhado para um destino incerto

Uma grande corporação nos consultou sobre como ela poderia aumentar o impacto de um programa de gerenciamento e desenvolvimento que estava para ser lançado.

Começamos com a Roda de Planejamento dos Resultados. Perguntamos: "Qual é a questão principal do negócio? Como a companhia irá se beneficiar ao ter seus funcionários no programa? O que os participantes farão melhor e diferentemente como consequência de terem feito parte do treinamento?".

Houve um silêncio constrangedor.

O chefe de aprendizado se voltou para o diretor do programa. O diretor do programa deferiu para o designer instrucional. "Essa é uma boa questão", todos disseram. Mas ninguém tinha a resposta.

Eles tinham um plano detalhado – quase minuto a minuto – do que ia acontecer durante o curso. Sabiam quais modelos de liderança iam usar. Haviam comprado uma simulação customizada e contratado palestrantes famosos. Tinham uma lista de metas do aprendizado – que conhecimento os participantes iriam adquirir –, mas ninguém foi capaz de explicar como isso estava ligado aos negócios. Estavam prestes a lançar o programa para centenas de gerentes do alto e médio escalão, mas ninguém responsável pelo programa podia explicar os condutores comerciais ou como tomar parte no treinamento aumentaria a produtividade, geraria mais renda, ou criaria qualquer outra forma de valor para a companhia.

Esta era uma equipe bastante inteligente, dedicada, profissional, e talentosa; ainda assim ela caiu na armadilha de se focar demasiadamente no "como", e acabou perdendo de vista o "porquê". Sua experiência sugeria o quanto isso era fácil de ser feito e porque líderes de aprendizado e de linha precisam continuar retornando à racionalização do negócio e definir os resultados esperados em termos comerciais.

Treinamento como reparador de tudo

Nem todo problema de desempenho pode ser amenizado pelo treinamento. Uma das razões mais comuns do porquê o treinamento falha em entregar resultados satisfatórios é que o problema, sendo endereçado, não pode ser resolvido primeiro pelo treinamento (Phillips & Phillips, 2002).

Se a produtividade do pessoal de suporte ao cliente for baixa, por exemplo, porque o sistema de computador que usam é lento e pouco confiável, nenhum treinamento do mundo irá melhorar a situação; resultados melhores serão alcançados ao empregar recursos para fazer um upgrade no software, comprar equipamento etc. Se, por outro lado, a produtividade for baixa porque o pessoal do suporte não sabe como usar o software eficientemente ou usar as vantagens de atalhos, então o treinamento certo com o suporte ao desempenho certo produzirá uma melhora significativa.

Infelizmente, a reação emocional de muitos gerentes a qualquer problema referente à performance é "Precisamos de um programa de treinamento", sem realmente analisarem as causas do problema. Qualquer número de deficiências pode resultar em performance abaixo do esperado; o treinamento pode encaminhar problemas de desempenho relacionados à falta de habilidades ou conhecimento (Stolovitch & Keeps, 2004, p. 11). Mager e Pipe (1997) sugerem que a prova de fogo é: "Eles conseguiriam fazer se suas vidas dependessem disso?". Se a resposta for sim, "então pode esquecer do treinamento como uma potencial solução. Afinal, 'ensinar' as pessoas aquilo que elas já sabem como fazer não irá afetar a discrepância da performance" (p. 93).

Se as pessoas sabem como fazer algo corretamente, mas não estão fazendo, então seu fraco desempenho vem de uma falta de motivação, expectativas que não estão claras, feedback insuficiente, ou outras falhas do sistema ou gerenciais (Exibição D1.3), e o treinamento não é a solução. Profissionais do aprendizado, no papel de consultores de desempenho, precisam ter certeza de que já investigaram e eliminaram outras causas do desempenho pífio antes. "O desenho e execução do treinamento são caros; eles deveriam ser a última intervenção, não a primeira, que o profissional de RHD e a organização deveriam considerar para melhorar o desempenho dos funcionários" (Broad & Newstrom, 1992, p. 5). Nada é mais desmoralizador para a organização de aprendizagem, mais frustrante para os participantes, ou mais prejudicial para a reputação do aprendizado, do que assumir um treinamento que está fadado ao fracasso porque o verdadeiro problema é uma ruptura na gestão ou no sistema.

Nós fomos nos tornando cada vez mais preocupados com o mal uso do treinamento, de tentar resolver todas as formas de problemas não relacionados ao desempenho; isso está manchando a reputação do aprendizado. Em nossos workshops, perguntamos para profissionais do aprendizado qual o percentual de seus programas que fracassa porque o treinamento não era a solução certa para o problema. As estimativas são consistentemente de 10 a 25%, e em uma companhia, de 40%.

Isso sugere que em algum lugar entre 1/10 e 1/4, todos os programas de treinamento estão fadados ao fracasso porque os verdadeiros problemas não foram identificados ou encaminhados. O treinamento está sendo usado como objeto pela gestão para dar a impressão de que algo está sendo feito. Não surpreende que com frequência há cinismo em relação à eficiência do treinamento. Profissionais de aprendizagem no local de trabalho não podem se permitir serem usados como bodes expiatórios.

Exibição D1.3
Causas da performance pobre que podem ser resolvidas sem treinamento

Expectativas que não são claras
Se os funcionários não sabem exatamente o que se espera deles, certifique-se de que os padrões de expectativa estão claros. O desempenho abaixo da média normalmente se deve a um entendimento inadequado do que se espera.

Falta de feedback
Se os funcionários não recebem um feedback inequívoco sobre seu desempenho atual, garanta para que eles o tenham. O treinamento é usado às vezes para evitar o feedback direto de uma performance que está abaixo da média. Mesmo que as pessoas entendam o que é esperado delas, precisam de um feedback para poder melhorar.

Falta de incentivo
Se não existe um reconhecimento positivo por fazer a coisa certa, certifique-se de que exista. O treinamento não soluciona um problema motivacional. Ser reconhecido por um trabalho benfeito é um poderoso motivador. Ainda assim, um número estrondoso de funcionários dizem que não receberam nenhum feedback positivos por meses a fio.

Falta de consequências
Se não existem consequências negativas pelo mal desempenho, elas precisam existir. Se não existirem consequências por estar aquém do desempenho esperado, a maioria das pessoas irá trilhar o caminho do mínimo esforço, e tentar treiná-las para se comportarem de outro modo é dar murro em ponta de faca. Um pobre profissional do aprendizado em um de nossos workshops foi chamado para montar um programa de meio dia sobre capacete de segurança porque os trabalhadores não os estavam usando no local de trabalho. Perguntamos o que aconteceria se os funcionários fossem pegos no local sem o capacete. A resposta foi "nada" – o que era o verdadeiro problema – não uma falta de conhecimento ou habilidade.

Ferramentas inadequadas, falta de acesso à informação necessária, processos altamente complicados e assim por diante
Se existirem outros obstáculos para um desempenho satisfatório – como ferramentas inadequadas ou falta de acesso à informação – eles precisam ser encaminhados diretamente; não poderão ser resolvidos por meio do treinamento. Use o treinamento somente para tratar de problemas decorrentes de conhecimento ou habilidades inadequadas, os quais não podem ser resolvidos por simples auxílio no trabalho ou outro tipo de apoio ao desempenho.

Então, o que você faz quando lhe pedem para criar um programa de treinamento e você sabe que treinamento não é a resposta certa para o problema? Você segue o conselho de Stolovitch e diz, imediatamente, "Eu posso ajudar a resolver esse problema" (Stolovitch & Keeps, 2004, p. 16). Porque você pode, ainda que não seja por meio do treinamento. De fato, se você puder mostrar por habilidoso questionário e uma análise que o problema não vem da falta de conhecimento ou habilidades – e, portanto, que pode ser resolvido mais eficientemente e com gastos menores com uma solução que não envolva treinamento – você ajudou seu cliente, a empresa, e ganhou um bom moral para a organização de aprendizagem. Por outro lado, se as primeiras palavras de sua boca forem "Não tenho certeza se treinamento é a solução certa", você pode até estar certo, mas possivelmente será visto como negativo e não cooperativo, e a gerência pode contratar um vendedor de treinamento para entregar a solução de um jeito ou de outro. Você terá perdido uma oportunidade de educar seu cliente e ajudar a organização e a si próprio.

Lembre-se que até mesmo quando o treinamento é claramente *parte* da solução, nunca é *toda* ela. No próximo capítulo (D2), iremos considerar a importância de desenhar uma experiência completa, o que inclui todas as quatro fases do aprendizado, junto com os sistemas de apoio ao desempenho e fatores ambientais que determinam se um programa cumpre com suas metas ou não. Como o aprendizado e desenvolvimento estão cada vez mais sendo considerados contáveis para demonstrar impacto comercial significativo, organizações de aprendizagem precisam evitar atribuições cujo treinamento não seja a solução.

> "Mesmo quando o treinamento é claramente *parte* da solução, nunca é toda ela."

Nós precisamos de um programa

Quando o principal propósito de ter um programa for "para ter um programa", a iniciativa está em apuros desde o começo. Esse problema começa normalmente quando alguém na gerência superior decreta que a empresa precisa ter um programa de alguma coisa ou outra (ver Figura D1.7).

Isso não é um problema em si quando o ímpeto é uma necessidade comercial real que possa ser encaminhada pelo treinamento, como habilidades de marketing, liderança ou vendas insuficientes. Mas programas também brotam de causas que são menos direcionadas pelos resultados, como a necessidade de "ter algum treinamento" como parte de uma reunião, um livro empresarial exaltando a mais recente teoria, uma consultoria, uma conferência, um programa de um concorrente (especialmente se ele chamou a atenção da mídia), ou uma questão apontada pela diretoria ("O que você está fazendo para acelerar a inovação?").

Seja qual for o evento que tenha disparado o gatilho, a atribuição é passada como "O chefe quer que a gente monte um programa sobre X". Bem – isso significa que os subordinados têm que sambar para cumprir a ordem. Especialistas são consultados; vendedores são examinados; modelos e teorias são debatidos. Depois de ter gasto tanto tempo e energia, um currículo "padrão" é desenhado; logísticas são planejadas; palestrantes são contratados. O único detalhe que foi negligenciado é o condutor dos negócios: quais resultados são esperados além de "ter um programa"? Como "ter um programa" beneficiará o negócio? Quais resultados queremos alcançar?

Figura D1.7
Armadilha de treinamento 2: Precisamos de um programa

"Rápido, precisamos de um programa de desenvolvimento de liderança que eu possa anunciar para o encontro com o Quadro de Diretores na sexta!"

© 2010 by Randy Glasbergen. Disponível em: <www.glasbergen.com>. Usada sob permissão.

É bastante fácil, especialmente em grandes organizações, que o programa – geralmente é chamado de "o evento" – se torne um fim em si próprio. Quando isso ocorre, o sucesso acaba sendo definido com base no número de pessoas e na pontuação das avaliações ao final do evento. Mas nada disso leva a organização para frente, ou justifica o custo.

Quanto mais alto a ideia do programa tiver sido concebida na organização, é menos provável que ela seja desafiada. "Ter um programa" se tornará um imperativo organizacional inquestionável. Dizem que Jack Welch afirmou que um dos problemas de ser um CEO é que: "Você pede uma xícara de café e eles saem e compram a Colômbia". Se o CEO quer um programa, quais membros da equipe de recursos humanos ou de desenvolvimento organizacional irão cometer a temeridade de perguntar: "Por quê?" ou "Qual o benefício deste programa para a companhia?". Ainda assim, esses são exatamente os tipos de perguntas que precisam ser feitos se aprendizado e desenvolvimento quiserem ser bem-sucedidos.

Susan Burnett, vice-presidente sênior de talentos e desenvolvimento organizacional do Yahoo!, contou a história de ter sido entrevistada na *The Gap*: "Quando eu estava sendo entrevistada, a CEO disse: 'Eu quero a Universidade Merchant'. Eu disse: 'Por quê?' Se eu não tivesse tido essa conversa, eu jamais saberia" (ver Caso em Pauta D1.5).

Caso em Pauta D1.5
Boas notícias, más notícias

Quando Susan Burnett se tornou vice-presidente sênior de talentos e desenvolvimento da *Gap, Inc.*, ela recebeu algumas boas notícias. "Eu cheguei um dia e eles estavam finalizando o orçamento e sentei-me com minha nova chefe. Ela me mostrou o orçamento e disse, 'Ei, tenho boas novas para você. O time de aprendizagem recebeu $6 milhões de fundos adicionais para produzir o design acadêmico da Universidade Merchant e uma nova abordagem do processo.'. Eu disse, 'Ok, legal, seis milhões de dólares, isso é ótimo. Mas por que o negócio precisa desses programas? Quais resultados comerciais nós temos que produzir para a *Gap, Inc.*?'.

Assim eu entrevistei pessoas, falei com os gerentes. Sou tremendamente interessada na maneira como os negócios funcionam e como eles fazem dinheiro – sempre fui. Isso vem de anos como gerente de linha. Então ali estava a oportunidade perfeita. Eu era uma nova líder, em um novo negócio, e precisava entender factualmente os condutores dele.

Aprendi sobre as estratégias comerciais da Gap para crescer, suas operações e sobre o pessoal. Enquanto conversava com a equipe executiva e suas equipes de liderança, aprendi que a transformação da Gap viria da construção de novas capacidades de liderança no nosso pessoal, e novas capacidades organizacionais no desenvolvimento de produtos, cadeia de abastecimento e TI. Descobri que o emprego comerciante era central para o sucesso de nossa marca, e que a Gap havia inventado o papel do comerciante no final da década de 1980, evoluindo de compradora para líder comerciante. Também vi que a atual reengenharia da linha de produtos precisaria da reinvenção desse papel novamente. E aprendi que uma rotação de vendas de nossos novos empregados e nossos principais talentos comerciantes era inaceitável.

Eu estava entusiasmada que minha organização de aprendizagem teria a oportunidade de fazer uma grande diferença para que a Gap atingisse as suas metas empresariais. Nós podíamos impulsionar a maré da rotação de vendas dos novos empregados com uma incrível contratação em processos de abordagem que melhoravam a produtividade e o desempenho nos primeiros 90 dias. Podíamos acelerar o entendimento do novo papel do comerciante, o novo conceito da linha de clientes, e construir as novas capacidades de gerenciamento geral que os comerciantes precisavam desesperadamente no nosso negócio".

Mas então, ela descobriu as más notícias. A equipe de aprendizagem não estava conectada às prioridades do negócio. Eles estavam trabalhando duro para produzir programas herdados, mas não estavam trabalhando nos verdadeiros problemas comerciais. Não estavam conectados às estratégias comerciais e mudanças centrais que a nova liderança estava conduzindo.

Como resultado: "Eu recebi uma proposta da Merchant U que não estava conectada à transformação que o negócio precisava para obter sucesso. Também vi que minha equipe não tinha os relacionamentos e conexões empresariais críticos que lhes ajudariam a obter a informação que precisavam. Era uma receita para o fracasso".

Quanto mais forte for a cultura de comando e controle de uma empresa, mais provável é que todos irão exercer plenos esforços para cumprir as exigências de um programa sem nunca se perguntarem, "Por quê?". O resultado será uma iniciativa de aprendizado que carece de raízes que lhe deem suporte porque não há uma linha clara de visão da missão e metas do negócio. Gerentes de linha irão resmungar entre si próprios sobre o custo ou tempo perdido, mas muitos irão seguir com a maré a fim de pouparem suas energias para batalhas maiores. Uma conspiração de silêncio nasce; as discussões sobre o programa acontecerão todas no que Connolly e Rianoshek (2002) chamam de modo de "pretensão" – todo mundo dizendo a coisa certa, mas ninguém encaminhando as preocupações reais. E a pobre organização de aprendizagem – tendo feito seu melhor para cumprir o que ela pensava que estava sendo pedido – não irá entender porque sua contribuição não foi valorizada tanto quanto a retórica administrativa sugeria.

Programas criados apenas para o bem de "ter um programa" estão condenados. O antídoto é estabelecer a D1 como um princípio de orientação por toda a organização: nenhum programa, independente de quem o peça, será executado sem uma racionalização clara baseada em resultados comerciais esperados. Isso ajudará a criar a atmosfera na qual é normal questionar a justificativa do negócio para cada programa proposto e na qual somente aquelas iniciativas em que há uma necessidade comercial convincente são executadas.

Confundir meios com fins

Assim como "ter um programa" é uma lógica inadequada, "ter ministrado um programa" é inadequado como resultado. Muitas organizações de aprendizagem corporativas ainda reportam o número de pessoas que ensinaram, as horas de instrução, o número de cursos virtuais completos, entre outras coisas, como se fossem resultados.

Sistemas de gestão de aprendizagem têm contribuído com o problema ao facilitar a coleta, a criação e a dissecação desses dados para transformá-los em gráficos e slides de PowerPoint. Mas essas estatísticas são medições de atividade, não produtividade. Elas são medições de inputs, não outputs. O renomado consultor de recursos humanos, Dave Ulrich, relatou uma reunião que teve com o presidente e os dirigentes de recursos humanos de um grande banco. "A pessoa do treinamento disse que 80% dos funcionários fizeram pelo menos quarenta horas de aulas. O presidente disse: 'Parabéns'. Eu disse: 'Você está falando sobre as atividades que estão fazendo. A questão é: o que vocês estão entregando?'" (citado em Hammonds, 2005).

A verdadeira meta do aprendizado e desenvolvimento – e o padrão pelo qual ele será cada vez mais mensurado – é a extensão com que contribuiu para a prosperidade e competitividade da companhia. As atividades envolvidas – cursos, horas, instrutores, treinamento, podcasts, entradas de blogs e todo o resto – são os meios para um fim, não um fim em si. Eles são importantes para a organização de aprendizagem seguir a trilha da gestão interna da função, mas eles não são os resultados para o qual a unidade foi criada e custeada.

Confundir meios com fins é altamente peculiar para o aprendizado e desenvolvimento. Em qualquer iniciativa, é fácil se concentrar tanto nas atividades que o propósito original se perde. Ou seja, "ao perder de vista as nossas metas, redobramos nossos esforços". Atividades são sedutoras; elas são observáveis, quantificáveis e fáceis de serem medidas, traçadas e relatadas. Mas elas não se equivalem ao valor adicionado.

Escrevendo sobre iniciativas de mudança corporativa, Schaffer e Thomson (1992) disseram: "No coração desses programas, que chamamos de 'atividade central', há uma lógica fundamentalmente falha que confunde meios com fins, processos com resultados". Um foco nas atividades ao invés dos resultados leva a uma situação em que: "Os esforços para melhorar o desempenho de muitas companhias têm tanto impacto nos resultados operacionais e financeiros, quanto uma dança da chuva cerimonial tem sobre o tempo" (p. 2).

A culpa é da gerência, ou como o personagem de quadrinhos Pogo disse: "Nós encontramos o inimigo e ele é nós". Por anos, organizações de aprendizado e desenvolvimento foram tratadas puramente como centros de custo, em vez de contribuidores para a produtividade. O resultado tem sido a ênfase indevida na eficiência (contenção de custos) em vez da eficácia (custo/benefício) na atividade (programas ou horas de treinamento) em oposição aos resultados (aumento de vendas, maior eficiência, melhor liderança, marketing mais eficiente, maior qualidade dos serviços e assim por diante). Departamentos de treinamento, consultores e vendedores não prometem resultados específicos porque, historicamente, isso nunca lhes foi pedido. Conquanto as companhias estiverem dispostas a pagar pela atividade, somente um tolo ofereceria mais.

Isso está em forte contraste com os padrões dos departamentos de linha. Se um gerente de vendas pede fundos para aumentar o tamanho da força de vendedores, ele precisa ser capaz de demonstrar como isso será traduzido em mais vendas, e não apenas mais ligações de vendedores. Um gerente de vendas é medido e recompensado por atingir o aumento prometido nas vendas, e não por aumentar o tamanho da equipe. De forma parecida, se o chefe de produções pede fundos para reaparelhar a fábrica, é melhor que ele possa justificar seu investimento em termos de aumento de produtividade, custos mais baixos, maior qualidade e assim por diante; e é melhor que ele entregue essas promessas. É assim que os negócios funcionam; a atividade em si não é recompensada.

Teresa Roche, CLO da *Agilent Technologies*, entende isso. Junto com o prestígio de ter sido chamada pelo CEO para liderar um programa de liderança altamente lucrativo e transformacional, veio o aumento da pressão e responsabilidade para produzir resultados. Roche disse que ela deu boas-vindas ao escrutínio. "Se vou receber algo com o que trabalhar e alguém está investindo dólares e serei responsável por prestar contas quanto a isso, não gostaria que fosse de nenhuma outra maneira", ela disse (citado em Prokopeak, 2009).

Praticar a D1 e D6 religiosamente – pedindo que os resultados comerciais sejam específicos para todos os programas e, então, documentando-os – permitirá que as organizações de aprendizagem evitem a armadilha dos meios *versus* fins. Isso garante que elas estejam sujeitas ao mesmo escrutínio rigoroso a que um negócio bem-dirigido sujeita a sua linha de operações, e que ela seja reconhecida e recompensada por produzir resultados. É um desserviço tanto para profissionais de aprendizado, quanto para os investidores, aplicarem um padrão mais baixo para avaliar programas educacionais do que aquele que é aplicado nos demais processos empresariais.

Intenção louvável

A quarta armadilha são programas posicionados em um nível moral alto. Desafiar o valor de programas de diversidade, treinamento de segurança ou de desenvolvimento de liderança equivale a questionar maternidade, patriotismo ou igualdade. Gerentes que valorizam suas carreiras relutam em desafiar programas politicamente corretos que têm intenções nobres.

O resultado é que iniciativas de aprendizado e desenvolvimento nesses tópicos raramente estão sujeitas ao mesmo tipo rigoroso de revisão e debate de outros gastos de magnitude equivalente. Planos de marketing, por exemplo, são escrutinados de perto e frequentemente desafiados. O debate sobre um programa de marketing não tem a ver com o fato de ele ser bom ou necessário para se fazer marketing, mas se o plano proposto é a melhor abordagem possível e se ele é capaz de entregar os resultados prometidos.

Deveria haver discussões igualmente ácidas sobre programas de aprendizado em liderança, diversidade, qualidade total ou outras áreas de intenções louváveis. Tais debates não devem ser sobre o mérito desses ideais, aquilo que é dado, mas sobre explorar rigorosamente o quão bem o programa serve ou servirá à organização, e se a abordagem pode produzir os resultados desejados. Se um programa não estiver produzindo os resultados que se espera – independentemente do quão nobre ou politicamente correto ele seja – ele deve ser demolido e substituído (ver Caso em

Pauta D1.6). Organizações de aprendizagem que praticam D1 – mantendo o foco sempre nos resultados desejados – encorajam discussões sobre as metas organizacionais para *todos* os programas e os melhores meios para atingi-las.

Caso em Pauta D1.6
É o seu navio

Quando o Capitão Michael Abrashoff assumiu o comando do *USS Benfold*, uma de suas primeiras ações foi cancelar o programa de treinamento de diversidade – não apenas porque ele não acreditava que diversidade era crítico para o sucesso da Marinha, mas porque o atual programa não estava alcançando os resultados para os quais foi criado: reduzir tensões raciais e discriminação sexual, e melhorar o trabalho em equipe.

Como ele estava focado nos resultados, não ficou satisfeito em apenas ter um programa que todos frequentavam. Quando ficou claro que o programa não estava produzindo os resultados esperados, ele o cortou. "Eu poderia ter sido despedido por isso, mas, do meu ponto de vista, era elementar que um programa que produzia resultados tão horríveis era claramente ineficiente. E eu não tinha intenção de permitir ineficiência no *Benfold*" (Abrashoff, 2002, p. 170).

Em vez disso, ele o substituiu por algo mais eficaz. Um programa não deveria estar isento de ter que entregar resultados apenas porque tem alguns ideais de alto valor e intenções louváveis; na verdade, justamente por seu mérito inerente ser tão grande, tais programas provavelmente deveriam receber um escrutínio maior para se ter certeza de que eles estão atingindo as suas metas sublimes.

Input inadequado

Continuamos a nos surpreender pelo número de programas de aprendizado que são implementados sem um input adequado em companhias que, se não por isso, seriam bem-administradas. Alguns são inteiramente desenvolvidos dentro dos recursos humanos ou organizações de treinamento, e são colocados em prática com pouco ou nenhum input dos líderes de linha. Se por um lado é verdade que recursos humanos, desenvolvimento organizacional e organizações de aprendizagem têm uma profunda especialização em suas respectivas disciplinas; por outro, elas não são consumidoras do programa, nem são diretamente responsáveis pela linha de produção. A perspectiva delas nos negócios é diferente da dos líderes de linha; elas têm menos experiência de pôr a mão na massa para administrar métricas comerciais complicadas. Se elas se consultarem somente entre si, podem desenhar um programa com fortes metas do aprendizado, mas elos de conexão fracos com os resultados comerciais essenciais.

É igualmente perigoso confiar somente em uma única fonte de informação sobre as lacunas de desempenho e suas causas. A Roda de Planejamento dos Resultados (Figura D1.6) que fornecemos se provou muito útil em facilitar discussões com gerentes comerciais sobre o desempenho e os resultados esperados. Não queremos dizer, contudo, que você deveria confiar apenas em um ponto de vista. A perspectiva de um gerente é diferente daquela das pessoas que fazem o trabalho de verdade. Os Robinsons (2008, p. 80) recomendam consultar no mínimo duas fontes diferentes para obter informações, como funcionários, gerentes, clientes, documentos comerciais ou dados operacionais. O sucesso do treinamento – ou qualquer outra intervenção, para aquele assunto – depende de entender completamente o problema que você está tentando resolver. Portanto, é vital investir tempo e esforço para juntar os dados que precisa para obter uma visão compreensiva dos resultados comerciais buscados e as habilidades e comportamentos necessários para atingi-los.

O pagamento é que programas que são claramente ligados a estratégias comerciais irão usufruir de um forte apoio dos líderes de linha seniores, e ganhar para a organização um verdadeiro "lugar à mesa" (ver Caso em Pauta D1.7).

Caso em Pauta D1.7
Vinculação de aprendizagem e estratégia

A *Platipak Packaging* é uma empresa global de $2 bilhões, fabricante de embalagens plásticas rígidas. Levada pela meta de permitir que os líderes da empresa administrassem os desafios e oportunidades do crescimento rápido, a empresa lançou a *Plastipak Academy* em 2006. Sua missão: entregar soluções de aprendizado desejadas alinhadas com as atuais necessidades comerciais, equipando os líderes empresariais para fazer com que o negócio crescesse.

Para mudar o paradigma sobre o papel do aprendizado, a líder da Academy Diane Hinton e sua equipe trabalharam duro para manter diálogos com os gerentes seniores que difeririam do que eles esperavam tipicamente de uma unidade de aprendizagem. A meta era garantir que o aprendizado na Plastipak fosse dirigido pelas necessidades e estratégias comerciais.

Conforme ela explicou: "Nós perguntamos sobre os desafios empresariais que eles tinham – não suas necessidades de treinamento – para identificar as prioridades estratégicas. Por exemplo, para alavancar o nosso processo de avaliação das necessidades, Mary Singos entrevistou nossos 26 líderes de ponta na empresa sobre seus desafios empresariais durante uma hora, cara a cara, em conversações corajosas. Ela cristalizou cada diálogo em demonstrações de necessidades, que o líder verificava quanto à precisão e assinalava em termos de impacto comercial e prioridade.

Então compilamos e apresentamos as análises – ou a 'voz de nossos líderes' – como um quadro geral das necessidades organizacionais e ameaças para cada membro da equipe de direção executiva, uma a uma. Com as orientações dos executivos acerca das prioridades, desenvolvemos propostas de aprendizado para os quatro maiores desafios que surgiram. Pedimos patrocínio dos executivos que os 'possuíam'. E, em um caso, fomos capazes de forjar uma parceria colaborativa entre dois executivos que partilhavam de um desafio similar, mas que anteriormente tinham visões bem diferentes sobre a solução.

O resultado foi que nós movemos o diálogo do aprendizado das 'necessidades de treinamento' para 'necessidades empresariais'. Isso nos capacitou a estabelecer uma estrutura de governança com executivos que agora colaboram para identificar, estabelecer e custear as prioridades.

Líderes de ponta nos abordam cada vez mais ou falam de nós para os outros para ajudá-los a encontrarem as suas necessidades empresariais prementes. Nossa reputação por fazer proativamente as coisas certas e fazê-las bem nos garantiu um verdadeiro 'lugar à mesa'.

Por exemplo, William C. Young, nosso presidente e CEO, pediu que eu estivesse presente durante o encontro de estratégia corporativa anual porque, como ele disse, 'Eu quero que a Academy planeje um papel integral em comunicar e dirigir essas mudanças'. O Sr. Young expressa abertamente a opinião de que a *Plastipak Academy* é um nivelador estratégico que traz vantagens competitivas".

Este é o tipo de reconhecimento pelo qual todas as organizações de aprendizagem devem lutar, mas que só pode ser ganha ao ser dirigida pelos resultados empresariais.

A ISPI (*International Society for Performance Improvement*) definiu a tecnologia do desempenho humano (TDH) como uma abordagem sistemática para resolver praticamente todos os problemas de performance de indivíduos e grupos nas organizações. Os princípios que governam a sociedade reforçam a importância de obter input suficiente para definir claramente os resultados desejados e lacunas no desempenho antes de desenhar as intervenções. Os princípios incluem:

- Foco nos resultados
- Abordagem sistemática para a avaliação da necessidade ou oportunidade
- Uma análise sistemática do trabalho e do local de trabalho para identificar as causas dos fatores que limitam o desempenho

> O processo de TDH começa com uma comparação do presente com os níveis desejados da performance individual e organizacional para identificar as lacunas. Uma análise de causa é, então, feita para determinar qual impacto o ambiente de trabalho (informação, recursos, e incentivos) e as pessoas estão tendo na performance. Uma vez que essa lacuna e suas causas tenham sido determinadas, as intervenções apropriadas são desenhadas e desenvolvidas. (International Society for Performance Improvement, n.d.)

Uma forma de garantir o input adequado é criar um comitê de direção que inclua ambos líderes empresariais e de aprendizagem para dar a visão geral e insight. Bersin (2008a) identificou "alinhamento com a estratégia comercial" como uma das seis práticas de alto desenvolvimento efetivo. Na *BNY Mellon*, os dez principais executivos reúnem-se trimestralmente para revisar como o desenvolvimento da liderança está dando apoio às iniciativas comerciais da companhia (Berson, 2008a). Na Sony, líderes empresariais seniores fazem parte do *Sony's Talent Management*

Council, que ajuda a desenhar e avaliar o Currículo de Liderança Integrada da empresa. Um executivo do conselho também faz parte das sessões de navegação virtual nas quais os participantes relatam o impacto comercial de trabalhar em suas metas de liderança. Muitas companhias usam líderes seniores como instrutores em programas estratégicos. Envolver a liderança sênior para forjar a estratégia e também na implantação garante que o programa tenha legitimidade e permaneça focado nos resultados.

D1 | Gerencie as expectativas

Expectativas importam. Quando você compra um produto, o faz esperando certos benefícios. Como diz o ditado: "As pessoas não compram furadeiras de quatro polegadas; elas compram a expectativa de buracos de quatro polegadas". Se os compradores estão satisfeitos ou não com suas compras depende se suas expectativas foram cumpridas ou não. O mesmo se aplica a treinamento e desenvolvimento. A gestão não compra (ou deveria comprar) cursos; eles compram a expectativa de melhorar o desempenho. Portanto, organizações de aprendizagem precisam estar atentas, e administrar as expectativas de seus clientes para garantir que elas estejam alinhadas com o que pode ser entregue realisticamente. De fato, os Kirkpatricks propuseram que o "retorno das expectativas" é a última medição da efetividade do treinamento (Kirkpatrick & Kirkpatrick, 2009, p. 89).

Aqueles que decidem quanto investir em aprendizado e desenvolvimento o fazem com base na antecipação que têm do valor que será devolvido. Quanto maior for o investimento de tempo e dinheiro necessários, maior a expectativa. Quanto mais alta for a expectativa, mais evidências convincentes do valor criado serão necessárias existir para que os compradores sintam que o gasto está valendo a pena. Pense em seu próprio comportamento: a sua expectativa de uma *entrada* em um restaurante que custa $49 é diferente do que custa $9. Você consideraria a primeira como de um padrão bem mais alto que a segunda, não é?

O desafio do aprendizado e desenvolvimento – assim como qualquer um que vende um produto ou serviço – é prometer o suficiente para obter o serviço, mas não tanto que não possa ser entregue. E a única maneira de encontrar o equilíbrio certo é concordar antecipadamente com quais devem ser os resultados empresariais e qual é a definição de sucesso.

Melhor do que nada

Por mais estranho que pareça, programas de treinamento têm que ser melhores do que nada. Isso porque as pessoas podem optar por não fazerem nada – não investir, seja porque o custo de resolver o problema excede o benefício esperado, ou porque elas perderam a confiança na habilidade do treinamento de entregar resultados comerciais significativos. Organizações de aprendizagem e de desenvolvimento têm que demonstrar que elas agregam um valor substancialmente maior do que nenhum treinamento. Se elas não puderem, "nenhum treinamento" continuará sendo a opção de escolha em tempos de restrição fiscal (ver Caso em Pauta D1.8).

Então, a última razão para sempre determinar os resultados para o negócio é deixar claro para a gestão que investir em treinamento e desenvolvimento é melhor do que nada.

Caso em Pauta D1.8
Nenhuma evidência, nenhum fundo

Quando Nigel Paine assumiu como diretor de treinamento da BBC, descobriu que a companhia estava investindo £ 1.5 milhão por ano em educação executiva de um tipo ou de outro (Paine, 2003). Mas quando ele buscou todos os registros disponíveis, foi incapaz de encontrar alguma evidência que confirmasse um retorno do investimento. As pessoas que frequentavam esses programas não progrediam necessariamente com mais velocidade, não ficavam mais tempo na empresa, ou geravam maior valor comercial. Parecia não haver lógica no motivo de alguns funcionários serem enviados para os programas de treinamento e outros não, nenhuma expectativa explícita do que seria ganho com isso, nenhum acompanhamento do processo. Portanto, ele colocou uma moratória sobre todas as despesas de educação executiva. Desnecessário dizer que houve um grande clamor entre os provedores, internos e externos. Mas quando desafiados, nenhum foi capaz de apresentar evidências credíveis que a sua solução dava mais valor do que a alternativa – não fazer nada.

Um milhão e meio de libras é muito dinheiro, até mesmo para uma organização do tamanho da BBC. Um investimento dessa magnitude tem que ser escrutinado. A gestão tem uma responsabilidade fiduciária para ter certeza de que um investimento em aprendizado e desenvolvimento é a melhor escolha possível para o dinheiro usado e que os recursos não serão mais rentáveis se aplicados em algum outro lugar.

Este é um ponto-chave com respeito à primeira disciplina de definir resultados: Programas de Aprendizado e Desenvolvimento competem com recursos não somente com provedores e formatos educacionais alternativos, mas também com outros departamentos e outros usos para o dinheiro. Cancelar um gasto de £ 1.5 milhão, por exemplo, envia £ 1.5 milhão direto para os resultados financeiros. Líderes de aprendizado e desenvolvimento precisam mostrar crediblemente e convincentemente o motivo pelo qual os investidores serão mais bem-servidos investindo dinheiro nessa área, do que relatá-la como lucro e pagá-la como dividendos. Em tempo, eles precisam saber mostrar por que o treinamento (que é caro) é melhor do que nada (que é, ao menos do ponto de vista dos custos, grátis).

D1 Resumo

O primeiro passo que é crucial e frequentemente negligenciado para que o aprendizado e desenvolvimento sejam bem-sucedidos é definir os resultados desejados em termos empresariais. Organizações de aprendizagem de sucesso priorizam as necessidades empresariais que o treinamento possa encaminhar e concentram seus recursos naquelas que terão o maior impacto e probabilidade de sucesso. Em colaboração com os investidores, elas definem a lógica para o programa em termos de resultados empresariais a serem entregues, e não apenas as metas do aprendizado a serem alcançados. Elas decidem junto com os patrocinadores as medições do sucesso antes de desenhar o programa completo. Esta primeira disciplina crítica – definir resultados empresariais – é a pedra angular para o sucesso de toda a iniciativa de treinamento. Se os designers do programa falharem em articular claramente os resultados esperados, nenhuma quantidade de esforço em estágios subsequentes poderá compensar plenamente; o futuro do programa, e talvez da própria empresa em si, é colocado em risco.

Use o checklist para D1 para garantir que o treinamento seja a melhor solução e que as metas do treinamento e desenvolvimento sejam definidos como resultado dos negócios.

Checklist para D1

Critério

O Programa Real

- ☐ O treinamento e desenvolvimento proposto encaminha um problema de desempenho relacionado à falta de conhecimento ou habilidade.
- ☐ Soluções de não treinamento foram exploradas ou tentadas e rejeitadas.
- ☐ Fatores ambientais que irão afetar a implantação bem-sucedida (como prestação de contas, consequências, *coaching* etc.) foram identificados e discutidos.

Cada Meta do Programa

- ☐ Está claramente ligado a uma alta prioridade, necessidades ou oportunidades comerciais de alto valor.
- ☐ Determinada a verdadeira performance que será atingida (em oposição ao conhecimento, habilidade ou capacidade).
- ☐ Especifica em que medida este padrão de desempenho será atingido e quando.
- ☐ Usa termos comerciais, conceitos e linguagens.
- ☐ Indica claramente como o sucesso pode ser medido.

Pontos de ação

Para líderes do aprendizado
- Nunca ofereça um programa simplesmente porque lhe pediram isso.
- Sempre pergunte, "Por quê? Qual é o benefício esperado para a companhia?"
    - Isto é vital: se você não entende claramente a necessidade do negócio e a conexão entre o treinamento e o preenchimento dessa necessidade, você não pode desenhar uma solução efetiva.

- Defenda seu território quando acreditar que treinamento é a solução errada.
  - Seja um consultor de desempenho; use o poder de sua especialidade para ajudar gerentes a verem que existem alternativas mais inteligentes para chegar a um resultado esperado.
- Leia e entenda o plano empresarial. Seja proativo ao identificar as áreas nas quais aprendizado e desenvolvimento possam contribuir.
- Teste suas ideias com líderes de linha que tenham discernimento. Torne-os seus aliados.
- Uma vez que você tenha decidido encaminhar uma necessidade apropriada com o treinamento, use a Roda de Planejamento dos Resultados para ajudar a negociar um "contrato" claro com a gestão que especifique antecipadamente as metas, métodos e como o sucesso será determinado.
  - Crie copropriedade de resultados ao ajudar os gerentes a entenderem que o treinamento irá fracassar a menos que seja acompanhado por mudanças concomitantes nos sistemas, envolvimento gerencial, incentivos e assim por diante.
- Revise todos os programas sob sua responsabilidade para ter certeza que todos têm metas que sejam credivelmente conectados aos imperativos comerciais.
- Seja proativo ao gerenciar o portfólio de treinamento.
  - Substitua programas marginais por outros mais estratégicos.
  - Proponha um realinhamento à gerência ou até mesmo redução de recurso se for apropriado.

Para líderes de linha
- Revise as principais iniciativas de aprendizado e desenvolvimento na unidade comercial pelas quais você é responsável.
  - Elas estão claramente alinhadas com as mais urgentes necessidades do negócio?
  - Existem necessidades críticas que não estão sendo encaminhadas?
  - Os recursos estão sendo gastos em programas de baixo valor que poderia provavelmente ser redirecionados para iniciativas de alto valor?
- Se você concluir que as iniciativas do aprendizado e desenvolvimento atuais não estão alinhadas com as necessidades mais importantes do negócio, você e o líder do aprendizado partilham a responsabilidade de garantir que elas estejam.
- Escreva as necessidades comerciais que você realmente gostaria de ver encaminhadas pelo aprendizado e desenvolvimento, e os resultados que espera.
  - Então, agende uma discussão com o chefe de aprendizado e desenvolvimento.
  - Pergunte se é possível endereçar suas necessidades com treinamento (tenha em mente que muitos problemas de desempenho nos negócios são resultado de sistemas ou processos que não podem ser resolvidos assim, ou que podem ser resolvidos mais rapidamente e de forma mais barata de outras maneiras. Se o chefe de sua organização de aprendizagem for bom, ele irá dizer se o que busca atingir por meio do treinamento é realista).

- Trabalhe pela Roda de Planejamento dos Resultados (Figura D1.6) com seu parceiro de aprendizado e desenvolvimento.
    - Concorde com mudanças comportamentais que sejam necessárias para chegar a esses resultados.
- Revise tudo criticamente, usando o cartão de pontuação das 6Ds (Exibição 1.1).
- Se for apropriado, reequilibre o seu portfólio de aprendizado e desenvolvimento para redirecionar recursos às iniciativas com maior potencial de se pagarem.

D2
Desenhar uma experiência completa

Se você não pode descrever o que está fazendo como um processo, você não sabe o que está fazendo. — W. Edwards Deming

Em um mundo extremamente competitivo que muda constantemente, agilidade e velocidade do aprendizado são fontes importantes de vantagem competitiva. Em um relatório específico patrocinado pela *ASTD*, *eLearning Guild*, e pela revista *Chief Learning Officer*, Clark e Gottfredson (2008) concluíram: "A derradeira fonte da capacidade adaptativa, competitividade e autopreservação... (é) a habilidade contínua de uma organização de aprender a aplicar seu conhecimento".

Enquanto o aprendizado engloba muito mais do que treinamento e desenvolvimento, o aprendizado acelerado e direcionado que a organização atinge por meio de programas de educação corporativa formais é um componente vital para manter-se competitiva. Dada a importância estratégica do aprendizado e a magnitude do investimento anual em treinamento e desenvolvimento, é fundamental maximizar o valor que ele gera e, assim, o retorno do investimento.

Maximizar o resultado do treinamento e desenvolvimento requer administrar o aprendizado como um *processo* em vez de um evento. Isso significa desenhar uma experiência completa de aprendizagem, não apenas a aula. Neste capítulo, examinamos o que significa gerenciar todo o processo de maneira integral e sistêmica – para planejar ativamente e influenciar o que acontece antes e depois dos limites tradicionais da educação corporativa – e os benefícios que advêm de se fazer isso.

Os tópicos incluem:

- Muitos fatores influenciam os resultados
- Um novo paradigma
- As quatro fases do aprendizado corporativo
- Averiguando o processo
- Checklist para D2
- Ações para líderes de T&D e de negócio

D2 — Muitos fatores influenciam os resultados

Aprendizado não ocorre no vácuo. O que cada pessoa leva consigo de uma dada experiência de aprendizado é moldado por muitas coisas, incluindo suas expectativas, atitude, experiências e conhecimento prévios, estilo de aprendizado, aptidão e estado emocional. De forma parecida, diversos fatores influenciam o quanto as pessoas transferem e aplicam subsequentemente seu conhecimento. Isso inclui oportunidade, encorajamento, reforço e sucessos ou fracassos anteriores (Figura D2.1).

Uma vez que o sucesso de programas de treinamento e desenvolvimento corporativo (ou seja, a criação de resultados expressivos para o negócio) requer tanto aprendizado como a transferência do aprendizado, o desenho de qualquer iniciativa precisa incluir o processo inteiro – não apenas o que acontece em sala de aula, sessões de e-learning ou simulações. Pesquisas demonstram que aquilo que ocorre antes e depois do período formal de instrução é tão importante, se não mais, do que o que acontece durante o curso em si (Broad, 2005, p. 82-93; Saks & Belcourt, 2006).

Figura D2.1
Muitos fatores influenciam a experiência do participante, impactam sua transferência e afetam os resultados

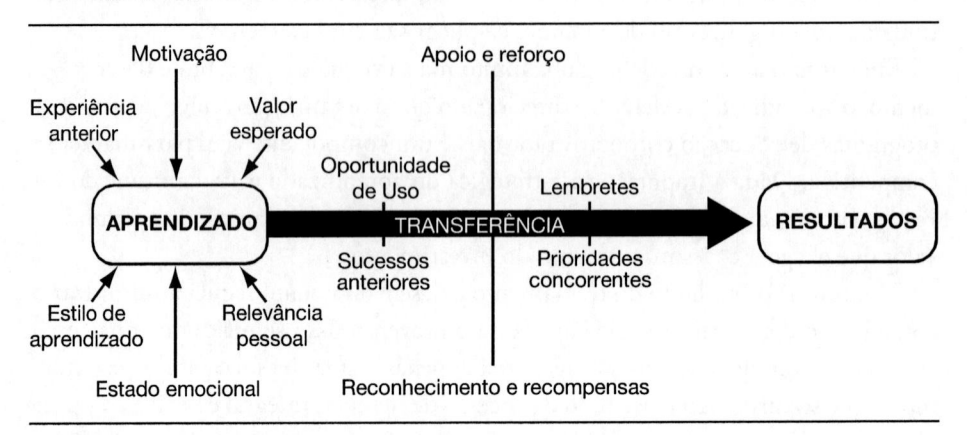

APRENDIZADO → TRANSFERÊNCIA → RESULTADOS

Fatores que influenciam o APRENDIZADO: Experiência anterior, Motivação, Valor esperado, Estilo de aprendizado, Relevância pessoal, Estado emocional.

Fatores que influenciam a TRANSFERÊNCIA: Oportunidade de Uso, Sucessos anteriores, Apoio e reforço, Lembretes, Prioridades concorrentes, Reconhecimento e recompensas.

D2 — Um novo paradigma

Precisamos, portanto, de um novo paradigma sobre o escopo de responsabilidade da área de T&D: um que vá além da "entrega de programas", para "entrega de resultados", que substitua "desenho instrucional" por "desenho da experiência", que inclua *todos* esses fatores que influenciam os resultados. O conceito dos paradigmas ("verdades" aceitas) e seu poder de moldar a forma do pensamento foram popularizados por Thomas Kuhn no clássico *The Structure of Scientific Revolutions* (A Estrutura das Revoluções Científicas), de 1962. Ainda que paradigmas sejam essenciais para o que Kuhn chamou de "ciência normal" e resolvam com eficiência os problemas cotidianos, há um ponto no qual os paradigmas prevalecentes não se encaixam mais aos fatos, são contraproducentes para o progresso, e precisam ser descartados. Acreditamos que atingimos esse ponto em relação a treinamento e desenvolvimento.

A sala de aula e o monitor do computador são caixas, literal e figurativamente falando. Enquanto os profissionais de aprendizado e os gestores confinarem seus pensamentos "dentro da caixa", eles estabelecem limites artificiais para o potencial e retorno dos programas de T&D. A colunista do *Journal of Organizational Excellence,* Teresa Roche, CLO da *Agilent Technologies,* explicou: "Na *Agilent,* espera-se que todo departamento inove, aprenda continuamente e, principalmente, entregue resultados. O departamento de Aprendizagem Global e Desenvolvimento de Liderança sabia que poderia não preencher essas expectativas simplesmente ao entregar programas tradicionais de formas tradicionais – independentemente das notas ao final do curso. Para colher o benefício máximo dos investimentos de treinamento corporativo, era necessário ampliar as perspectivas sobre quando, onde e como o aprendizado ocorre" (Roche, Wick & Stewart, 2005. p. 46).

Broad & Newstrom (1992) deram um primeiro e importante passo quando introduziram a matriz de transferência – e três papéis de parceiros de aprendizagem – o gerente, coach e participante (Tabela D2.1). A matriz desafiava as áreas de T&D a pensar mais amplamente em termos de fatores que influenciam a aprendizagem e em que momentos. Ela chamou a atenção especificamente à forma pela qual a transferência do aprendizado – e subsequentemente, resultados – são influenciados pelo que acontece depois do programa e por outros personagens, não apenas os profissionais de T&D no local de trabalho.

Tabela D2.1
A matriz de transferência papel-tempo

Papel	Tempo		
	Antes	Durante	Depois
Gerente			
Coach			
Participante			

Pesquisas adicionais demonstraram que indivíduos desempenhando papéis diferentes – por exemplo, os colegas de trabalho dos alunos – também influenciam os resultados (veja D4). O apoio (ou a falta dele) de gestores, colegas, subordinados diretos, executivos e outros influenciam as atitudes dos participantes em relação ao aprendizado e seu subsequente uso, assim como o clima geral e a cultura da organização (Broad, 2005, p. 29-30; Holton, Bates & Ruona, 2000). O ponto-chave é que a experiência de aprendizagem do participante engloba muito mais do que é incluído no desenho instrucional tradicional. Quem ignora essas realidades do aprendizado em um ambiente corporativo o faz por sua conta e risco, colocando o sucesso do programa em cheque.

A *International Society for Performance Improvement* (ISPI), desde sua criação, vem enfatizando a necessidade de se pensar a respeito das intervenções de recursos humanos de maneira integral e sistemática. Seus princípios para a tecnologia de recursos humanos afirmam: "Ter uma visão sistêmica é vital porque organizações são sistemas bastante complexos que afetam o desempenho dos indivíduos que trabalham dentro delas... Uma abordagem sistêmica considera o ambiente mais amplo que impacta processos e outros trabalhos" (ISPI, 2002). Iniciativas isoladas raramente resolvem problemas corporativos, pois estes são inerentemente sistêmicos (Senge, 1990, p. 7).

D2 | Um processo de quatro fases

O processo de transformar aprendizado em resultados para o negócio tem quatro fases (Tabela D2.2). Briad e Newstrom (1992) rotularam as três primeiras, "antes", "durante" e "depois" do treinamento em sua matriz de transferência (Tabela D1.2). O problema de usar "antes", "durante" e "depois" é que isso reforça o paradigma evento, implica que o "verdadeiro" aprendizado só ocorre durante o período de instrução formal (durante "o curso") e que aquilo que acontece antes é apenas "aquecimento" e depois, meramente uma nota de rodapé. Na verdade, as quatro fases são necessárias para que um programa seja de fato bem-sucedido. Mais programas fracassam como resultado de transferência inadequada do aprendizado (a terceira fase) do que por aquisição inadequada de conhecimentos (veja D4). De fato, o aspecto mais desafiador de se converter treinamento em resultados é extrair o aprendizado do conjunto instrucional e inseri-lo no trabalho, ou, como gostamos de dizer, "o verdadeiro trabalho começa quando o curso termina".

Para enfatizar a importância das quatro fases, muitas organizações estão se afastando da terminologia "antes, durante e depois". Por exemplo, a *Pfizer* se refere às três fases de seu Programa de Transição Avançada como "rampa de acesso", "residencial" e "aplicação on the job" (Blee, Bonito & Tucker, 2005, p. 261-264). O *Leadership Essentials and Leading for Performance* do *Standard Chartered Bank* e o *Integrated Leadership Curriculum* da Sony começaram a usar os termos Fase I, Fase II e Fase III, assim como outros autores (como Zenger Folkman & Sherwin, 2005), para enfatizar que esses são simplesmente estágios de um processo de aprendizado contínuo e coordenado.

De forma parecida, muitas áreas de T&D evitam especificamente o termo "pré-trabalho" usado para o aprendizado que tem de ocorrer na Fase I. Eles defendem que o próprio nome "pré-trabalho" sugere que não se trata de "trabalho real", que é opcional e sem importância. Pelo contrário, em programas muito bem-desenhados, completar os exercícios de aprendizagem da Fase I é essencial para participar ativamente e extrair valor máximo do resto do programa (Jefferson, Pollock & Wick, 2009), daí a preocupação em encontrar um termo menos pejorativo do que "pré-trabalho" para descrever a primeira fase do processo de aprendizagem que gera resultados.

Na primeira edição de 6Ds, definimos três fases de aprendizagem. Nossa experiência ao longo dos últimos cinco anos nos persuadiu de que existem na verdade quatro fases da experiência completa, a última sendo um ponto em que se faz uma pausa, avaliam-se e reconhecem-se as realizações (Tabela D2.2).

Tabela D2.2
As quatro fases do aprendizado

	Fase I – Preparação	Fase II – Aprendizado	Fase III – Transferência	Fase IV – Realização
Descrição	Leitura preparatória e outras atribuições	Aprendizado estruturado/ instrução/curso	Transferência do aprendizado e aplicação no trabalho	Pare, avalie e reconheça as realizações
Termo Antigo	Antes	Durante	Depois	
O Que Está Incluso	• Análise de necessidades; • Seleção dos participantes; • Desenho do curso; • Plano de avaliação; • Convite; • Marketing/ divulgação; • Reunião com gestores; • Leitura de fundo; Exercícios on-line; • Assessments	• Instruções em sala de aula, virtuais ou on-line; • Discussões; • Simulações; • Exercícios; • Role play; • Action Learning	• Estabelecer metas; • Planejamento de ações; • Acompanhamento; • Discussão com o gerente; • Ensinar outros; • Prática deliberada; • Relatório de progressos; • Reflexão; • Colaboração	• Autoavaliação; Avaliação de terceiros (gestores, pares, subordinados diretos etc.); • Mudança nas métricas de desempenho; • Melhor produto de trabalho; • Reconhecimento

Há dois conceitos-chave na Fase IV: (1) que ela representa um ponto final para determinado ciclo e (2) que ela avalia e *celebra* as realizações. Enquanto a avaliação é tipicamente concebida como uma atividade separada, à parte e distinta do processo de aprendizagem, qualquer um que já tenha se preparado alguma vez para uma competição baseada em desempenho, ou fez um exame final na escola, sabe quão poderosas são tais avaliações como motivação para aprender e praticar. Você também sabe, a partir de sua experiência pessoal, o quanto seu aprendizado foi moldado pelos critérios de julgamento da competição ou pelo que seria incluído no exame final.

Incluir uma avaliação do que já foi alcançado na Fase IV do processo completo do aprendizado aumenta a probabilidade de sucesso porque direciona a atenção e a energia nos resultados importantes. "Primeiro, o fato de que os resultados serão 'inspecionados' (avaliados, medidos, monitorados) amplia a atenção de todos os interessados – executantes, gestores, consultores de desempenho e outros – para exercer suas funções na intervenção de melhora de desempenho" (Broad, 2005, p. 115).

Definir um prazo específico e um método pelo qual a realização será avaliada é um desvio da prática corrente para a maioria das empresas de aprendizagem. Em nítido contraste com programas de nível superior e de certificação profissional, uma avaliação raramente é uma característica da educação corporativa. Peter Gilson, ex-diretor da *Swiss Army Brands, Inc.*, descreveu a prática típica: "Como um jovem executivo corporativo, eu frequentava dúzias de programas de desenvolvimento, mas nenhum deles fez um acompanhamento comigo para ver o que eu havia feito com aquilo que aprendi. O máximo de informação que chegou a ser coletada foi a nota que eu daria ao meu instrutor" (comunicação pessoal, 2006). Na ausência de expectativas claras e conhecimento de que a aplicação do programa será identificada, não é de se admirar que uma grande parte do treinamento corporativo nunca seja aplicada.

Os participantes nunca podem ser deixados em dúvida sobre como eles e o programa serão avaliados. Ken Blanchard relatou a história sobre como costumava dar aos alunos uma cópia do exame final no primeiro dia de aula, quando ele era um jovem professor assistente. Outros professores se opuseram, mas Ken persistiu, afirmando que uma vez que os exames finais representavam o que ele considerava mais importante para os alunos levarem de seu curso, então fazia sentido deixá-los saber isso desde o começo, e canalizar suas energias e foco para estudarem de forma compatível.

> "O máximo de informação que chegou a ser
> coletada foi a nota que eu daria ao meu instrutor."

A outra razão para incluir esta quarta fase como parte do processo de aprendizagem é que a própria avaliação é um exercício de aprendizagem. Avaliações reforçam o que foi aprendido ao obrigar os participantes a recuperar e processar informação algum tempo após o aprendizado original ter ocorrido. Uma avaliação benfeita oferece um feedback vital aos alunos sobre o que eles alcançaram, assim como em que eles ainda precisam se empenhar. Uma autoavaliação honesta pode ser, sozinha, um exercício de aprendizagem valioso.

Após muito debate, decidimos descrever a quarta fase como "ponto final" de um determinado ciclo. Não queremos sugerir que o aprendizado deva um dia parar, ou que a busca para melhorar o desempenho deva terminar. Mas estamos convencidos de que os benefícios de ter uma posição clara – de declarar uma meta específica para cada programa de aprendizagem pelo qual todos possam lutar – supera qualquer aspecto negativo. Todos no ambiente empresarial entendem que metas anuais não significam que o negócio acabou ao final do ano fiscal; o ciclo recomeça imediatamente, assim como também deve ser com o aprendizado. Mas qualquer um que já esteve envolvido no final do ciclo de um ano fiscal sabe que ter alvos específicos e um cronograma motiva a ação. O direcionamento para atingir uma meta – mesmo quando não há recompensa monetária envolvida (completar uma maratona, por exemplo) – é um motivador intrínseco poderoso para a maior parte das pessoas (Pink, 2009). A falta de definição de um ponto final para um ciclo de aprendizagem nega às pessoas a satisfação de alcançar um marco e os benefícios de refletir sobre o que conquistaram até ali.

Por esses motivos, acreditamos que definir um ponto final no qual as realizações dos participantes possam ser avaliadas, reconhecidas e celebradas, deve ser parte de um desenho da experiência completa (ver Figura D2.2).

Figura D2.2
As quatro fases da aprendizagem necessárias para melhorar a performance

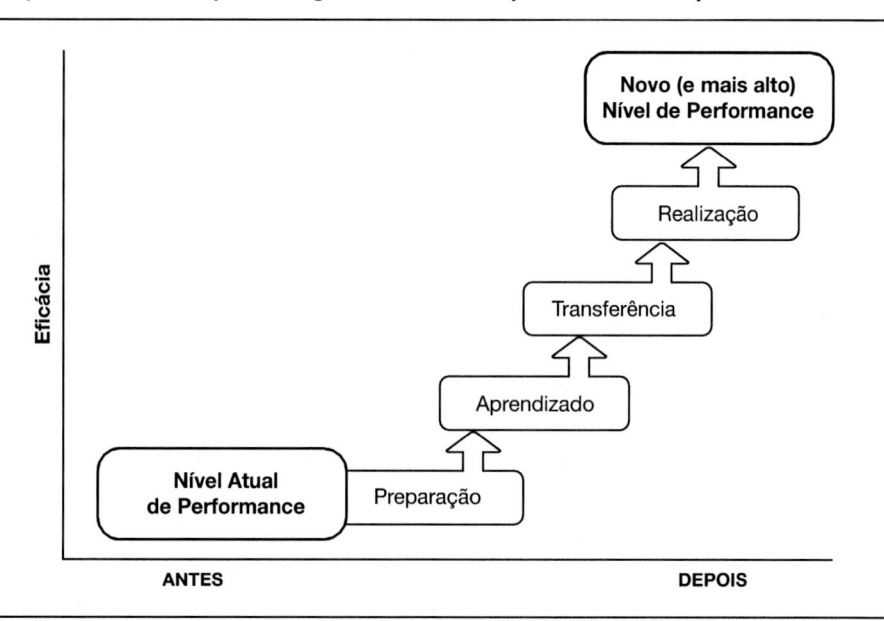

Na discussão a seguir usamos os termos neutros *Fase I, Fase II, Fase III e Fase IV*. Apesar de não serem muito cativantes ou inesquecíveis, eles têm a vantagem de serem amplamente aplicáveis a uma gama de tipos de programas, formatos de entrega e metas. Acrescentaremos títulos como "prepare, aprenda, aplique e alcance" por ser necessário dar mais clareza e vínculo com trabalhos anteriores. Para cada fase, examinamos a evidência de sua importância e damos sugestões para fortalecê-la como parte da D2 – Desenhar uma experiência completa.

D2 | Fase I: Preparação

O que os participantes levam consigo de um programa de T&D, o que eles transferem para seu trabalho e os resultados que eles, enfim, serão capazes de atingir, tudo isso sofre grande influência do que acontece durante a Fase I, bem antes que a instrução formal – o tradicional emblema do treinamento – comece. Isso é verdade mesmo para programas que não têm atividades específicas para a Fase I. A formação e a experiência anterior dos estudantes estabeleceram as bases sobre as quais se constroem novas capacidades (National Research Council, 2000); suas expectativas quanto ao programa – e as expectativas de seus gestores – influenciam a receptividade a novas ideias e abordagens.

Expectativas influenciam resultados

Os participantes não chegam a programas educacionais corporativos como folhas de papel em branco. Eles vêm com opiniões, preconceitos e expectativas. Eles podem ter lido sobre o programa on-line ou no catálogo de um curso; podem ter ouvido falar dele por meio de colegas. Essas primeiras exposições começam a modelar suas opiniões sobre o valor provável do programa e, portanto, sua predisposição para nele investir tempo e energia. Suas pressuposições acerca do valor também são fortemente influenciadas pelo nível de interesse ou indiferença dos seus gestores e pela experiência que tiveram no passado com programas de treinamento.

Esses preconceitos afetam os resultados de formas surpreendentemente poderosas. Uma experiência clássica feita no MIT ilustra quão poderoso e sedutor é esse efeito (Kelley, 1950). Solicitou-se que os estudantes avaliassem uma discussão liderada por um professor substituto. Cada estudante recebeu uma breve biografia do professor antes da aula. Sem o conhecimento dos alunos, havia duas versões diferentes da biografia de 63 palavras, idênticas exceto por duas menções: uma descrevia o professor como "muito caloroso" e a outra como "um pouco frio".

Ao final da aula, todos os estudantes receberam o mesmo questionário e tiveram que avaliar a sessão. Conforme Ori e Rom Brafman escrevem em *Sway* (2008): "Ao ver os resultados, você pensaria que os estudantes estavam respondendo sobre dois professores completamente diferentes. A maioria dos estudantes no grupo que tinha recebido a biografia descrevendo o substituto como "caloroso" o amou... Apesar de o segundo grupo ter sentado exatamente na mesma sala e participado da mesma discussão, a maioria deles não gostou do professor" (p. 73). Se apenas *duas palavras* podem fazer o processo do aprendizado oscilar tanto assim, fica claro que o preconceito dos participantes quanto ao valor esperado de um programa corporativo – anterior a qualquer prática do curso em si – influenciará fortemente a experiência e opinião deles durante e após o programa no tocante ao seu valor.

Tharenou (2001) mostrou que as expectativas – especialmente em relação à utilidade prática do programa – influenciam fortemente a decisão de um funcionário de participar de um treinamento não obrigatório. Segue-se que as expectativas dos participantes que ingressam também têm impacto na sua disposição de se engajar plenamente em exercícios de aprendizagem como simulações, dramatizações, aprendizado on-line e discussões. Isso pode ser constatado a partir de experiência própria. Sua disposição para ir assistir a um filme, experimentar um novo restaurante, ou ir a uma conferência é muito influenciada por aquilo que você leu ou ouviu de seus colegas e amigos.

De uma maneira geral, as pesquisas sugerem que as áreas de T&D se beneficiarão ao investirem mais esforço e atenção para criar expectativas positivas entre os participantes pois, numa intensidade surpreendente, tais opiniões se tornam profecias autorrealizáveis. Em grande medida, os participantes tiram de um programa aquilo mesmo que eles presumem que tirarão. Se eles esperam um alto valor, experiências de aprendizagem válidas, então é geralmente isso que eles vivem. Se eles esperam perda de tempo, quase sempre acaba sendo, ao menos para eles. Como bem ilustra o estudo do MIT, dois participantes que frequentam o mesmo programa, mas com expectativas diferentes, terão experiências distintas e sairão com percepções diferentes sobre o valor do que receberam (Figura D2.3).

Esse fenômeno é tão forte que quem planeja programas de T&D o ignora por sua conta e risco. Isso não quer dizer que um bom curso não possa converter os céticos ou que um programa realmente terrível não irá desapontar até mesmo os mais aficionados. Mas é muito mais fácil atingir os resultados esperados quando os participantes entram nos programas motivados a aprender porque esperam que o conteúdo os ajude em seu trabalho, e porque sabem que serão considerados responsáveis por gerar resultados. Assim, parte da D2 envolve gerenciar as expectativas criadas na Fase I – bem antes do que tem sido considerado tradicionalmente o início do programa de treinamento.

"Expectativas exercem forte influência sobre a decisão de um colaborador por participar."

Figura D2.3
Expectativas influenciam o modo como os participantes se beneficiam diferentemente de um mesmo programa

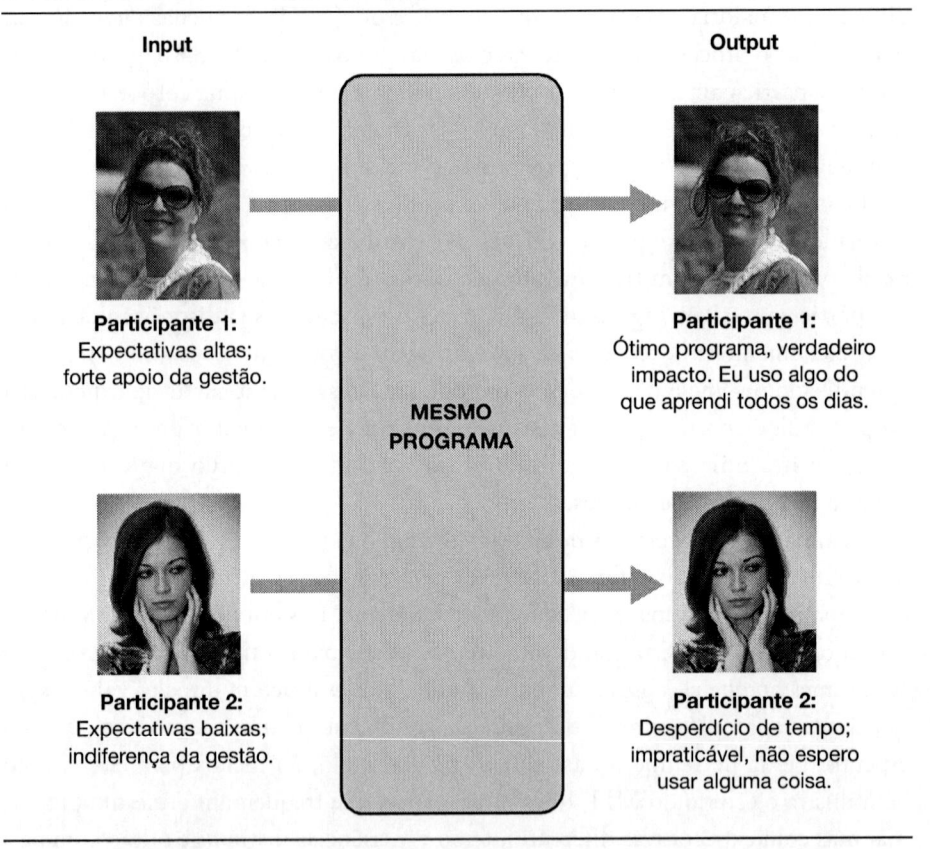

Input		Output
Participante 1: Expectativas altas; forte apoio da gestão.	MESMO PROGRAMA	**Participante 1:** Ótimo programa, verdadeiro impacto. Eu uso algo do que aprendi todos os dias.
Participante 2: Expectativas baixas; indiferença da gestão.		**Participante 2:** Desperdício de tempo; impraticável, não espero usar alguma coisa.

O aprendizado da Fase I também inclui leituras de apoio, exercícios on-line, assessments, e outras atribuições que ajudam a acelerar e enriquecer a aprendizagem que ocorre na Fase II, a experiência do aprendizado formal ou estruturada.

Fortalecendo a Fase I

Como o que acontece na Fase I tem impacto sobre o valor final criado por T&D, fortalecê-la é um aspecto importante de uma iniciativa geral de melhora. Três ações são primordiais: aumentar as expectativas, envolver os gestores e acelerar o aprendizado ao reunir as pessoas certas com o background de conhecimento certo, no momento certo de sua carreira.

Aumentar as Expectativas A percepção dos participantes sobre o treinamento – como algo essencial para seu sucesso, como uma recompensa, ou como uma punição, mini-férias, ou uma perda de tempo – influencia quão sério será o empenho deles e, portanto, a probabilidade de seu sucesso.

Áreas de T&D podem aumentar suas expectativas aplicando princípios de marketing. Departamentos de marketing gastam boa parte do seu tempo e dinheiro administrando o *posicionamento do seu produto* e a *promessa da marca* – o que os clientes pensam quando eles escutam o nome do produto e o que esperam quando o compram. Marcas fortes como Coca-Cola, Crest, Lexus e iPhone têm posicionamento forte. Seus principais benefícios vêm imediatamente à mente e moldam percepções de valor, preço e alternativas. A reputação de uma marca influencia positiva ou negativamente as decisões de compra e a satisfação do cliente. Assim também ocorre com a marca do treinamento.

Departamentos de marketing eficientes sabem o que o seu público-alvo valoriza e utilizam todos os canais de comunicação à sua disposição para associar suas marcas ao que o cliente mais quer. A meta é criar uma associação positiva entre a marca e algo que o cliente deseja e, então, incutir essa associação profundamente em sua *psique*. Desenvolver uma "marca" forte para treinamento – que seja percebida como pertencente ao negócio e essencial à carreira de alguém – irá aumentar a capacidade da área de T&D de contribuir com o negócio (veja também na D6: *Vender o peixe*, na p. 313).

Mas o que os colaboradores querem de um treinamento? Os princípios da educação de adultos, assim como estudos das razões pelas quais os colaboradores vão ao treinamento, indicam que adultos são motivados a aprender o que acreditam ser de benefício prático em sua vida e carreira. Apesar disso, a maioria das descrições de cursos enfatiza as *características* do programa – a duração, o que será abordado, as metas do aprendizado, e a metodologia – mas raramente seus *benefícios* – como irá ajudar o participante e a organização.

Assim, definir resultados para o negócio (D1) não só informa os desenhos dos programas, mas também ajuda a comunicar (aumentar as expectativas) o valor de frequentá-los. Há uma grande diferença, em termos de valor percebido, entre um programa anunciado como um no qual "você aprenderá técnicas eficientes de gerenciamento de tempo" (um atributo declarado) e o mesmo programa apresentado como um que irá "capacitá-lo a fazer mais em menos tempo, com menos estresse, deixando mais tempo para as coisas de que você gosta" (um benefício declarado). Certa vez, como uma brincadeira, sugerimos rebatizar um curso sobre segurança em espaços restritos com o nome "como chegar vivo até a sua casa e às pessoas que você ama".

O ponto é que as pessoas compram benefícios esperados; elas não compram atributos. "Muitas pessoas divulgam as características de suas ofertas e esperam que o comprador ligue os pontos e entenda o valor do benefício" (Dugdale & Lambert, 2007, p. 163).

"As pessoas compram benefícios esperados; elas não compram atributos."

Para obter engajamento e angariar apoio para programas de aprendizagem, você precisa ser explícito em relação ao "por que" – os benefícios que serão revertidos para os participantes.

O poder de tornar o benefício para o negócio explícito foi demonstrado em um workshop que fizemos na Ásia para uma das empresas da *Fortune 10*. Após o curso, um dos participantes reescreveu todas as descrições deste em sua divisão para dar ênfase ao negócio e aos benefícios pessoais (resultados), em vez de apenas às características. Como resultado, o interesse nos programas por parte de participantes em potencial e o apoio ao comparecimento por parte dos gerentes aumentou consideravelmente, ainda que os programas propriamente ditos não tivessem mudado, somente a forma pela qual eram posicionados e descritos.

Melhore o Convite Outra boa oportunidade de influenciar positivamente as expectativas dos participantes é por meio do processo de convite. Muitos convites para ir a treinamentos corporativos e programas de desenvolvimento se parecem mais com a convocação para fazer parte de um júri do que uma oportunidade de participar em algo de valor. Um cliente com quem trabalhamos (que deve permanecer anônimo) realizava um workshop intenso e de desenvolvimento de alta qualidade para seus funcionários de maior potencial. Os candidatos para este programa tão seletivo foram convidados somente após um rigoroso processo de análise. Apesar disso, algo deu errado durante o processo de convite. Os participantes não só não tinham a menor ideia da honra que significava ser convidado, como alguns pensavam de fato que estavam lá para correção!

Revise a forma como as pessoas são convidadas (ou direcionadas) para frequentar os programas na sua organização. Os benefícios *aos participantes* estão claros? O convite veio de uma pessoa cuja autoridade eles conhecem e respeitam? Aumenta as expectativas de que, se participarem, ganharão algo valioso e, ao mesmo tempo, comunica as altas expectativas da empresa em relação à deles? Ou parece ser apenas mais um e-mail impessoal de algum burocrata sem rosto?

Considere formas mais atraentes de endereçar o convite, especialmente para programas estrategicamente vitais. Algumas empresas o fazem através de um líder sênior. Na *McKesson*, por exemplo, o vice-presidente executivo de recursos humanos liga pessoalmente para cada participante do Programa Leaders Teaching Leaders, para confirmar o comprometimento e a participação dos convocados no programa (Boston, Allred & Cappy, 2009). Outros são ainda mais criativos: o *UBS Bank* remodelou um vídeo de marketing, dublando-o para criar um convite de alto impacto para um importante programa de liderança.

O convite para participar do curso é uma de suas primeiras oportunidades de "vender" os benefícios aos participantes; é um elemento importante da Fase I que ajuda a estabelecer o tom para a experiência completa do participante. Se não quiser que seu programa seja visto como outra tarefa chata, não o promova assim.

Assegure Apoio da Gestão   Um apoio visível dos gestores aumenta muito a probabilidade de sucesso. É especialmente importante na Fase I porque os funcionários em todos os níveis são pressionados pelo tempo. Esmagados por prioridades concorrentes, eles procuram por seus gestores para pedir indicações do que é mais importante e, então, alocar os esforços nesse sentido. Se notarem que um programa tem forte apoio gerencial, ele receberá mais empenho e atenção. Se seus gestores parecerem indiferentes ou céticos quanto ao valor do treinamento, então os participantes lhe destinarão o mínimo de tempo e empenho possível. Os superiores diretos dos participantes, em particular, têm um efeito profundo sobre os resultados do treinamento. Esse efeito entra em ação antes mesmo de a instrução começar (discutido na Exibição D2.1 a seguir).

Isso não é uma surpresa, considerando a influência geral que um superior direto de uma pessoa tem sobre suas prioridades de trabalho, experiência e satisfação no emprego. Kouzes e Posner (2007) disseram bem:

> Se você for um gestor em uma organização, para os *seus* subordinados diretos você é o líder *mais importante* da organização. *Você,* acima de qualquer outro líder, tem mais possibilidade de influenciar o desejo deles de ficar ou sair, a trajetória de sua carreira, o seu comportamento ético, a sua capacidade de dar o melhor de si, sua vontade de encantar os clientes, sua satisfação com o emprego e sua motivação para adotar a visão e os valores da empresa (p. 338, ênfase no original).

Exibição D2.1
Gestores e a Fase I do aprendizado

Quando questionados sobre qual combinação de tempo e função teve o maior impacto na transferência do aprendizado, os próprios instrutores concordaram que o envolvimento do gestor na Fase I – antes do curso formal – era a influência mais poderosa para determinar se o treinamento seria, em última instância, transferido e aplicado (Broad & Newstrom, 1992, p. 54). Esta percepção foi confirmada por muitas outras pessoas.

Por exemplo, Brinkerhoff e Montesino (1995) descobriram que participantes que tiveram conversas com seus gerentes antes e depois do treinamento relataram níveis significativamente maiores de aplicações de habilidades (*skills*) e sentiam-se mais responsáveis por utilizar o novo aprendizado. Feldstein e Boothman (1997) compararam alta e baixa performance dos participantes e identificaram oito fatores que caracterizavam a alta performance. Metade desses fatores estava relacionada à influência do gestor. Por exemplo, 75% dos participantes de alta performance relataram que seus superiores tinham expectativas de uma melhora no desempenho após o treinamento, enquanto que apenas 25% dos indivíduos com baixa performance disseram o mesmo. Em um estudo de acompanhamento, um sistema foi implantado para aumentar a interação pré e pós-curso com os gestores. O resultado foi que ambos, participantes e seus gestores, relataram taxas bem mais altas de transferência do aprendizado para a prática.

Na American Express, os alunos que apresentaram uma "grande melhora" tinham quatro vezes mais chances de haverem conversado individualmente com seus gestores do que no grupo "sem melhora" (American Express, 2007). A conclusão é que os gestores impactam diretamente no resultado do treinamento – e essa influência começa na Fase I.

Eles não disseram, mas poderiam facilmente ter acrescentado: "e as expectativas deles com respeito ao treinamento e desenvolvimento". Se um gestor de um funcionário não demonstra qualquer interesse pelo seu desenvolvimento, ou pior, claramente demonstra má vontade quanto ao tempo que passará em um programa, isso transmite uma eloquente mensagem que contamina a opinião do participante e reduz o seu desejo de participar, antes mesmo que o programa tenha começado.

Portanto, garantir que os participantes conheçam, sintam e acreditem no apoio gerencial desde a Fase I é vital para maximizar o retorno dos investimentos educacionais. É mais fácil de recrutar e manter um apoio de verdade se a D1 – Determinar os resultados para o negócio – for seguida. Gestores de negócios estão mais dispostos a fazer com que seu pessoal vá aos programas de treinamento e dão mais apoio à transferência do aprendizado, quando eles percebem um forte alinhamento entre as necessidades do negócio e o currículo do treinamento. Bersin (2008b) descobriu que alinhamento e apoio dos gestores eram os dois fatores principais que determinavam impacto organizacional (p. 82). Assim, ele incentivou as áreas de T&D a avaliar o grau de alinhamento entre as necessidades do negócio e programas individuais e da área de educação corporativa como um todo.

Louis Carter, fundador e presidente do *Best Practice Institute*, conduziu um estudo de organizações que atingiram resultados sustentáveis a partir do desenvolvimento da liderança. O suporte e a participação da alta gestão foram os fatores de sucesso mais impactantes (Carter, Ulrich e Goldsmith, 2005, p. 421). Comportamentos críticos para o sucesso da liderança sênior incluem:

- Alocar fundos para a iniciativa
- Modelar um comportamento consistente com a estratégia
- Integrar a iniciativa no plano estratégico
- Facilitar a educação ou treinamento (p. 444)

O apoio precisa ir além das meras palavras. Para um programa de desenvolvimento ser eficaz e em trazer uma mudança organizacional, a liderança mais experiente e mais visível precisa modelar seus preceitos. A alta gestão precisa participar pessoalmente do programa, adotar seus princípios, usar as abordagens de gestão recomendadas, e incorporar conceitos do programa em suas atividades diárias. Se não o fizerem, irão abalar seriamente o impacto e a credibilidade do programa (ver Caso em Pauta D2.1).

Os participantes são hábeis em perceber se os programas têm ou não o apoio total de seus líderes na organização. As sementes cármicas do sucesso ou fracasso estão plantadas antes mesmo de seu lançamento, na medida em que ele receba o apoio efetivo da gestão, além da mera retórica: gestores dos participantes têm que estar preparados para apoiar o programa *por meio de seus atos*. E uma das atitudes mais eficazes que eles podem tomar é ter uma discussão curta, focada e estruturada com seus subordinados diretos *na Fase I*, antes do curso formal (Jefferson, Pollock & Wick, 2009).

Se a alta gestão não estiver disposta a assumir o compromisso de fornecer esse nível de apoio, todas as premissas do programa precisam ser reexaminadas. A liderança de treinamento deve questionar se realmente foram definidas as necessidades mais urgentes da empresa, e se foi desenvolvido um programa que as contemple. Lançá-lo na ausência de um apoio forte da gestão enfraquece suas probabilidades de sucesso e é potencialmente prejudicial à reputação da área de T&D como um todo.

> "Não deixe dúvidas na mente dos
> participantes quanto ao que é esperado."

Caso em Pauta D2.1
Quando o vídeo não combina com o áudio

Uma firma de biotecnologia com a qual trabalhávamos havia sustentado um crescimento acentuado durante alguns anos. Gerentes haviam sido promovidos rapidamente enquanto o negócio crescia, mas com muito pouco treinamento formal em gestão e, por conta do ritmo do crescimento, com pouca experiência de campo e aconselhamento.

Como resultado, a maioria dos gerentes de nível médio apenas imitava o estilo empreendedor do fundador da empresa. Nessa altura, a empresa enfrentou turbulências no mercado e ficou muito aquém de suas previsões. O valor de suas ações despencou e a alta liderança percebeu que a falta de gestão profissional era um sério obstáculo à continuidade de sua prosperidade. Então, solicitou-se à área de recursos humanos que desenhasse e implementasse um programa de cinco dias para ajudar os gerentes a aumentar a eficácia do trabalho em equipe, a promover a inovação, a melhorar a eficiência e a criar um senso de responsabilidade por resultados mediante delegação.

A alta gestão endossou fortemente o programa e fez discursos acalorados sobre sua importância para o futuro da empresa. Quando chegou a hora de participar do curso, contudo, eles estavam "ocupados demais" para frequentar o programa em sua totalidade. Eles pediram que a área de desenvolvimento organizacional montasse uma "edição executiva" especial com duração de meio período, que não incluía nem preparação, nem acompanhamento da transferência.

O resultado era previsível. A alta gestão jamais dominou o conteúdo. Portanto, falhou em incorporar o processo ou a terminologia em sua própria liderança. Então, por exemplo, enquanto gerentes de nível médio eram exortados a expandir o pensamento criativo conduzindo sessões de brainstorming de uma determinada forma, seus próprios gerentes eram incapazes de fazê-lo. Na verdade, muitas atitudes tomadas pela alta liderança da empresa eram diretamente opostas aos conceitos e princípios do programa. É desnecessário dizer que o programa não conseguiu criar a mudança esperada ou gerar um retorno do investimento. De fato, a atitude "faça o que eu digo, mas não faça o que eu faço" da alta liderança não só minou a eficácia do programa, como provocou cinismo entre os gerentes de nível médio com relação tanto à alta liderança quanto ao valor do treinamento e do desenvolvimento.

Redefina a Linha de Chegada   Uma meta importante da Fase I deve ser não deixar dúvidas na mente dos participantes sobre o que se espera deles. Eles devem comparecer ao curso com um entendimento claro de que o *privilégio* de frequentar um programa educacional traz consigo a *responsabilidade* de aplicar o que se aprende para melhorar sua performance (Figura D2.4).

Figura D2.4
A oportunidade de participar do treinamento aumenta as expectativas de melhora em performance

"Mas notícias, Gilchrist – de algum modo você chamou a atenção de alguém."

© Charles Barsotti/Condé Nast Publications. Disponível em: <www.cartoonbank.com>. Usada sob permissão.

O acompanhamento da aplicação do treinamento e desenvolvimento deve ser parte do que Bossidy e Charan (2002) chamam de "cultura de execução", pois "sem execução, o avanço do pensamento se perde, o *aprendizado não agrega valor*, as pessoas não atingem suas metas de crescimento, e a revolução morre na praia" (p. 19, ênfase acrescentada). Um salto quântico em termos de desempenho ocorreria se todas as pessoas que frequentassem um programa de treinamento soubessem que o esperado é que cumprissem as metas de transferência do aprendizado e atingissem os resultados buscados, assim como o fariam em relação a outras metas do negócio. Quando os colaboradores recebem uma oportunidade de aprender, as expectativas em relação à sua performance subsequente aumentam (Jefferson, Pollock & Wick, 2009). Se a performance permanece inalterada enquanto as expectativas sobem, a sua avaliação de desempenho em relação às expectativas irá, na verdade, decair (Figura D2.5).

Mesmo assim, a área de treinamento e desenvolvimento continua a reforçar inadvertidamente a ideia errônea de que frequentar o curso é suficiente e de que quando a aula termina, o trabalho do participante está concluído. Na verdade, o verdadeiro trabalho de transformar aprendizado em resultados mal começou.

Figura D2.5
As expectativas aumentam após um programa de treinamento. Se a performance permanecer a mesma, então a performance relativa declina

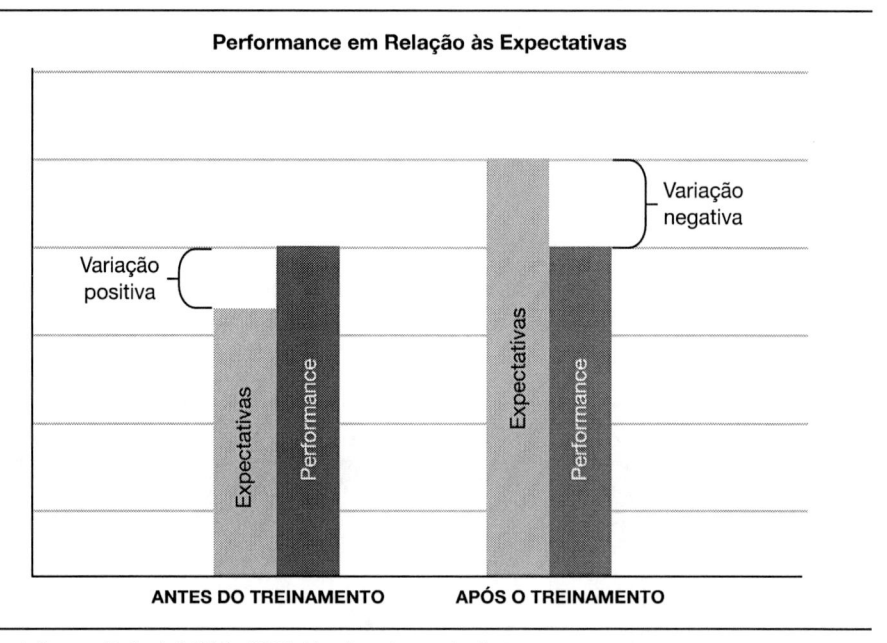

After Jefferson, Pollock & Wick, 2009. Usada sob permissão.

Os problemas começam com a agenda de atividades, que, para a grande maioria dos programas de treinamento – seja na sala de aula, virtual ou on-line – inclui somente a Fase II. Uma representação mais correta do processo seria uma linha do tempo que inclua as quatro fases da experiência completa (Figura D2.6). De fato, assumimos a postura de que "Nunca mais devemos falar de uma programação de três dias, uma semana ou mesmo três semanas. Todos os programas devem ter pelo menos três meses de duração", pois para a maior parte dos treinamentos corporativos, esse é o tempo mínimo necessário para estabelecer novos hábitos e produzir resultados (Wick, Pollock & Jefferson, 2008).

O paradigma de que "o curso é a coisa" é ainda mais reforçado pelo último item da agenda de trabalhos da maioria dos programas. Normalmente, o que consta é algo como "fim do programa", dando a impressão enganosa de que os participantes cumpriram com suas responsabilidades simplesmente por "comparecerem." Essa noção é intensificada pelo hábito de entregar certificados e lembranças, e de premiar com créditos ao final da aula ou do programa de educação à distância.

Reconhecendo quão contraproducente é essa prática – uma vez que ao final do curso a organização arcou com o custo, porém não recebeu nenhum benefício –, organizações mais esclarecidas começaram a mover a linha de chegada do último dia de aula para o momento de documentação dos resultados (veja Caso em Pauta D2.2).

O verdadeiro trabalho de transformar o aprendizado em resultados começa quando a educação formal termina. Nos próximos capítulos discutiremos formas específicas de facilitar a transferência e a aplicação (Fase III). Essas abordagens são mais eficientes quando a expectativa de colocar o aprendizado em prática foi claramente estabelecida desde o começo, na Fase I. É essencial, portanto, recompor as expectativas dos participantes de forma que a "conclusão do curso com êxito" seja entendida como atingir uma melhora sustentada em performance, e não apenas chegar ao final do curso.

Figura D2.6
Um cronograma para o programa que coloque as expectativas no devido lugar ao mostrar a experiência completa de aprendizagem

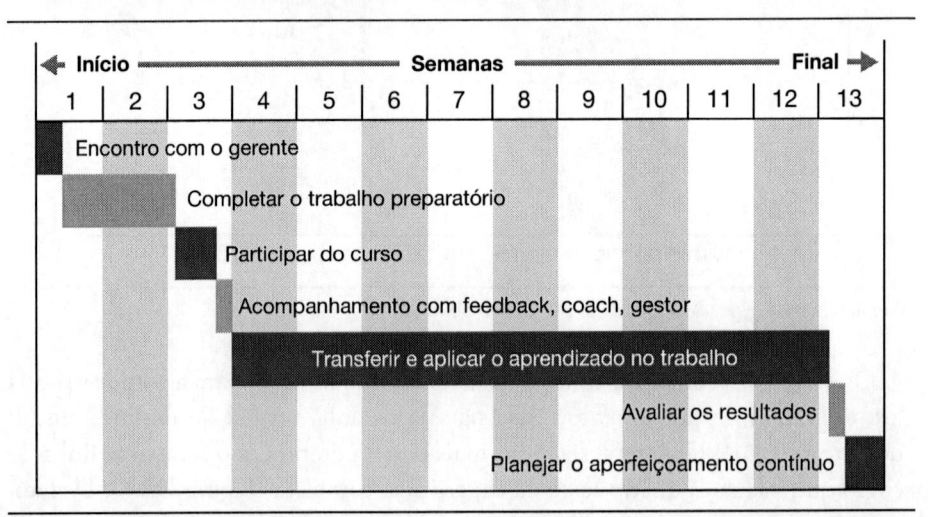

← Início	Semanas	Final →
1 | 2 | 3 | 4	5 | 6 | 7 | 8 | 9	10 | 11 | 12 | 13

- Encontro com o gerente
- Completar o trabalho preparatório
- Participar do curso
- Acompanhamento com feedback, coach, gestor
- Transferir e aplicar o aprendizado no trabalho
- Avaliar os resultados
- Planejar o aperfeiçoamento contínuo

Reúna as Pessoas Certas na Sala   Uma diferença-chave entre ensinar adultos e ensinar crianças é que os adultos trazem consigo experiências muito mais ricas e variadas. Essas experiências representam uma estrutura forte sobre a qual construir, e uma fonte de exemplos práticos e conhecimentos do mundo real.

Caso em Pauta D2.2
Deslocando a linha de chegada

Home Depot ministrou uma série de grandes eventos de treinamento para ajudar seus gerentes de loja a conduzir as operações com mais eficiência. Ao final do fórum de três dias, os participantes foram presenteados com um belo troféu de cristal. A presidente da *Home Depot Canada*, Annette Verschuren, percebeu que isso transmitia uma mensagem completamente equivocada. O prêmio não deveria ser dado por comparecimento, mas pela implementação de ideias ou práticas que melhorassem de fato as operações das lojas. Então, ao menos em sua unidade na empresa, os gerentes de loja receberam seus troféus apenas quando conseguiram documentar pelo menos uma ação tomada como resultado de ter participado do Fórum dos Gerentes da Loja e que demonstrasse uma melhor performance de sua loja – um bom exemplo de como redefinir o significado de completar um curso, que deixou de ser chegar ao fim do programa formal, mas implementar ações e obter resultados reais.

Outro bom exemplo vem de Bill Amaxopoulos, gerente do programa de liderança da *Chubb Group of Insurance Companies*. Bill havia mudado para uma abordagem de fases na qual os participantes e seus gestores tinham que frequentar juntos um pré-curso sob a forma de webcasts e comprometer-se com atividades de transferência e aplicação. Depois, em um webcast pós-curso de três meses de duração, cada participante resumia suas metas a partir do programa e suas realizações subsequentes. Eles recebiam crédito por completarem o curso somente após terem participado da chamada para avaliação e follow-up.

Assim, ajudar os participantes a construir sobre suas experiências e partilhar as "lições aprendidas" são preceitos importantes da educação de adultos.

A própria riqueza e variedade de experiências representada pelos membros de qualquer grupo, entretanto, constitui um desafio significativo para profissionais de educação corporativa. Na escola ou até mesmo na faculdade, educadores podem presumir a presença de um conjunto mais homogêneo de experiências e formação. Na educação corporativa, os grupos incluem com frequência alunos que diferem enormemente em faixa etária, anos de experiência, formação, histórico de trabalho e, em um mercado cada vez mais global, até mesmo na língua-mãe. Apesar de esta diversidade oferecer um solo fértil para discussão e insight, ela também aumenta a dificuldade de promover uma experiência de aprendizado eficaz para cada participante. Desenhar a experiência do aprendizado completa, portanto, inclui definir o background que os participantes precisam ter para se beneficiarem do programa, assim como as experiências de aprendizagem de que precisam na Fase I para estabelecer uma base em comum.

Em universidades acadêmicas, os cursos de nível superior claramente estabelecem prerrequisitos para a inscrição, tais como: "Os estudantes precisam ter completado com êxito a disciplina de cálculo matemático". Isso é bem menos frequente em universidades corporativas e programas de educação para executivos – talvez por medo de limitar as inscrições. O lado negativo de não exigir prerrequisitos, contudo, é que o programa precisa ser ministrado necessariamente em um formato "tamanho único" e, como consequência, talvez não se encaixe perfeitamente ao perfil de ninguém – elementar demais para uns, e avançado demais para outros.

Ao reconhecer esse dilema, diversas empresas estão se movimentando na direção de cursos oferecidos em uma sequência coordenada. Essa abordagem permite que sua área de T&D ofereça cursos introdutórios para aqueles que são novos em um cargo ou função, assim como programas avançados que exploram os tópicos em maior profundidade. Uma empresa usa um ícone de pirâmide em seu catálogo de workshops para ilustrar onde cada curso se encaixa na sequência do básico para o especialista. O *Pfizer's Learning Center* estruturou os seus programas de desenvolvimento de liderança em séries de cursos denominadas *Leading Edge* para gerentes iniciantes; seguidas pelo *Advanced Transition Program,* quando eles são promovidos a líderes de líderes (Kontra, Trainor & Wick, 2007). A Unilever desenvolveu uma série de liderança dividida em cinco partes, e o modelo em quatro etapas da Sony, *Integrated Leadership Curriculum,* foi moldado com base em *The Leadership Pipeline* (Charan, Drotter & Noel, 2001). Essas abordagens são consistentes com as conclusões estratégicas da Deloitte sobre aprendizado corporativo (ver Caso em Pauta D2.3).

Dividir o treinamento e desenvolvimento em programas sequenciais com prerrequisitos permite que os educadores corporativos atendam melhor às necessidades de seus alunos e que montem programas avançados com um nível mais alto de excelência. Prerrequisitos para programas avançados podem incluir não só outros cursos, mas também experiências profissionais específicas, como, por exemplo, ter liderado uma equipe de projetos ou gerenciado pessoas que gerenciam outras. A mudança no sentido de atribuir à área de T&D a responsabilidade pelo resultados, e não só pelas atividades relacionadas, deveria incentivar os profissionais do setor a definir e estabelecer prerrequisitos com mais frequência, uma vez que permitir que as pessoas erradas participem do programa dilui a sua eficácia e reduz o valor gerado.

Coloque Todos no Mesmo Ponto de Partida   O aprendizado também é fortalecido quando a Fase I inclui atribuições ou experiências específicas que ajudem a trazer todos para um nível comum de compreensão e background. Em nossa opinião, todo programa deveria exigir algum tipo de preparação, seja através de leitura, e-learning, simulações, avaliações, teleconferências ou outras experiências de aprendizagem. Chris Jenkins, gerente de treinamento e desenvolvimento do *U.S. Bank Wealth Management Group*, concorda. Ele considera a preparação e o acompanhamento tão importantes que é da opinião de que programas que não os incluam não devem sequer ser ministrados.

A preparação permite aos instrutores irem mais longe e mais rápido. Torna mais ricas e significativas as discussões e exercícios em grupo. Mas a quantidade de trabalho preparatório tem que ser pensada considerando o tempo disponível. Se houver muitas tarefas a serem cumpridas, ou mais leitura do que o aceitável para gerentes que já tem atribuições que excedem o tempo integral, o valor da preparação ficará reduzido.

Caso em Pauta D2.3
As Seis Conclusões Estratégicas da Deloitte U.S. Firms

Mais de 40.000 profissionais da *Deloitte LLP* e suas subsidiárias (*Deloitte U.S. Firms*) fazem auditoria, consultoria, aconselhamento financeiro, gerenciamento de risco e serviços fiscais para clientes selecionados. É desnecessário dizer que o treinamento e desenvolvimento contínuos são essenciais para que os profissionais da organização permaneçam atualizados, prestando serviços e dispensando conselhos de alta qualidade, pelos quais a Deloitte é famosa.

Para dar assistência à área de desenvolvimento de talentos da *Deloitte U.S. Firms*, ajudando-os a manter seus funcionários sempre um passo à frente, a organização aplicou seu rigoroso processo de planejamento estratégico à sua própria programação de treinamento. O processo deu origem a Seis Conclusões Estratégicas que estão sendo utilizadas para nortear as iniciativas de treinamento e desenvolvimento da *Deloitte U.S. Firms*:

1. De Fora para Dentro (Foco Externo)
   Treinamento e desenvolvimento são desenhados para prever e disponibilizar as competências-chave valorizadas agora e no futuro pelo público externo, incluindo clientes, órgãos reguladores e o mercado de talentos. Metas comerciais informam o desenvolvimento de talentos; líderes de negócios estão ativamente envolvidos em definir a programação.
2. Customizado
   Soluções de aprendizagem são customizadas conforme as necessidades individuais de alunos e suas aspirações de carreira. Os programas são adaptados para diferentes níveis de proficiência, bem como para a indústria, setor, nível profissional e cargo.
3. Leading-Edge (de Vanguarda)
   O desenho e a implementação do treinamento incorporam as mais recentes pesquisas, tecnologias e inovações. O foco é "action learning" em vez de "escutar passivamente". O aprendizado continua além da sala de aula e é sustentado por ferramentas de apoio à performance.
4. Integrado
   Programas de treinamento fornecem pontos de conexão e oportunidades de constituir uma rede de relacionamentos. Atribuições e uso eficaz de talentos levam em consideração as necessidades de desenvolvimento individual e interesses de carreira. Líderes de negócios, gestores e conselheiros direcionam o acompanhamento da aplicação dos programas de aprendizagem.

5. Dirigido para o Resultado
Os resultados desejados e planos de mensuração são documentados antes da concepção do programa e englobam a aquisição de conhecimentos e competências, transferência e aplicação do aprendizado e impacto para o negócio. A satisfação do cliente com as capacidades e avaliações do setor quanto à eficácia são as medidas finais do sucesso do aprendizado.
6. Sincronia
Todas as "partes móveis" se apoiam mutuamente, em vez de conflitarem umas com as outras. Comunicação e colaboração entre as unidades de negócios, linhas de serviço, grupos setoriais e desenvolvimento de talentos garantem consistência e evitam a duplicidade de esforços.

Pressões de tempo que desincentivam os participantes a realizarem a Fase I, preparação, precisam ser compensadas com incentivos para completá-la e pela persuasão em relação à sua validade. Por exemplo, se for esperado que os participantes completem uma leitura ou alguma outra atribuição na Fase I, é incumbência dos instrutores usar explicitamente esse material na Fase II – de preferência de maneira que aqueles que não completaram a tarefa desejem tê-lo feito. Se a Fase II for estruturada de tal forma que a realização do trabalho preparatório valorize ainda mais o programa (ou se a falta de preparação se tornar constrangedoramente óbvia), a empresa inteira logo saberá disso. Os grupos seguintes se prepararão melhor, tendo escutado os comentários, eles garantirão ter feito a lição de casa. Isso não difere muito da reputação adquirida por certos cursos e professores na faculdade ("Ela é uma ótima professora, mas você vai se arrepender se for à aula sem ter feito a leitura!").

Preparar os alunos para maximizar o tempo do curso na Fase II não deveria se limitar apenas a tarefas de leitura. A gama de oportunidades de aprendizagem é muito mais rica. Pense além das leituras tradicionais para uma aprendizagem com base em experiências. Por exemplo, faça com que os participantes entrevistem clientes e gravem suas percepções, que passem um tempo na produção ou no atendimento ao cliente, que entrevistem líderes de outras divisões sobre seus sucesso e fracassos, que visitem uma loja da concorrência, ou que trabalhem com os produtos da concorrência. Tire proveito da tecnologia e faça com que os participantes trabalhem em simulações on-line, avaliações ou outros módulos de e-learning. Procure experiências que estimulem a curiosidade e a imaginação, e os tirem de sua zona de conforto. Uma organização com a qual trabalhamos desafiou seus gerentes de marketing a passarem duas horas ao telefone como representantes do serviço de atendimento ao cliente, tentando explicar programas de incentivo. Foi verdadeiramente esclarecedor: eles voltaram com uma nova perspectiva e um comprometimento para conceber programas que fossem mais fáceis de se transmitir.

Há tantas oportunidades de aprendizagem da Fase I tão potencialmente interessantes e inovadoras que o desafio é não se deixar levar em demasia. Um programa de transição de liderança em uma empresa continha oito tarefas diferentes para a

Fase I, incluindo ler um livro inteiro, completar diversas tarefas on-line, e conduzir meia dúzia de entrevistas. Nem é preciso mencionar que, quando inquiridos, muito poucos participantes indicaram haver completado todas as tarefas. Os planos de treinamento da Fase I precisam respeitar as pressões diárias de prazos que fazem parte do ambiente habitual de trabalho hoje em dia; cada minuto gasto precisa agregar valor. Por exemplo, não peça às pessoas para lerem um livro inteiro. Poucos têm tempo, e só a magnitude da tarefa pode desencorajá-los até a começar. Identifique os principais trechos que serão discutidos, e atribua a tarefa de ler somente essa parte.

As atividades da Fase I, por mais relevantes e bem-direcionadas que sejam, não trazem aprendizagem a não ser que sejam realizadas de fato. Portanto, desenhar uma experiência completa inclui conceber incentivos para ajudar a garantir que a preparação seja concluída e sua importância, apreciada. Aqui, novamente, o apoio dos gestores é vital. Os gestores dos participantes precisam estar cientes do que se espera como preparação, e convencer-se de sua importância. O ideal é que eles possam se reunir com seus subordinados diretos antes, para que discutam os exercícios preparatórios, metas por participar do programa, e expectativas de resultados.

Como um passo nessa direção, muitas empresas atualmente exigem que o gestor aprove a inscrição de seus subordinados em programas de educação corporativa. Algumas, como a *Ingersoll Rand*, vão além e incentivam o participante e seu gestor a assinarem um "pacto" de aprendizado em que ambos concordam, antecipadamente, com as metas principais do curso e combinam como o progresso será avaliado. Isso é análogo à gestão de performance (gerenciamento por metas) no tocante a metas de negócios. No pacto de aprendizagem, o gestor também se compromete a dar aconselhamento e apoio constantes conforme for necessário para alcançar as metas estabelecidas. Nos lugares em que esses contratos são levados a sério, os resultados do programa são otimizados. Conhecemos pelo menos uma empresa que dá tanta importância à discussão da Fase I entre gestores e participantes que, caso um participante compareça a um programa principal sem um contrato de aprendizagem coassinado pelo seu gestor, *ele é colocado em um avião e mandado de volta para casa*. É óbvio que eles só precisaram fazer isso uma vez.

Diane Hinton e Mary Singos, da Plastipak Academy, customizaram um processo completo e as ferramentas para envolvimento do supervisor, começando na Fase I. Chamado de "Aprendizagem de Alto Impacto e Você", esse processo inclui uma visão geral, exercícios e job aids tanto para participantes quanto para supervisores, de maneira a ajudá-los a melhor compreender seus respectivos papéis e a extrair mais valor dos investimentos em treinamento. Espera-se que os supervisores ajam para:

1. Criar uma linha de mira no mapa de impacto, associando competências a metas de negócios para sua equipe e para o colaborador que passará pelo treinamento.

2. Preparar o colaborador entregando em mãos o pacote de treinamento, e com ele se reunindo para discutir a demarcação no mapa de impacto e um "Mapa de Resultados", preparado pelo subordinado, para, assim, chegar a um acordo quanto as metas do aprendizado para alavancar os resultados principais.
3. Ter uma reunião pós-treinamento de quinze minutos para planejar ações para passar do aprendizado aos resultados.
4. Apoiar a aplicação de novas competências no trabalho através de coaching e feedback constantes.

A tecnologia também tem seu papel na Fase I. Muitos feedbacks 360 graus e outros instrumentos de avaliação estão disponíveis on-line. A Pfizer, por exemplo, faz com que os participantes de seu programa de Transição Avançada completem uma exclusiva pesquisa on-line de avaliação de liderança para estabelecer um ponto de partida para a performance de transição (Blee, Bonito & Tucker, 2005, p. 261). O *Standard Chartered Bank* usa um sistema de gestão da transferência do aprendizado on-line (*Friday5s*) para assegurar a conclusão da Fase I do treinamento em seus programas de liderança. O sistema fornece lembretes automáticos sobre as tarefas de preparação com bastante antecedência para facilitar a sua conclusão. Lembretes provaram ser especialmente úteis para tarefas impossíveis de se fazer de última hora, como, por exemplo, definir metas do aprendizado conjuntamente com o gestor, entrevistar um integrante da alta liderança, ou acompanhar chamadas do atendimento ao cliente. Em programas que não possuem tais lembretes, alguns participantes inevitavelmente protelam sua preparação até o último minuto – o que é tão produtivo quanto ler *Guerra e Paz* na véspera do exame final da aula de Literatura Russa.

Em cursos que usam sistemas de apoio on-line durante a Fase I, os participantes são convidados a registrar os insights advindos de sua preparação em um espaço de aprendizado compartilhado. Os instrutores podem acessar a base de dados para examinar os resultados e selecionar exemplos relevantes para uso na Fase II do programa. A visibilidade compartilhada (o autor de cada registro é identificado) expõe claramente uma atribuição de responsabilidade: todos os envolvidos no programa podem ver quem completou a preparação exigida, e quem não o fez. O aspecto de rede de relacionamentos desta preparação compartilhada ajuda a constituir um senso de coleguismo anterior ao programa. Também dá aos instrutores exemplos específicos vindos daquele grupo, que podem ser usados para trazer relevância e credibilidade ao conteúdo.

D2 Fase II: Aprendizado

Discutiremos a Fase II ("o curso" ou período estruturado de aprendizagem) com mais detalhes no próximo capítulo (D3 – Direcionar a aplicação). Em termos de planejamento da experiência completa, as questões mais críticas são:

- Garantir congruência entre as experiências do aprendizado na Fase II e os resultados finais para o negócio.
- Construir e reforçar o trabalho preparatório da Fase I.
- Usar abordagens instrucionais adequadas para os comportamentos e competências demandados.
- Honrar os princípios da educação para adultos.
- Preparar gestores e outras pessoas-chave para apoio à transferência do aprendizado de forma que eles cumpram seus papéis.
- Garantir que os participantes estejam preparados e sejam capazes de aplicar o que aprenderam.
- Tornar a transição da Fase II para a Fase III sólida e sem emendas.

Cumpridas essas condições, é possível construir uma cadeia de valor que relacione cada tópico e exercício de aprendizagem que fazem parte do treinamento, através dos passos intermediários, a meta final para o negócio (ver Tabela D2.3). Brinkerhoff e Gill (1994) originaram o conceito de desenvolver mapas de impacto, que provaram ser ferramentas valiosíssimas para a implementação de treinamento de alto impacto (Brinkerhoff & Apking, 2001).

Tabela D2.3
Exemplo de cadeia de valor mostrando os elos entre um exercício da Fase II e os resultados desejados para o negócio

Experiência de aprendizagem	Competências criadas ou ampliadas	Comportamentos no trabalho	Indicadores Preliminares	Meta Final para o Negócio
• Simulação com múltiplos ciclos e players de dinâmicas de mercado em resposta a mudanças de preço • Exame dos resultados e razões por que eles ocorreram • Repetição da simulação para constatar se as lições foram aprendidas	• Capacidade de projetar razões preço/volume e impacto na lucratividade • Capacidade de prever as reações dos concorrentes e pensar sobre o impacto subsequente • Entender como o pricing afeta o valor de mercado	• Analisar completamente o impacto da redução de preços na lucratividade a curto e a longo prazo • Prever as prováveis reações dos competidores • Pensar dois ou três passos à frente em vez de apenas um	• Melhorar as decisões relativas a preços • Uso mais estratégico de pricing • Melhor equilíbrio entre preço e volume • Maior margem bruta	• Melhor lucratividade

Fortalecendo a Fase II

As maiores oportunidades para fortalecer o aprendizado na Fase II são estreitar a ligação entre o curso e as metas empresariais e garantir que os métodos de instrução sejam congruentes com a performance desejada em última instância. Uma maneira de se construir uma cadeia explícita de inferência é fazer uma série de questões "se..., então...", começando com a finalidade em mente e retrocedendo até os tipos de exercícios de aprendizagem necessários. Ou seja:

- Se este é o resultado final que queremos atingir, então o que os colaboradores precisam fazer para alcançá-lo?
- Se é esperado que eles façam essas coisas, então que conhecimentos, competências e capacidades eles precisam ter?
- Se eles devem se tornar proficientes em uma competência exigida, então de que tipo de experiências e práticas de aprendizagem eles precisam?
- Por fim, se esses são os tipos de experiência de aprendizagem exigidos, então quais são mais adequadas para se incluir na Fase I, quais na Fase II e quais na Fase III?

Essa abordagem para a seleção do conteúdo do curso e do método instrucional tem uma série de vantagens. Primeiro, ela garante que a meta final para o negócio seja o critério para ponderar o que incluir e o que deixar de fora. Em segundo lugar, ajuda a garantir alinhamento entre os exercícios e os comportamentos e formas de pensar almejados. Em outras palavras, se a meta é melhorar o planejamento estratégico, e se a análise estratégica for identificada como uma competência indispensável, então simplesmente assistir passivamente a palestras sobre planejamento é incoerente com a meta. Para se tornarem proficientes em análise, os participantes precisam ter a oportunidade de praticar sua capacidade analítica com orientação especializada e feedback.

Os adultos ficam motivados para aprender quando a relevância é clara. Mais do que isso, quando programas de treinamento e desenvolvimento são desenhados desta forma – com resultados para o negócio sempre como sua última finalidade –, é muito mais fácil para os participantes enxergarem sua importância. Relevância é muito importante. Como será comentado na discussão da D3, adultos ficam mais motivados para aprender e o fazem com mais eficiência quando a relevância do que estão aprendendo estiver evidente (Knowles, Holton & Swanson, 2005).

Para melhorar a eficácia do treinamento, evidencie a lógica por trás de cada exercício de aprendizagem. Deveria ser possível explicar a decisão que levou à inclusão de cada tópico ou exercício para alunos, gestores, apoiadores e outros stakeholders por meio de uma curta série de afirmações "de modo que". "O seu sucesso e o da empresa dependem de sólidas decisões de pricing estratégico. Nós incluímos uma simulação de modo que você tenha a oportunidade de praticar a análise de alternativas estratégicas, visualizar os resultados de suas decisões e obter feedback especializado para que consiga analisar melhor as alternativas estratégicas no trabalho".

A Fase II é a mais bem-compreendida e a mais estudada na educação corporativa. Há numerosos livros e pesquisas sobre design instrucional. Acertar ao ministrar o curso é essencial, mas é apenas um elemento da experiência completa de aprendizagem. Sua eficácia é fortemente moldada pelo que ocorre antes e depois, e pela medida do seu alinhamento com as necessidades do negócio e dos participantes.

D2 | Fase III: Transferência

O que acontece (ou deixa de acontecer) na Fase III representa o principal árbitro que diz se os resultados foram atingidos. Assim, o fortalecimento da terceira fase – transferência e aplicação do aprendizado – tem um enorme potencial para melhorar a eficácia global da educação corporativa. Não importa a qualidade da experiência do aprendizado da Fase II, ela não gera valor a não ser que seja usada (Figura D2.7). Portanto, planejar e facilitar a transferência do aprendizado na Fase III é do interesse de todos: do indivíduo, da área de treinamento e desenvolvimento, do gestor, do participante e da empresa como um todo. Esta fase merece muito mais atenção do que recebia no passado.

O verdadeiro trabalho começa quando o curso termina

Pode parecer estranho incluir "transferência do aprendizado" como uma fase do processo. Contudo, conforme mostraremos abaixo, ela é, na verdade, a parte mais importante de todo o processo do aprendizado, e faz uma diferença crucial para o sucesso de qualquer intervenção de aprendizagem. Geoff Rip, presidente da *ChangeLever International*, defende a ideia de que a chamada transferência do aprendizado é, de fato, uma forma de action learning na qual as pessoas continuam a avançar em compreensão, competência e conhecimentos ao aplicar o aprendizado emergente, advindo da fase instrucional, a problemas e metas da vida real. De acordo com Rip (comunicação pessoal, 2010), "Esta fase do aprendizado é essencial para atingir a competência ou proficiência, uma vez que ela requer prática e feedback consideráveis para desenvolver habilidades complexas e para que os novos comportamentos se tornem habituais. Temos que parar de pensar na 'transferência do aprendizado' somente como transferir o que foi aprendido, mas também como um passo crítico para a criação da aprendizagem e para a consecução das metas propostas, o que tem profundas implicações do ponto de vista do design". Como a transferência é um componente crítico do processo global de aprendizagem, temos convicção de que os profissionais da área precisam assumir uma responsabilidade maior pela Fase III e exercer mais influência sobre o ambiente pós-curso.

Figura D2.7
A Fase III, transferência do aprendizado, é o elo mais fraco da maioria dos programas de treinamento

© Grantland Enterprises. Disponível em: <www.grantland.net>. Usada sob permissão.

A bibliografia sobre transferência do aprendizado é clara: o ambiente pós-curso tem profundas implicações para determinar se a aprendizagem será traduzida em resultados. Newstrom (1986) foi um dos primeiros a estudar as barreiras a uma transferência eficaz. Dentre as nove principais barreiras que ele encontrou, somente três estavam relacionadas ao conteúdo e à implementação do curso, enquanto mais da metade tinha relação com o ambiente e o apoio pós-curso (Tabela D2.4). A maior barreira para a transferência do aprendizado era a *falta de reforço no trabalho*.

De forma similar, das 11 razões pelas quais o treinamento não é bem-sucedido, citadas por Phillips e Phillips (2002), sete se relacionavam com o ambiente pós-curso:

- Treinamento tratado como um evento isolado
- Não se atribui aos participantes a responsabilidade pelos resultados
- Falha em preparar o ambiente de trabalho para dar apoio à transferência
- Reforço e apoio gerencial inexistentes
- Incapacidade de isolar os efeitos do treinamento
- Falta de comprometimento e envolvimento dos executivos
- Carência de feedback e do uso da informação relativa aos resultados

Mais recentemente, estudos de Cromwell e Kolb (2004), da American Express (2007) e da Pfizer (Kontra, Trainor & Wick, 2007), reiteraram o impacto do ambiente pós-curso sobre a eficácia da transferência do aprendizado e o sucesso definitivo das iniciativas de treinamento e desenvolvimento.

Tabela D2.4
Obstáculos à transferência do aprendizado

Classificação	Barreira
1	Falta de reforço no trabalho
2	Interferência do ambiente imediato de trabalho
3	Cultura organizacional que não oferece apoio
4	Percepção do participante de que o programa de treinamento não é prático
5	Percepção do participante de que o conteúdo é irrelevante
6	Desconforto do participante com mudanças e o esforço correspondente
7	Afastamento da inspiração e do apoio do instrutor
8	Percepção do participante de que o treinamento foi mal desenhado ou mal-executado
9	Pressão de colegas para resistir às mudanças

Reproduzida sob permissão da Emerald Group Publishing Limited. Disponível em: <www.emeraldinsight.com/jmd.htm>.

A importância do período pós-curso não deveria surpreender. O valor de se revisitar um tópico de vez em quando (o efeito espaçamento) "é um dos fenômenos mais antigos e bem-documentados da história da pesquisa sobre aprendizado e memória" (Bahrick & Hall, 2005). Da mesma maneira, pesquisas sobre alta performance em uma ampla gama de atividades humano há muito identificaram o papel primordial da prática para se chegar à expertise (Ericsson, Charness, Feltovich & Hoffman, 2006; Ericsson, Krampe & Tesch – Romer, 1993; Ericsson, Prietula & Cokely, 2007). Essas descobertas foram popularizadas recentemente por Colvin em *Talent Is Overrated* (2008), por Gladwell em *Outliers* (2008), e por Coyle em *The Talent Code* (2009), e todos demonstraram convincentemente que a prática deliberada contribui mais para a maestria do que a "aptidão natural".

Considerando a reconhecida importância do período imediatamente após o treinamento para o sucesso global do treinamento e desenvolvimento, por que as organizações de educação corporativa não têm se empenhado mais para conduzir esta fase crítica? Acreditamos que existam três obstáculos principais:

1. Os paradigmas predominantes, que tratam o treinamento como um evento e concentram a maior parte do design instrucional em torno do planejamento do evento.
2. O período pós-curso como "terra de ninguém" entre a área de T&D e o gerenciamento do dia a dia, sem que nenhuma das partes aceite uma clara responsabilidade pela transferência do aprendizado e pelos resultados.

3. A dificuldade (e uma histórica falta de sistemas) para gerenciar o processo quando o número de participantes é grande e estão dispersos geograficamente.

Essas questões serão tratadas com mais detalhes nos capítulos D4 (Definir a transferência do aprendizado) e D5 (Dar apoio à performance). Nós as mencionaremos aqui como alusão à fundamentação lógica, segundo a qual a Fase III precisa ser incluída no planejamento da experiência completa e as estruturas de T&D devem alocar mais recursos para influenciar esse aspecto vital, porém negligenciado, do processo de transformar aprendizagem em resultados.

Fortalecendo a Fase III

Educação corporativa não é um evento, como uma peça de teatro ou um concerto, ou uma partida de críquete de três dias. É um processo de negócios do qual se esperam resultados ao longo do tempo. Como qualquer processo, tem inputs e outputs. Inputs significativos – investimento de tempo e dinheiro – são consumidos na preparação, ou Fase I, e durante o curso, na Fase II. Há geração de valor somente quando o aprendizado é aplicado de forma a produzir melhor performance. Para que um programa seja considerado um sucesso, o output – em termos de valor gerado pela melhora da produtividade – precisa ser suficientemente maior do que o *status quo* (nenhum treinamento ministrado) a fim de compensar o investimento em instalações, instrutores, planejamento, viagens, custo de oportunidade e assim por diante (Figura D2.8).

> "Há geração de valor somente quando o aprendizado é aplicado."

Tratar o Treinamento como um Processo, Não um Evento   A transferência e a aplicação (Fase III) não devem ser julgadas como algo que aconteça *após* o programa, elas *fazem parte* do programa, um elemento de action learning integral e insubstituível no processo. Visto que essa é a única parte do processo que gera valor (em vez de consumi-lo), a transferência é essencial para o retorno do investimento, e não deve ser deixada ao acaso ou a depender de iniciativas individuais. O processo de aprendizagem completo, incluindo acompanhamento da transferência, deve ser gerido do começo ao fim como qualquer outro processo crítico para o sucesso de uma organização. O programa não está concluído até que o aprendizado tenha sido transformado em resultados.

Aceitar a Responsabilidade pela Fase III   O segundo motivo pelo qual a Fase III, apesar de sua importância, não ter feito parte da concepção do programa é que ninguém é o "proprietário", no sentido de ter responsabilidade pelos seus resultados. Gerentes de linha, aculturados de modo a pensar no aprendizado como um evento, presumem que cumpriram sua obrigação ao autorizarem os subordinados diretos a comparecer ao treinamento. Eles equivocadamente acreditam que é responsabilidade do departamento de treinamento garantir que o aprendizado gere resultados. A maioria dos gestores subestima a própria influência sobre os resultados. A área de T&D, por outro lado, percebe que não possui autoridade direta sobre os participantes quando retornam às suas funções do dia a dia. Portanto, eles concluíram (erroneamente) que também não são responsáveis pelo que acontece após a Fase II.

Figura D2.8
O custo de conceber e implementar um programa de treinamento e desenvolvimento deve ser compensado pelo aumento da produtividade e dos resultados

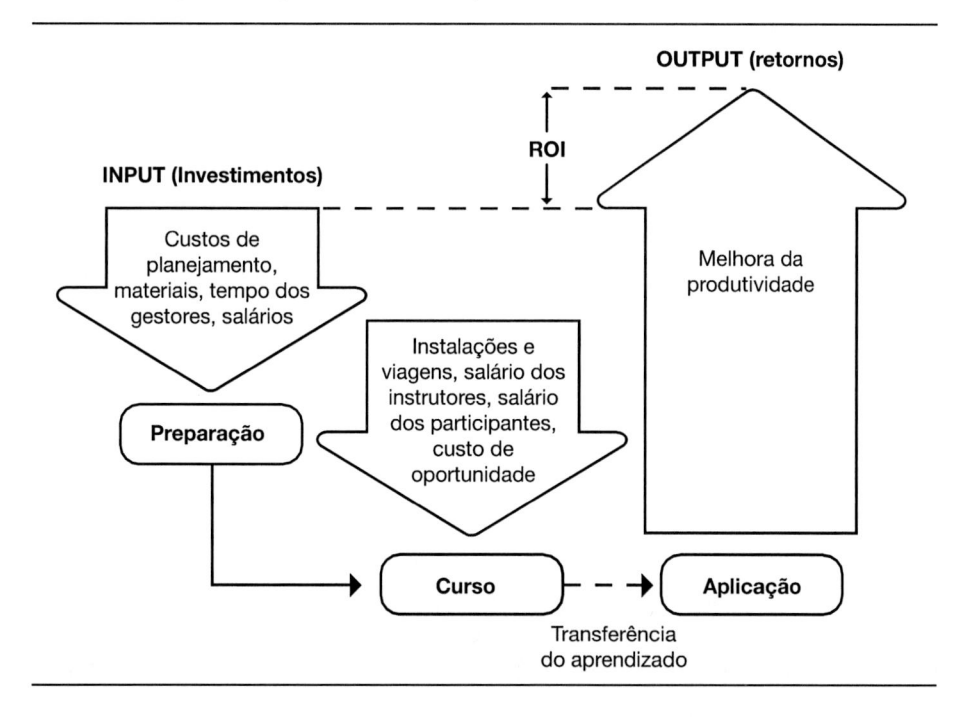

```
INPUT (Investimentos)                         OUTPUT (retornos)
                              ROI
    Custos de
    planejamento,                         Melhora da
    materiais, tempo dos                  produtividade
    gestores, salários
                        Instalações e
                        viagens, salário dos
                        instrutores, salário
     Preparação         dos participantes,
                        custo de
                        oportunidade

              → Curso - - → Aplicação
                    Transferência
                    do aprendizado
```

O fato é que a transferência do aprendizado é uma fase essencial da experiência completa de aprendizagem, e a área de treinamento e desenvolvimento não pode declarar que o treinamento foi um sucesso até que o aprendizado tenha sido transferido com êxito para o empreendimento do trabalho. Gerentes de linha, por sua vez, não podem atribuir ao departamento de treinamento a responsabilidade pelos resultados, a não ser que façam sua parte dando apoio à transferência, à aplicação e à avaliação. Ou o processo inteiro é bem-sucedido, ou o processo inteiro fracassou. Em outras palavras, gestores e profissionais de T&D são coproprietários e corresponsáveis por transformar o aprendizado em resultados, tendo ou não se dado conta disso.

Apesar de ser verdade que a área de treinamento não tem autoridade direta sobre as atividades dos participantes no trabalho ou sobre as ações dos gestores, isso não significa que elas não têm influência alguma. Bill Amaxopoulos, gerente do programa de liderança do Chubb Group of Insurance Companies, disse muito bem: "Talvez nós não possamos controlar o ambiente para o qual as pessoas retornam, mas nós temos uma obrigação para com elas, a de exercer uma influência considerável sobre esse ambiente". Visto que a área de T&D está cada vez mais sendo avaliada com base nos resultados, é do interesse dela otimizar a Fase III. Empresas que adotaram as 6Ds empenham-se ativamente para disponibilizar sistemas, processos e procedimentos de forma que os gestores de linha e a área de treinamento e desenvolvimento tenham responsabilidade compartilhada por definir a transferência do aprendizado. A área de T&D não pode "lavar as mãos" e eximir-se da responsabilidade pela Fase III e, ainda assim, ser bem-sucedida.

Adote Novos Sistemas e Abordagens   O terceiro motivo pelo qual o aprendizado da Fase III tem sido largamente deixado sem planejamento e sem gerenciamento é que, até recentemente, não havia métodos práticos para facilitar, monitorar e apoiar o processo. Conforme discutiremos nos capítulos D4 e D5, novas abordagens e tecnologias, de teleconferências a redes sociais, passando por sistemas de gerenciamento da transferência do aprendizado, reduziram muito esse entrave. Hoje em dia, as principais barreiras à adoção da Fase III como a maior oportunidade para aprimoramento do aprendizado são mentalidades ultrapassadas e percepções equivocadas, e não a realidade.

Dar apoio à performance

Empresas de produtos de consumo reconhecem que o atendimento ao cliente é parte integrante da experiência do "produto completo". Um bom atendimento ao cliente contribui positivamente com a satisfação do consumidor e sua propensão à recompra. Então, investem em manuais de instrução, guias para solução de problemas, sites de ajuda on-line e pessoal para garantir que os clientes consigam usar os produtos bem e com eficácia.

A área de treinamento e desenvolvimento fortalece suas contribuições para o negócio quando fornecem formas análogas de informação e apoio. Os participantes provavelmente terão dúvidas ou encontrarão dificuldades quando tentarem aplicar pela primeira vez o que aprenderam. Se puderem obter respostas ou assistência rapidamente e com facilidade, será mais provável que continuem tentando utilizar seus novos conhecimentos e competências. Se eles se depararem com um problema e obtiverem ajuda, ou tiverem uma dúvida e não encontrarem a resposta, é provável que se frustrem, desistam do esforço e retornem ao comportamento de antes do treinamento.

Sugestões específicas para implementar orientação e apoio ininterruptos serão discutidas na D5 – Dar apoio à performance. O argumento aqui defendido é que o apoio durante o período de transferência do aprendizado precisa ser uma parte deliberada do desenho geral. Deve ser planejado e executado com o mesmo cuidado que tradicionalmente é dispensado ao curso propriamente dito.

D2 | Fase IV: Realização

A Fase IV completa o ciclo do aprendizado. As realizações dos participantes ao aplicar o que aprenderam são avaliadas e reconhecidas; oportunidades para crescimento continuado são identificadas. De fato, "realizar" significa "levar a cabo com sucesso, concretizar". Por conseguinte, a realização só é possível quando há um padrão claro de performance e quando essa performance é de alguma forma avaliada. Essa é a verdadeira linha de chegada para o aprendizado.

Os participantes do programa devem ser informados logo de início como e quando suas realizações serão avaliadas. Há três razões sólidas para se incluir a avaliação como parte do desenho geral do aprendizado:

1. Torna as expectativas explícitas.
2. Estabelece uma meta clara para a experiência de aprendizagem.
3. A própria avaliação se torna uma experiência de aprendizagem.

A avaliação torna as expectativas explícitas

Os colaboradores querem saber o que se espera deles. Em uma pesquisa que fizemos com a *AstraZeneca*, por exemplo, havia uma correlação direta entre clareza de expectativas e satisfação no emprego (Figura D2.9). Falta de expectativas claras é uma causa frequente de desempenho fraco (Mager & Pipe, 1997, p. 34), e uma fonte de frustração e insatisfação para o colaborador.

Ainda assim, relativamente poucos programas de treinamento são realmente claros sobre o que se espera dos participantes *em termos de performance no trabalho*. Na falta de expectativas e avaliações claras que digam se essas expectativas foram cumpridas, não deveria surpreender que boa parte do treinamento não seja usada. Por analogia, considere o que aconteceria a uma empresa que não estabeleça metas para sua equipe de vendas e nunca se importe em saber quanto cada um vendeu. O fato é que as medições determinam a performance, ou, como diz o ditado, "aquilo que você mede é o que você obtém".

"Os colaboradores querem saber o que se espera deles."

Sabendo que serão responsáveis por demonstrar o que foi alcançado, os participantes levarão o aprendizado mais a sério e dedicarão mais esforços para aplicá-lo em seu trabalho. Para que se chegue aos resultados almejados, entretanto, a avaliação precisa ser relevante em método, conteúdo e timing.

A *avaliação estabelece uma meta clara*

O segundo motivo pelo qual avaliar a realização deve ser parte da experiência completa é que ela demarca uma linha de chegada clara para um ciclo de treinamento e estabelece condições de satisfação explícitas. A importância de se ter uma linha de chegada clara e de se atribuir responsabilidade pelo aprendizado é bem-conhecida por qualquer um que já tenha sido ouvinte em uma matéria. Quando se vai à aula como ouvinte (sem necessidade de exames, tarefas ou crédito), inevitavelmente se dá pouca atenção a ela quando o trabalho se acumula e os prazos apertam ao final do semestre. Já que não há avaliação, é natural que se dedique o tempo para os cursos nos quais há responsabilidades assumidas.

Figura D2.9
Mudança na satisfação com o trabalho quando as expectativas são claras

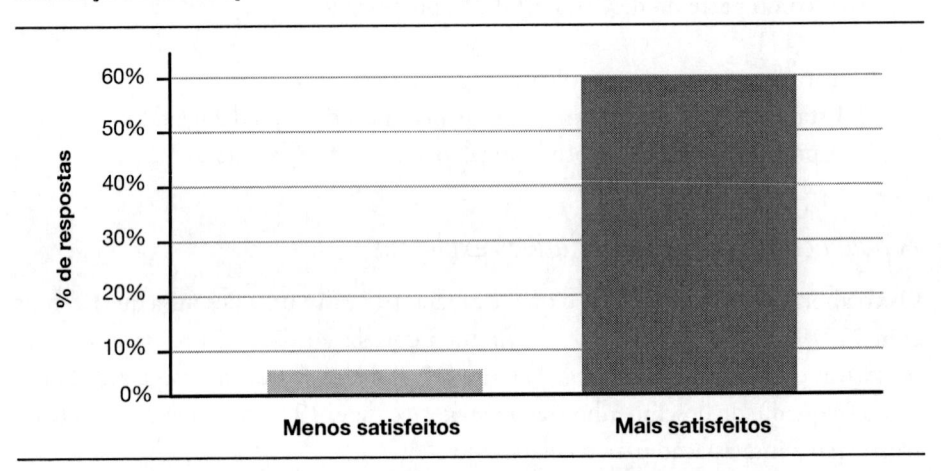

Universidades corporativas, por carecerem de avaliação das realizações, estão, na prática, permitindo que todos os seus alunos frequentem todos os cursos como ouvintes. Nas universidades acadêmicas, contudo, não se recebe crédito por estar apenas como ouvinte em uma aula. Na maior parte das universidades corporativas, esse crédito é recebido; tudo o que se precisa fazer é comparecer. O problema é que os colaboradores são considerados responsáveis e são avaliados por outros aspectos de seu trabalho. Não causa admiração que esses aspectos recebam uma parcela muito maior de esforço, tempo e atenção, assim como ocorre com cursos de graduação em comparação a cursos que não reprovam.

Mesmo deixando de lado o aspecto de atribuição de responsabilidade, ter um desafio associado a uma meta clara já é em si motivador para a maior parte das pessoas (Pink, 2009). Considere as horas gastas pelas pessoas fazendo palavras cruzadas, jogando paciência ou videogames nas quais a única meta é "vencer" ao alcançar algo arbitrário, que não traz recompensa alguma além da satisfação intrínseca de tê-la alcançado. Por que negar aos participantes a satisfação de saber que eles atingiram as metas para as quais o programa foi criado?

Avaliação como aprendizado

Finalmente, o processo de avaliação propriamente dito fomenta o aprendizado de, pelo menos, duas maneiras: exige recuperação de informação, o que melhora a recordação do que foi aprendido por meio do efeito espaçamento, e proporciona feedback em relação à performance, que é essencial para seu aperfeiçoamento.

Prática de Recuperação de Informações Um aspecto interessante e bem-conhecido do aprendizado humano é que quanto mais frequentemente uma informação for buscada na memória, mais fácil fica recordá-la posteriormente. A recuperação de informações é um primeiro e importante passo para converter novos conhecimentos e competências em ações. Portanto, práticas educacionais que favoreçam a recuperação (lembrança) facilitam a transferência do aprendizado e a melhora da performance. Vários tipos de avaliações, e mesmo preparativos para avaliações, reforçam o aprendizado e melhoram a memória ao exigir que os participantes recuperem e processem a informação novamente, tempos depois do aprendizado original. O efeito é ainda mais intenso quando essas recuperações de informação são distribuídas no tempo (veja o estudo de Talheimer, 2006). Assim, a própria avaliação, em especial quando é feita decorrido algum tempo em relação ao evento, ajuda a reforçar e fortalecer o aprendizado. Ademais, a maior parte das pessoas, na iminência de uma avaliação, recapitula o material ou ensaia mentalmente o uso da nova competência, o que reforça ainda mais a prática.

Feedback O feedback é essencial para melhorar a performance. Na ausência de feedback, é impossível saber se o que se faz está certo ou errado, se houve evolução, e o que é necessário para melhorar. Ele é um componente vital para se desenvolver expertise: "Pessoas com real expertise buscam feedback construtivo, ou até mesmo doloroso" (Ericsson, Prietula & Cokely, 2007). Mas nem todos estão preparados para o procurar voluntariamente. Neste ponto, novamente, é importante definir um prazo e um processo específico para avaliar a realização, pois isso proporciona aos participantes o necessário feedback no tocante ao domínio das competências e do material e ao que precisam fazer para continuar o trabalho no próximo ciclo.

> "Pessoas com real expertise buscam
> feedback construtivo, ou até mesmo doloroso."

A Natureza da Avaliação Para que a avaliação cumpra a meta de dar apoio ao aprendizado na Fase IV, precisa mensurar os comportamentos, competências e resultados que o programa tencionava favorecer. Assim como métodos instrucionais precisam ser selecionados com base em resultados almejados, o mesmo precisa ser feito com métodos de avaliação. Na década de 1950, Benjamin Bloom e seus colegas desenvolveram uma taxonomia para metas educacionais (Tabela D2.5).

O aspecto importante desta discussão é que a avaliação em determinado nível não prevê a performance em níveis mais elevados. Em outras palavras, testar a capacidade dos participantes de se *lembrarem* de fatos, termos, conceitos ou estratégias específicas diz muito pouco sobre a verdadeira capacidade que eles têm de *aplicar* esses conceitos. Se a meta do programa de aprendizagem é fazer com que as pessoas *apliquem* seu conhecimento para executar uma apresentação de vendas mais eficaz, então a avaliação precisa testar especificamente a aplicação em um cenário apropriado.

Infelizmente, a grande maioria das perguntas de avaliações – especialmente em programas de ensino à distância – diz respeito ao mais baixo domínio cognitivo (memória) mesmo quando tencionam avaliar a aplicação, análise ou níveis mais altos de capacidade:

> *Em geral, a melhora mais útil que você pode trazer ao escrever itens de testes é concebê-los acima do nível de memorização...* a maioria dos itens de testes são escritos no nível de memorização. Em contraste, a grande maioria dos empregos exige performance acima do nível de memorização. Essa discrepância entre testes de prática e a performance no trabalho é o que geralmente leva os gestores a questionar o valor do treinamento e transforma os testes em indicadores equivocados de performance. Por exemplo, "Como foi que você passou no curso, mas não consegue desempenhar a função?" é uma síntese comum do problema. (Shrock & Coscarelli, 2007, p. 157, ênfase no original).

Para que as avaliações sejam válidas e apoiem o aprendizado almejado, elas precisam analisar os reais comportamentos, competências e resultados. Em geral, os princípios de um programa de avaliação eficaz se aplicam a avaliações individuais: elas precisam ser relevantes, ter credibilidade, ser convincentes e eficientes (ver D6 – Documentar os resultados).

Avaliações de realizações individuais podem fazer parte do programa geral de avaliação, mas não necessariamente. Por exemplo, uma autoavaliação benfeita – que permita que cada participante meça o seu sucesso ao aplicar os princípios do curso, e que dê feedback para orientar maior aperfeiçoamento – apoiaria a Fase IV do aprendizado, sejam os resultados incluídos ou não na avaliação do programa. O mesmo vale para uma sessão estruturada de feedback entre o gestor e o colaborador, ou uma teleconferência na qual cada participante relata as suas realizações, tropeços e planos para se desenvolverem ainda mais. A Fase IV significa definir um ponto no qual se avalia e se reconhece as realizações individuais, não importando se isso faz parte da avaliação do programa (veja abaixo e na D6).

O mais importante é que *exista* uma avaliação. Um ciclo do aprendizado só está realmente completo quando inclui um ponto no qual as realizações dos participantes quanto a "colocar em prática o aprendizado" são avaliadas e reconhecidas. A avaliação dá aos participantes uma meta clara na direção da qual empenhar esforços, expectativas definidas para aperfeiçoamento e feedback sobre seu avanço, tudo isso contribuindo para aumentar a proporção do aprendizado que é transferida e para produzir resultados significativos.

Tabela D2.5
Taxonomia de domínios cognitivos

Nível	Domínio	Definição	Exemplos
6	Avaliação	Formar julgamentos sobre o valor ou validade da informação, produtos, ideias, ou qualidade do trabalho e ser capaz de fundamentar a opinião	Avaliar, comparar, contrastar, criticar, defender, justificar, apoiar, validar, julgar
5	Síntese	Organizar a informação de uma forma diferente ou uma nova configuração para produzir algo único ou original	Categorizar, compilar, compor, criar, conceber, inventar, formular, predizer, produzir
4	Análise	Dividir a informação em partes. Diferenciar fatos, opiniões, suposições e conclusões. Identificar erros na lógica	Quebrar, deduzir, diagramar, diferenciar, distinguir, ilustrar, inferir, delinear, salientar, relacionar, subdividir
3	Aplicação	Usar o conhecimento previamente adquirido de uma nova maneira ou para resolver problemas em uma nova situação	Mudar, computar, demonstrar, desenvolver, modificar, operar, organizar, preparar, relacionar, resolver, transferir, usar
2	Compreensão	Demonstrar um nível de entendimento ao rearticular, organizar, comparar, traduzir, interpretar ou expor ideias principais	Converter, estimar, defender, distinguir, discriminar, explicar, generalizar, resumir, inferir, parafrasear, prever
1	Conhecimento	Habilidade de lembrar-se de fatos, regras, termos, estratégias etc., aprendidos anteriormente	Definir, descrever, identificar, rotular, listar, combinar, nomear, selecionar, afirmar

After Bloom, Englehart, Furst, Hill & Krathwohl, 1956.

D2 — Grampeie-se ao participante

Finalmente, você precisa garantir que a experiência completa do participante seja "farinha do mesmo saco" e constitua uma experiência coerente (ver Caso em Pauta D2.4). Consideramos este conceito de "grampear-se ao participante" um exercício bastante útil neste aspecto.

Caso em Pauta D2.4
Desenvolvimento de liderança de alto impacto

Um líder de T&D que de fato entende a importância de se desenhar uma experiência completa de aprendizagem e de se produzir resultados relevantes é Larry Mohl, CLO do *Children's Healthcare*, em Atlanta.

Children's Healthcare é uma das melhores provedoras de serviços de saúde para crianças dos EUA, e vem apresentando um dos crescimentos mais rápidos do setor, tratando mais de meio milhão de pacientes por ano. O rápido crescimento da empresa, combinado com o foco em qualidade, perante a pressão financeira e complexidade do atual ambiente de serviços de saúde, gerou a necessidade de um aprovisionamento constante de líderes com habilidades de negócios e de liderança, além de seu conhecimento e expertise em medicina.

Para encarar este desafio, Larry e sua equipe criaram o Centro de Liderança. De início, foram definidas medidas de sucesso claras e desafiadoras para o Centro, incluindo:

- Melhora na liderança pessoal
  - Melhora da competência
  - Prontidão para uma função nova ou expandida
- Melhora na preparação de líderes em potencial
  - Mais promoções internas e líderes "de prontidão"
- Impacto operacional
  - Eficiência, padronização, capacidades e serviços novos ou aprimorados etc.
- Impacto Financeiro
  - Impacto operacional sobre custos, receita e financiamento

De fato, Larry admitiu que a continuidade do financiamento para o centro dependeria da demonstração de avanços em cada uma dessas quatro condições-chave para o sucesso.

Para atender a necessidade, o Centro de Liderança concebeu quatro programas sucessivos para responder aos novos desafios que os líderes enfrentam conforme avançam pela linha de liderança: certificação como supervisor, certificação gerencial, aceleração gerencial e experiência executiva.

Um exemplo de uma "experiência completa do aprendizado" é a Experiência Executiva. Este programa, que dura de doze a dezoito meses, inclui: uma avaliação inicial holística; cinco workshops em sequência com apoio à transferência, representada por coaching pessoal e projetos de action learning para continuar a aprendizagem durante os intervalos; e uma rigorosa análise final usando a metodologia de casos de sucesso para documentar os resultados e identificar oportunidades para aperfeiçoamento contínuo.

A abordagem holística do Centro quanto ao desenvolvimento tem produzido um sucesso notável. Larry e sua equipe conseguiram documentar avanços significativos nas quatro principais medidas de sucesso, por um lado por meio da melhoria na capacidade de liderança, de uma linha de sucessão mais robusta e de mais promoções internas e, por outro, por meio de aumento de receita, diminuição de custos e expansão de serviços.

Larry compartilhou os seguintes insights: "Para ser bem-sucedido, você precisa criar credibilidade junto aos altos executivos. Isso significa que você precisa prometer resultados reais sobre as mais urgentes necessidades da organização, mensurar aquilo que interessa e causar um impacto relevante. Você precisa estar disposto a mostrar aos gestores o lado bom e o ruim, de forma que possa envolvê-los na solução do problema.

A maioria das pessoas tem dificuldade em ligar os pontos entre o que estão aprendendo, como está sendo aplicado e qual o impacto na operação. É preciso esforço para cavar resultados e mostrar que têm credibilidade. Inclua uma pessoa da área financeira em sua equipe central e construa valor emocional e racional.

Por fim, não espere pela 'grande apresentação' para contar a sua história! Continue ligando os pontos entre as pessoas, o programa e o impacto causado, e peça aos participantes para fazerem o mesmo".

A ideia provém de um artigo histórico de Shapiro, Rangan e Sviokla (1992), na *Harvard Business Review*. Eles argumentavam que a única maneira de realmente entender a experiência de seu cliente (e como melhorá-la) era, de forma figurada, "grampear a si próprio em um pedido". Ou seja, seguir fisicamente um pedido por todos os passos em sua empresa para ver quantas vezes ele era manuseado, quantas vezes era deixado de lado, qual a dificuldade de descobrir seu status, onde ocorriam os erros e assim por diante.

A aplicação desta ideia para treinamento e desenvolvimento é imaginar a si próprio grampeado ao praticante enquanto ele passa pelas quatro fases de aprendizagem (não apenas pelo programa detalhado da Fase II), do convite até a avaliação, semanas ou meses depois (ver Figura D2.10). A cada estágio, pergunte-se "se eu fosse o praticante..."

Figura D2.10
Teste o desenho do programa imaginando a si próprio grampeado ao participante durante todo o processo

- Entenderia o que se espera de mim?
- Compreenderia como isso se relaciona com outros sistemas, slogans e iniciativas corporativas?
- Para mim está claro o relacionamento entre a iniciativa de aprendizagem e meu trabalho? Eu seria capaz de usar o que está sendo ensinado?
- Posso enxergar benefícios pessoais? Por que estão pedindo que eu faça isto?
- Conseguiria relacionar cada exercício a coisas que eu já sabia ou que aprendi no trabalho ou em outras partes do programa?
- O que influenciaria minhas opiniões e ações neste ponto do processo?
- Onde eu buscaria ajuda caso precisasse?
- O que meu gestor acha? Ele apoia isso? Como eu saberia?
- O que esperam de mim? Como serei avaliado? Alguém irá saber ou se importar se eu usar este conteúdo?

Todas as vezes em que fizemos este exercício com um cliente, ele descobriu oportunidades de aperfeiçoamento que potencializaram o impacto e fortaleceram a experiência como um todo.

D2 Resumo

A D2 praticada pelas mais eficientes áreas de educação corporativa é a inclusão da experiência completa em seus planos – como o programa é posicionado durante o convite, a preparação esperada na Fase I, os métodos instrucionais da Fase II, a responsabilização e o apoio da Fase III, e como a realização será avaliada e reconhecida na Fase IV. Os seus planos de programas incluem como a contribuição de todos os principais envolvidos – dentro e fora da área de T&D – serão incentivados e coordenados.

Desenhar uma experiência completa vai muito além do escopo tradicional de profissionais de educação corporativa. Demandará a aquisição de novas competências e o abandono de antigos paradigmas. Pela nossa experiência, esta é a única maneira de se atingir um real avanço.

> "A experiência completa vai muito além do escopo tradicional de profissionais de educação corporativa."

A adoção dessa abordagem holística para o aprendizado e sua transferência aumenta dramaticamente o output, e também o valor real e o valor percebido de iniciativas educacionais. Redefinir a linha de chegada como a obtenção de resultados, e não mais o último dia do curso, é um desafio estimulante que traz recompensas consideráveis.

Use o checklist para a D2 para garantir que o desenho do programa contemple a "experiência completa".

Checklist para D2
Fase I – Preparação

☑	Elemento	Critério
☐	Seleção	O processo de seleção ou inscrição garante que "as pessoas certas estão no ônibus" – o que significa aquelas com experiência apropriada no trabalho e responsabilidades para se beneficiar com o programa.
☐	Convite	O convite é claro e convincente. Ele explica a lógica do programa, resume seu conteúdo e estabelece as expectativas para a sua utilização posterior. O ideal é que ele venha de uma pessoa influente e comprometida.
☐	Preparação (participantes)	Há um trabalho preparatório significativo – leitura, exercícios, simulações, feedback do desempenho etc. – que irá ajudar a maximizar o tempo gasto no processo de aprendizagem em si.
☐	Preparação (participantes com gerentes)	Um encontro pré-programa com o gerente do participante é fortemente encorajado (idealmente, necessário). Diretrizes e planilhas são fornecidas para a reunião.
☐	Preparação (gerentes)	Gerentes recebem uma visão geral do programa, suas metas e as necessidades comerciais a serem encaminhadas, assim como orientações passo a passo para executarem seus papéis com resultados máximos.

Fase II – Aprendizagem

☑	Elemento	Critério
☐	Uso da Aprendizagem da Fase I	O trabalho preparatório é utilizado extensivamente no programa – tanto que aqueles que não o completaram estão em desvantagem (ou o ideal é que não sejam permitidos de frequentar).
☐	Cadeia de Valor	Há um claro entendimento entre a equipe que concebe e os facilitadores sobre como cada componente se relaciona com os comportamentos esperados, capacidades e resultados empresariais desejados. Esses elos são tornados explícitos para os alunos.
☐	Relevância	Exemplos relevantes, histórias, simulações, discussões, entre outras, são incluídas para ajudar os alunos a verem como o material pode ser aplicado em seus empregos. Profissionais atuais e/ou antigos diplomados no programa são usados para ajudar a sublinhar sua importância.
☐	Prática	O calendário dá um tempo adequado para que os alunos pratiquem as habilidades e comportamentos necessários com supervisão e feedback.
☐	Processo de Checagem	As avaliações de fim de curso incluem determinar se os praticantes perceberam a utilidade e relevância do programa e se eles se sentem preparados para usá-los em seus serviços.

Fase III – Transferência

☑ Elemento	Critério
☐ Apoio ao Desempenho	Recursos estão comprometidos em garantir que os alunos possam obter ajuda ao aplicar novas habilidades e conhecimento. O design inclui a produção de auxílios ao emprego ou outros materiais e sistemas para dar apoio à aplicação no trabalho.
☐ Envolvimento da gestão	Os participantes e gerentes se encontram após o curso. Orientações são fornecidas para o encontro. O envolvimento contínuo da gerência é facilitado.
☐ Responsabilidade	Processos são colocados no lugar para lembrar periodicamente os participantes de suas obrigações, considerá-los responsáveis pelo progresso e reconhecer esforço e realização superior.
☐ Processo de Gerenciamento	Há processos e sistemas no lugar para permitir que profissionais de aprendizagem monitorem, apoiem e gerenciem o processo de transferência do aprendizado.

Fase IV – Realização

☑ Elemento	Critério
☐ Reconhecimento	Melhorias importantes e realizações são reconhecidas de uma forma significativa.
☐ Avaliações	Um ponto final definido semanas ou meses após o curso. Há um plano para avaliar a realização dos participantes e eles sabem qual ele é. Melhorias significativas são reconhecidas.

Pontos de ação

Para líderes de T&D

- Revise os programas pelos quais seu grupo é responsável para garantir que os desenhos realmente englobem a experiência completa do ponto de vista do aluno.
- Use o exercício "grampeie a si próprio no aluno" ou uma abordagem similar para ter certeza de que todas as quatro fases do aprendizado e todas as 6Ds foram incluídos no planejamento.
- Esteja atento a mensagens misturadas – onde o que é ensinado no programa e o que é praticado no negócio sejam inconsistentes ou onde uma fase não apoie a outra. Tais inconsistências desencorajam os participantes de tentarem transferir seu conhecimento e, se bobear, levam ao cinismo.
- Enfatize à gerência geral a importância do seu suporte em todas as quatro fases do programa. Explique como as parcerias entre a gerência de linha e o treinamento, e entre os praticantes e seus gerentes são necessárias para atingir um bom resultado em cima do retorno do investimento dos programas de aprendizagem e desenvolvimento.
- Preste atenção especial aos planos da Fase III. Esse período tem sido tradicionalmente ignorado e oferece as melhores oportunidades para melhorias.

- Certifique-se de que exista um período longo o suficiente entre a instrução e a avaliação que permita que os participantes demonstrem a evolução ou atinjam resultados significativos.

Para líderes de negócio
- Peça ao aprendizado e desenvolvimento que mostre os elos entre o desenho instrucional e as necessidades do negócio para todos os programas importantes.
    - Revise-os para ter certeza que as metas do negócio, os tipos de melhora comportamental esperada e os exercícios de aprendizagem se ligam logicamente uns aos outros.
    - Se tais ligações não puderem ser desenhadas ou se são suspeitas, o plano do aprendizado deve ser reconsiderado.
- Pergunte aos gerentes de linha o que eles estão fazendo para garantir que os programas de desenvolvimento estão sendo reforçados de forma que eles "peguem".
- Conceba sistemas que considerem os gerentes de linha responsáveis por seus cargos ao obterem resultados do aprendizado e desenvolvimento.
    - Meça e recompense o envolvimento ativo dos gerentes no processo.
    - Garanta que a "imagem combine com o áudio". Ou seja, tenha certeza de que aquilo que a gerência diz, o que ela faz e o que o sistema recompensa estão alinhados. Do contrário, você está perdendo tempo e dinheiro com o treinamento.
- Certifique-se de que exista um processo de avaliação, reconhecimento e – o que seria ideal – de recompensa e celebração das realizações que resultam de um aprendizado bem-aplicado.
- Faça as mudanças necessárias no ambiente para dar apoio ao que está sendo ensinado e para maximizar o impacto do aprendizado e desenvolvimento.

D3
Direcionar a aplicação

A verdadeira questão é "o que você pode fazer na segunda-feira?"
O que você pode fazer na segunda-feira daqui a seis semanas?
E daqui a seis meses? — Leo Burke

O valor oferecido por um programa de educação corporativa é proporcional à quantidade de novos conhecimentos e habilidades que são *aplicados* ao dia a dia na empresa. Conhecimento não utilizado é como semente não plantada; nunca dará frutos. Portanto, o papel da área de educação corporativa não é meramente o de *transmitir* conhecimento, mas ter certeza de que ele seja colocado em funcionamento, de forma que seus benefícios possam ser colhidos.

Um fator chave que influencia a aplicação de conhecimento é a maneira como ele é ensinado. Assim, a D3 para se criar avanço por meio de programas de aprendizagem é voltada para a estruturação da forma de *entrega da aplicação*. Ou seja, o emprego de métodos instrucionais que ajudem a fazer uma ponte entre a aprendizagem e a ação deve honrar os princípios de relevância e utilidade da andragogia, e fornecer instruções e tempo adequados para o estabelecimento de metas e planejamento da aplicação.

Neste capítulo focamos os aspectos da entrega do aprendizado que potencializam a aplicação de novos conhecimentos e habilidades para o trabalho do indivíduo e da organização. Nossa meta é complementar trabalhos mais extensos sobre a concepção instrucional ao chamar a atenção para problemas que encontramos com frequência nos programas de aprendizagem e desenvolvimento corporativo, apesar da disponibilidade de modelos instrucionais bem-desenhados e afiados. Os tópicos cobertos incluem:

- Reduzir o gap entre aprender e aplicar
- Motivar os alunos
- Deixar transparente a relevância dos assuntos
- Melhorar a percepção da aplicabilidade
- Prover know-how
- Tornar o aprendizado memorável

- Preparar e planejar para transferir
- Comunicar o que aconteceu
- Checklist para D3
- Pontos de ação para líderes do aprendizado e de linha

D3 | Reduzir o gap entre aprender e aplicar

Sempre existe uma lacuna entre o ambiente de aprendizagem e o ambiente no qual o conhecimento e as habilidades precisam ser postos em funcionamento. As diferenças incluem pressões relativas a prazos, novos problemas, magnitude das consequências, complexidade das situações, distrações, habilidade de memorização, entre muitas outras. O desafio para educadores corporativos é ajudar os alunos a serem bem-sucedidos ao suprirem a lacuna que há entre a aquisição do conhecimento em um programa de aprendizado e a aplicação dele no trabalho (ver Figura D3.1).

Figura D3.1
O desafio da organização de aprendizagem é entregar o treinamento de forma que ele faça uma ponte entre o aprendizado e a ação

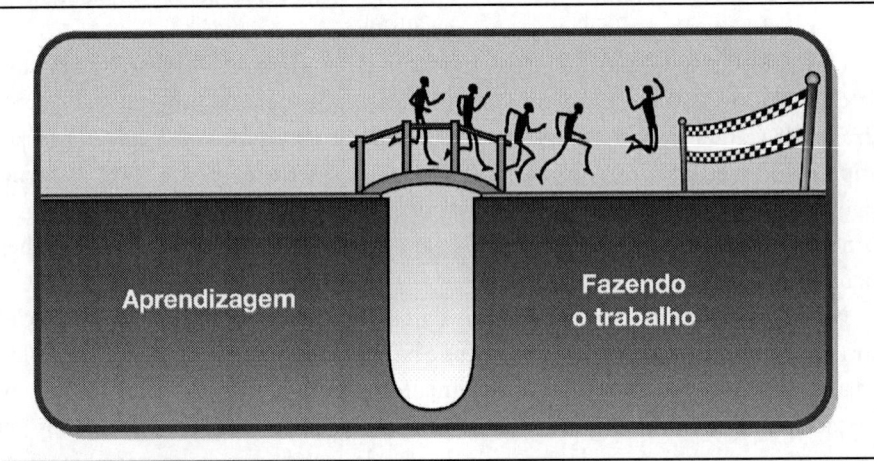

© 2010 Fort Hill Company. Usada sob permissão.

O tamanho do abismo entre aprender e fazer é influenciado pelo modo como novas competências e ações são ensinadas. Exemplos relevantes, action learning, simulações, sessões de prática e outras técnicas de entrega com foco na aplicação diminuem o gap, tornando mais fácil ao participante fazer a conexão entre o aprendizado e a prática. A escuta passiva, infinitos slides de PowerPoint, e-learnings pobremente concebidos e assessments com foco apenas na memória ampliam o abismo, resultando em poucos participantes fazendo a transição e alcançando os resultados esperados (ver Figura D3.2).

Figura D3.2
Quanto maior a lacuna entre a aprendizagem e a ação, menos participantes dão o salto para atingir os resultados.

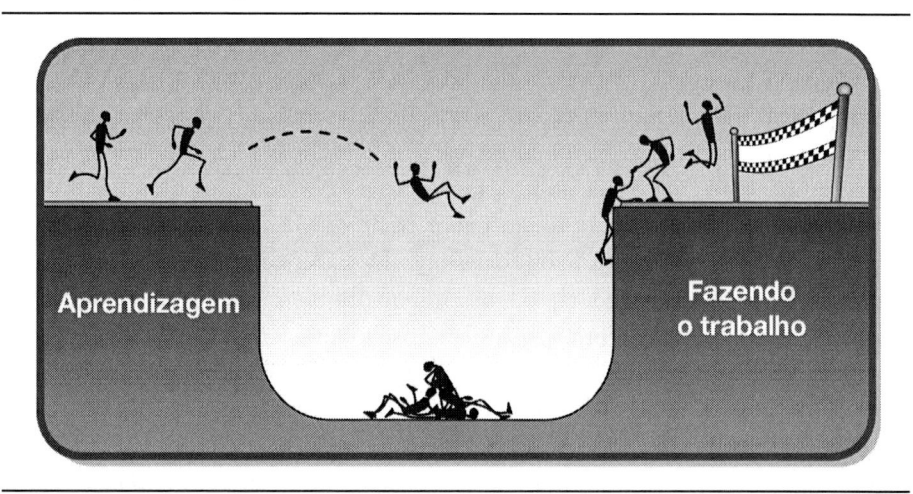

[Aprendizagem | Fazendo o trabalho]

© 2010 Fort Hill Company. Usada sob permissão.

Medina (2008) revisou recentemente a literatura sobre cérebros e aprendizagem e, em seu envolvente livro *Brain Rules*, propôs 12 regras sobre como o cérebro funciona. Ele resumiu suas descobertas da seguinte maneira: "O que esses estudos mostram, vistos como um todo? Em sua maioria o seguinte: se você quer criar um ambiente educacional que seja diretamente oposto ao que o cérebro é bom em fazer, você provavelmente desenharia algo como uma sala de aula" (p. 5).

Para que os participantes tenham resultado ao aplicar o que aprenderam em um programa de educação corporativa, três condições devem ser atendidas:

- Eles precisam ver valor no esforço requerido.
- Eles precisam ter aprendido como.
- Eles precisam ser capazes de retirar as informações e estratégias relevantes.

A meta da D3, Direcionar a aplicação, é certificar-se de que os participantes saiam da Fase II dos programas de aprendizagem com motivação e habilidade para aplicar o novo conhecimento. Métodos para chegar a esses resultados são discutidos abaixo.

D3 Motivar os participantes

Motivação para aprender é condição *sine qua non* de uma educação eficiente; atividades práticas durante o curso são vitais para o aprendizado, mas a aplicação no trabalho é essencial para o aprendizado contínuo. E o que motiva a maioria dos adultos a aprender é a expectativa de benefícios futuros que eles valorizem – em outras palavras, "O que há nisso para mim?". Os participantes do programa estarão mais motivados a aprender e, em última instância, a aplicar o que aprenderam, se forem convencidos de que aquilo produzirá um resultado que eles deem valor.

Os benefícios específicos que cada indivíduo valoriza é uma questão de preferência pessoal. Desde muito cedo, os seres humanos exibem uma forte motivação intrínseca para aprender (National Research Council, 2000); o domínio de um conceito ou habilidade é sua própria recompensa. No contexto de programas de treinamento corporativo, contudo, a maior parte dos funcionários se sente motivada a aprender e usar novas habilidades que irão fazer com que seu trabalho seja realizado de forma mais fácil, rápida, que irão melhorar seu ambiente de trabalho e aumentar suas chances de promoção, reconhecimento e assim por diante. Como Richard O'Leary, diretor de Recursos Humanos e Diversidade para Ciência e Tecnologia na *Corning*, explica: "O critério de design de um programa deve ser que ele seja integrado com a forma com a qual os resultados serão obtidos. Certifique-se que você está concebendo um tipo de aprendizado que as pessoas têm necessidade de ter porque ele as ajudará na resolução do que elas consideram ser problemas" (comunicação pessoal, 2004).

Victor Vroom, da Escola de Administração de Yale, desenvolveu o *Expectancy Model* como uma forma de explicar o que motiva seus funcionários (Vroom, 1964/1995). Vroom propôs que uma pessoa é motivada quando acredita que o esforço, desempenho e resultados estão conectados, e quando os frutos têm um valor pessoal para elas (ver Figura D3.3).

Um elemento é *expectancy* – a força da crença de que um esforço irá produzir uma performance melhor. Em termos de treinamento e desenvolvimento, quanto mais eu acredito que aprender e aplicar o que aprendi irá melhorar minha performance, mais forte será minha motivação em aprender.

Por exemplo, um participante estará mais motivado a frequentar um treinamento e modificar sua abordagem referente às vendas se acreditar que isso irá ajudá-lo a atingir uma quantidade significativa de vendas mais altas, do que se ele acreditar que haverá apenas uma pequena diferença no montante vendido.

O segundo elemento no modelo de motivação de Vroom é a *instrumentality* – ou seja, a percepção do quão intimamente conectada a melhoria da performance está para chegar a um resultado ou recompensa. Obviamente, eu estarei mais motivado a tentar melhorar minha performance se acreditar que ela será instrumental para que eu consiga uma promoção, do que se estiver convencido de que a promoção depende inteiramente de politicagem.

> "Motivação é vital para o aprendizado."

Figura D3.3
A motivação depende da crença de que o esforço irá melhorar o desempenho e de que ele irá levar a recompensas, assim como o valor pessoal atribuído à recompensa

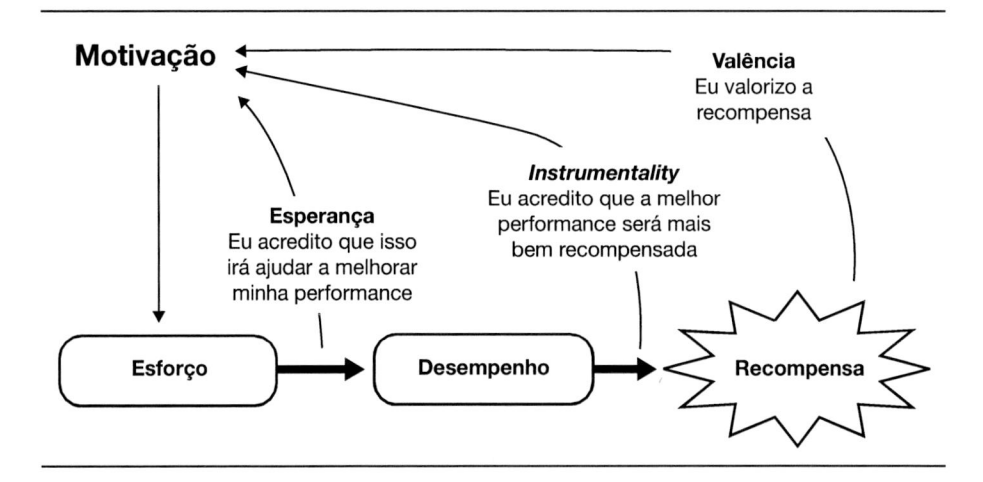

```
Motivação ◄─────────────────           Valência
         ▲                              Eu valorizo a
         │                              recompensa
         │        Instrumentality
         │        Eu acredito que a melhor
     Esperança   performance será mais
   Eu acredito que isso  bem recompensada
   irá ajudar a melhorar
    minha performance
         │
         ▼
    [Esforço] ──► [Desempenho] ──► ✦Recompensa✦
```

Finalmente, valência é o valor relativo que cada indivíduo dá ao resultado esperado. Sendo as demais coisas iguais, quanto mais a pessoa valoriza o resultado, maior será a sua motivação para aprender as habilidades e comportamentos necessários para alcançá-lo. É importante notar aqui que recompensas intrínsecas – por exemplo, a satisfação pessoal de resolver um problema – pode ser valorizada tanto quanto, ou às vezes até mais, do que recompensas extrínsecas (Pink, 2009).

Assim, motivação é o produto de três fatores: o tanto que a pessoa valoriza o potencial resultado, o quão intimamente ela acredita que o resultado está ligado à performance e o quanto ela acredita que o esforço requerido irá produzir melhorias. Em geral, quanto maior a força de cada elemento, maior será a motivação geral. Dizemos "em geral" porque se um desses elementos estiver faltando – por exemplo, se eu não dou valor ao resultado, ou não acredito que seja capaz de melhorar meu desempenho – então não estarei motivado, mesmo que duas das três condições sejam cumpridas.

Maximizar a motivação dos participantes para aprender, então, requer a satisfação de três condições:

- Endereçar programas de aprendizagem para resultados que as pessoas valorizem.
- Persuadi-las que a abordagem recomendada está intimamente relacionada à melhora da performance.
- Convencê-las de que seus esforços serão recompensados.
- Embora profissionais de aprendizado controlem amplamente as primeiras duas condições, recompensas e reconhecimento ficam a cargo dos supervisores

diretos dos participantes. Por isso, na D1, recomendamos questionar: *"Além do treinamento, o que mais precisa estar no lugar para que os resultados sejam atingidos?"*. É muito mais fácil motivar as pessoas a aprender e aplicar o aprendizado quando elas valorizam os resultados e exista um processo para garantir que esforços bem-sucedidos sejam identificados, reconhecidos e, de alguma maneira, recompensados.

A motivação é especialmente importante em programas de educação corporativa porque tais programas são, no final das contas, iniciativas de mudanças. Eles têm a intenção de ajudar as pessoas a mudar da maneira com que trabalham atualmente para uma abordagem que seja mais produtiva para elas mesmas e para a empresa.

Uma mudança significativa inevitavelmente envolve algum desconforto e requer um esforço mais duradouro. Respostas convincentes para a questão "O que há nisso para mim?" são essenciais para motivar as pessoas a produzirem o esforço necessário. Essa questão tem sido chamada de a "estação de rádio universal" porque todos a escutam (ver Figura D3.4). Quando as pessoas entendem "o que há nisso para mim", elas se tornam mais receptivas a novas ideias, mais motivadas a aprender e mais dispostas a passar pelo desconforto que acompanha mudanças significativas.

"Uma mudança significativa inevitavelmente envolve algum desconforto."

Figura D3.4
Os alunos querem saber o que há naquilo para eles

"Por favor, Srta. Sweeney, posso perguntar onde isso tudo vai dar?"

© Robert Weber/Condé Nast Publications. Disponível em: <www.cartoonbank.com>. Usada sob permissão.

Portanto, a primeira tarefa para entregar a aplicação é ser explícito a respeito do valor que os participantes podem esperar atendendo ao programa e aplicando seu conteúdo. Os benefícios prometidos precisam ser críveis e alcançáveis – uma tarefa facilitada se as metas estiverem claramente conectados às prioridades do negócio em primeiro lugar. Os participantes irão desejar frequentar o programa se tanto seus benefícios quanto a relevância estiverem transparentes.

Beverly Kaye, fundadora da *Career Systems International*, e uma líder durona na área de desenvolvimento e retenção de funcionários, explica da seguinte maneira:

> Para garantir que as pessoas obtenham o máximo valor do aprendizado e desenvolvimento, precisamos envolver seus corações tanto quanto suas cabeças. Desenhamos e entregamos todos os programas de forma que quando os participantes saiam pela porta eles se sintam com poderes e preparados para agir com uma atitude "eu posso fazer". Trabalhamos intencionalmente para colocar a adrenalina dos participantes para funcionar. Envolvemos seus corações de forma que tenham paixão em aplicar o que aprenderam. Eles saem com um entendimento de que ninguém pode assumir a satisfação sobre seu trabalho e desenvolvimento, a não ser eles próprios. Então, aprender sobre como tomar a frente de seu próprio desenvolvimento é mais do que um exercício cognitivo.

D3 | Torne a relevância clara

Para adultos, relevância e motivação para aprender estão intimamente ligadas. Um princípio fundamental do ensino para adultos é que eles querem saber *por que* estão sendo solicitados a aprender algo – como o material se relaciona a eles, seus cargos, divisões e negócios – antes que estejam dispostos a aprender e usar (Exibição D3.1). "A pesquisa indica que a necessidade de saber afeta a motivação para aprender, os resultados do aprendizado e a motivação pós-treinamento e o uso do conteúdo transmitido" (Knowles, Holton & Swanson, 2005, p. 201). Não é surpresa, portanto, que a falta de relevância percebida é uma das maiores barreiras para a transferência do aprendizado (Kirwan, 2009; Newstrom, 1986).

Jim Trinka é diretor de treinamento técnico da U.S. Federal Aviation Administration e coautor de *A Legacy of 21st Century Leadership: A Guide for Creating a Climate of Leadership Throughout Your Organization*. Quando perguntado por que um percentual tão alto de seus estagiários utiliza o que ele ensina, ele responde:

> "Acho que é a facilidade com a qual conectamos aquilo que há no programa com o que eles irão fazer no trabalho. Fazer essas conexões é simples, então gosto de chamar isso de ligar os pontos. É simples para um instrutor ligar os pontos entre o conteúdo e informação que há no curso, com aquilo que o controlador ou técnico terá que fazer em seu trabalho diário. E como essa

conexão é fácil, há uma grande crença entre os controladores de desenvolvimento ou estudantes de que eles irão de fato fazer uso da informação que estão recebendo. Tudo o que lhes ensinamos, eles terão que saber em suas carreiras. Nós não ensinamos coisas que não tenham aplicabilidade. O conteúdo é 100% útil. É por isso que você obtém 100% de transferência.

Exibição D3.1
Alguns princípios relevantes da educação adulta

Muitos dos princípios para "entregar a aplicação" refletem preceitos do ensino para adultos, conforme resumido por Knowles, Holton e Swanson em seu clássico *The Adult Learner* (2005). Os seres humanos continuam aprendendo ao longo de suas vidas. Os adultos, contudo, têm necessidades e preferências específicas que precisam ser encaminhadas para que se obtenha máxima efetividade. Especificamente:
- Adultos são práticos e dão muito valor à relevância.
  - Em um ambiente de trabalho, eles podem não estar interessados em conhecimento por si só.
  - Adultos precisam ver motivo para aprender algo. Eles querem saber "o que há nisso para mim?".
  - A relevância de teorias, conceitos, exemplos e exercícios precisa estar imediatamente aparente; exemplos concretos de aplicação ajudam.
- Adultos são orientados por metas.
  - Eles preferem uma abordagem centrada no problema, e não no conteúdo. Eles querem saber como a aula os irá ajudar a alcançar suas metas pessoais.
- Adultos aprendem a partir da experiência.
  - Inclua oportunidades (simulações, role play, sessões de práticas) para que apliquem novos conhecimentos e pratiquem as habilidades em ambiente seguro. Forneça feedback que reforce as ações corretas e dê insight sobre os equívocos.
- Alunos adultos precisam ser respeitados.
  - Adultos trazem consigo uma gama de experiências e conhecimento que precisam ser honrados e levados em consideração.
  - Devem ser tratados como iguais e encorajados a compartilhar sua sabedoria e opiniões com o grupo.
  - Os participantes nunca devem ser ridicularizados ou menosprezados.
- Os adultos são autônomos e autodirecionados.
  - Eles precisam estar ativamente envolvidos no processo de aprendizagem, assumindo responsabilidade pelas discussões em grupo, apresentações, entre outras.
  - Instrutores de adultos são mais eficientes quando agem como facilitadores – guiando os participantes para seu próprio conhecimento e conclusões – ao invés de fornecer-lhes fatos.

Uma evidência ainda maior da importância da relevância vem da análise de dez mil avaliações pós-programas feita pela Hewlett-Packard. Peggy Parskey, que na época era Gerente do Processo de Aprendizagem, trabalhou juntamente com Michael Ross, da *Performance Challenges Corporation*, para criar um modelo usando diversas técnicas que incluíam regressão múltipla e análise de grupos. O modelo capta reações de ordens superiores, prevê avaliações gerais a partir de três métricas específicas e apresenta os dados de uma forma poderosa e de fácil interpretação (ver Figura D3.5). A mais forte previsão do programa sobre a percepção da qualidade global era uma faceta de cada um dos seguintes fatores: metas alcançadas (experiência aprendida), recomendação aos colegas (impacto do aprendizado) e aumento do desempenho no trabalho (utilidade).

Figura D3.5
Nos dados da Hewlett-Packard, três fatores – utilidade, experiência aprendida e impacto do aprendizado – preveem o valor geral da avaliação

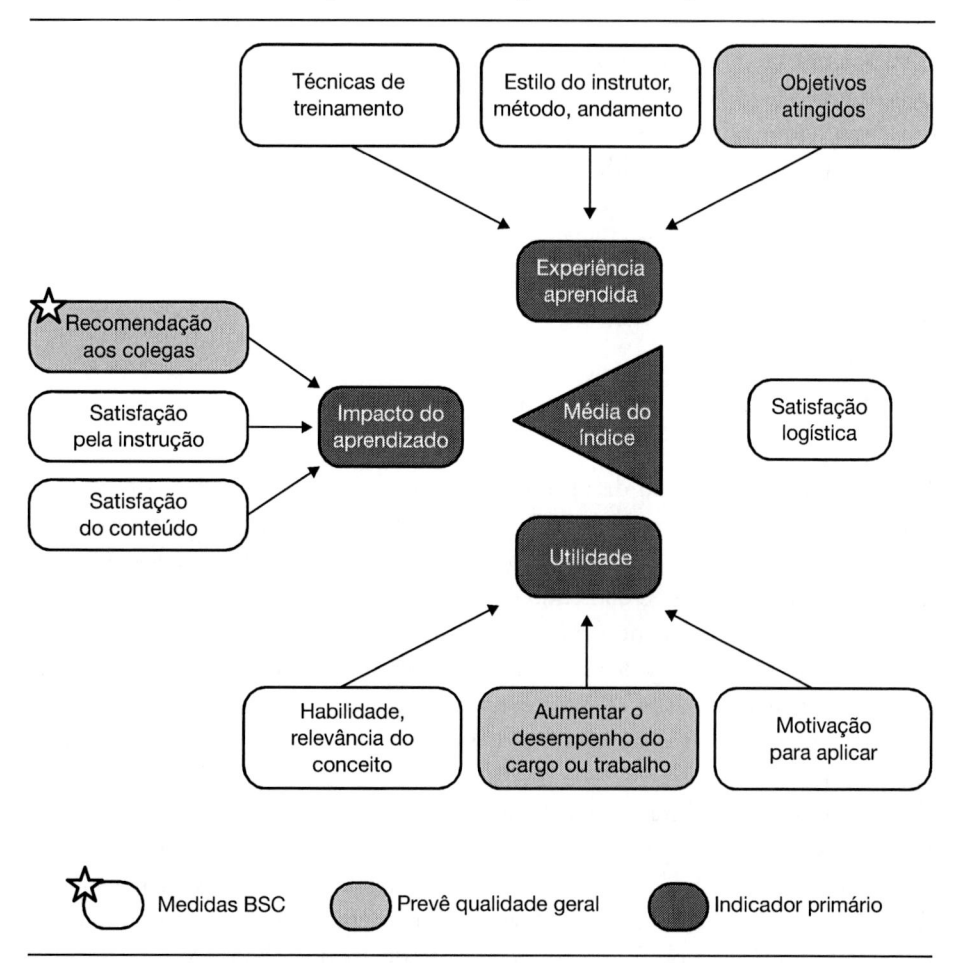

© 2003 Hewlett-Packard. Usada sob permissão.

Três avaliações contribuíram para a pontuação de sua utilidade:

- A relevância das habilidades e conceitos
- A extensão com a qual os alunos esperam que o programa melhore sua performance
- Se os participantes estão motivados a aplicar aquilo que aprenderam

A Hewlett-Packard rastreou a pontuação dada à aplicabilidade para cada curso oferecido. Qualquer programa que tivesse baixa pontuação na percepção de sua aplicabilidade passava a merecer uma 'atenção especial'. A percepção de baixa aplicabilidade não significa necessariamente que o programa não era útil ou relevante, mas significa que, de alguma maneira, a relevância e aplicabilidade do material não estavam sendo comunicadas com eficiência aos participantes. Outra possibilidade seria que o público-alvo não estava sendo escolhido de acordo. A lógica para destacar cursos com taxas de utilidade baixas recebendo atenção especial é que, se os participantes saem de um programa com uma opinião ruim de sua aplicação, é pouco provável que eles farão algum esforço para transferir o aprendizado ou produzir resultados positivos no trabalho (Parskey, comunicação pessoal, 2005). Em outras palavras, se o conteúdo do curso não for percebido como relevante pelos participantes, então, eles não estarão motivados a aprender a usá-lo. Outros aspectos do programa – instrução, local, exercícios aprendidos – independentemente do quão brilhantemente sejam executados, não podem compensar a falta de percepção de sua utilidade.

D3 — Melhorar a percepção da utilidade

Para melhorar a percepção da utilidade de um programa – e, assim, a motivação para o aprendizado e sua transferência – é preciso ser explícito sobre as necessidades do negócio para as quais o programa foi criado (D1) e usar exemplos relevantes para ilustrar as conexões entre o conteúdo e a realidade da empresa.

Isso requer que os instrutores entendam as necessidades do negócio em profundidade. Quais são seus *key drivers*? Como a companhia realmente cria valor? Quais são seus principais desafios frente à concorrência e em um mercado em constante mudança, regulação, ineficiências internas e assim por diante? Qual é a visão desta companhia? Quais as expectativas de seus líderes? A compreensão desses problemas centrais aumenta bastante a efetividade do instrutor e a habilidade de tornar o conteúdo relevante para os participantes. Isso também é essencial para a credibilidade do instrutor. Uma tendência que cresce com velocidade em educação corporativa (Bolt, 2005, p. 11) é convidar executivos sêniores como instrutores: eles têm credibilidade instantânea e profundo conhecimento do assunto abordado.

Apesar dos instrutores internos, na teoria, terem uma compreensão maior dos desafios específicos da companhia do que os facilitadores externos, nem sempre é possível ou prático ter sempre instrutores internos. Instrutores externos e especialistas podem oferecer novos insights, perspectivas e novas abordagens que sejam importantes para evitar que a companhia se torne muito insular. Mas é impossível para os instrutores de fora estarem familiarizados com os detalhes das múltiplas linhas de produtos, divisões de operações e unidades de negócios. Uma solução criativa para este dilema é o ensino em equipe, combinando especialistas de conteúdo externos com gerentes internos, que possam dar o contexto de negócios e exemplos específicos da companhia. Esta abordagem obtém o melhor de ambos: uma profunda expertise de conteúdo, assim como exemplos críveis de situações de trabalho que sejam imediatamente reconhecíveis e relevantes aos participantes (Connolly & Burnett, 2003).

Outra fonte rica de exemplos relevantes são os próprios participantes: "para muitos tipos de aprendizagem, os mais ricos recursos são os próprios adultos que estão aprendendo" (Knowles, Holton & Swanson, 2005, p. 66). Consistente com os princípios do ensino para adultos, a chave é honrar e levar em conta as experiências que os participantes trazem para o programa. Elabore exercícios que se baseiem em experiências dos próprios membros do grupo para gerar exemplos que sejam relevantes e aplicáveis ao seu ambiente de trabalho.

D3 Prover know-how

Para que o aprendizado produza melhoria de performance, os participantes terão que saber mais do que apenas nova informação; eles terão que *saber como usá-la* em seu trabalho. Entregar a aplicação significa usar abordagens instrucionais e exercícios que requeiram que os participantes pratiquem o tipo de pensamento e ações que precisarão no dia a dia. Por exemplo, se a meta for melhorar a habilidade dos participantes de lidar com objeções, eles devem ter oportunidade de praticar suas habilidades durante o programa e receber feedback de sua performance. Não basta que o instrutor simplesmente fale a respeito disso.

Marc Lalande, presidente do Your Learning GPS, ilustra o ponto desta forma: "Eu fui instrutor de esqui por 15 anos. Ensinar a esquiar na sala de aula usando PowerPoint nunca foi uma opção".

Contudo, no ambiente atual dos negócios com prazos apertados, exercícios interativos e práticos são frequentemente as primeiras coisas suprimidas porque "consomem muito tempo". Lalande sente que esse raciocínio representa uma falsa economia. De fato, quando ele estava à frente do treinamento em uma companhia farmacêutica e pediam que ele encurtasse um programa, respondia: "Você pode eliminar qualquer coisa que quiser do calendário, exceto o tempo de prática e o role play. Se tirar essas coisas, pode cancelar o programa inteiro" (Lalande, comunicação pessoal, 2010).

> "Para que o aprendizado produza melhorias,
> os participantes terão que saber como utilizá-lo."

Link instrução, comportamento e resultados de negócios

Entregar a aplicação requer forjar uma cadeia de valor lógica e clara que ligue cada experiência de aprendizagem com a performance requerida no dia a dia para o resultado esperado. Brinkerhoff e Gill (1994) desenvolveram o "mapa de impacto" como uma forma de pensar e ilustrar os elos entre aprendizagem e resultados. Preferimos o termo "cadeia de valor", visto que ele é mais familiar para os líderes. Michael Porter definiu uma cadeia de valor como a sequência de atividades que agregam valor, por meio das quais uma companhia cria vantagem competitiva (Porter, 1985). A cadeia de valor do aprendizado ilustra a sequência pela qual ele contribui para o sucesso do negócio. Uma conexão simples de três elos é mostrada na Figura D3.6.

Figura D3.6
Uma cadeia de valor simplificada ligando atividades de aprendizagem com resultados para o negócio

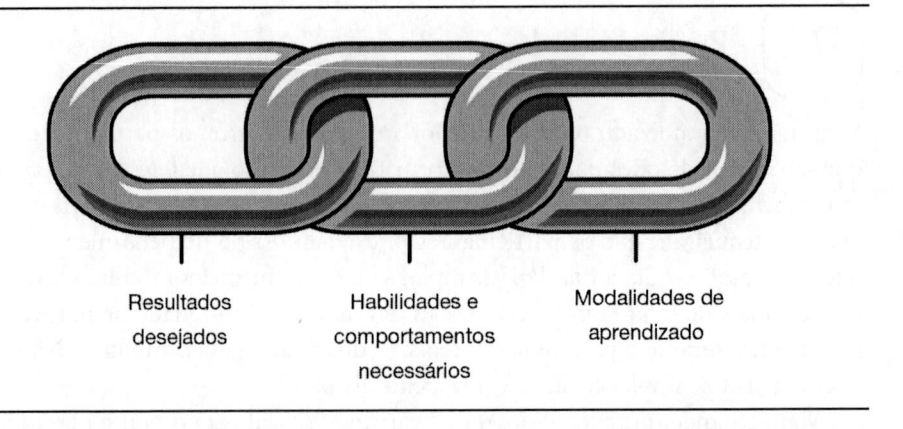

Resultados desejados | Habilidades e comportamentos necessários | Modalidades de aprendizado

As habilidades e comportamentos desejados são identificados na D1 pelas análises das necessidades nos primeiros dois quadrantes da "Roda de Planejamento dos Resultados". A tarefa dos designers instrucionais é selecionar as estratégias que irão otimizar os resultados finais. Isso parece terrivelmente óbvio. Mas, ainda assim, se você fosse mapear a cadeia de valores de muitos programas de treinamento corporativos, concluiria que eles são tão ilógicos quanto a declaração de Lalande de ensinar esqui usando PowerPoint; com certa frequência observa-se uma falta de conexão entre o propósito estabelecido com o treinamento e a metodologia empregada (Tabela D3.1). Pode até haver um momento para uma palestra orientada, mas, no final, as pessoas precisam ir para as pistas para esquiar. Assim como elas precisam praticar novas habilidades para serem bem-sucedidas nos negócios.

Tabela D3.1
Um exemplo fictício de uma falta de conexão entre método e meta

Resultado Buscado	Habilidades e Comportamentos Requeridos	Modalidades do Aprendizado
Uma descida segura e divertida para esquiadores iniciantes	Habilidade para começar, parar e fazer curvas eficientemente	Fazer com que os estudantes escutem passivamente uma palestra ilustrada
	Entrar e sair do teleférico com segurança	
	Identificar corretamente marcadores de dificuldade e das trilhas	
	Obedecer as regras de segurança	
	Estar ciente e ser cortês com outros esquiadores	
	Etc.	

Um controle útil sobre o grau no qual o programa está sendo utilizado para "entregar a aplicação", então, é completar a cadeia de valor para o curso proposto, buscando congruência entre metas e métodos. Lembre-se de incluir todas as quatro fases do aprendizado na coluna "modalidade do aprendizado", e não apenas o período de instrução formal (Tabela D3.2).

Note que as cadeias de valor se tornam cada vez mais detalhadas conforme progridem de metas de negócios de alto nível para comportamentos específicos e estratégias de aprendizagem. Qualquer resultado geralmente exige múltiplas habilidades e comportamentos, cada um dos quais normalmente precisa de diversos métodos instrucionais e oportunidades para ser aprendido e praticado. Para propósitos de planejamento, pode ser útil inserir colunas em ambos os lados dos comportamentos para permitir um progresso mais detalhado dos resultados e habilidades, e as ações necessárias (ver Tabela D2.3). Uma questão óbvia: vale a pena o tempo e esforço para mapear as conexões dessa forma? Nossa resposta é, sem dúvida nenhuma, "sim". O ponto alto do sucesso de um programa de treinamento depende da definição da estratégia instrucional adequada. Ser capaz de explicar claramente como determinado exercício se relaciona com o propósito do negócio ajuda os participantes a entender sua relevância e, ao fazer isso, aumenta a motivação para o aprendizado e aplicação do conteúdo. Margolis e Bell (1986) apresentaram um case convincente para introduzir cada exercício de aprendizagem com a lógica da perspectiva do aluno (ver Caso em Pauta D3.1).

Tabela D3.2
Extrato de uma cadeia de valor ligando aprendizagem e resultados para um programa de gerenciamento de vendas

Resultado Buscado nos Negócios	Habilidades e Comportamentos Requeridos	Modalidades do Aprendizado
Aumento nas vendas como resultado de um gerenciamento mais efetivo	Identificar corretamente um estágio representativo de desenvolvimento de vendas e usar um estilo de liderança situacional mais eficiente para gerenciar	Leitura preparatória sobre liderança situacional
		Discussão do modelo facilitada pelo instrutor
		Prática guiada identificando os estágios em vídeos
		Prática e reflexão on-the-job
	Uso efetivo da situação, comportamento, modelo de coaching de impacto	Autoavaliação sobre o uso do modelo
		Leitura preparatória sobre o modelo
		Discussão do modelo facilitada pelo instrutor
		Prática fornecendo feedback aos pares no programa, supervisionados pelo coach
		Prática e reflexão on-the-job com acesso ao coach
		Avaliação da efetividade do coaching por meio de relatórios

O grupo de consultoria de aprendizagem e desempenho da *Farm Credit Canada* – a mais importante financiadora da área de agricultura do Canadá – ampliou o uso do mapeamento de cadeias de valor em duas importantes e inovadoras maneiras (Bartlett, comunicação pessoal, 2010):

- Incluíram um mapa de performance na carta resumo que é enviada para um financiador de negócios como follow-up para uma discussão sobre uma oportunidade de treinamento em potencial. O mapa ajuda a resumir e confirmar as ligações entre o núcleo das estratégias, o business *scorecard*, os resultados comportamentais desejados e a abordagem recomendada para o treinamento.
- Mapas de desempenho também são incluídos nas descrições dos cursos no Programa de Desenvolvimento de Campo, para deixar claro aos participantes e seus gerentes como o curso se relaciona às principais estratégias da organização e o *scorecard* de performance.
- Mapear a congruência entre comportamentos requisitados e modalidades de aprendizagem ajuda a evitar a enorme tentação de começar com o método (por exemplo, um podcast) e tentar fazer o conteúdo se encaixar, ou ver quais slides já estão em um arquivo e trabalhar de trás para frente a partir deles. Como o consultor e autor John Izzo declarou: "É mais fácil encontrar um novo público do que escrever uma nova palestra". Para evitar a última tentação, o Banco UBS instituiu uma regra sobre "Zona Livre de PowerPoint" em seu programa de desenvolvimento de liderança para diretores. Nem mesmo executivos seniores tinham permissão para trazer suas apresentações prontas. Apesar de no começo haver uma agitação por parte dos instrutores, tanto eles, quanto os participantes, concordaram que a interação foi muito maior e o resultado superior se comparado a apresentações corporativas convencionais.

Em geral, quanto mais o ambiente instrucional mimetizar o ambiente de trabalho, mais fácil o conteúdo será lembrado e aplicado (revisado por Talheimer, 2007). Por este motivo, Eli Lilly, por exemplo, mantém uma unidade de ensino completa de Boas Práticas de Fabricação com seu próprio depósito (para prática de direção de empilhadeiras e segurança) e uma linha de produção (para ensino e prática de técnicas de esterilização, procedimentos de limpeza e assim por diante).

Caso em Pauta D3.1
Diga-me por que

Exercícios de treinamento corporativo são (ou ao menos deveriam ser) desenhados com uma finalidade em mente – ou seja, como o exercício se relaciona com a construção das habilidades requisitadas para alcançar as metas do negócio. Mas, embora esta conexão seja clara para os designers instrucionais, ela com frequência é perdida pelos participantes. Se eles não forem capazes de fazer o link entre o exercício e as responsabilidades no trabalho, não estarão motivados a levá-lo a sério, participar e aprender a partir dele.

Um fato que contribui para a falta de conexão é a forma como os exercícios são apresentados, seja na sala de aula ou on-line. A tendência é ir imediatamente para o "como" sem explicar o "por que", o que Margolis e Bell (1986) chamam de "abordagem administrativa". Um exemplo típico da sala de aula soaria mais ou menos assim: "Nos próximos dez minutos, eu vou dividi-los em pequenos grupos..." ou no aprendizado virtual: "Em cada um dos cenários a seguir, escolha o que considere mais apropriado".

O problema em apresentar exercícios dessa maneira é que os participantes começam a pensar imediatamente se terão tempo suficiente e se gostam ou não daquele tipo de atividade, em vez de pensarem no propósito dela e na potencial recompensa; o propósito da discussão é perdido, assim como os participantes.

Margolis e Bell recomendam que cada exercício seja introduzido em um processo de quatro passos (p. 61-70):

1. Explique a lógica.
2. Explique a tarefa.
3. Defina o contexto.
4. Explique o que deve ser relatado.

"Esta sequência segue a lógica do aprendizado e a lógica da motivação... A introdução/lógica é uma afirmação que responde a uma questão fundamental para o aluno: 'Por que eu devo tomar parte desta tarefa ou experiência?'... A lógica (deve ser) sempre afirmada pela perspectiva do *aluno*, não do instrutor ou da organização" (p. 62-63).

Uma explicação eficiente da tarefa (passo 2) é construída de forma que os participantes produzam um produto que ajude em seu aprendizado. A explicação deve sempre incluir um verbo de ação como *identifique*, *liste*, *classifique*, *resolva*, entre outros, e normalmente uma frase que defina a quantidade e qualidade desejada, como *as cinco mais importantes*.

Margolis e Bell explicam o terceiro passo da seguinte maneira (p. 65): "A definição do contexto explica como os alunos irão completar a tarefa. O contexto da tarefa envolve três elementos":

- O tamanho da unidade de trabalho (indivíduos ou subgrupos);
- A composição dos subgrupos, se eles forem usados; e
- A quantidade de tempo estipulada para completar a tarefa.

O quarto e último passo – explicar o que deve ser reportado – é simplesmente uma questão de dizer aos participantes aquilo pelo qual eles são responsáveis por reportar para o grupo como um todo, uma vez que seu subgrupo tenha completado a tarefa; não é necessário incluir detalhes administrativos, que têm uma tendência de confundir ao invés de esclarecer. A emissão de relatórios continua, assim como o fortalecimento da aprendizagem ao permitir que os participantes revisem e resumem suas discussões e ao dar para o instrutor uma oportunidade de comentar, embelezar e ampliar conceitos e princípios fundamentais.

"O princípio a ser lembrado é atribuir lógica à atividade antes de descrever a tarefa, como ela deve ser feita e o que será reportado. Essa abordagem coloca em prática um preceito fundamental do aprendizado para adultos: 'Adultos precisam saber por que têm que aprender algo, antes de empreender na tarefa'" (Knowles, Holton & Swanson, 2005, p. 74).

Alguns exemplos

O ponto fundamental é que não existe um melhor método para a instrução. Debates sobre o valor da sala de aula *versus* ensino à distância *versus* ensino virtual ou outras formas de instrução não têm sentido sem especificar o que precisa ser aprendido e qual é a performance esperada. Como o relatório do National Research Council, *Como as Pessoas Aprendem*, ressalta: "Perguntar qual técnica de ensino é a melhor é análogo à perguntar qual ferramenta é a melhor – um martelo, uma chave de fenda, um estilete ou um alicate. No ensino, assim como na marcenaria, a seleção de ferramentas depende da tarefa a ser cumprida" (p. 22).

Profissionais de aprendizagem devem ter "método agnóstico". Ou seja, devemos recomendar o método, duração e estrutura somente *após* as metas do negócio e do desempenho (D1) estarem claros.

Não temos espaço aqui, nem é nossa intenção, escrever um tratado sobre métodos instrucionais e suas aplicações. Numerosa literatura sobre o assunto está disponível, por exemplo, Gagné, Briggs e Wager (2004) e Smith e Ragan (2005). Optamos por oferecer poucos exemplos atuais e algumas ressalvas a partir de nossa experiência com programas de educação corporativa.

Prática da Habilidade   Quando a meta do treinamento requer que os participantes se tornem proficientes em uma habilidade em particular, não há substituto para a prática com feedback. Isso pede algum tipo de ambiente simulado como um exercício de role play, simulação no computador, simulação de entrevista, ou algo similar. Mesmo um programa de treinamento só pode ajudar os participantes a chegarem a um nível básico de proficiência; a verdadeira maestria requer prática constante com avaliações e feedback sobre seu desempenho no trabalho.

Para a maioria das pessoas, ter que demonstrar uma tarefa ou técnica na frente de um público ou instrutor é um exercício desconfortável – e, portanto, impopular. Assim, apesar de tal prática de habilidade ser valiosa, talvez até indispensável para o aprendizado, é improvável que gere reações positivas. Um dos perigos de confiar somente em dados de reações dos alunos (chamado medição de Nível 1) para avaliação de programas é a evidência de que participantes tendem a classificar com maior pontuação métodos de ensino confortáveis, fáceis e ineficientes, do que os métodos desafiadores, instrutivos e eficientes (ver Caso em Pauta D6.2).

Uma técnica para garantir a relevância e a possibilidade de transferência, assim como dar tempo para a prática, é usando "real play". Os participantes trazem problemas reais ao programa e são usados, então, como cenários para role play e prática (ver Caso em Pauta D3.2).

Caso em Pauta D3.2
Real play *versus* Role play

Um exemplo da aplicação da D3 em uma companhia farmacêutica líder é o conceito de "real play" em vez de role play. O gerente de treinamento sênior responsável pelo desenvolvimento de gestão explica: "A meta do 'real play' é reduzir a 'morte por Power-Point' e aumentar a aplicação das habilidades de feedback ensinadas no nosso programa de liderança de vendas. Os participantes trazem problemas reais pessoais que estão enfrentando para a sessão. Durante o programa, eles ensaiam a aplicação dos princípios do curso a esses problemas reais. A resposta ao real play tem sido bastante positiva. Os participantes reportam que o treinamento é muito relevante e que eles se sentem mais bem preparados para aplicar as habilidades que aprenderam".

Simulações Os exemplos mais bem-conhecidos por entregar o aprendizado e maximizar a aplicação são os simuladores de vôo. Desenvolvidos pela E. A. Link para treinar pilotos para voar por meio de instrumentos, eles foram vitais em acelerar os treinamentos de pilotos durante a Segunda Guerra Mundial. Os atuais simuladores são tão sofisticados que pilotos comerciais podem se qualificar para voar em novos modelos inteiramente por meio dos instrutores; eles também podem perder suas licenças se violarem as regras da FAA, enquanto voam em simuladores durante a recertificação. De várias maneiras, os simuladores são, na verdade, superiores à verdadeira experiência de voo porque podem ser programados para imitar qualquer número de condições críticas que seriam impossíveis ou muito perigosas para a prática em um avião de verdade (incêndios no motor, pousar com um trem de pouso emperrado e assim por diante).

Claro, simuladores custam dezenas de milhares de dólares, mas eles indicam o que é possível em termos de combinar a situação de aprendizagem com as condições nas quais o aprendizado tem que ser aplicado. Como tal, há um crescente interesse e aplicação de simulações no treinamento de negócios. Uma simulação benfeita requer o mesmo tipo de pensamento (análise, síntese, reconhecimento de padrões e assim por diante) e tomadas de decisões que precisam ser aplicadas em problemas verdadeiros. As simulações comprimem o tempo, permitindo que os praticantes completem ciclos de negócios em horas em vez de meses ou anos, de forma que possam ver o efeito de suas decisões a longo prazo. As simulações necessitam de um envolvimento ativo e tomada de decisões, em oposição a meramente escutar de forma passiva, o que aumenta a retenção das lições aprendidas. Envolvimento ativo é um dos fatores mais citados em tornar o aprendizado memorável.

"Simulações são poderosas, envolventes, dinâmicas e efetivas."

Akerman, Ekelund e Parisi (2005) resumiram as vantagens das simulações nos negócios da seguinte forma:

- As simulações aumentam os insights de negócios e instrução financeira.
- As simulações constroem competência, alinhamento e comprometimento em torno de estratégias corporativas, modelos de negócios e iniciativas.
- As simulações são um modo poderoso, envolvente, dinâmico e efetivo de atingir o público executivo (p. 28).

O desafio é encontrar simulações que ensinem habilidades aplicáveis no dia a dia e não só "a arte do jogo". As simulações também podem ser úteis para simplificar situações que destacam os efeitos de ações específicas. Para serem efetivas, simulações precisam ter um contexto específico o suficiente para que os participantes transfiram facilmente o aprendizado para os seus papéis de trabalho; se o participante não puder ver a conexão entre a simulação e seus desafios de negócios, ela irá falhar em produzir os resultados desejados. Por esse motivo, muitas empresas estão agora tendo simulações customizadas criadas para lidar com desafios singulares de seus negócios e metas educacionais.

Independentemente da simulação específica ou tecnologia empregada, um debriefing bem-elaborado é essencial para ressaltar as lições aprendidas com determinada atividade e ilustrar a sua aplicação no dia a dia dos participantes e da empresa.

"As metas são duas: garantir que os participantes entendam claramente as relações entre suas decisões simuladas e as mudanças que o mercado exerce no resultado do negócio, e também esclarecer os pontos principais de aprendizagem a partir da simulação" (Akerman, Ekelund & Parisi, 2005, p. 35). Por fim, planos de ação e suporte à transferência do aprendizado são necessários para garantir que o aprendizado da simulação seja colocado para funcionar de uma forma que leve ao valor de negócio.

Estudos de Casos   Estudos de casos são abordagens populares para a educação executiva, mas também podem ser usadas eficientemente em uma ampla gama de outras iniciativas de educação corporativa. Estudos de casos podem ajudar a extrair princípios e ilustrar o impacto de decisões no contexto de problemas reais. Assim como simulações, eles têm a vantagem de requerer participação ativa, pensamento e a tomada de decisões. Estudos de casos são mais eficientes quando o caso é apresentado e os participantes têm tempo para trabalhar em grupos e dar recomendações antes que o "resto da história" seja revelado e discutido.

As mesmas limitações que se aplicam às simulações também se aplicam aos estudos de casos. Ou seja, eles têm que ser realistas e similares o suficiente às verdadeiras necessidades do trabalho de forma que os participantes possam ver como aplicá-las ao dia a dia. Semelhante às simulações, muito do valor derivado de um caso estudado depende da habilidade do facilitador em extrair lições e aplicações durante o debriefing. Usar vários estudos de casos diferentes para ilustrar o mesmo princípio afeta positivamente a transferência da aprendizagem. Nadler, Thompson e Van Boven (2003), por exemplo, descobriram que participantes que aprendiam princípios de negociação usando vários casos análogos tinham três vezes mais probabilidades de transferir o seu conhecimento do que aqueles ensinados somente com o uso de um único contexto que levasse ao valor de negócio.

Jogos Sivasailam Thiagarajan (Thiagi) é provavelmente o mais conhecido e forte defensor no uso de jogos para o ensino, afirmando que envolvimento é essencial para o aprendizado e que jogos produzem um nível mais alto de envolvimento do que a maioria dos outros modos de instrução. Thiagi é cuidadoso ao distinguir entre "diversão" e "envolvimento". "A meta dos jogos no design instrucional é aumentar o envolvimento, não a diversão" (ASTD, 2000).

Jogos não são um bom meio para fornecer informações, mas eles podem ajudar os participantes a desenvolver modelos mentais memoráveis que os capacitem a responder melhor a situações complexas no mundo real que impliquem em padrões semelhantes. Enquanto a maior parte do design instrucional tradicional se foca em fornecer conteúdo com eficiência, o design do jogo instrucional se foca nos comportamentos que os alunos precisam e na informação necessária para desempenhá-los.

Thiagi argumenta que desenhar jogos é relativamente fácil; desenhar jogos eficientes é difícil. As mesmas implicações se aplicam a jogos e simulações: eles precisam ser relevantes para a situação do negócio; precisam fornecer insight sobre o problema ou tema; precisam ser simples o suficiente para destacar uma lição específica ou consequência de uma ação e, ainda assim, não serem simplistas a ponto de os participantes os dispensarem.

Tanto jogos quanto simulações podem ser eficientemente entregues on-line ou presencialmente. Avanços contínuos na tecnologia de computadores tornam possível criar jogos on-line e simulações altamente sofisticados e interativos. A não ser que sejam cuidadosamente planejados e gerenciados, contudo, eles podem rapidamente degenerar em estilo sobre a substância e na verdade obscurecer os principais pontos de ensino. Conforme Judith Balir e Nancy Maresh da *BrainWorks* gostam de dizer: "Conteúdo é a rainha e o contexto é o rei". Isso é especialmente verdade quando jogos são usados para ensinar.

Ensino à Distância Assim como o ensino em uma sala de aula, o ensino à distância engloba uma ampla gama de abordagens e técnicas que vão de altamente envolventes e instrutivas, a entediantes, tolas e ineficientes.

As capacidades técnicas do ensino à distância têm potencial de torná-lo especialmente eficiente para ensinar certos tipos de habilidades, como no caso das simulações discutidas. Mas tudo depende da execução real. A maior parte do ensino à distância não cumpriu o anúncio de alguns anos atrás – quando especialistas previam que as salas de aula desapareceriam completamente – precisamente porque muitos programas ignoraram os princípios de relevância, utilidade, transferabilidade e prática. Simplesmente converter um conteúdo pesado e passivo da experiência do aprendizado em sala de aula para um curso on-line não melhora a sua eficácia. Enquanto os periódicos "quizzes" e auto-ckecks típicos de programas de ensino à distância realmente exigem a recuperação da memória e, portanto, ajudam a promover a retenção, a maioria falha em prover uma avaliação formativa significativa para ajudar o aluno a melhorar suas habilidades. Isso porque a grande maioria das questões requer apenas simples recordação, enquanto a aplicação da maior parte dos serviços precisa de um nível cognitivo muito mais alto e habilidades psicomotoras (Shrock & Coscarelli, 2007).

Há outra ressalva no tocante ao ensino à distância que vale ser mencionada. Tem relação com o problema da carga cognitiva. A teoria da carga cognitiva (Sweller, 1994) e numerosos outros estudos ilustram que o aprendizado decai ao passo em que as demandas de processamento de informação sobre a memória do trabalho aumentam (Clark, Nguyen & Sweller, 2006). Softwares instrucionais e a tecnologia são tão poderosos agora que é fácil sobrecarregar o aluno com muitos inputs simultâneos (vídeo em flash, narração, texto e gráficos, tudo de uma vez) de forma que o entendimento seja, na verdade, prejudicado ao invés de ampliado.

Action Learning   O action learning parece ideal para a entrega de aplicação porque ele acontece no contexto real profissional. Sua relevância e utilidade devem estar imediatamente aparentes e facilitar a transferência das lições aprendidas para os novos desafios no trabalho.

Smith e O'Neil (2003a, 2003b) resumem os principais elementos do action learning da seguinte forma:

- Os participantes resolvem problemas reais em pequenos grupos estáveis de aprendizagem.
- Os problemas abordados são relevantes para a realidade do trabalho dos participantes.
- Os grupos se encontram periodicamente ao longo do tempo e os participantes tomam providências entre os encontros. Segue-se um processo de aprendizagem colaborativo que é baseado em exploração mútua, reflexão, questionamento e desafios construtivos.

Numerosos estudos demonstraram que, se bem-gerenciado, o action learning pode produzir uma melhora significativa no desempenho. Em parte, Kirwan (2009) pontua que é por "existir um elevado grau de sobreposição entre a situação do aprendizado e a situação de aplicação e, por isso muitas das barreiras à transferência que poderiam estar no lugar já estão sendo abordadas" (p. 32).

O lado negativo do action learning é que, a não ser que gerenciado com cuidado, ele rapidamente se transformará em outra tarefa, que fará com que o aprendizado fique de lado para que o trabalho seja feito. Bolt expressou sua preocupação de que "a definição de action learning está se tornando mais amplo e solto, com qualquer coisa que se identifique como orientada ao projeto, aprendizagem experimental ou relacionada a problemas nos negócios sendo definida como tal" (2005, p. 12). O componente de aprendizagem precisa ser planejado e executado com o mesmo nível de atenção aos detalhes que outras formas de instrução. Em particular, o action learning efetivo requer uma reflexão orientada sobre as lições aprendidas e facilitação que ajudem os participantes a generalizar, a partir de seus problemas específicos, para abordagens e princípios mais amplamente aplicáveis.

D3 Tornar o aprendizado memorável

Recuperar a informação da memória é essencial em diversos pontos no processo de responder a estímulos (Figura D3.7). Assim, a habilidade de lembrar os insights e competências adquiridas pelo treinamento é prerrequisito para sua adaptação e aplicação. Um aspecto importante da D3, portanto, é utilizar métodos instrucionais que melhorem a memória a longo prazo e sua recuperação posterior. Isso é especialmente importante ao preparar pessoas para situações que podem não ocorrer por algum tempo, como difíceis questões pessoais, gerenciamentos de crises, desafios à liderança e assim por diante. Tais tópicos precisam estar presentes de modo que sejam particularmente memoráveis – venham diretamente à mente muito mais tarde durante um momento crucial.

Figura D3.7
Modelo geral do papel da memória em dirigir a ação

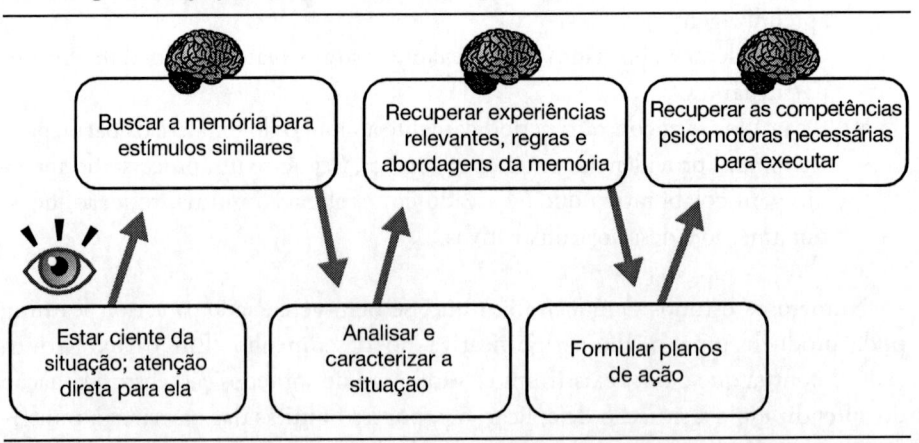

A pesquisa sobre memória humana e aprendizagem é extensa – veja, por exemplo, os textos de Anderson (2010) e Medina (2008). Novas descobertas relevantes para o ofício do aprendizado no trabalho continuam sendo feitas. Nesta sessão, chamamos a atenção para diversas descobertas que têm peso específico na melhoria da habilidade das pessoas em se lembrarem do que elas aprenderam, de forma que sejam capazes de aplicar tais conceitos. O que inclui:

- A atenção é essencial, mas limitada
- As emoções importam
- Histórias permanecem
- Repetições, especialmente em intervalos, ajudam na retenção
- Conexões também são positivas
- Aprendizagem requer reflexão

A atenção é essencial, mas limitada

"Quanto mais o cérebro presta atenção a determinados estímulos, mais elaboradamente a informação será codificada – e retida" (Medina, 2008, p. 74). O problema que se cria para programas de aprendizagem corporativa, entretanto, é diverso. Primeiro, seres humanos podem participar somente de um número limitado de inputs em um determinado momento. Segundo, a atenção tem vida curta e é facilmente dispersiva. Terceiro, as pessoas não prestam atenção a coisas entediantes.

Diversas linhas de evidências mostram que as pessoas podem verdadeiramente participar de apenas uma ou duas correntes de inputs ao mesmo tempo. A questão parece ser um gargalo no processamento de informações sensoriais, em vez de limites à entrada (Anderson, 2010, p. 63). Você sabe, a partir de sua própria experiência, que quando está tendo uma conversa realmente interessante com alguém em uma recepção lotada, você é capaz de "desligar" as outras conversas ocorrendo ao redor, ainda que muitas sejam claramente audíveis.

Outro exemplo familiar para muitos profissionais de aprendizagem é o trabalho clássico de Simons e Chabris (1999). Eles mostraram que quando as pessoas foram convidadas a participar de perto de uma ação em vídeo, mais de 50% delas falharam completamente em reparar em um homem vestido com uma fantasia de gorila que entrava no meio da ação e batia no peito. A relevância para o aprendizado corporativo é que os participantes não podem efetivamente participar de um programa de educação corporativa se estiverem, ao mesmo tempo, lendo e-mails ou enviando mensagens de texto. A prática comum de tentar agir como "multitarefas" durante *webinars* reduz a efetividade do aprendizado e da tarefa, uma vez que há momentos demonstráveis de apagões mentais em que a atenção vai de uma tarefa para outra (Medina, 2008, p. 87).

Para agravar o problema do gargalo no processamento de entrada, está o fato da atenção ser facilmente desviada. Isto é uma questão especial para profissionais da área de conhecimento, que precisam estar no que Csikszentmihalyi (1990) chamou de "o fluxo" para desempenharem melhor seu trabalho. A questão é que não é fácil entrar "no fluxo". Leva em média 15 minutos para que o profissional comece a produzir em seu nível máximo. E é muito fácil sair do ritmo fluxo. Qualquer número de distrações – telefonemas, mensagens instantâneas, alertas de e-mail e assim por diante – são suficientes para desviar a atenção. Levar apenas um minuto para responder uma mensagem custa, com efeito, 16 minutos de trabalho de alta produtividade.

O mesmo princípio se aplica ao aprendizado. Interrupções frequentes e desnecessárias – incluindo interrupções autoimpostas ("vou checar rapidamente minha caixa de entrada") – interrompem a concentração intensa que é necessária para dominar um novo tópico ou competência. Por exemplo, em um estudo, um único instante de um celular tocando reduziu drasticamente a quantidade de aprendizado (McDonald, Wiczorek & Walker, 2004). O ponto é que precisamos minimizar interrupções para maximizar o aprendizado, e precisamos educar os participantes sobre o custo da atenção dividida.

Aquilo a que assistimos é afetado por muitos fatores, o interesse é um deles. Achamos mais fácil prestar atenção em coisas que nos importa. Da mesma forma, os seres humanos são mais capazes de se lembrar de itens dos quais o cativam. Todos nós conhecemos alguém que tenha uma paixão por algo em particular, esporte ou hobby. Essas pessoas conseguem se lembrar de informações sobre seus assuntos favoritos – datas, nomes, estatísticas, entre outros – em um nível de detalhes inimaginável para aqueles que não compartilham da mesma paixão. O interesse delas abastece seu aprendizado. O desafio para a educação corporativa é criar o mesmo tipo de paixão com relação à aprendizagem ao tornar a relevância do assunto tão convincente que captura o interesse dos participantes e, por sua vez, aumenta a habilidade de participar, absorver e reter o novo aprendizado (ver Figura D3.8).

Por fim, o cérebro precisa de um tempo de vez em quando. É realmente bastante difícil participar de qualquer coisa por longos períodos. Medina (2008) acredita que o erro mais comum no ensino é a tendência de sobrecarregar os alunos com informação, com pouco tempo reservado para "ligar os pontos". Ele recomenda quebrar toda a instrução em segmentos de 10 minutos, pois a maior parte dos participantes começa a divagar após 10 ou 15 minutos. Ele sugere dar ao público uma interrupção no fluxo de informações a cada 10 minutos ou algo assim, com algum tipo de "gancho" que irá chegar ao seu controle e recapturar a atenção dos participantes.

Ganchos "eficientes" têm duas características: são relevantes para o assunto e evocam algum tipo de emoção – risos, ansiedade, descrença, surpresa e assim por diante. Histórias bem-escolhidas e anedotas podem ser especialmente efetivas. O ponto é que, primeiro, os participantes devem prestar atenção antes para que possam aprender e, então, se lembrar. Portanto, uma tarefa primordial da instrução é captar, manter e periodicamente recapturar a atenção.

"O cérebro precisa de um tempo de vez em quando."

Figura D3.8
Aprendizagem precisa ser mantida para ser útil

"O que ele sabe, e por quanto tempo irá saber?"

© Frank Cotham/Condé Nast Publications. Disponível em: <www.cartoonbank.com>. Usada sob permissão.

As emoções importam

Por que Medina recomenda que os "ganchos" periódicos de atenção envolvam algum tipo de emoção? Porque elas são extremamente poderosas em capturar a atenção e criam memórias duradouras. Isso é mais uma vez algo que você conhece a partir de sua própria experiência; memórias de eventos traumáticos ou especialmente emocionais persistem por anos e são facilmente recuperadas, mesmo quando você preferiria esquecê-las.

Acontece que todas as emoções – alegria, tristeza, surpresa – ajudam a memória. As razões vão além do escopo deste livro, mas a aplicação prática é que envolver as emoções dos participantes, junto com seu raciocínio, irá ajudá-los a lembrar a informação. Por isso é que um resultado surpreendente de uma simulação, um jogo envolvente, ou uma anedota fantástica, são poderosos mecanismos de ensino.

Histórias permanecem

"Histórias são mais fáceis de serem lembradas", escreve Daniel Pink em *A Whole New Mind*, (*Um Mente Totalmente Nova*, em tradução literal) "porque, de muitas maneiras, histórias são *como* nos lembramos" (Pink, 2006, p. 101). Em seu livro superlativo, *Influencer*, sobre efetuar uma mudança duradoura, Patterson e colegas (2008) sublinham o poder das histórias desta maneira: "Uma narrativa bem-contada fornece detalhes concretos e vívidos, em vez de resumos concisos e conclusões pouco claras. Isso muda o ponto de vista das pessoas de como o mundo funciona porque apresenta um fluxo plausível, tocante e *memorável* de causa e efeito" (p. 59, ênfase adicionada).

A informação é lembrada mais rapidamente e em mais detalhes quando é apresentada primeiramente como uma história; ela também é mais persuasiva (Martin & Power, 1982). A mesma informação apresentada na forma de uma história é, surpreendentemente, considerada mais crível do que "apenas fatos". Pesquisadores apresentaram a mesma informação para estudantes de MBA em três formatos diferentes – descrição verbal com fatos e figuras, gráficos e tabelas, e como uma história envolvendo uma velha e pequena vinícola. "Para a surpresa dos pesquisadores, quando testado várias semanas depois, não só aqueles que escutaram a história se lembravam mais dos detalhes do que os outros dois grupos (o que era previsto), como eles também acharam a história mais crível" (Patterson, Grenny, Maxfield, McMillan & Switzler, 2008, p. 60).

A descoberta foi surpreendente porque muitas pessoas da área de negócios são condicionadas a acreditar que aquele pensamento analítico teimoso baseado em fatos e dados é o que dirige os negócios. Obviamente, boas decisões requerem fatos e dados para análise. Mas isso por si só não é memorável, nem é suficiente para mudar o comportamento, que é o que, no coração, a maioria das iniciativas de treinamento busca fazer. Stephen Denning explica em *The Leader's Guide to Storytelling:* "Em uma época na qual a sobrevivência corporativa frequentemente requer mudança transformacional, a liderança envolve inspirar as pessoas a agirem de formas desconhecidas e indesejáveis. Entorpecedoras cascatas feitas de números ou estonteantes e indutores slides de PowerPoint não irão atingir essa meta. Até mesmo argumentos lógicos para efetuar as mudanças necessárias não irão resolver. Mas uma história bem-contada, sim" (Denning, 2005, p. 5).

Qual a finalidade? Para tornar a mensagem do treinamento convincente e memorável, encoraje os líderes e instrutores a usarem histórias para ilustrar as principais lições. O poder das histórias é o conceito central por trás da *50Lessons*, uma empresa que é especializada em capturar histórias de líderes em vinhetas curtas e memoráveis.

Repetições, especialmente em intervalos, ajudam na retenção

O valor da repetição para ajudar na lembrança posterior é conhecido desde os estudos clássicos de Ebbinghaus no final do século XIX, que diferenciaram memória a curto e longo prazo e mostraram como a repetição poderia atrasar a taxa de esquecimento (Ebbinghaus, 1913). Revisitar o mesmo assunto em intervalos capacita os alunos a armazenar informação de uma maneira que facilite a recuperação a longo prazo e torne a informação mais resistente ao esquecimento do que uma única apresentação ou repetições sem espaços (Figura D3.9).

Quais são as implicações práticas para o treinamento e desenvolvimento corporativo? Voltar ao mesmo assunto diversas vezes irá aumentar a sua lembrança depois, especialmente se essas repetições ocorrerem em intervalos – por exemplo, na fase I de preparação e novamente em vários pontos durante a Fase II de instrução.

Em programas com vários dias, começar a cada manhã com uma revisão do dia anterior irá ajudar a cimentar as lições aprendidas. Charleen Allen, diretora de aprendizagem e desenvolvimento global da Baker Hughes, dá um exemplo: "revisar a cada manhã foi tratado de forma diferente do que a revisão comum. Perguntamos aos participantes qual foi a coisa que ressoou dentro deles no dia anterior. Na hora em que todos já haviam compartilhado, você já tinha uma revisão com a vantagem de uma autorreflexão incluída. Por volta do terceiro ou quarto dia do programa, essas eram revelações profundas que vinham do coração. Eu nunca vi uma forma melhor de ancorar emocionalmente os pontos de aprendizagem nos indivíduos" (Allen, 2008).

Figura D3.9
Aprender e esquecer com aprendizado espaçado

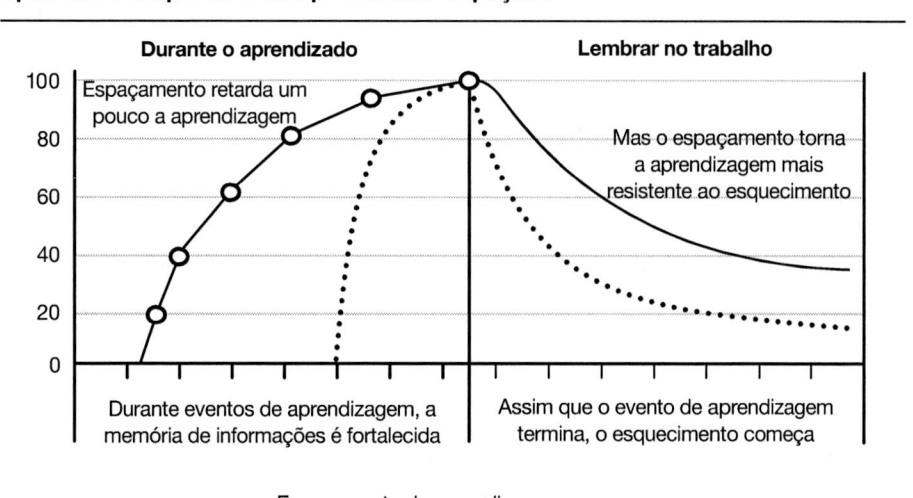

Thalheimer, 2006. © 2006, Work-Learning Research. Usada sob permissão.

Para programas de ensino à distância, módulos mais curtos ministrados por um período de mais de um dia ou semanas são mais prováveis de produzirem memória mais durável do que aqueles que devem ser finalizados em uma única sessão. Finalmente, pedir que os participantes apresentem relatórios periódicos de progresso pós-treinamento (ver D4) e fornecer ferramentas de apoio ao desempenho (ver D5) ajuda a garantir memórias e habilidades duradouras e sustentáveis (Figura D3.10).

Jim Trinka, da Federal Aviation Administration, onde as vidas dependem de acertos todo o tempo, todas as vezes, explica: "A chave de nosso treinamento é a repetição. Não há atalho para a repetição e prática. Então nós repetimos bastante e praticamos sem parar. Para nós, a repetição é a chave da competência" (comunicação pessoal, 2009).

Também é importante utilizar exemplos múltiplos que ilustrem a aplicação de um princípio, técnica ou competência em diferentes contextos. As pessoas são mais capazes de abstrair as características relevantes de conceitos quando elas são ensinadas em múltiplos contextos, ao invés de em apenas um (Gick & Holyoak, 1983). Usar múltiplos exemplos ajuda os alunos a generalizar o conhecimento e, assim, facilitar sua transferência e aplicação em novas situações (Conselho de Pesquisa Nacional, 2000).

Figura D3.10
Aprender e esquecer com repetições espaçadas no trabalho

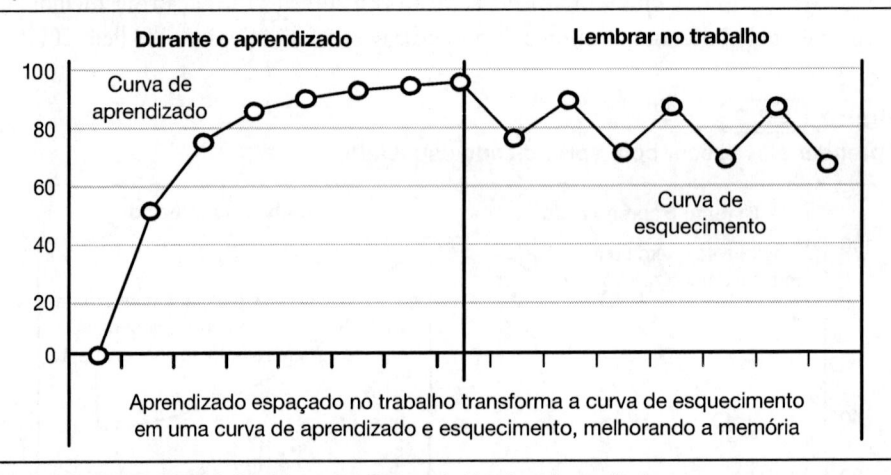

Aprendizado espaçado no trabalho transforma a curva de esquecimento em uma curva de aprendizado e esquecimento, melhorando a memória

Thalheimer, 2006. © 2006, Work-Learning Research. Usada sob permissão.

Conexões também são positivas

O conhecimento útil vai muito além do que meras listas de fatos desconexos. O conhecimento dos especialistas está conectado e organizado em torno de importantes conceitos unificadores (National Research Council, 2000). Seres humanos são mais capazes de lembrar-se de uma nova informação quando ela é ligada a ideias já existentes, padrões e conhecimento já armazenados na memória de longo prazo (Buzan & Buzan, 1993).

Conceitos que ampliam ou enriquecem o conhecimento existente são bem mais fáceis de serem lembrados – e, portanto, usados – dias, semanas ou meses depois, do que aqueles que são livres ou desconectados. Quanto mais rica e relevante for a rede de conexões entre o novo conhecimento e o já existente, mais fácil é recuperar e usar a informação apropriadamente. Ensaios elaborados – pensar ou conversar com os outros sobre um evento (ver Caso em Pauta D3.3) – fortalecem bastante suas conexões e a habilidade de lembrá-lo (Medina, 2008).

Uma diferença fundamental entre especialistas e novatos é a riqueza de seus esquemas mentais. "Esquemas capacitam os especialistas a categorizar problemas e consequentemente a resolvê-los. Os novatos, não possuindo esquemas... não têm outra alternativa a não ser se envolverem em técnicas gerais de busca" (Cooper, 1990). Assim, ajudar os participantes a encontrar relações entre os novos tópicos e o que eles já sabem fortalece a capacidade de manter aquilo que eles acabaram de aprender e melhora a habilidade de aplicação dos conceitos. Porém, leva tempo e esforço para que os praticantes estabeleçam suas próprias conexões entre o novo material, o que já dominam e como podem fazer uso de tudo. Recomendamos que o facilitador encoraje as pessoas a "conectar os pontos". Um exercício útil é parar periodicamente e pedir aos participantes que escrevam os seus insights e ideias para a aplicação em um jornal de aprendizagem, planilha de planejamento de ação, ou outro dispositivo similar. Um exemplo é mostrado na Figura D3.11.

Caso em Pauta D3.3
Ensaio elaborativo

Glenn Hughes é Diretor Global de Aprendizagem da KLA – Tencor, a fornecedora mundial líder no controle de processos e produtora de soluções de gestão para semicondutores e indústrias relacionadas à microeletrônica. Quando perguntamos a Glenn sobre quais estratégias de aprendizagem compensam mais, ele pensou imediatamente em ensaio elaborativo.

"Eu concluí que essa provavelmente é minha ferramenta preferida. As pessoas com frequência comentam sobre minha memória e como consigo me lembrar de nomes de templos japoneses que visitei há 20 anos. Consigo me lembrar de muitos filmes, linha por linha, script por script. Lembro-me de cursos, eventos e conversas da mesma forma, e nunca consegui entender de fato o motivo até que li sobre ensaio elaborativo. E, então, percebi que a primeira coisa que faço quando saio de uma experiência de aprendizagem é ir até alguém e explicá-la.

Eu literalmente saio, vou para casa e digo à minha esposa, 'Ei! Eu estava nesta aula hoje, e isso é o que aprendi'. E bang, bang, bang, eu passo por ela. Naquele final de semana, quando ligo para meu pai, digo a ele, 'Esta é uma aula realmente interessante', e falo sobre os slides: seja 6Ds, ou o que quer que eu esteja aprendendo. Vou para o trabalho, pego minha caneta e traço um diagrama no quadro explicando aos meus colegas o que aprendi.

E as pessoas me desafiam e fazem perguntas; elas me forçam a ser claro sobre o meu pensamento. Elas trazem suas próprias aplicações. E, é claro, o tempo todo enquanto estou falando sobre o assunto, estou tocando em experiências que temos em comum. Então digo, 'Ei, lembra três meses atrás quando estávamos conversando com aquele líder e ele disse... Bom, acho que posso ter encontrado a resposta'.

Esse é o tipo de teia que teço num espaço de, digamos, 48 horas de qualquer experiência de aprendizagem fundamental. Eu teço essa teia que envolve muitas outras pessoas e até mesmo diferentes mídias e ferramentas, como ela relaciona uma ideia com a outra. E o que é interessante é que, dessa rede de pessoas, o número de pontos de aplicação se multiplica exponencialmente, porque todos eles também veem modos de como aquilo pode ser usado. E, então, torna-se bastante fácil pegar alguma coisa ou aplicá-la, e ter algum reforço no ambiente.

Então, esta é provavelmente a coisa mais importante que faço quando saio de uma nova experiência de aprendizagem. É a ação que realizo – o fato de que passo por todo este processo de ensaio elaborativo".

Figura D3.11
Um exemplo de uma planilha para ajudar os participantes a conectarem o novo conhecimento com o já existente

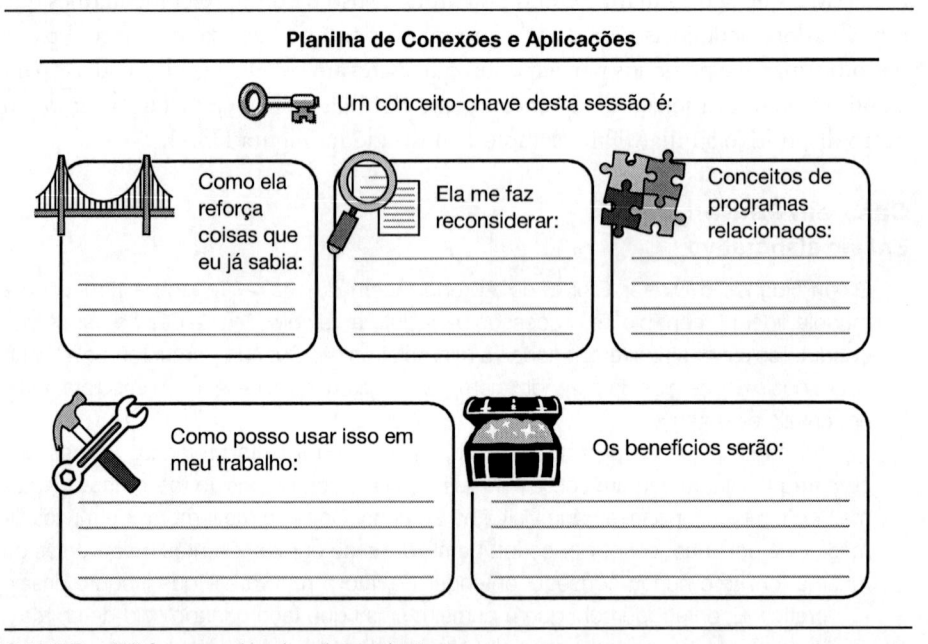

Planilha de Conexões e Aplicações

Um conceito-chave desta sessão é:

Como ela reforça coisas que eu já sabia:

Ela me faz reconsiderar:

Conceitos de programas relacionados:

Como posso usar isso em meu trabalho:

Os benefícios serão:

© 2010 Fort Hill Company. Usada sob permissão.

O ato de colocar no papel ideias para a aplicação (em vez de apenas ser solicitado para pensar casualmente sobre elas) é importante; ele requer uma elucubração mais profunda e dá início ao processo de propriedade pessoal. Uma vez que o "mapa mental" de cada pessoa é único, a conexão que ele cria é a mais poderosa. Apesar disso, é valioso pedir que alguns participantes partilhem os seus insights e ideias para a aplicação. Declarar publicamente um plano aprofunda o comprometimento de seu proprietário. Também dá ideias adicionais a outros participantes para suas próprias aplicações e, como um benefício colateral, enriquece a reserva do instrutor de exemplos relevantes.

Aprendizagem requer reflexão

A *Forum Corporation* convocou um painel de educadores corporativos e instrutores executivos para formularem princípios para guiar a educação corporativa. Em seu relatório, *Principles of Workplace Learning* (Princípios da Aprendizagem no Local de Trabalho, em tradução livre), o painel concluiu que a melhor prática seria alternar períodos de ação com reflexão. O problema é que "quando temos prazos apertados e uma necessidade urgente por resultados, sacrificamos a reflexão em prol da ação. Mas a reflexão é o motor que impulsiona o ciclo – sem ela, a aprendizagem diminui ou cessa completamente" (Atkinson & Davis, 2003, p. 25).

Contudo, deixar de lado o tempo de reflexão vai de encontro à pressão de reduzir o tempo de treinamento e também ao zelo natural de um instrutor de transmitir o máximo de informação possível: a tentação é preencher cada momento de um programa com atividade e instrução. Essa abordagem "moedor de salsicha" que acredita em eliminar o tempo que seria dedicado à reflexão e à prática é contraproducente. A reflexão é essencial para construir o esquema mental que diferencia especialistas de novatos. Solicitar a reflexão orientada durante a aprendizagem (Fase II) e a transferência (Fase III) é importante para o ensaio elaborativo que faz com que a aprendizagem permaneça e seja útil.

Leo Burke, Diretor de Educação Executiva da Universidade de Notre Dame, acredita que a ênfase nos valores e na reflexão é a chave para o sucesso do inovador programa de Liderança Integral da Notre Dame (ver Caso em Pauta D3.4).

Caso em Pauta D3.4
Reflexão em educação de liderança

O programa de Liderança Integral da Universidade de Notre Dame é uma abordagem compreensiva do desenvolvimento de liderança que incorpora perspectivas individuais e coletivas, assim como pontos de vistas internos e externos. De acordo com Leo Burke (comunicação pessoal, 2005), Reitor Associado e Diretor de Educação Executiva, seu sucesso é um resultado da "natureza holística do programa. Construímos uma dimensão reflexiva mais substantiva do que aquela que normalmente se encontra em programas de liderança".

Antes de participar da intensa parte residencial do programa com cinco dias de duração, os participantes avaliam uma questão estratégica de negócios, ameaça ou problema e completam uma avaliação em 360 graus customizada. Durante a sessão ao longo da semana, os participantes usam um processo estruturado de resolução de problemas e um processo de registro diário que os obriga a explorar seus valores, os valores de suas organizações, e valores da sociedade ou os mais relacionados ao mercado e, então, procurar áreas de alinhamento e desalinhamento.

"Para realmente terem uma ideia disso, os participantes precisam de tempo para refletir neste processo de exploração, então o construímos a cada dia", diz Burke. "Além disso, há sessões de coaching, que também oferecem oportunidades para que as pessoas reflitam.

Relacionamos isso aos assuntos de negócios trazidos por eles. Então, não vamos falar sobre comportamento alterado de forma abstrata, vamos abordar em relação à questão que você selecionou. O que você vai fazer de diferente no tocante a este assunto que não faria antes de vir ao programa? E este se torna o teste decisivo para saber se as pessoas estão realmente agindo seriamente a respeito da mudança. Um dos temas principais que enfatizamos é que você tem uma escolha em termos de sua resposta para a situação; é a sua responsabilidade".

Está funcionando? Em entrevistas telefônicas de follow-up, 95% dos participantes estavam extremamente satisfeitos e muitos classificaram como o melhor programa de liderança de que já haviam participado. O que é mais importante, foram capazes de citar exemplos específicos de como utilizaram aquilo que aprenderam para melhorar significativamente em seus negócios e vidas pessoais.

Na nossa experiência, os programas mais efetivos são aqueles que param após cada segmento principal de aprendizagem e oferecem aos participantes tempo para refletir e fazer as conexões. A *Agilent* considera o tempo para a reflexão uma das partes mais importantes de todos os exercícios em seu curso *Managing at Agilent*, e dá aos participantes quatro questões que ajudam a orientar o processo (Girone & Cage, 2009):

- Eu não tinha notado que...
- Eu não tinha considerado que...
- Eu não tinha pensado que...
- Eu não tinha reparado que...

Outras questões de reflexão úteis incluem: "Como você poderia usar o que acabamos de cobrir para melhorar o desempenho em sua área de responsabilidade?" e "Quais ações específicas você poderia tomar para colocar isso em uso?". Elas não só ajudam os participantes a relacionar o aprendizado com suas circunstâncias específicas, como também reforçam a importância e expectativa para a aplicação prática. Profissionais de aprendizagem precisam proteger o tempo para a reflexão contra a urgência de despejar mais conteúdo. Como Fred Harburg, escrevendo sobre treinamento e desenvolvimento corporativo, afirmou: "Se não houver tempo para reflexão, quase não há chance de melhoria" (2004, p. 21).

D3 | Preparar para transferir

O aspecto final de entregar a aplicação é estruturar a experiência de aprendizagem de uma forma que os participantes sejam preparados e fiquem ávidos para aplicar o que aprenderam. Já discutimos a importância de estabelecer expectativas para a transferência como parte da Fase I e comunicar o plano e o cronograma para avaliar a realização (Fase IV). Preparar para transferir também inclui estabelecer metas, planejar ações e se preparar para entrar novamente.

Estabelecer metas

Se o programa foi bem-sucedido em motivar os funcionários a querer aprender, e a entrega lhes ensinou o *como*, então a terceira pré-condição para criar resultados é ter oportunidades para colocar em prática o novo conhecimento e competências enquanto ainda estão recentes. Um primeiro passo importante nesse processo é ter certeza de que cada participante tem metas específicas para transferir e aplicar o aprendizado.

Muitos programas já incluem exercícios que estabelecem metas nas quais os participantes são solicitados a estabelecer metas específicas para aplicar o que aprenderam. O ideal é que o processo comece na Fase I. Por exemplo, o conceito de "intencionalidade do aluno" de Brinkerhoff (Brinkerhoff & Apking, 2001, p. 88), o *Impact Learning Job Aid for Supervisors* da *Plastipak's High* fornece um guia passo a passo para preparar o participante que inclui questionar os colaboradores sobre suas opiniões a respeito das metas dos negócios, resultados-chave, comportamentos no trabalho e principais habilidades de que mais precisam; o resultado é um acordo entre gerente e associado sobre o foco do aprendizado e um mapa de aprendizagem pessoal. Espera-se, então, que os colaboradores tragam seus mapas do aprendizado para o treinamento junto com os outros trabalhos preparatórios requeridos. De forma parecida, a Fase I do programa de Transição Avançada da *Pfizer* que cada participante se encontre com seu gerente para identificar as principais prioridades. A *Chubb* facilita um encontro entre participantes e gerentes (ver Caso em Pauta D5.2).

Na nossa experiência, contudo, esses programas são exceções. O estabelecimento de metas é normalmente deixado de lado até o final da Fase I e é normalmente fraco em programas que de outro modo seriam superlativos, resultando em metas pobremente articuladas, triviais e hesitantes, que ninguém leva a sério. Tal atenção inadequada para estabelecer metas para a transferência e aplicação pode comprometer seriamente o pleno potencial de um programa.

As metas do aprendizado dos participantes precisam ser tratadas com a mesma seriedade que suas metas de negócios porque, com efeito, elas *são* metas de negócios, sendo toda a lógica do treinamento dar apoio às grandes metas do negócio. Metas para o aprendizado devem ser planejadas, executadas, rastreadas e recompensadas com o mesmo grau de atenção que outras métricas de desempenho. Infelizmente, na maioria das organizações, as metas da transferência do aprendizado ainda são vistos como distintos das metas dos negócios e tendo menos importância. Os problemas mais comuns para que as metas da transferência do aprendizado sejam escritos e as soluções recomendadas são apresentados na Tabela D3.3. Cada um é discutido a seguir:

> "As metas do aprendizado precisam ser tratados
> com a mesma seriedade que suas metas de negócios."

Problema 1: Não há tempo suficiente

Por motivos óbvios, o estabelecimento final de metas não pode ser feito até que todos os tópicos principais tenham sido cobertos. Assim, o exercício de planejamento de metas e exercícios de planejamento de aplicação são normalmente deixados para o final do curso. A primeira causa da fraca transferência e aplicação das metas é a falha em estabelecer tempo suficiente para esse segmento. Leva um tempo e esforço significativos para desenvolver um bom conjunto de metas e um plano de implantação. Isso é tão verdadeiro para metas de transferência do aprendizado, quanto é para outras metas de negócios.

O curto tempo marcado para o estabelecimento de metas e o planejamento da aplicação é com frequência ainda mais comprometido. Programas educacionais tendem a atrasar; facilitadores são, compreensivelmente, relutantes em cortar uma discussão particularmente interessante ou frutífera apenas para manter a programação. Quando especialistas no assunto são os apresentadores, eles acham difícil resistir à urgência de elaborar (algo contra o qual lutamos em nossos workshops) e com frequência ultrapassam o tempo alocado. Como resultado, parte do tempo que deveria ser dedicado para estabelecer metas e planos de ação é usado para cobrir os últimos tópicos. Além disso, alguns participantes inevitavelmente deixam o curso mais cedo, especialmente em programas de desenvolvimento abertos. Eles podem perder o exercício de planejamento completamente, e a saída deles rompe com o grupo, consumindo ainda mais o limitado tempo disponível.

As restrições de tempo impostas no aprendizado corporativo são reais e prováveis de se intensificar; os gerentes estão cada vez mais pedindo por cursos mais curtos para reduzir o tempo dos funcionários fora do escritório. Sob tais pressões, a tentação é eliminar o estabelecimento de metas e o planejamento de ações como parte dos planos de aula e esperar que os participantes os completem posteriormente. A experiência prova que isso é uma forma pobre de compensação. Todas as vezes que aderimos a pedidos para permitir que os participantes estabeleçam suas metas após o curso, os resultados foram insatisfatórios; menos da metade o faz, apesar dos repetidos pedidos. O dia a dia no trabalho dos participantes simplesmente oprime até mesmo as melhores intenções. Para receberem o máximo benefício das experiências do aprendizado corporativo, os participantes não podem ser autorizados a deixar o curso formal sem terem metas claras e convincentes para a aplicação. Qualquer coisa menos que isso impede a transferência e aumenta a quantidade de "aprendizado sucata".

Tabela D3.3
Problemas comuns para o estabelecimento de metas e soluções recomendadas

Problema	Solução
1. Não há tempo suficiente	1.1. Comece mais cedo
	1.2. Aloque tempo o suficiente para começar
	1.3. Mantenha-se na programação
	1.4. Forneça metas preestabelecidas para a aplicação
2. Não há controle de qualidade	2.1. Revise as metas
	2.2. Envie as metas para o gerente
3. Escrever metas fortes é difícil	3.1. Forneça uma estrutura
	3.2. Forneça exemplos
	3.3. Faça com que os participantes partilhem suas metas

Solução 1.1: Comece mais cedo

Pensar sobre as metas da transferência do aprendizado é mais efetivo quando começa na Fase I porque promove a intencionalidade da aprendizagem, o que tem múltiplos benefícios em termos de motivação, comprometimento e valor derivado (Brinkerhoff & Apking, 2001). Os participantes devem ser encorajados a encontrar-se com seus gerentes para discutir para quais metas de negócios o aprendizado deve avançar. Quais comportamentos (desempenhos ou tarefas) precisam ser fortalecidos, mudados, adicionados ou apagados; e por que isso é importante para o desempenho individual e o sucesso do negócio. Como discutiremos em detalhes maiores na D5, gerentes e participantes devem receber orientações para essa discussão e formulários e processos fáceis de serem usados. Sugestão de esboços, planilhas e exemplos estão disponíveis em *Getting Your Money's Worth from Training and Development* (Jefferson, Pollock & Wick, 2009); uma versão compatível do sistema de gerenciamento de aprendizado (LMS) também está disponível.

Comece o processo de estabelecimento de metas mais cedo. Reserve tempos específicos para a reflexão após cada tópico ou segmento principal. Encoraje os alunos a pensarem sobre o que eles aprenderam e escreverem suas ideias sobre como eles podem aplicar o novo conhecimento e habilidade para melhorar sua performance e a de sua unidade. O tempo gasto nesses períodos curtos e focados de reflexão é recuperado ao tornar mais eficiente a meta final de estabelecimento de processos; os participantes podem revisar as metas finais estabelecidas na Fase I e as ideias que eles tiveram conforme o aprendizado progrediu, então selecione os mais valiosos como alvos específicos para o acompanhamento após o curso.

Outra forma de reduzir o tempo de aula requerido para o estabelecimento de metas é pedir que os participantes criem, como lição de casa, um primeiro esboço na noite anterior à da última sessão. Dessa forma, o tempo da aula pode ser dedicado à discussão e ao refinamento, em vez de construção inicial.

Solução 1.2: Aloque tempo o suficiente para o início

A segunda parte de uma solução é ter certeza de que tempo suficiente seja alocado para o estabelecimento de metas e planejamento das ações. O quanto é suficiente? Isso depende da natureza, duração e complexidade do curso, se as metas são baseadas no indivíduo ou na equipe, e a forma como a maior parte do trabalho preliminar (potencial da aplicação) foi feita. Para um curso mais profundo, será necessária uma hora para criar metas de alta qualidade e planos iniciais de ação, mais tempo se forem para uma equipe.

O melhor teste para saber se foi alocado tempo suficiente é pedir que os designers instrucionais tentem completar o exercício, para verificar quanto tempo levam e a qualidade do trabalho produzido. Oferecer pouco tempo envia os sinais errados. Pode minimizar a importância do estabelecimento de metas, uma vez que sugere que até mesmo os designers instrucionais não levam o tema a sério ou realmente não esperam que isso seja feito.

Solução 1.3: Mantenha-se na programação

É sabido que manter a programação é difícil, mas é vital. Ter tempo suficiente estabelecido no calendário não tem valor algum, a não ser que ele seja respeitado. Permitir que outras sessões invadam o tempo, de forma que o estabelecimento de metas e o planejamento de ações sejam comprometidos, envia a mensagem errada: implica que o conteúdo é mais importante que a aplicação, quando, na verdade, é o oposto quando se trata de resultados para os negócios.

Se partes do curso são prolongadas cronicamente, isso sugere uma falha fundamental na sua concepção: pouco tempo foi originalmente alocado para o material ou para os exercícios. A solução é revisar conscientemente o planejamento do programa e não deixar de considerar o estabelecimento de metas. A equipe de criação instrucional precisa reexaminar e ajustar o número de tópicos e as alocações de tempo como parte de um esforço de melhoria contínua. Também pode ser útil apontar um cronometrista imparcial para lembrar os facilitadores quando o tempo de parar se aproxima.

Solução 1.4: Forneça metas preestabelecidas para a aplicação

Em teoria, os participantes devem ter maior responsabilidade e comprometimento com as metas que estabelecem para si próprios, especialmente para programas de liderança ou outros de desenvolvimento pessoal. Porém, se o programa tiver um foco claro e relativamente estreito, ou se a gerência tem expectativas específicas para as ações e resultados pós-curso, então talvez seja mais eficiente e eficaz simplesmente deixar os participantes saberem quais são, em vez de pedir que eles recriem aquilo que os designers tinham em mente. Isso é o que Charleen Allen, Diretora de Aprendizado Corporativo Global da *Baker Hughes*, fez pelo programa *Sales Organization Leadership Development* (SOLD).

Como havia coisas muito específicas que os participantes precisavam fazer para dirigir uma cultura eficiente de propriedade após o treinamento, Charleen desenvolveu três metas que eram comuns a todos os participantes, em vez de pedir que eles criassem as suas próprias. "Isso nos ajudou a dirigir uma cultura e conjuntos de habilidades em comum baseados nas metas do curso", explicou (Allen, 2008). Um sistema de gerenciamento de transferência de aprendizagem baseado na web (*Friday5s*) foi usado para garantir que os participantes acompanhariam essas metas. Como resultado, Charleen e sua equipe foram capazes de documentar resultados positivos nas áreas de maior importância para o negócio. A pesquisa mostrou que ambas as metas distribuídas e especificadas pelos participantes são eficazes em ajudar a manter os novos comportamentos pós-treinamento (Wexley & Baldwin, 1986). Qualquer abordagem que seja usada, o mais importante é deixar as expectativas e linhas do tempo claras.

Problema 2: Nenhum controle de qualidade

Mesmo que tempo suficiente seja alocado para o estabelecimento de metas e elaboração do plano de ação, de nada adianta se o processo não gerar metas significativas (1) que sejam relacionados às necessidades do negócio às quais o curso é direcionado e (2) que os participantes estejam verdadeiramente comprometidos em realizar. É surpreendente, dada a importância de estabelecer metas fortes, que tão poucos programas incluam qualquer tipo de processo para assegurar sua qualidade.

Todo ano, processamos mais de cinquenta mil metas de uma ampla gama de programas de aprendizado corporativo. Ficamos surpresos com a quantidade deles que são fracos ou que não têm qualquer relacionamento aparente com o negócio ou o programa. Alguns poucos exemplos reais irão bastar:

- "Perder 20 quilos" (após um programa de liderança de três dias de $4.000 em Gettysburg).
- "Ler um livro sobre gerenciamento" (seguindo um programa de desenvolvimento de liderança de vários dias, para candidatos com alto potencial).
- "Ser melhor ouvinte".

Tais metas são pouco prováveis de produzir impacto nos negócios ou produzir uma transferência significativa. Se a meta era que fossem apresentadas para a gerência como representantes do output do treinamento, a eficácia dos programas (e provavelmente seu futuro) foi colocada em risco. O programa falhou em ajudar os participantes a entender como aplicar o material para o dia a dia no trabalho, ou ao permitir que fizessem brincadeiras com o exercício de meta estabelecida. Qualquer que seja a causa, metas de baixa qualidade refletem mal no programa, nos instrutores e participantes; eles representam uma séria ruptura no processo de aprendizado.

Solução 2.1: Revise as metas

Um dos primeiros e mais simples passos para melhorar a qualidade das metas pós-curso é que os profissionais de aprendizagem de fato os revisem (ou ao menos uma amostra deles). Surpreendentemente, isso não é algo comum. De fato, a maioria das organizações de aprendizagem não faz ideia dos tipos de metas que os participantes estão estabelecendo, e nem seus gerentes. Imagine o quão absurdo pareceria se o mesmo processo – ou melhor, falta de processo – fosse aplicado a outras funções empresariais: se o departamento de vendas não tivesse ideia de quais são os alvos individuais de um vendedor, ou se o departamento de pesquisa não soubesse no que os cientistas estão trabalhando. Nenhum empreendimento de negócios pode ter sucesso se ele permitir que seus gerentes estabeleçam as suas próprias metas para os negócios e, então, as arquive sem jamais sequer revisá-las com ninguém. Mas isso é precisamente o que acontece com a maioria das metas do aprendizado. Não é de admirar que a maioria dos participantes não leve o processo a sério.

Cópias das metas de aprendizagem dos participantes podem ser obtidas de diversas maneiras. Formulários de metas podem ser coletados, copiados e devolvidos antes do fim do programa. Papéis de Carbonless/NCR podem ser usados para escrever metas e uma cópia ser deixada para o instrutor. Se privacidade for um problema, nomes podem ser omitidos das cópias, uma vez que o propósito é analisar a qualidade e alinhamento geral das metas, em vez de metas individuais específicas. Nós pessoalmente favorecemos sistemas de gerenciamento de transferência de aprendizagem eletrônica porque uma vez que as metas estejam em formulários eletrônicos, elas podem ser utilizadas para comunicação assim como para análise.

Independentemente da forma como são obtidas, as metas dos participantes (ou, para programas muito grandes, uma amostra das metas) devem ser revisadas pelos profissionais de Educação Corporativa para determinar a qualidade e o alinhamento delas com as metas de negócios do programa. Barasab recomenda estabelecer critérios e uma taxa de sucesso para metas aceitáveis antecipadamente e, depois, revisar as metas de cada interação do programa para garantir que estejam de acordo com os padrões de qualidade. O conceito central é que a intenção precede a adoção, que é prerrequisito para os resultados (Figura D3.12).

Figura D3.12
O modelo de avaliação preditiva, que enfatiza a importância das metas (intenção)

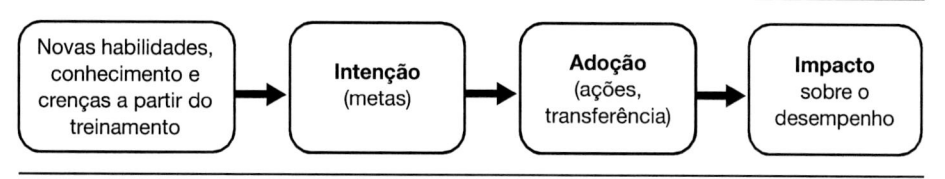

```
Novas habilidades,
conhecimento e        →   Intenção    →   Adoção          →   Impacto
crenças a partir do       (metas)         (ações,              sobre o
treinamento                               transferência)       desempenho
```

© 2010 V.A.L.E. Consulting. Usada sob permissão.

Se você não começar com a intenção certa, então as chances de obter os resultados desejados são baixas. Se o percentual de metas aceitáveis ficar abaixo da taxa de sucesso predeterminada, então o programa precisa ser revisado e ajustado, uma vez que está falhando em produzir a intenção desejada.

Sistemas eletrônicos de gerenciamento de transferência de aprendizagem (que são discutidos em mais detalhes na D4) permitem que profissionais de educação corporativa revisem eficientemente a qualidade e a distribuição de um grande número de metas (Figura D3.13). Conhecer a distribuição das metas dos participantes permite que a organização de aprendizagem ajuste a ênfase conforme a necessidade para garantir que as metas estejam congruentes com as principais carências do negócio.

Figura D3.13
Sistemas eletrônicos de gerenciamento de transferência de aprendizagem facilitam a revisão da distribuição e da qualidade de um grande número de metas

Distribuição das Metas de 1.455 Participantes da Managing@Agilent

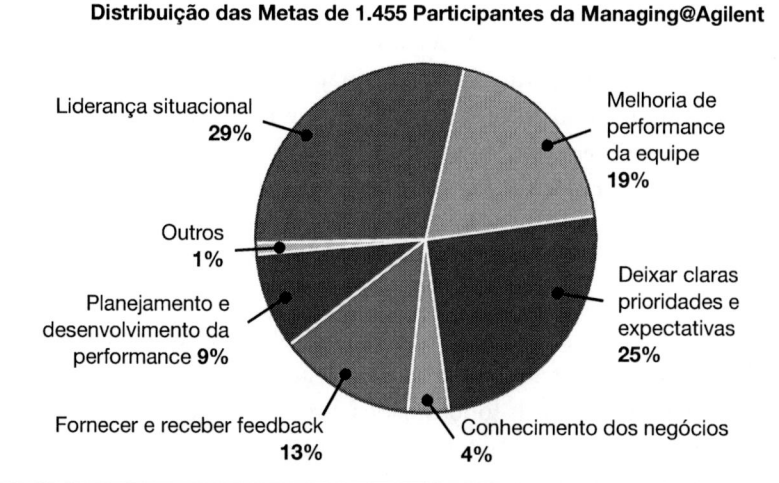

- Liderança situacional 29%
- Melhoria de performance da equipe 19%
- Outros 1%
- Deixar claras prioridades e expectativas 25%
- Planejamento e desenvolvimento da performance 9%
- Fornecer e receber feedback 13%
- Conhecimento dos negócios 4%

Roche, Wick & Stewart, 2005. Usada sob permissão.

> "Se você não começar com a intenção certa,
> as chances de obter os resultados desejados são baixas."

Um exemplo notável do porquê isso é importante é um cliente que tinha planejado e conduzido um programa de vários dias de duração sobre gerenciamento de mudanças. Quando a equipe de aprendizagem revisou as metas dos participantes, contudo, descobriu-se que menos de um em cada 10 estava realmente preocupado com o gerenciamento de mudanças. Havia claramente uma falta de conexão: ou a mensagem do programa não estava sendo transmitida ou o programa não encaminhava os problemas mais importantes previstos pelos participantes. Foram realizados ajustes no foco e na apresentação do programa. Se a área de educação corporativa não tivesse revisado as metas de transferência, eles teriam continuado a oferecer o mesmo programa, não estando cientes da falta de alinhamento.

Solução 2.2: Envie metas para o gerente

A segunda solução para garantir que as metas de transferência do aprendizado sejam tratadas mais seriamente é enviar uma cópia da meta de cada participante para seu gerente. Assim como metas de negócios têm que ser discutidas com os superiores e mutuamente acordados, também devem ser as metas do aprendizado. Ainda assim, discussões de metas de aprendizagem entre supervisores e seus subordinados diretos acontecem com bem menos frequência do que se supõe, apesar da clara evidência de sua importância e benefícios (Brinkerhoff & Montesino, 1995; Gregoire, Propp & Poertner, 1998).

A magnitude do problema ficou evidente em um estudo que fizemos em colaboração com uma companhia líder em tecnologia. O curso representava um investimento significativo para o departamento e os participantes. O departamento que o patrocinava investiu $2.500 por participante. Cada um deles passou cinco dias fora do escritório. Os participantes foram encorajados a discutir suas metas com seus gerentes. Porém, quando entrevistamos os gerentes três meses depois do programa, *menos da metade* reportou que sabia quais eram as metas pós-programa de seus subordinados diretos (Figura D3.14). É duro perceber como gerentes podem dar o suporte necessário, treinamento, reforço e oportunidades para usar o novo conhecimento e competências, quando eles não têm a menor ideia do que seus subordinados diretos estão tentando realizar.

Para abordar o problema, o cliente instituiu um sistema eletrônico de gerenciamento de transferência de aprendizagem que envia automaticamente para cada gerente uma cópia das metas de seus subordinados diretos. Posteriormente, 100% dos gerentes relataram que estavam cientes das metas de seus subordinados. Ainda mais importante, o número de discussões entre gerentes e seus subordinados sobre o programa aumentou em mais de 100%, o montante de esforço gasto em transferência de aprendizagem aumentou, assim como as taxas de melhoria dos gerentes após o programa.

O outro efeito saudável de enviar aos gerentes uma cópia das metas de seus subordinados diretos é que a qualidade das metas melhorou. Se os participantes sabem que suas metas serão enviadas aos gerentes, eles depositam muito mais qualidade neles do que o fariam se soubessem que suas metas iriam ser colocadas em uma prateleira. Da primeira vez em que a Hewlett-Packard apresentou aos participantes a ideia de que suas metas seriam enviadas aos superiores, houve um silêncio atordoante. Depois de uma pausa apropriada, o diretor de educação corporativa brincou, "Acho que isso muda a forma como vocês escreverão, não?".

Figura D3.14

A consciência dos gerentes sobre as metas de transferência de aprendizagem antes e depois de instituir um sistema de gerenciamento de transferência

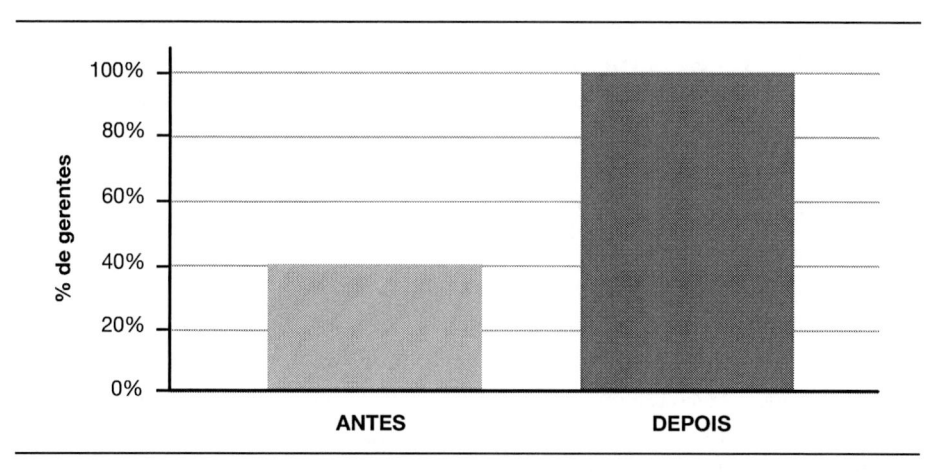

Baseado em nossas experiências nos últimos 10 anos, atualmente recomendamos a todos os nossos clientes que enviem uma cópia das metas de cada participante para seus respectivos superiores e que isso seja feito automaticamente, em vez de se aguardar as iniciativas individuais. Descobrimos que estimular os participantes a partilharem suas metas com seus superiores não é tão efetivo quanto simplesmente as enviar. Obviamente, isso é mais facilmente feito com um sistema eletrônico de gerenciamento de transferência de aprendizagem, mas também pode ser feito por meio de uma cópia extra de formulários de papel. Nos raros exemplos em que uma meta em desenvolvimento é realmente pessoal ou relacionada a um problema que envolva o superior, pode fazer sentido permitir que os indivíduos designem algumas dessas metas como "privadas".

Como gerentes podem prover (ou negar) oportunidades para colocar o novo conhecimento em funcionamento, eles precisam ser informados não apenas das metas gerais do treinamento, mas também das metas pessoais de seus subordinados diretos. Suprimir tal conhecimento torna os gerentes menos capazes de criar oportunidades e treinamentos, com o resultado de que grande parte do conhecimento será perdido e o programa falhará em entregar os resultados desejados.

Se você enviar aos gerentes as metas de seus subordinados diretos, também será útil fornecer orientações sobre como avaliar essas metas e como treinar para obter desempenho ideal. Um processo sugerido é fornecido em *Getting Your Money's Worth from Training and Development for Managers* (Jefferson, Pollock & Wick, 2009, p. 37).

Problema 3: Escrever metas fortes é difícil

Uma terceira razão pela qual a transferência do aprendizado e a aplicação das metas são normalmente fracas, é que escrever boas metas é mais difícil do que geralmente se supõe. Os designers instrucionais geralmente assumem que, como a maioria dos participantes tem experiência com gestão por metas, eles sabem escrever boas metas. A experiência mostra exatamente o oposto, de fato, algumas das metas mais mal elaborados são, em sua maioria, de gerentes seniores.

Passar pelo acrônimo SMART em sala de aula não parece fazer alguma diferença. Vários de nossos programas inclui uma discussão ou mesmo uma apostila sobre as metas do SMART (specific, measurable, achievable, relevant e time-bound* – ou alguma variação do mesmo). Não há evidência de que as metas dos grupos que fazem a definição delas com o SMART sejam consistentemente melhores do que aquelas em que o SMART não tenha sido discutido. Não está claro se a causa é que os participantes escutem falar do SMART com tanta frequência que eles o achem entediante e fora de sintonia, ou se não houve tempo e orientação suficientes dedicados para avaliar as metas em relação aos critérios do SMART.

Qualquer que seja a causa, um alto percentual das metas estabelecidas após os programas de aprendizagem corporativa não são específicas, quantificáveis, relacionadas aos negócios, ou previstas em calendário. Tais metas não refletem bem o treinamento ou os participantes e é improvável que levem a resultados e esforços significativos. Dada a importância da "intenção", melhorar a qualidade das metas estabelecidas em programas de educação corporativa irá melhorar a transferência da aprendizagem, o impacto no negócio e o retorno sobre o investimento.

---

* N.T.: Específico, mensurável, realizável, relevante e previsto em calendário.

Solução 3.1: Forneça uma estrutura

Na nossa experiência, dar aos participantes um template para seguir tem sido muito mais eficiente do que apresentar o SMART ou outros modelos para o estabelecimento de metas. O template deve guiar os participantes para especificar o que eles farão, quando, porquê e como eles saberão (ver Exibição D3.2). Um template assim é uma simples ferramenta de suporte ao desempenho que capacita seus participantes a criar metas que cumpram os critérios do SMART sem ter que gastar tempo em mais uma discussão ineficaz sobre o modelo.

Isso é similar ao conceito de ensaio estruturado na educação acadêmica. Questões tradicionais de ensaios apresentam para os participantes um assunto a ser discutido, mas fornecem pouca orientação – ou nenhuma – sobre como fazê-lo. Cada participante aborda o assunto de uma maneira diferente. Como resultado, é difícil para o instrutor saber se um estudante falhou em abordar um determinado assunto porque ele achou que não fosse importante, ou porque ele não sabia nada a seu respeito e preferiu evitar mencioná-lo. A solução é dar uma estrutura de tópicos para que os participantes discutam, estruturando, assim, o ensaio e garantindo uma maior uniformidade e completude. Forneça um template para que as metas de transferência de aprendizagem atinjam o mesmo benefício; isso dá forma às metas dos participantes e garante que cada qual contenha os elementos fundamentais de uma meta forte e acionável: um alvo específico, estrutura de tempo, lógica e medidas de sucesso.

Solução 3.2: Forneça exemplos

Dar exemplos bem-elaborados de metas adequadas é outro meio simples, porém efetivo de melhorar a qualidade das metas de transferência da aprendizagem. É surpreendente que tantos programas falhem em fazê-lo. Talvez seja um simples descuido. Talvez seja porque escrever bons exemplos seja realmente difícil. Talvez seja porque muitos programas já existentes deixem de definir os resultados esperados em primeiro lugar. Qualquer que seja a razão, deixar de fornecer bons exemplos afeta negativamente os resultados.

Se os resultados esperados forem realmente bem-entendidos, será relativamente fácil escrever exemplos de metas bem-articuladas. Um bom teste para o alinhamento com o negócio é a facilidade com que líderes concordam sobre o critério de metas aceitáveis dos participantes.

Existe, é claro, certo perigo em apresentar exemplos. Alguns participantes podem segui-los muito fielmente e não "tomar posse" da meta da mesma maneira que o fariam se a tivessem gerado. Nós sentimos, contudo, que os benefícios de fornecer exemplos e de ser claro sobre as expectativas superam esse risco. Além disso, se os participantes sabem que serão responsabilizados pelo acompanhamento e pelos resultados das metas que submeteram, serão menos inclinadas a simplesmente copiar um exemplo – especialmente com um grau apropriado de extensão.

Exibição D3.2
Um exemplo de um formulário de definição de metas

Metas para a aplicação de aprendizagem

Instruções: selecione de uma a não mais que três metas que você queira realizar usando o novo conhecimento e competências que você adquiriu no programa.

Meta 1

Nos próximos _____(semanas/meses), eu irei: _____
_____. [Seja específico sobre o que quer realizar.]
Os benefícios para mim e para a organização serão: _____
_____

[Explique o valor.]
Evidências de meu progresso e sucesso incluirão _____
_____. [Defina os indicadores do progresso e medidas de sucesso.]

Meta 2

Nos próximos _____(semanas/meses), Eu irei: _____
_____. [Seja específico sobre o que quer realizar.]
Os benefícios para mim e para a organização serão: _____
_____

[Explique o valor.]
Evidências de meu progresso e sucesso incluirão_____
_____. [Defina os indicadores do progresso e medidas de sucesso.]

Solução 3.3: Faça com que os participantes partilhem suas metas

Dar tempo para que os participantes trabalhem em pares ou equipes de aprendizagem e partilhem suas metas tem uma variedade de resultados benéficos. Primeiro, eles podem ajudar uns aos outros a melhorar suas metas. Na formulação de metas, às vezes é útil apenas poder "pensar em voz alta" com um colega. Segundo, partilhar suas metas com outra pessoa que participou do mesmo programa é uma boa forma de verificar se elas estão claras e compreensíveis.

Um exercício útil é pedir que cada participante descreva como será a respectiva situação de três a seis meses a partir de hoje. Como irá usar o que aprendeu? O que terá alcançado? O que será diferente e melhor? Tais questões ajudam os participantes a criar uma visão de uma nova e melhor realidade. A importância de prever a melhoria da performance é hoje amplamente reconhecida na psicologia do esporte (Loehr, 2007). Atletas são encorajados a se visualizar fazendo o movimento perfeito, executando uma manobra sem falhas, ou recebendo a medalha de ouro. A habilidade de visualizar uma grande performance aumenta a probabilidade de realizá-la. Contar uma história positiva também tem efeitos positivos para o sucesso pessoal e nos negócios (Dweck, 2006; Loehr, 2007). Fazer com que os participantes visualizem sua própria performance melhorada ao aplicar o que aprenderam é um primeiro passo para atingi-la.

Finalmente, fazer com que os participantes compartilhem suas metas melhora a probabilidade de que sejam atingidas. "Psicólogos sociais aprenderam há muito tempo que se você se compromete com algo e, então, compartilha com seus amigos, é muito mais provável que o siga, do que se tivesse se comprometido apenas consigo mesmo" (Patterson, Grenny, Maxfield, Mcmillan & Switzler, 2008, p. 152). Encoraje parceiros de aprendizagem a testarem o comprometimento uns dos outros para alcançar suas metas. O que escreveram é algo que realmente querem alcançar por conseguirem enxergar seu valor e recompensa? Pouco será atingido sem comprometimento e visão de um futuro melhor. Se o programa for bem-desenhado e executado, os participantes devem ser capazes de definir metas sobre as quais eles possam honestamente dizer: "Isto é algo que eu realmente quero realizar".

D3 Planeje a transferência

Reiterar a expectativa da transferência, explicar o processo e dar tempo e estrutura para o desenvolvimento de planos de ação contribuem para uma transferência efetiva do aprendizado. A forma que o facilitador explica e gerencia o processo impacta na disposição dos participantes de acompanharem.

Boa facilitação

Ficamos surpresos com o tamanho do impacto que um facilitador tem para determinar se os participantes acompanham as metas de transferência do aprendizado. A evidência vem da análise de intervenções em alta escala de aprendizagem em uma companhia de tecnologia global. Reparamos que algumas salas tinham uma taxa muito mais alta de participação no acompanhamento pós-treinamento do que outras. Para tentar entender em que extensão o facilitador influenciou a aplicação pós-curso, analisamos o número de participantes que completou sua primeira atualização pós-curso pelo professor que liderou a sessão (nós racionalizamos que os facilitadores tinham uma maior influência para determinar se os participantes iriam ou não fazer a primeira atualização pós-curso; posteriormente, outros fatores vieram à tona). Incluímos somente instrutores que ministraram aulas para ao menos quatro salas, envolvendo um total de cem ou mais participantes.

Os resultados foram surpreendentes (Figura D3.15). Havia quase o dobro de diferença no acompanhamento pós-curso entre instrutores que, teoricamente, tinham ensinado o mesmo programa, com o mesmo conteúdo, para funcionários de mesmo nível.

Figura D3.15
Impacto de facilitadores diferentes na aplicação pós-curso

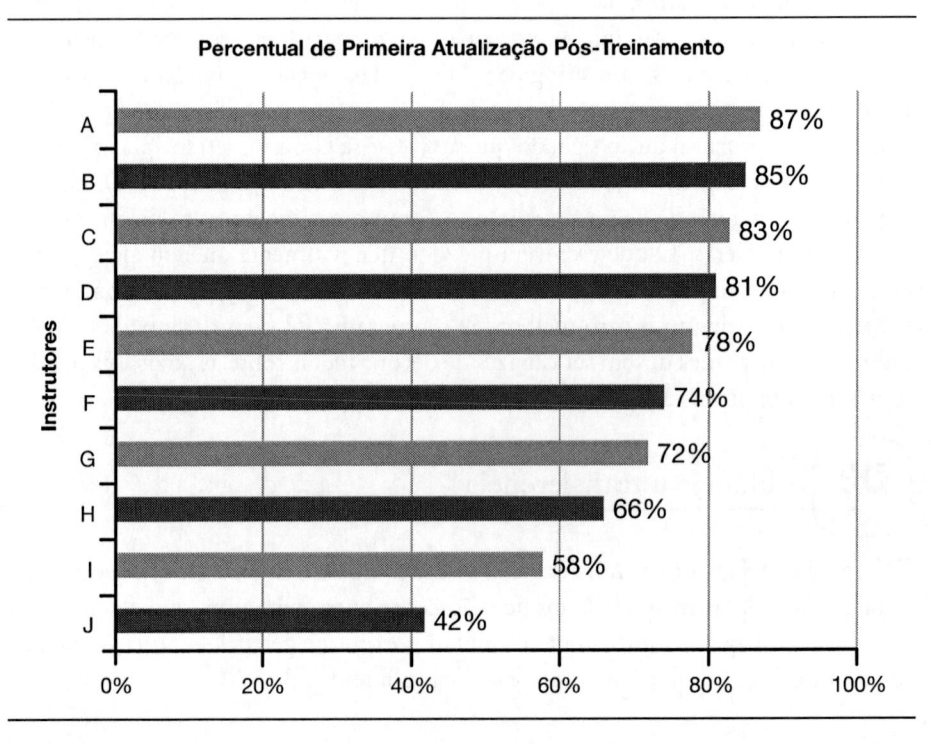

Percentual de Primeira Atualização Pós-Treinamento

Instrutores	%
A	87%
B	85%
C	83%
D	81%
E	78%
F	74%
G	72%
H	66%
I	58%
J	42%

Claramente, alguns instrutores abraçaram a importância da transferência da aprendizagem pós-curso e apresentaram-na de forma mais persuasiva que outros. Eles levaram o exercício com seriedade e falaram sobre a importância do acompanhamento com paixão e convicção. Outros se preocuparam menos com a transferência da aprendizagem ou com menos conhecimento sobre o processo e, portanto, lhe deram pouca atenção. Não é surpresa que os participantes dessas turmas dedicaram muito menos esforços pós-curso.

A lição de casa para líderes e designers instrucionais é que a forma com a qual facilitadores apresentam a necessidade de transferir aprendizagem e o processo para seu planejamento e execução têm um impacto significativo nas ações pós-curso dos participantes e, posteriormente, nos resultados. É aconselhável ter certeza de que todos os instrutores abraçam a importância da transferência da aprendizagem e que eles estejam preparados para apresentá-la de forma convincente e comovente.

Planejamento da ação

O acrônimo para metas sem planos é GWOP*. Para obter o maior valor a partir do aprendizado corporativo, os participantes devem sair de um treinamento com metas claras e compromissados. Porém, eles precisam mais do que GWOP para serem bem-sucedidos. Portanto, vale a pena investir algum tempo para ajudar os participantes a pensar no que eles precisarão fazer para alcançarem suas metas.

Nosso viés é manter o plano de ação num alto nível e orientado ao processo, em vez de excessivamente detalhado. Em parte, isso é uma questão de tempo. A maioria dos programas falha em devotar tempo suficiente para o estabelecimento de metas, quanto mais para o planejamento detalhado de ações. Revisamos programas que solicitavam aos participantes que estabelecessem metas e completassem uma ação complexa de planejamento de múltiplas páginas em 20 minutos, uma atribuição impossível. Sentimos que é mais valioso para os participantes desenvolver uma visão clara da primeira ação que eles precisam tomar, do que se apressar em preencher de forma superficial um plano detalhado.

Também estamos convencidos de que muitas das metas de transferência, especialmente para programas de gerenciamento e liderança, não se prestam a planos de projetos muito específicos. Uma vez que eles, com frequência, envolvem habilidades pessoais, as oportunidades precisam ser compreendidas quando surgem; os planos são mais direcionais do que específicos. Isso tendo sido dito, os participantes deveriam ao menos sair da Fase II do programa com planos concretos sobre como irão comunicar suas intenções para os gerentes e colaboradores associados (ver *Comunique o que aconteceu*, a seguir).

Um exercício divertido, eficiente e produtivo para criar ideias para a aplicação é uma adaptação do que Marshall Goldsmith chama de *feedforward* (Goldsmith, 2002). A meta deste exercício é focar em ações futuras e colher ideias a partir da sabedoria coletiva do grupo.

> "Ajude os participantes a pensar no que eles precisarão."

---

* N.T.: Em inglês, Goals Without Plans.

Peça que todos os participantes se levantem e formem pares. Faça com que um membro de cada par descreva sucintamente uma de suas metas, então peça por *feedforward* – uma ou duas sugestões para ações futuras que possam ajudá-lo a alcançar uma mudança positiva. O foco precisa estar no futuro (feedforward) em oposição ao passado (feedback). Mesmo que os participantes já tenham trabalhado juntos no passado, eles devem evitar dar feedback e fornecer somente ideias e sugestões para o futuro.

Aqueles que estiverem pedindo feedforward devem escutar atentamente e tomar notas, mas não devem comentar sobre as sugestões de forma alguma, mesmo para fazer afirmações de julgamento positivo. Devem simplesmente agradecer aos colegas pelas ideias e, depois, trocar de papéis. Assim que um par tiver trocado ideias e metas, cada pessoa deve encontrar um novo parceiro e repetir o procedimento. O processo de fornecer e receber *feedforward* deve levar por volta de dois minutos. Em 15 minutos, os participantes devem receber de cinco a oito ideias sobre coisas específicas que podem fazer para aplicar o seu aprendizado e melhorar a performance. Sempre que usamos esse exercício, o nível de energia da sala sobe significativamente; os participantes relatam obter verdadeiro valor a partir da troca e dizem que gostariam de ter dedicado mais tempo para esta atividade.

D3 Comunique o que aconteceu

Ao retornarem ao trabalho, os participantes têm uma oportunidade de comunicação excepcional, mas de curta duração. Seus superiores, pares e subordinados diretos estão cientes de que eles participaram de um programa de aprendizado. Alguns contribuíram com feedback 360 graus. Alguns tiveram que fazer horas extras para cobrir o participante. Todos estão interessados no que aconteceu.

A primeira questão de muitos será algo como "Então, o que você aprendeu?" ou "O que aconteceu?". Uma abertura assim dá ao participante uma oportunidade de sinalizar suas intenções, recrutar aliados, partilhar um insight fundamental e agradecer àqueles que lhe deram feedback ou continuaram o trabalho da área.

Como em qualquer comunicação, a mensagem precisa ser planejada e ensaiada para obter o máximo de impacto. Encorajamos fortemente a dar tempo aos participantes e ajudá-los a preparar respostas para essas questões previsíveis. Respostas bem-elaboradas reforçam o aprendizado (ensaio elaborativo), reforçam o valor do programa e iniciam o processo de aplicação. Respostas fracas, confusas ou mal preparadas irão levantar dúvidas sobre o valor da participação.

Portanto, é do interesse de todos oferecer aos participantes alguns minutos para preparar discursos de elevador. O conceito do discurso de elevador foi desenvolvido há anos na *Xerox Corporation*. A ideia é que se você entrar no elevador com um dos gerentes seniores da companhia e ele lhe disser, "Então, me fale sobre suas ideias", você precisa ser capaz de articular os conceitos-chave e benefícios no tempo que leva para ir do primeiro ao quarto andar. Se conseguir, você melhorou tremendamente as chances de sucesso da ideia. Se não puder, você desperdiçou uma oportunidade de ouro para avançar tanto o conceito, quanto sua carreira.

Forneça aos participantes uma estrutura de tópicos (Exibição D3.3) e tempo para escrever e praticar uma resposta de um a dois minutos para a questão "O que aconteceu?". Encoraje-os a pensarem sobre os pontos fundamentais que eles querem produzir e o que irá ajudá-los a alcançar suas metas. O ideal é fazê-los praticar seus discursos de elevador em pares e fornecer uns aos outros. O ato de afirmar o que eles irão fazer e seu valor reforçará seu comprometimento e melhorará a probabilidade da transferência do aprendizado. Oferecer alguns minutos para que criem e pratiquem a mensagem trará grandes recompensas para os participantes, o programa e a companhia.

Exibição D3.3
Job aid para criar um discurso de elevador

Instruções: responda as quatro questões abaixo. Pratique o seu discurso de elevador com um parceiro.

O mais importante/impressionante/com mais insights/valioso (escolha um) que eu aprendi foi:
_____

Irei aproveitar este aprendizado ao:
_____

O benefício para nossa organização será:
_____

Precisarei da seguinte ajuda para fazer com que isso aconteça:
_____

D3 | Cheque o processo

A prática efetiva da D3 facilita a aplicação de novas habilidades e conhecimentos ao motivar os participantes a aprender, tornando clara a relevância e utilidade do programa, fornecendo know-how e prática, tornando o aprendizado memorável e preparando os participantes para transferir o seu aprendizado para o dia a dia do trabalho. Em que extensão a implementação desse aprendizado atinge essas metas determina em que extensão ele contribuirá para os resultados no negócio.

Como você saberá se o processo está funcionando? Recomendamos criar checagens do processo ao longo do caminho, em vez de simplesmente esperar pela avaliação final. Isso é análogo ao uso de processos de checagem em sistemas de fabricação ou de negócios, para garantir que aquele subprocesso crítico esteja funcionando conforme o esperado. Três checagens são de importância particular para os programas de aprendizagem: percepções de relevância, qualidade da meta e primeiras ações.

Falamos sobre a importância da relevância e a utilidade para alunos adultos no começo deste capítulo. Dado seu impacto na motivação para aprender e aplicar, é importante saber se os participantes percebem a utilidade do programa. No final da Fase II, peça que eles classifiquem o grau no qual eles estão motivados a utilizar o que aprenderam, entenderam como aplicar e veem relevância (Exibição D3.4).

As respostas para essas perguntas são indicadores muito mais úteis do que dados típicos de reação, que normalmente são pouco mais do que classificações de satisfação. Realmente não importa se os participantes "gostaram" do programa; o que importa é se eles estão convencidos de que aquilo que aprenderam é útil, de que eles estão motivados a utilizarem o conteúdo do curso em seus trabalhos e que eles sabem como e quando aplicar essas novas habilidades.

Se a classificação de utilidade for baixa, alguns passos devem ser tomados para identificar e abordar a fonte do fracasso do projeto. Se ela for alta, boas notícias – esse indicador sugere que o processo está funcionando conforme planejado até aquele ponto. Infelizmente, isso não prevê por si só altos níveis de transferência do aprendizado por causa da miríade de outros fatores no ambiente pós-curso que influenciam a transferência (ver D4 – Definir a transferência do aprendizado). Por isso que Definir a transferência do aprendizado é uma disciplina por si só na conversão do aprendizado para resultados no negócio.

Exibição D3.4
Questões sugeridas para aferir as percepções dos participantes sobre a utilidade do programa

---

Classifique em que nível você concorda ou discorda das seguintes afirmações:

1. O aprendizado foi diretamente relevante para meu trabalho
   Discordo totalmente   Discordo   Neutro   Concordo   Concordo totalmente

2. Sinto-me bem-preparado para utilizá-lo
   Discordo totalmente   Discordo   Neutro   Concordo   Concordo totalmente

3. Usar o que aprendi irá melhorar minha performance
   Discordo totalmente   Discordo   Neutro   Concordo   Concordo totalmente

4. Estou motivado em colocar o aprendizado em prática
   Discordo totalmente   Discordo   Neutro   Concordo   Concordo totalmente

O segundo processo fundamental para a D3 é a revisão periódica da qualidade e do foco das metas dos participantes para a aplicação, para ter certeza de que elas estão em alinhamento com as metas do programa. Isso porque é essencial ter a intenção certa, para que a ação efetiva e a aplicação possam segui-la.

Por fim, é uma boa prática checar a taxa da primeira ação pós-curso. Assim como as outras checagens de processos, a taxa tem um valor preditivo mais positivo que negativo. Ou seja, uma alta taxa de transferência e, enfim, os resultados. Por outro lado, se os participantes derem ao menos o primeiro passo, isso, então, sugere fortemente que existe um problema com o curso, facilitação ou ambiente de transferência que inibe a realização dos resultados. As causas das baixas taxas de acompanhamento para as primeiras ações devem ser investigadas e os problemas encaminhados.

Se você estiver usando um sistema eletrônico de gerenciamento de transferência de aprendizagem, a primeira taxa de respostas será automaticamente rastreada. Se você ainda estiver usando um sistema manual, pode obter uma medida da extensão das primeiras ações ao, por exemplo, fazer uma pesquisa com os participantes uma semana ou dez dias após o curso com uma ou duas perguntas simples como: "Você se reuniu com seu gerente para discutir suas metas de aplicação?" ou "Você completou a primeira ação que planejou durante o programa?". A pesquisa em si irá servir como um lembrete útil da necessidade de acompanhamento (D4); a taxa de respostas a ela será o indicativo da quantidade de envolvimento pós-curso.

D3 Resumo

Neste capítulo, enfatizamos a importância do design da implementação do aprendizado para dar suporte à aplicação; ou seja, assegurar que todos os elementos da experiência de aprendizagem sejam selecionados e construídos de forma que suportem a derradeira meta: melhorar a performance por meio do uso da novas habilidades e competências adquiridas pelos participantes.

Enfatizamos a importância da relevância e uso percebidos. Designers de programas e instrutores precisam responder a questão "O que há nisso para mim?" pelos participantes porque o quanto antes o participante notar a relevância e utilidade daquilo que está aprendendo, mais motivado estará em aprender, e mais provavelmente fará uso do aprendizado. Cada tema e exercício devem ser mapeados para uma cadeia de valor que conecte o aprendizado à ações requeridas no trabalho, e compartilhados com os participantes e seus superiores. Selecionar métodos instrucionais que coincidam com a maneira com a qual o aprendizado será utilizado facilita a transferência e fornece know-how e a prática necessária para a aplicação. Por fim, os participantes devem estabelecer ou receber metas desafiadoras sobre a aplicação do aprendizado para acelerar o seu desenvolvimento pessoal e o sucesso do negócio.

Use o checklist para a D3 para checar seu próprio programa de treinamento e para ajudá-lo a melhorar a transferibilidade do aprendizado corporativo. Procure incluir tantos fatores que favoreçam a transferência de aprendizagem e aplicação quantos forem possíveis.

Checklist para D3

☑	Elemento	Critério
☐	Motivar	A descrições do programa, os materiais e o instrutor respondem a questão "O que há nisso para mim?" para os participantes.
☐	Relacionar	Os links entre o conteúdo do programa e as atuais necessidades do negócio e responsabilidades do trabalho são claramente estabelecidos e reiterados por cada grande exercício ou assunto.
☐	Conectar	Os participantes são encorajados a conectar o novo aprendizado com experiências passadas para aumentar a retenção e aplicabilidade.
☐	Demonstrar	Exemplos relevantes de aplicações bem-sucedidas são usados para mostrar o que "bom" deve ser.
☐	Partilhar	Os princípios de andragogia são respeitados e honrados pelo encorajamento do compartilhamento de práticas e experiências dos alunos.
☐	Apoio	Job aids são fornecidos para dar apoio à aplicação do conhecimento no dia a dia do trabalho.
☐	Monitoração	As percepções dos participantes sobre a relevância e utilidade do programa são solicitadas, rastreadas e postas em prática.
☐	Revisão	Considerações sobre o uso e metas dos participantes para a aplicação são analisadas para ter certeza de que elas refletem as metas do programa.

Pontos de ação

Para líderes de educação corporativa
- Faça duas perguntas fundamentais sobre cada componente do programa:
  - O valor está óbvio para os participantes?
  - Eles saberão como e quando usar o que aprenderam?
- Quanto mais e melhor essas duas condições puderem ser completamente satisfeitas, mais provável que a educação será aplicada e dará retorno para a companhia.
- Revise as metas que participantes estabeleceram para si mesmos.
  - Eles foram bem-elaborados?
  - Elas refletem as metas do negócio para o qual o programa foi criado?
  - Se as metas dos participantes forem enviadas para os gerentes seniores, eles irão refletir sobre o programa e a organização de aprendizagem?
  - Se a resposta para qualquer uma dessas perguntas for não, tome ações corretivas.

- Inclua perguntas nas avaliações de final do curso que afiram a extensão em que os participantes entenderam a relevância, utilidade e valor do que aprenderam e se eles se sentem confiantes ou não de que sabem como utilizar os conceitos no trabalho.
  - Se qualquer uma das respostas for abaixo do esperado, faça uma análise das causas que determinam o motivo.
  - Aja para corrigir.

Para líderes
- Revise os programas de aprendizado que afetam a sua área de responsabilidade.
- Procure por links lógicos entre as metas do negócio, os tipos de competências cognitivas e comportamentais necessárias para alcançá-los e os exercícios de aprendizagem usados.
  - Envie os programas de volta para serem refeitos se a conexão não estiver clara.
- Peça para ver as metas dos participantes estabelecidos para a Fase III (sobre a transferência e aplicação no trabalho).
  - Estão alinhados com suas expectativas?
  - São relevantes para as necessidades do negócio?
  - As metas estão claras e específicas, e com duração apropriada?
- Fale com os gerentes que se reportam a você.
  - Eles estão cientes das metas para a Fase III de seus subordinados diretos? Se não, por quê?
  - Eles sentem que dar suporte e oportunidades para colocar o aprendizado em funcionamento é uma obrigação importante? Se não sentem, esse é um problema sério de gestão que você precisa encaminhar se quiser que seu investimento em aprendizagem e desenvolvimento gere resultados.
- Revise as avaliações no final do programa.
  - Elas questionam os participantes sobre a aplicabilidade do programa e se estão motivados e confiantes para aplicar aquilo que aprenderam? As respostas para essas últimas questões são mais importantes do que se eles gostaram do instrutor e do local de reunião.
  - Se essas questões não fazem parte da avaliação atualmente, peça que sejam adicionadas.
  - Se fazem e o resultado for abaixo do esperado, peça um plano de ação para corrigir a situação.
- Peça relatórios no final do programa sobre taxas de utilidade, motivação e confiança para cada um dos apoiadores.

D4
Definir a transferência do aprendizado

Para mudar comportamentos e obter os resultados que você quer, você precisa de estrutura, apoio e prestação de contas.
— Ken Blanchard, *Know Can Do!*

Programas de aprendizagem e desenvolvimento criam valor somente quando os novos conhecimentos e competências que eles transmitem são transferidos para fora do ambiente de aprendizagem e colocados em prática no trabalho do indivíduo e da empresa. Se o aprendizado nunca for usado de maneira a melhorar *a forma como as coisas são feitas*, então é aprendizado-sucata – um desperdício de tempo e recursos. Por essa razão, a D4 para o avanço do aprendizado é impulsionar sua transferência. Escolhemos a palavra *impulsionar* deliberadamente. As empresas que são mais eficazes em transformar aprendizado em resultados o fazem pela implementação de sistemas e processos que impelem a transferência e aplicação do mesmo. Elas investem esforços para ativamente fazer o processo avançar e para acompanhar esse progresso, assim como fazem com relação a qualquer outro procedimento importante para a empresa, em vez de passivamente sujeitá-lo ao acaso, a iniciativas individuais, ou a algum milagre (Figura 1.3).

Há décadas já se reconhece que a transferência do aprendizado é vital. Já nos anos 1950, Mosel apontou para "crescentes indícios de que com muita frequência o treinamento faz pouca ou nenhuma diferença no comportamento do indivíduo no trabalho" (Mosel, 1957, p. 56). Trinta anos depois, Baldwin e Ford reexaminaram a literatura sobre o assunto e concluíram: "Reconhece-se cada vez mais a existência de um 'problema de transferência' na aprendizagem organizacional de hoje. Estima-se que empresas americanas gastem mais de $100 bilhões em treinamento e desenvolvimento, porém que não mais do que 10% desses gastos resultem em transferência para o trabalho... Da mesma forma, pesquisadores concluíram que parte considerável do treinamento conduzido em organizações não é transferida para o ambiente de trabalho" (Baldwin & Ford, 1988). Apesar de o problema ter sido há muito identificado e estar claramente descrito, o insucesso em transferir o aprendizado continua a representar ainda hoje o "elefante na sala" para a área de treinamento e desenvolvimento (ver Figura D4.1). Quando inquiridos diretamente sobre o assunto, líderes tanto de gestão do negócio, quanto de T&D, reconhecem que uma quantidade relevante de treinamento segue sem uso (ver *Um problema pernicioso,* na p. 167). É preciso um diálogo muito mais aberto sobre o problema assim como uma combinação de esforços no sentido de resolvê-lo.

Figura D4.1
O problema da transferência do aprendizado

"Eu estou bem no meio da sala e ninguém sequer me nota."

© Leo Cullum/Condé Nast Publications. Disponível em: <www.cartoonbank.com>. Usada sob permissão.

O problema da transferência do aprendizado persiste por dois motivos. O primeiro é falta de responsabilidade compartilhada. Gestores consideram o treinamento como responsabilidade unicamente do departamento de treinamento; eles não compreendem o papel essencial que lhes cabe para garantir a sua aplicação. Conforme Jim Trinka explicou: "Em geral gestores acreditam que treinamento, aprendizagem, ou seja qual for o nome escolhido, é importante. Contudo, eles pensam: 'Certo, isso é realmente necessário. Mas, obviamente, estou muito ocupado para fazer isso eu mesmo, então vou terceirizar esse trabalho para o departamento de treinamento. Agora o problema é deles, não meu'." (Trinka, comunicação pessoal, 2009).

A maioria dos profissionais de T&D, da mesma forma, percebe a transferência para o trabalho como algo fora da sua esfera de influência e responsabilidade. Eles pensam: "Meu trabalho é me certificar de que os participantes do programa recebam o conteúdo certo da maneira mais eficaz possível. Mas não tenho controle sobre o que acontece depois; isso é tarefa do gestor".

Na verdade, a área de T&D e os gestores do negócio são corresponsáveis pelo sucesso ou fracasso do treinamento. A não ser que ambos trabalhem juntos para impulsionar ativamente a transferência do aprendizado, ela não acontecerá. A iniciativa fracassará e eles serão como duas pessoas em um barco que afundou, discutindo sobre qual extremidade fez mais água (Figura D4.2).

"As áreas de T&D e a gestão do negócio são corresponsáveis pelo sucesso ou fracasso do treinamento."

Figura D4.2
Quando o treinamento não consegue produzir resultados todos perdem, exceto a concorrência (tubarões)

© 2008 Fort Hill Company. Usada sob permissão.

Dito isso, acreditamos que profissionais da área de T&D precisam tomar as rédeas para a solução dos problemas de transferência do aprendizado porque eles são quem tem mais a ganhar. Eis o motivo: se o desempenho não melhorar após o treinamento, a conclusão, na visão dos gestores, é "O treinamento foi um fracasso".

A verdade é que possivelmente o treinamento foi um sucesso, mas a transferência foi malsucedida. Isso não importa. O resultado provável é que o programa seja reduzido ou cortado. Do ponto de vista da empresa, o "treinamento" – que, de fato, significa o processo completo de preparação, instrução, transferência e avaliação – ou foi um sucesso ou não funcionou. Se os profissionais de T&D tentassem limitar a definição de "treinamento", referindo-se apenas ao evento instrucional, e então argumentassem que o treinamento foi bem-sucedido apesar de o desempenho ter permanecido inalterado, seria como argumentar que uma operação foi um sucesso apesar de o paciente ter morrido. O treinamento só é um sucesso se o desempenho melhorar.

Todos se beneficiam quando a área de T&D atua em parceria com gestores do negócio para garantir que o aprendizado seja transferido e aplicado. E, como a transferência é o elo mais fraco na cadeia de valor do aprendizado para a maioria das organizações, ela por si só representa a maior oportunidade para melhorias. De fato, ganhos verdadeiramente significativos resultantes de treinamento são impossíveis a não ser que o desafio da transferência do aprendizado seja vencido por meio da responsabilidade compartilhada.

O segundo motivo pelo qual o problema da transferência do aprendizado persiste é a falta de sistemas e processos que possam ser aplicados com eficácia e em larga escala em programas de educação corporativa. Para se conseguir uma mudança nos índices de transferência, novas ferramentas e abordagens serão necessárias – como diz o ditado: "Insanidade é fazer a mesma coisa repetidas vezes e esperar obter resultados diferentes".

Este capítulo fala sobre uma nova abordagem para a transferência do aprendizado. Os tópicos incluem:

- Um problema pernicioso
- Aprendizado-sucata
- Causas primordiais
- Por que uma esplêndida experiência de aprendizagem não é suficiente
- Como chegar ao Carnegie Hall
- O ambiente de transferência
- Superando a inércia
- O acompanhamento da descoberta
- Melhor retorno sobre o aprendizado
- Implementando o gerenciamento da transferência do aprendizado
- Checklist para D4
- Pontos de atuação para líderes de T&D e de negócios

D4 Um problema pernicioso

Nossa determinação em resolver o problema da transferência começou mais de uma década atrás como resultado de um projeto que desenvolvemos para uma grande empresa química. Juntamente com um colega, o Dr. Bruce Reed, fomos chamados a avaliar o impacto do principal programa de desenvolvimento da empresa. Aproximadamente 600 gerentes participaram do programa ao longo do ano. As tradicionais avaliações de fim de curso eram excelentes e o programa havia recebido um prêmio da Sociedade Americana de Treinamento e Desenvolvimento. Mas toda essa ovação não era o bastante; os gestores queriam entender como o programa estava sendo aplicado e que impacto estava causando. Começamos a fazer entrevistas de follow-up com os participantes. Fizemos três perguntas:

- Para você, o que se destaca no programa?
- Como você agiu para melhorar seu desempenho?
- De que tipo de ajuda ou apoio você precisa?

O que descobrimos foi preocupante. Somente 15% (um a cada sete) dos participantes foram capazes de dar um exemplo de melhoria que resultara de uma ação realizada, aplicando o que havia sido aprendido. Relataram não haver nenhuma necessidade específica de ajuda ou apoio porque não perceberam nenhuma exigência em particular para usar o que tinham aprendido. Sob seu ponto de vista, haviam cumprido suas obrigações simplesmente por terem frequentado as sessões. Não se esperava nada além disso. De fato, para muitos, nossa entrevista foi o único follow-up de qualquer tipo que haviam recebido.

A alta liderança, contudo, tinha expectativas bastante diferentes. Eles certamente esperavam que mais do que 90 gerentes dos 600 que participaram do programa aplicassem aquilo que haviam aprendido. Percebemos que terrível desperdício de tempo e dinheiro havia sido treinar outros 510 gerentes, que não concretizaram nada a mais do que fariam se jamais houvessem tido aquela oportunidade. Perguntamo-nos se esses resultados eram peculiares a esse programa em particular ou se eram característicos de um problema pernicioso e mais generalizado.

Então, começamos a perguntar para profissionais de T&D: "Após um programa de treinamento corporativo padrão, que percentual de participantes aplica o que aprendeu bem o bastante e por tempo suficiente para melhorar seu desempenho?". Os resultados deveriam servir como crucial advertência para todos os que atuam nessa área. A grande maioria dos profissionais de T&D ainda estima que menos de 20% da educação corporativa leva, de fato, a melhorias em performance. Os resultados expostos na Figura D4.3, coletados na Conferência Internacional ASTD em 2008, são emblemáticos. Já fizemos essa pergunta a mais de 1.000 profissionais de

T&D, assim como a um número menor de gestores de negócio, sempre com resultados similares. Em outras palavras, o insucesso da maioria dos programas de treinamento e desenvolvimento em melhorar o desempenho é o maior segredinho não secreto do setor de treinamento.

Outros estudos indicam que nossas descobertas são a regra, e não a exceção. Por exemplo, quando Kirwan (2009) pediu que os participantes avaliassem sua mudança de comportamento após o curso usando uma escala de cinco pontos, a média foi 1,67 (p. 144). Berk (2008), com base em milhares de autorrelatórios de uma vasta gama de empresas, estimou o índice de transferência em 40%. Mesmo que o verdadeiro índice de transferência esteja próximo do percentual de 50% que Saks (2002) estimou, em vez do frequentemente citado 10% de Georgenson (1982), ainda assim representa um resultado muito baixo para um processo tão caro.

Figura D4.3
Estimativas da transferência efetiva do aprendizado por 126 profissionais de T&D

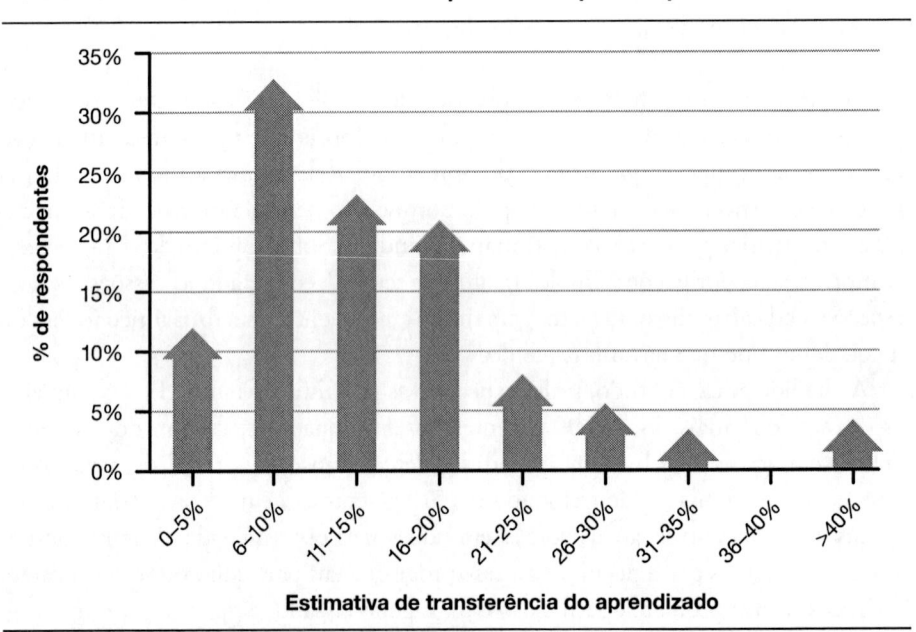

De Wick, Pollock & Jefferson (2009). Usada sob permissão.

D4 Aprendizado-sucata

Uma grande preocupação das empresas na produção é o custo dos refugos. A sucata produzida é um produto que não pode ser vendido porque não atende as especificações ou as expectativas dos clientes. Nós cunhamos o termo "aprendizado--sucata" para nos referirmos ao aprendizado que permanece sem uso – aprendizado que, portanto, deixa de atender as expectativas do cliente por melhor desempenho.

A sucata custa caro – não só o custo da matéria-prima e do trabalho investido na fabricação de produtos que não terão utilidade, como também o custo de oportunidade ao aplicar recursos que poderiam ter sido utilizados de forma mais produtiva. Além disso, há o custo bastante real associado à perda de clientes quando os produtos não correspondem às suas expectativas. Por esses motivos, empresas vêm implacavelmente se esforçando para reduzir o índice de refugos para alcançar a meta de qualidade Six Sigma – gerar apenas uma falha (parte defectiva ou falha no serviço) a cada 300.000.

Assim como a sucata da produção, a sucata do aprendizado custa caro. Há os custos diretos dos designers instrucionais, instrutores, viagens, materiais e outros itens, assim como os custos de oportunidade perdidos ao fazer com que as pessoas gastem tempo aprendendo conteúdo que não conseguem ou não querem usar. Há também o custo bastante real da insatisfação do cliente quando os departamentos que investem em treinamento observam que o aperfeiçoamento esperado não se seguiu. Em outras palavras, o insucesso em transferir o aprendizado custa para as empresas bilhões de dólares por ano em recursos desperdiçados, e provavelmente um múltiplo desse valor em oportunidades perdidas.

Nenhuma organização conseguiria sustentar-se em seu ramo de atividade se os outros processos que conduz fossem tão ineficientes quanto parece ser a maior parte dos programas de educação e desenvolvimento. Para ilustrar a questão, perguntamos aos profissionais de T&D em nossos workshops como reagiriam se dessem à FedEx 100 pacotes para serem entregues e somente 15 chegassem ao seu destino. Obviamente a FedEx iria à falência da noite para o dia. Sabendo que atender as expectativas dos clientes quanto a uma entrega confiável é fundamental para o sucesso, as empresas do setor de serviços de entregas continuamente investem energia criativa, tecnologia e recursos financeiros em iniciativas para o aperfeiçoamento de processos. Sua meta é reduzir a quase zero o número de itens não entregues.

Comparativamente, os departamentos de treinamento e desenvolvimento pouco fizeram em termos relativos para melhorar seus indicadores nos 50 anos desde que Mosel chamou a atenção para o problema. Pela sua própria sobrevivência, e pelo bem das firmas a que prestam serviço, empresas relacionadas a T&D precisam ter um senso de urgência mais agudo no sentido de reduzir a quantidade de tempo e recursos desperdiçados por conta da transferência ineficiente de conhecimento. Essas empresas também precisam investir tempo, criatividade e tecnologia em melhoria de processos e redução de sucata, assim como o fazem seus colegas das indústrias de manufatura e serviços.

D4 — Causas primordiais

A necessidade de entender as causas primordiais é fundamental para qualquer iniciativa de melhoria de processos, ou seja, é preciso entender profundamente o que está causando o problema, em vez de apenas concentrar-se nos sintomas. Como primeiro passo nessa direção, nós criamos um exercício originalmente desenvolvido por Rob Brinkerhoff e perguntamos a profissionais de T&D onde eles acham que normalmente ocorre a ruptura no processo de converter aprendizagem em melhoria de desempenho (Exibição D4.1). Recomendamos que você anote suas próprias estimativas antes de continuar esta leitura.

Exibição D1.4
Onde o processo de conversão aprendizagem-aperfeiçoamento sofre uma ruptura

---

Quando o departamento de treinamento e desenvolvimento não consegue produzir o aperfeiçoamento esperado no trabalho, onde foi que a ruptura ocorreu (em percentuais)?

A. Para começar, o treinamento não era a solução correta _____ %
B. A preparação dos participantes e do curso _____ %
C. O treinamento em si _____ %
D. O período de transferência do aprendizado pós-treinamento _____ %

A gama representativa de respostas está ilustrada na Exibição D4.2. Há um forte consenso quanto às causas mais frequentes – mais de 50% – das chamadas "falhas do treinamento": na realidade elas ocorrem no período pós-treinamento, com o participante já de volta ao trabalho. Essas são de fato falhas de transferência do aprendizado. Isso não deveria ser uma surpresa uma vez que, historicamente, o período de pós-treinamento tem recebido pouca atenção em comparação ao esforço dedicado a melhorar a concepção e a realização da instrução propriamente dita.

Há também um forte consenso de que as rupturas no processo ocorrem com *menos frequência* no próprio curso (10% ou menos). Novamente, isso não deve surpreender; pesquisas e esforços consideráveis foram dedicados a melhorar o treinamento e o design instrucional nos últimos 30 anos. Um exame dos programas das grandes conferências de treinamento e desenvolvimento revela este viés: enquanto a grande maioria dos seminários e workshops está preocupada em melhorar o design, implementação e avaliação da instrução, menos de 10% (e, com frequência, nenhum) se preocupa com sua real aplicação no trabalho.

Exibição D4.2
Gama de respostas sobre o ponto em que o processo do aprendizado sofre uma ruptura

---

Quando o departamento de treinamento e desenvolvimento não consegue a melhoria esperada no trabalho, onde foi que a ruptura ocorreu (em percentuais)?

A. Para começar, o treinamento não era a solução correta: 10 a 25%
B. A preparação dos participantes e do curso: 10 a 40%
C. O treinamento em si: 5 a 15%
D. O período de transferência do aprendizado pós-treinamento: 50 a 75%

Várias implicações ficam imediatamente evidentes:

1. A maior oportunidade para melhorar o rendimento do processo como um todo é aperfeiçoar a transferência do aprendizado pós-treinamento e estender o período de aplicação, uma vez que é o ponto em que a maior parte das rupturas ocorre.
2. Maior aperfeiçoamento da concepção e da implementação da instrução propriamente dita trará uma contribuição mínima para aumentar o índice geral de sucesso, uma vez que essa fase já é altamente eficaz.
3. Programas de treinamento que tentam resolver deficiências de desempenho advindas de motivos que não a falta de conhecimento ou de habilidade irão fracassar independentemente da qualidade da preparação, da instrução e do acompanhamento. Aprender a evitar essas missões quixotescas (ver D1) irá melhorar o desempenho global da organização de T&D.
4. As falhas remanescentes são resultado de uma preparação inadequada. A preparação inadequada do curso, dos participantes ou gestores não só é responsável direta pelos insucessos, como também contribui para deficiências na transferência do aprendizado. A falta de envolvimento do gestor antes do treinamento influencia a predisposição dos participantes para ir até o fim, colocando o aprendizado em prática após o treinamento (D5). Portanto, envolver mais os participantes e gestores antes do treinamento propriamente dito precisa ser parte integrante da solução geral que visa melhorar o índice de sucesso de T&D.

Análise suplementar

Uma ferramenta importante na melhoria de processos é o diagrama de causa e efeito, também chamado de "diagrama espinha de peixe" porque, quando preenchido, ele lembra o esqueleto de um peixe. Sua utilidade é que "ele se concentra nas causas da variabilidade. Fazer com que as pessoas pensem a respeito e identifiquem as causas da variabilidade é uma lição valiosa e irá ajudar no desempenho futuro." (Scherkenbach, 1988, p. 106).

A Figura D4.4 mostra um diagrama de causa e efeito contendo as principais causas do insucesso em transferir aprendizado. A flecha que forma a "espinha dorsal do peixe" aponta na direção do efeito; as "costelas", ou raios, em direção a ela são as causas e fatores que contribuíram para tal efeito. Para ajudar a identificar esses fatores, é útil nomear os principais raios com os 6Ms: Máquina, Homem (do original, *Man*), Medida, Gestão (do original, *Management*), Materiais e Método, ou os 4 Ps: Pessoas, Políticas, Procedimentos e Planta (Instalações) como "originadores de pensamentos". Todos eles não contribuem, necessariamente, para o fracasso do processo, nem são as únicas categorias possíveis, mas são indicadores úteis para orientar a exploração.

Figura D4.4
Diagrama de causa e efeito para muitos dos fatores que contribuem para o fracasso na transferência do aprendizado

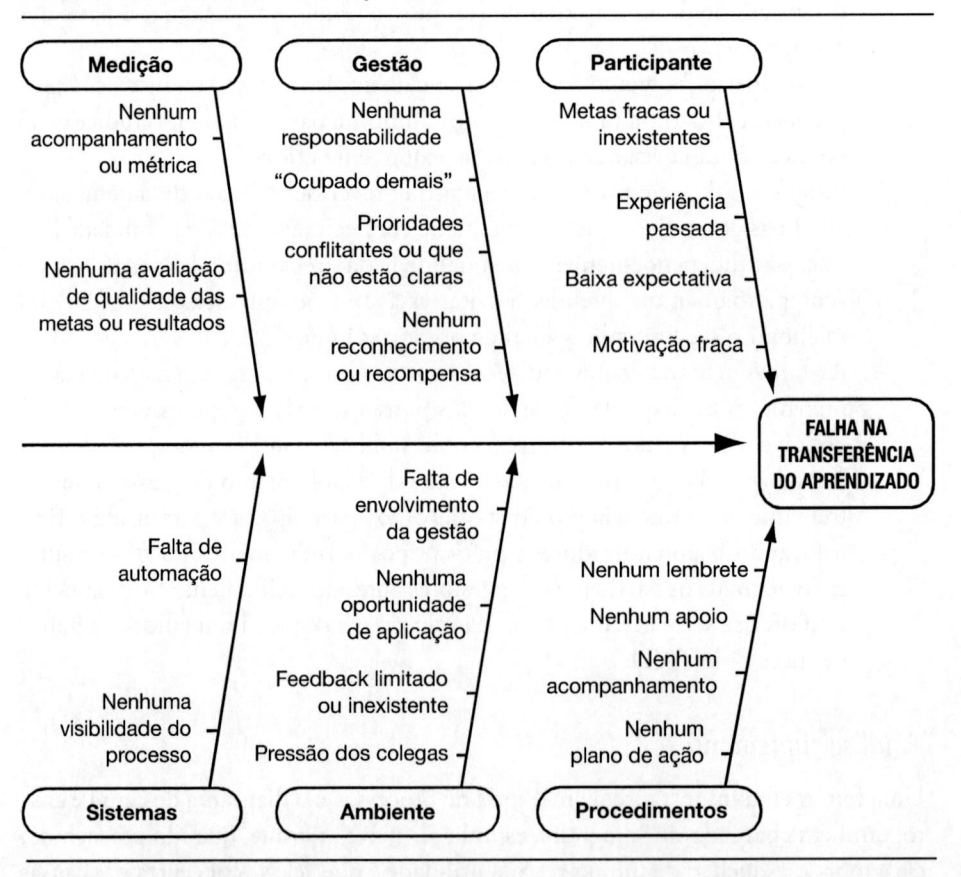

Medição:
- Nenhum acompanhamento ou métrica
- Nenhuma avaliação de qualidade das metas ou resultados

Gestão:
- Nenhuma responsabilidade
- "Ocupado demais"
- Prioridades conflitantes ou que não estão claras
- Nenhum reconhecimento ou recompensa

Participante:
- Metas fracas ou inexistentes
- Experiência passada
- Baixa expectativa
- Motivação fraca

Sistemas:
- Falta de automação
- Nenhuma visibilidade do processo

Ambiente:
- Falta de envolvimento da gestão
- Nenhuma oportunidade de aplicação
- Feedback limitado ou inexistente
- Pressão dos colegas

Procedimentos:
- Nenhum lembrete
- Nenhum apoio
- Nenhum acompanhamento
- Nenhum plano de ação

→ FALHA NA TRANSFERÊNCIA DO APRENDIZADO

Muitos pontos ficam evidentes até mesmo a partir de uma análise superficial do diagrama:

1. Vários fatores contribuem para o reduzido índice de transferência do aprendizado. Portanto, a solução para o problema terá que ser multifacetada.
2. Na maioria das empresas, não há um processo existente para gerenciar essa transferência. Um dos primeiros passos que elas precisam dar é definir um processo central que possa ser aperfeiçoado em seguida.
3. Visto que todas as pessoas envolvidas – de participantes a gestores, a gestores dos gestores, assim como profissionais de T&D – têm expectativas com base em experiências passadas; será necessário redefinir essas expectativas.

Nossa recomendação de usar uma abordagem de processos para melhorar a transferência do aprendizado não pressupõe que desenvolver pessoas será um dia tão previsível quanto fabricar um produto ou entregar uma encomenda. Mas, conforme McLagan cita: "A excelência do processo deve ser um ponto central de qualquer intervenção que busca a melhoria organizacional – incluindo a concepção de aprendizagem para o trabalho" (McLagan, 2003, p. 54). Há amplos indícios de que usar uma abordagem de processos para a transferência do aprendizado pode melhorar os resultados, reduzir o desperdício e aumentar os benefícios da experiência para a organização (Brinkerhoff & Apking, 2001; Park & Jacobs, 2008; Phillips & Broad, 1997; Wick, Pollock, Jefferson & Flanagan, 2006). Em uma economia cada vez mais competitiva, nenhuma empresa pode se dar ao luxo de bancar o alto custo de não fazer nada em relação ao problema da transferência do aprendizado.

D4 | Uma esplêndida experiência de aprendizado não é suficiente

A maioria das iniciativas de educação corporativa ainda confia na teoria do "big bang". Ou seja, elas esperam que, ao criarem um evento que seja convincente o suficiente, transmitirão energia e impulso o bastante para conseguir que os participantes realizem o difícil trabalho de transformar aprendizado em resultados. Por meio de um big bang foi como Júlio Verne propôs levar seus astronautas para a lua em sua obra prima da ficção científica *Da Terra à Lua*: ele os arremessou para o espaço usando um canhão de enormes dimensões.

Desde então, nós aprendemos que nenhum canhão já construído produziu a força necessária para lançar até mesmo um pequeno objeto para o espaço. Simplesmente não é possível gerar impulso suficiente em uma explosão na velocidade que seria necessária para que ele se libertasse da força da gravidade. Mais cedo ou mais tarde, a resistência do ar e a gravidade cumprem seu papel, o projétil perde o impulso e cai de volta à Terra (Figura D4.5).

Apenas após o advento dos foguetes modernos, que são capazes de fornecer uma propulsão sustentada por um longo período de tempo, foi possível chegar à velocidade de escape, vencer a força da gravidade e entrar em órbita (Sputnik, em 1957). O problema do treinamento e desenvolvimento é análogo. Não importa quanto ímpeto o programa transmita inicialmente, a resistência à mudança e o peso de velhos hábitos fazem com que os participantes percam o impulso e retornem à rotina pré-treinamento. Assim como para um foguete, é necessário um fornecimento contínuo de energia ao longo do tempo para ajudar os participantes a atingirem "velocidade de escape" (Figura D4.6).

Figura D4.5
Os projéteis dos canhões mais poderosos já produzidos caem de volta à Terra

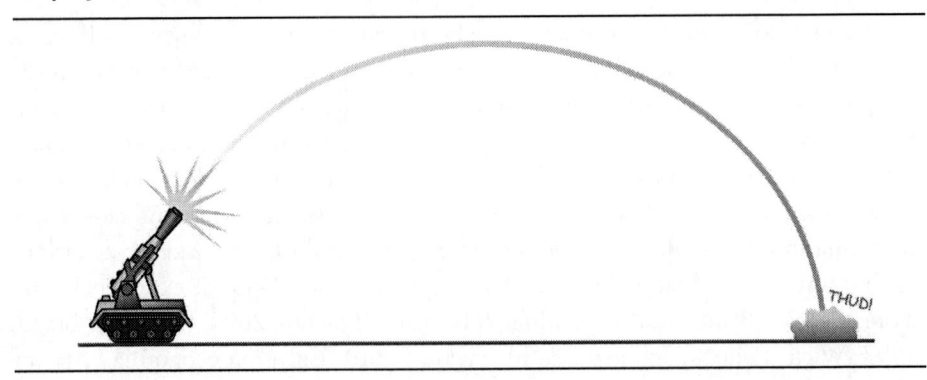

Figura D4.6
A não ser que seja aplicada energia para acionar a transferência, esforços de mudança perdem o impulso

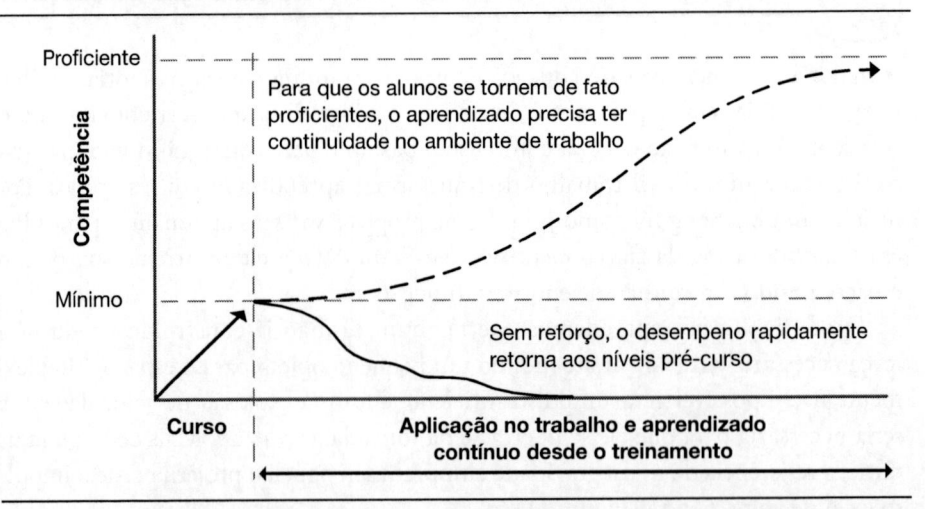

Por que tanta energia é necessária para evitar a reincidência? John Izzo, consultor e autor de best-seller, partilhou conosco a seguinte explicação contida em um novo livro que está escrevendo a respeito do motivo pelo qual a mudança é tão difícil para as pessoas e organizações:

> Aprendizagem é como descer uma colina coberta de neve. Em sua primeira tentativa você pode pegar qualquer caminho. Mas na próxima vez em que descer, o trenó tende a seguir o caminho que já está estabelecido. Quanto mais vezes você descer, mais profundo se torna aquele sulco e mais difícil fica seguir por um caminho diferente. Isso é bem-parecido com a forma como o cérebro funciona: quanto mais você desempenha determinada ação, mais automática ela se torna e mais difícil fica mudá-la. Isso é essencial à sobrevivência; nós ficaríamos paralisados se tivéssemos que analisar cada ação todo o tempo. Mas isso também significa que hábitos estabelecidos há muito tempo – como desempenhar determinada tarefa ou reagir a outra pessoa – requerem um verdadeiro esforço para serem mudados. Pode até ser, como na analogia com o trenó, que você tenha que partir de um lugar diferente para evitar cair de novo na mesma trilha (Izzo, comunicação pessoal, 2009)
>
> Atualmente sabemos, a partir de avanços recentes na neurociência, que ocorrem mudanças físicas no cérebro como reflexo de caminhos usados com frequência (Deutschman, 2005). Violinistas profissionais, por exemplo, têm uma área bem maior de seu cérebro dedicada à mão esquerda (dedos) do que à direita (arco). Uma vez que certos hábitos estejam fisicamente arraigados na estrutura do cérebro, leva tempo e esforço concentrado para modificá-los. Assim, uma ótima experiência de aprendizado pode ser crítica para levar os participantes a seguirem na direção certa partindo de um lugar diferente, mas um ótimo aprendizado por si só é insuficiente para produzir uma mudança efetiva porque a adoção de comportamentos novos e mais produtivos exige muito mais.

> "Mas o aprendizado por si só é insuficiente
> para produzir uma mudança efetiva."

D4 | Como chegar ao Carnegie Hall

Há um antigo adágio sobre um turista que perguntava a um policial em Nova York, "Como eu chego ao Carnegie Hall?", ao que o policial respondia: "Prática, prática, prática". O policial tem razão. Pesquisas recentes sugerem que em todos os campos do empreendimento humano – do xadrez aos negócios, dos esportes às artes – o que de fato separa indivíduos com desempenho excepcional de todo o resto é a intensidade com que praticam. Quando pensamos em desempenhos excepcionais – Jack Welch nos negócios, Lance Armstrong no ciclismo, Mozart na música – tendemos a atribuir o sucesso deles a um "talento natural". Isso nos faz supor que jamais poderíamos ser tão bons quanto eles em algo porque simplesmente não nascemos com a "matéria-prima certa".

Nem tanto, de acordo com o exame detalhado das evidências feito por George Colvin em *Talento é Superestimado* (2008). Acontece que "talento natural" é bem menos importante do que as pessoas acham. Quando pesquisadores do mundo inteiro se reuniram para discutir "A Aquisição do Desempenho Especializado", concluíram que o que diferenciava peritos altamente capazes dos que realizavam feitos menores em campos bastante diversos era o quanto os primeiros praticavam (Ericsson, Krampe & Tesch-Romer, 1993). Quanto mais prática, melhor. Em outras palavras, Mozart se tornou Mozart ao trabalhar furiosamente para isso, começando aos quatro anos de idade e praticando sua arte mais do que qualquer outro o faria.

Mas não é qualquer prática que funciona. A pesquisa mostra que um tipo especial de prática é necessário – algo que os pesquisadores chamaram de "prática deliberada". Trata-se da repetição que se concentra na técnica tanto quanto nos resultados. Ele exige concentração intensa, feedback do desempenho e tempo para reflexão: o que contribuiu para um resultado positivo e deve ser mantido? O que afastou o resultado desejado e deve ser evitado ou atenuado?

Colvin (2006), escrevendo para a *Fortune*, resumiu as descobertas desta maneira: "As evidências, tanto científicas quanto anedóticas, parecem estar esmagadoramente a favor de prática deliberada como fonte de desempenho notável". O estudo de Daniel Coyle sobre os "hotspots do talento", *The Talent Code* (2009), chegou a uma conclusão similar. A prática deliberada (que ele chama de "prática profunda") é um prerrequisito para um desempenho excepcional em qualquer campo do empreendimento humano. "A prática profunda é construída sobre um paradoxo: esforçar-se de determinadas maneiras direcionadas – operando nos limites de sua habilidade, no ponto em que erros são cometidos – o torna mais inteligente" (p. 18). Gladwell (2008), citando John Lennon, afirma que os Beatles se tornaram grandiosos após tocarem até oito horas por noite, sete noites por semana, em um bar de Hamburgo (p. 49). Na época de seu primeiro grande sucesso, em 1964, eles já haviam tocado ao vivo cerca de 1.200 vezes.

Então, mesmo que treinamento, atribuições de trabalho e autodidatismo possam catalisar o aprendizado, não existem atalhos para se tornar altamente qualificado em qualquer campo – é preciso prática, muita prática. Portanto, não deveria surpreender o fato de que boa parte do que faz o treinamento funcionar – ou seja, melhorar o desempenho – dependa de as pessoas praticarem ativamente suas novas habilidades no período pós-treinamento. É por isso que facilitar a prática deliberada é uma das maneiras mais eficazes de melhorar o retorno do investimento em treinamento.

D4 | O ambiente de transferência

Escrevendo sobre educação executiva na *Harvard Business Review*, a Professora Herminia Ibarra, do INSEAD, observou que "o aprendizado pessoal catalisado por um programa de primeira linha pode ser formidável... O problema, como indica minha pesquisa, é o que acontece quando um gestor retorna à rotina do dia a dia no escritório" (Ibarra, 2004). Em outras palavras, o "ambiente de transferência" afeta consideravelmente a possibilidade de o aprendizado gerar ou não uma melhoria significativa no desempenho.

Provas diretas do poder que o ambiente de transferência tem de influenciar os resultados do treinamento vêm de uma pesquisa conduzida pela *American Express* (2007). A meta original do estudo era comparar três tipos diferentes de instrução: um tipo liderado por um instrutor, um combinado, e um envolvendo somente ensino à distância (e-learning). As medições que interessavam eram (1) avaliações preenchidas pelo gestor, pelo participante e pelos subordinados diretos três meses após o término do evento; e (2) melhorias em resultados do negócio, tais como tempo de ciclo, taxas de conversão, impacto na receita, precisão das estimativas, vendas, satisfação do cliente e tempo de manuseio – dependendo das responsabilidades específicas do gerente.

Gestores que frequentaram o programa eram classificados como "líderes com melhoria elevada" ou "líderes com melhoria baixa" com base nos resultados. A diferença era dramática. Os subordinados diretos de "líderes com melhoria elevada" aumentaram a produtividade em 42% em média, enquanto que a produtividade dos subordinados diretos de "líderes com melhoria baixa" aumentou em apenas 16%.

Como se viu, o método de instrução propriamente dito não era o fator-chave; os dois tipos de líderes, de elevado e de baixo resultado, eram encontrados nos grupos conduzidos através de um dos três métodos. Então, algo mais deveria justificar a diferença. Para medir o impacto do ambiente de transferência, a *American Express* incluiu perguntas sobre o ambiente de transferência na pesquisa pós-programa. Foram identificados três fatores que consistentemente previam se um participante estaria na categoria de elevada ou de baixa melhoria. Em particular, eles descobriram que os participantes que atingiram desempenho melhor apresentavam:

- Probabilidade quatro vezes maior de terem se reunido com seus gestores para discutir como aplicar o treinamento
- Probabilidade quase duas vezes maior de perceberem que seus gestores apoiavam e aprovavam o treinamento específico
- Probabilidade mais de duas vezes maior de esperarem reconhecimento ou recompensa pela mudança de comportamento relacionada ao treinamento

(o que corrobora o modelo de expectativa de Vroom discutido anteriormente neste livro)

Os autores da pesquisa concluíram:

- "O verdadeiro impacto do programa de treinamento será mais previsível se relacionado ao ambiente de trabalho para o qual os participantes retornam após o evento."
- "Um ambiente de transferência altamente propício é necessário para que haja uma transferência de informação consistente e duradoura no trabalho."
- "Esses fatores do ambiente podem literalmente promover ou destruir os investimentos em treinamento de uma empresa."
- "A importância de se entender e criar um ambiente de alta transferência deve urgentemente passar para o primeiro plano de qualquer iniciativa ou estratégia."

Vários outros estudos chegaram à mesma conclusão: o ambiente de transferência para o qual um funcionário retorna após o treinamento provoca um impacto profundo (ver os textos de Burke & Hutchins, 2007; e Saks & Belcourt, 2006). Mas o que constitui o ambiente de transferência e, portanto, determina se ele é condutivo ou tóxico?

Holton, Bates e Ruona (2000) desenvolveram um "Inventário de Sistemas Generalizados de Transferência do Aprendizado" para ajudar a medir as condições do ambiente de transferência e avaliar se ele exerceria um reforço positivo sobre o aprendizado, ou se seria contraproducente. Também se mostrou útil como ferramenta de diagnóstico para direcionar a mudança do sistema de transferência do aprendizado (Holton, 2003). Esse inventário foi posteriormente validado em vários contextos e em diversos países.

Como sugere o nome, o Inventário de Sistemas Generalizados de Transferência do Aprendizado reconhece a natureza *sistêmica* do ambiente de transferência do aprendizado, ou seja, que a transferência é afetada por interações complexas de um grande número de variáveis. Três conjuntos principais de fatores influenciam a probabilidade da transferência: *capacidade para usar, motivação para usar* e o *ambiente de trabalho* (Figura D4.7). Esses três conjuntos influenciam a atividade de transferência direta e indiretamente por meio de suas interações.

No Inventário de Sistemas de Transferência do Aprendizado, considera-se que quatro fatores contribuem para a *capacidade* de aplicar o novo aprendizado no trabalho. Primeiramente, o colaborador precisa ter a aptidão pessoal (tempo, energia e espaço mental) para fazer mudanças em seu trabalho. Em segundo lugar, a posição de trabalho do colaborador precisa prover as oportunidades (tarefas e recursos) para que ele aplique suas novas habilidades e conhecimentos. Em terceiro lugar, o colaborador precisa perceber que aquilo que foi ensinado é relevante, válido e aplicável (tem validade de conteúdo). Finalmente, a capacidade para aplicar é influenciada pelo grau em que o programa foi conduzido visando sua aplicação prática (ver D3).

Figura D4.7
Três conjuntos principais de fatores afetam a transferência do aprendizado

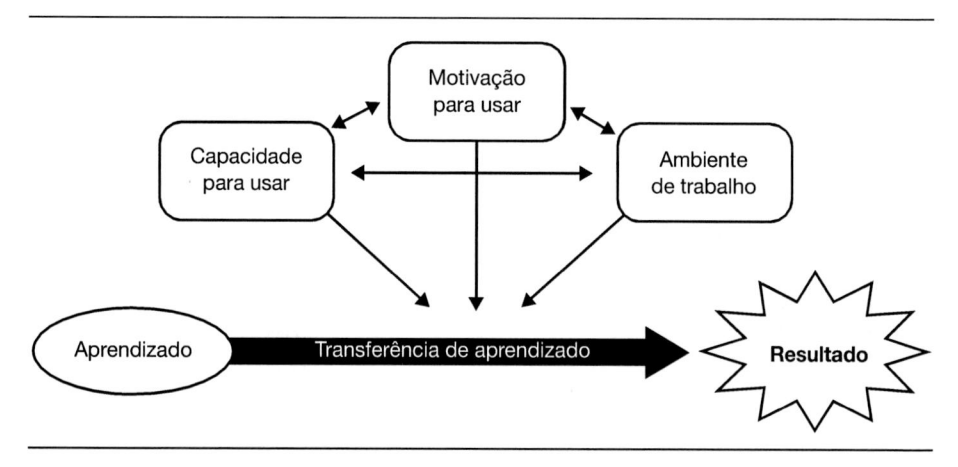

```
                    Motivação
                    para usar
                        ↕
   Capacidade    ←————————————→    Ambiente
   para usar                       de trabalho
        ↘           ↓           ↙
   Aprendizado ——— Transferência de aprendizado ———→ Resultado
```

Como discutimos na D3, três fatores influenciam a *motivação* para usar: a intensidade da crença dos funcionários em que aplicar novas habilidades melhorará seu desempenho; a força de sua crença em que o desempenho otimizado será reconhecido e recompensado; e o valor que eles atribuem ao resultado (Figura D3.3). Dois fatores secundários também contribuem para a motivação. O primeiro é a autoconfiança do funcionário quanto à sua capacidade para mudar e melhorar ("autoeficácia" ou o que Dweck [2006] cita como "forma de pensar"). Obviamente, colaboradores que têm uma forte convicção de que possuem a capacidade de mudar e crescer são mais motivados e mais propensos a aplicar o novo aprendizado quando comparados àqueles que se sentem vítimas do ambiente, do seu genoma, e assim por diante. Por fim, a motivação também é influenciada pelo grau de preparação dos alunos para participar do treinamento.

O terceiro conjunto de fatores que determina o ambiente de transferência diz respeito ao *ambiente de trabalho*. Diversas pesquisas ao longo de muitos anos confirmaram que o ambiente de trabalho influencia a transferência do aprendizado (ver Gilley & Hoekstra, 2003, por exemplo). Fatores do ambiente de trabalho incluem a influência do gestor, do grupo de colegas de trabalho, e do sistema de recompensa. No inventário, a influência dos gestores é subdividida em: quanto feedback e coaching eles fornecem, em que medida passam a imagem de que apoiam e reforçam o uso do aprendizado e, por outro lado, em que medida são percebidos com uma postura negativa em relação ao treinamento ou o quanto desencorajam seu uso. Grupos de colegas exercem sua influência conforme seu grau de abertura ou resistência à mudança, e da medida em que apoiam ou desencorajam esforços para aplicar novas habilidades e conhecimentos. O sistema de recompensa possui dois elementos: a crença de que aplicar as novas habilidades levará a resultados pessoais positivos, e a crença correspondente de que *não* usar o que foi ensinado levará a consequências pessoais negativas (ver Figura D4.8).

Figura D4.8
Os 16 fatores do inventário de sistemas de transferência do aprendizado

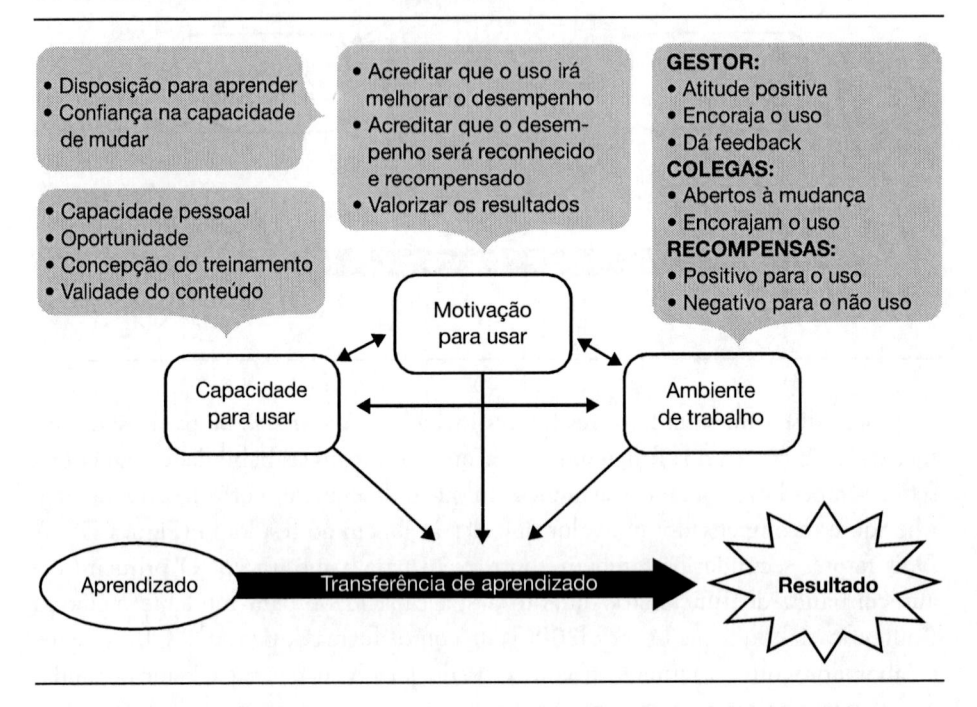

- Disposição para aprender
- Confiança na capacidade de mudar

- Capacidade pessoal
- Oportunidade
- Concepção do treinamento
- Validade do conteúdo

- Acreditar que o uso irá melhorar o desempenho
- Acreditar que o desempenho será reconhecido e recompensado
- Valorizar os resultados

GESTOR:
- Atitude positiva
- Encoraja o uso
- Dá feedback

COLEGAS:
- Abertos à mudança
- Encorajam o uso

RECOMPENSAS:
- Positivo para o uso
- Negativo para o não uso

Motivação para usar

Capacidade para usar

Ambiente de trabalho

Aprendizado → Transferência de aprendizado → Resultado

É importante observar que, na descrição anterior, são usadas palavras como "crença" e "percepção", reforçando um tema recorrente neste livro: as pessoas agem sobre suas *percepções* e *crenças*, não necessariamente sobre a realidade objetiva. Portanto, se um funcionário tem a *percepção* de que seu gestor mostra uma postura negativa com relação ao treinamento, ele se sentirá menos disposto a usá-lo, mesmo que, na realidade, o gestor o apoie, porém esteja envolvido demais em outros afazeres para deixar isso mais evidente. Um ponto de partida importante, então, para incrementar a transferência do aprendizado é fazer uma avaliação do ambiente de transferência vigente conforme a *percepção dos participantes*. O Inventário de Sistemas de Transferência do Aprendizado completo contém 99 itens. Holton publicou uma versão mais curta para "auditoria" em *Improving Learning Transfer in*

Organizations (2003, p. 73-76). Nós desenvolvemos a autoavaliação da Exibição D4.3 para ajudar profissionais de T&D a avaliarem o ambiente de transferência em suas organizações e a identificarem áreas que podem ser melhoradas.

Para cada um dos itens expostos no Cartão de Pontuação do Ambiente de Transferência na Figura D4.3, classifique o seu ambiente de trabalho pós-programa de *bastante desfavorável/insalubre* (-3) até *muito favorável/muito saudável* (+3).

Em geral, quanto mais fatores forem positivos, e quanto mais fortemente positivos eles forem, maior a probabilidade de transferência (Holton, 2003, p. 68). Nem todos os fatores têm impacto equivalente. Alguns deles, como o envolvimento do gestor, exercem uma influência maior do que outros, embora haja variações dependendo da cultura da empresa e da natureza do treinamento e do trabalho. Dada a dificuldade de se efetuar mudanças duradouras (a ser discutido a seguir), melhorar o ambiente da transferência do aprendizado – e por conseguinte a eficácia do treinamento – exigirá uma abordagem sistêmica que otimize fatores múltiplos; uma solução simples (conforme nós aprendemos da maneira mais difícil no começo de nosso trabalho sobre transferência do aprendizado) não será suficiente.

Exibição D4.3
Autoavaliação do ambiente de transferência

Fator	Descrição	Classificação
Utilidade Percebida	Os participantes voltam ao trabalho acreditando que serão capazes de utilizar suas novas habilidades e conhecimentos e que irão apresentar um desempenho melhor se o fizerem.	
Oportunidade	Os indivíduos têm oportunidades para aplicar suas novas habilidades e conhecimentos no trabalho. Eles recebem os recursos de que precisam para fazê-lo (tempo, tarefas, assistência, materiais, pessoal etc.).	
Expectativas/ Recompensas	Os participantes acreditam que o que se espera é que usem suas novas habilidades e conhecimentos e que receberão reconhecimento positivo se o fizerem. Eles esperam também consequências negativas por não usarem o que aprenderam. A organização associa desenvolvimento, performance e reconhecimento; acompanha o avanço e recompensa melhorias em desempenho.	
Feedback/ Coaching	Os participantes recebem input construtivo, assistência e coaching dos gestores, colegas e outros quando tentam usar o que aprenderam.	
Envolvimento dos Gestores	Gestores apoiam ativamente o uso das novas habilidades e conhecimentos. Eles discutem expectativas de desempenho antes e depois do treinamento, ajudam a identificar oportunidades para aplicar as novas habilidades, estabelecem metas relevantes, dão feedback e ajudam a superar dificuldades.	

(continua)

(continuação)

Fator	Descrição	Classificação
Impacto do Grupo de Trabalho	Os colegas dos participantes os encorajam a aplicar as novas habilidades e conhecimentos. Eles são pacientes com a dificuldade em dominar novas abordagens. Mostram-se dispostos a aceitar novas abordagens e não pressionam por conformidade com as regras existentes.	
Experiência Pessoal	Os indivíduos sentem resultados positivos ao usarem o que aprenderam, por exemplo: melhora da produtividade, melhora na satisfação com o trabalho, respeito adicional, reconhecimento, promoção ou recompensa.	

D4 — Superando a inércia

Programas de educação corporativa são, fundamentalmente, iniciativas de mudança. Mas os seres humanos e organizações humanas são notavelmente resistentes a mudanças, mesmo diante do que deveria ser uma "plataforma em chamas".

Mudar é difícil

Você diria que uma pessoa mudaria se sua vida dependesse disso. Uma doença que acarreta risco de vida pode ser o incentivo máximo para provocar uma mudança. E, ainda assim, apenas 10% das pessoas que sofreram cirurgia de ponte de safena tiveram êxito em mudar seu estilo de vida de forma a reduzir o risco de reestenose e de um ataque cardíaco possivelmente fatal (Deutschman, 2005). Mesmo quando a escolha é "mude ou morra", muitas pessoas são incapazes de fazê-lo. Todos sabem por experiência própria como é difícil manter resoluções como a de se exercitar mais, a de perder peso, de tirar mais férias e assim por diante.

Parte da explicação pode ser a de que pessoas são geneticamente constituídas para não mudar muito rapidamente. Famílias, organizações e sociedades só podem desempenhar suas funções se seus integrantes se comportarem de maneiras razoavelmente previsíveis. Uma vez que fazer parte de um grupo aumenta as chances de sobrevivência, pessoas que se comportavam de forma consistente ao longo do tempo eram favorecidas; de fato, comportamentos erráticos ou imprevisíveis por parte de um membro de um grupo causam sério estresse em uma organização e em seus membros. Com o tempo, ser previsível foi a preferência, em detrimento de ter comportamento volátil.

Mudar também é difícil porque, apesar de o cérebro ser um órgão extraordinário, sua capacidade de processamento consciente é bastante limitada. Portanto, ao longo do tempo, ações repetidas com frequência são convertidas em hábitos que podem ser executados "sem pensar" – ou seja, sem muito pensamento consciente.

A maioria dos adultos, por exemplo, é capaz de pensar em outras coisas enquanto desempenha a complexa tarefa de dirigir um carro. A desvantagem é que, uma vez que padrões específicos de comportamento sejam reduzidos a hábitos e automatizações, torna-se muito difícil modificá-los; a tendência – no plano pessoal e no organizacional – é rapidamente voltar aos antigos hábitos, especialmente sob estresse.

Em outras palavras, há uma enorme quantidade de inércia pessoal e organizacional que resiste à mudança (Figura D4.9). E, em conformidade com a Primeira Lei de Newton, "um objeto em repouso permanece em repouso a não ser que seja obrigado a mudar seu estado por forças a ele aplicadas." As coisas continuarão como estão até que exista uma força externa suficiente para superar a inércia. O desafio das organizações de treinamento e desenvolvimento, então, é encontrar a combinação certa de fatores que proporcionem potência suficiente para que o motor da mudança desloque a organização para um novo nível (Figura D4.10). Vencer a resistência à mudança exige uma abordagem multifacetada que inclui pessoas (aprendizes, gestores, colegas), assim como sistemas e processos para sustentar a transferência do aprendizado e a criação de novas regras.

Figura D4.9
Pessoas e organizações têm uma grande inércia que resiste à mudança

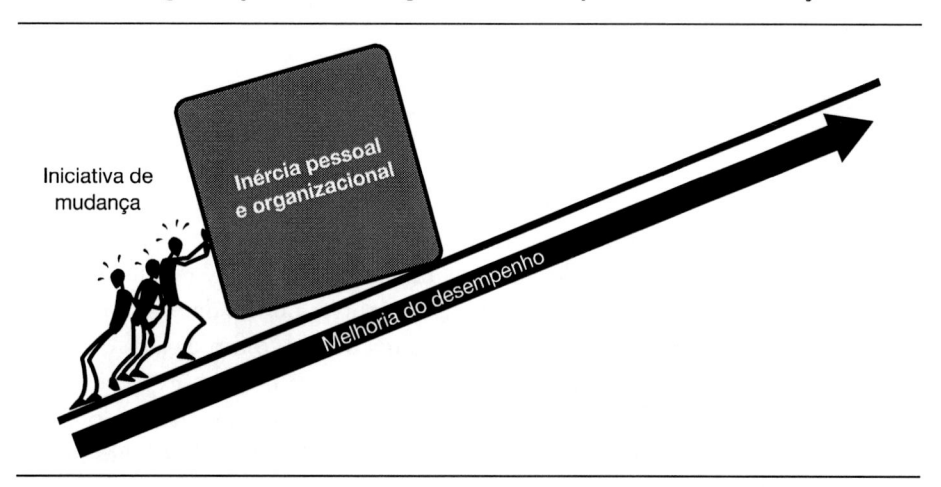

Elementos essenciais

A literatura em torno da transferência do aprendizado e nosso trabalho com centenas de programas de treinamento e desenvolvimento nos últimos 10 anos indica que um processo eficaz de gerenciamento da transferência do aprendizado contém seis elementos:

- Uma agenda de eventos para o período pós-curso
- Lembretes
- Atribuição de responsabilidade
- Feedback e coaching
- Apoio ao desempenho
- Linha de chegada

Figura D4.10
Uma abordagem multifacetada é necessária para superar a inércia e a resistência à mudança

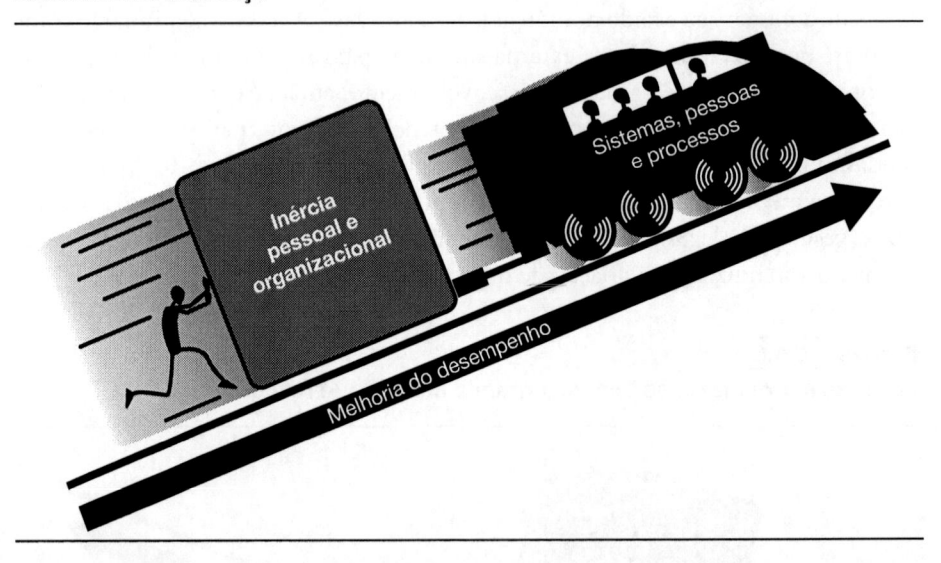

Agenda de Eventos O primeiro prerrequisito de uma abordagem mais eficaz para mobilizar a transferência do aprendizado é ter uma agenda clara de eventos pós-instrução. Simplesmente fazendo uma programação de algumas atividades definidas, como tarefas, relatórios, teleconferências ou outros pontos de contato agendados para a Fase III já auxilia a afastar o paradigma de que "o fim da aula é igual ao fim da aprendizagem e da responsabilidade" e fortalece o fator "expectativa" do ambiente de transferência. O espaçamento das atividades pós-curso ao longo do tempo também tira vantagem do efeito espaçamento do aprendizado, resultando em habilidades e conhecimentos mais duráveis e acessíveis. Como discutido na D2, a agenda de eventos pós-curso deve fazer parte da concepção geral de um programa e deve ser incluída como parte integrante do programa (Figura D2.5).

Os diversos tipos de atividades úteis pós-curso e sua relação com o modelo de transferência do aprendizado são discutidos em seguida. Para compreender os benefícios do efeito espaçamento, agende uma série de atividades ao longo de várias semanas, cada uma das quais fazendo com que os participantes lembrem e revisitem o que aprenderam. Algo simples, como o envio de uma dica, de uma sinopse de um artigo relevante, ou de um exemplo de uma aplicação bem-sucedida pode ajudar a relembrar algum aspecto do treinamento.

Atribuições pós-curso que exijam envolvimento e pensamento ativo dos participantes são mais eficazes do que simplesmente lhes empurrar informação adicional. Os exemplos incluem partilhar o aprendizado com os outros, entregar relatórios de progresso e participar de teleconferências, blogs, quizzes e concursos. Após um workshop sobre as 6Ds, um instrutor de segurança da *General Electric* implementou um concurso para reforçar o aprendizado de um de seus programas. Toda semana, durante várias semanas após o treinamento, ele colocava uma pergunta para os participantes com base em algum aspecto do que eles haviam explorado. Havia um pequeno prêmio simbólico em reconhecimento ao vencedor no final. O concurso levou todos os participantes a recordarem o que haviam aprendido toda vez que uma nova pergunta do concurso chegava. O principal incentivo era ser reconhecido como "o melhor da turma". O concurso também teve o benefício de dar um feedback útil – reforçando o conhecimento daqueles que sabiam as respostas corretas e corrigindo os equívocos daqueles que davam respostas erradas.

Várias empresas exigem como prerrequisito para participar de um programa ou conferência, que o funcionário compartilhe uma sinopse dos assuntos principais e das "lições aprendidas" com os colegas quando retornar ao trabalho. Os benefícios incluem uma disseminação mais ampla do aprendizado e – importante – forte reforço para a pessoa que precisa preparar e ensinar o que aprendera por meio do processo neurofisiológico do "ensaio elaborativo" (ver Caso em Pauta D3.3).

Uma estratégia de transferência do aprendizado ainda mais eficiente é pedir que os participantes apresentem relatórios periódicos sobre o progresso de seus esforços para implementar o que aprenderam. Isso é análogo ao tipo de relatório de progresso esperado de indivíduos e equipes de projetos que fazem parte de outras iniciativas do negócio. Agendar uma série de relatórios de progresso pós-curso dá ênfase à expectativa de que as pessoas irão aplicar seus novos conhecimentos e de que elas avançarão em direção às metas que estabeleceram (ou receberam) a partir do programa. De fato, pedir às pessoas que estabeleçam metas e depois não exigir nenhum tipo de relatório de progresso transforma todo o processo de estabelecimento de metas em uma farsa.

> "Reunir mais uma vez o grupo pode ser um poderoso estímulo para revisitar e aplicar os novos conhecimentos."

Se o tempo e o orçamento permitirem, reunir novamente o grupo pode ser um poderoso estímulo para revisitar e aplicar o aprendizado inicial, especialmente se a sessão começar com um relatório dos participantes a respeito dos progressos que fizeram, dos obstáculos encontrados e do que aprenderam ao superá-los. Quando um reencontro físico for impossível, uma teleconferência ou encontro via web pode surtir efeito. Várias empresas, incluindo a *Chubb Insurance, Sony Electronics,* entre outras, usam a teleconferência como o evento de conclusão para os principais programas de desenvolvimento. Como follow-up para workshops sobre as 6Ds, fomos bem-sucedidos ao usar web-conferences, nas quais cada participante tem alguns minutos para relatar suas realizações. Os resultados (histórias de sucesso) partilhados pelos participantes são geralmente notáveis e poderosas confirmações do que pode ser alcançado por meio da aplicação diligente do novo aprendizado.

Para que teleconferências sejam eficazes, entretanto, elas precisam ter uma agenda de trabalhos específica que inclua a participação ativa dos membros e alguma forma de atribuição de responsabilidade. As organizações vêm se desapontando com a baixa participação em teleconferências pós-treinamento e *webinars* (palestras via web), que acabavam sendo apenas reciclagem ou suplementação da instrução. Esse resultado não surpreende, tendo em vista os conhecidos agentes mobilizadores de mudanças no modelo de transferência do aprendizado.

Lembretes Além de uma agenda das atividades específicas pós-curso, os participantes precisam ser lembrados periodicamente de suas obrigações e da importância de aplicar o que aprenderam. Um empecilho fundamental para a transferência do aprendizado é o problema de "fora de vista, fora da cabeça". Os funcionários são constantemente chamados a lembrar-se de suas outras obrigações mediante relatórios que eles têm que preparar, *balanced scorecards*, sistemas de informação financeira e conversas com seus gestores. Por outro lado, lembretes para dar prosseguimento as suas metas de transferência do aprendizado são raras ou inexistentes. Na grande maioria dos programas, os participantes nunca mais ouvem falar de aprendizagem após o fim das aulas – até receberem uma solicitação para se inscreverem no próximo curso.

O problema tem relação com o que profissionais de marketing chamam de *share-of-mind*. Uma consultora e colega, Janet Rechtman, apontou para o fato de que "o McDonald's não lhe diz apenas uma vez que vende hambúrgueres". O McDonald's é, sem dúvida, uma das marcas mais notórias e reconhecidas no mundo e, ainda assim, continua a gastar centenas de milhares de dólares em publicidade todo ano. Por quê? Porque eles sabem que, se pararem de repetir a mensagem, podem rapidamente perder sua parte na mente dos consumidores para a concorrência, cuja mensagem os consumidores veriam com mais frequência. E, para a maioria dos setores de negócios, o espaço ocupado na cabeça do consumidor (*share-of-mind*) é igual ao ocupado na sua carteira (*share-of-wallet*). Então, o McDonald's investe enormes quantidades de energia criativa e recursos para permanecer no topo (*top-of-mind*).

"O McDonald's não lhe diz apenas uma vez que vende hambúrgueres."

Organizações de T&D não estão diretamente interessadas em uma porção das carteiras dos participantes, mas precisam de uma parte do tempo deles para que a transferência do aprendizado seja efetiva. Na ausência de lembretes, o comprometimento para seguir com o aprendizado perde o *share-of-mind*. Perante tantas mensagens sobre tantos outros compromissos, a urgência de metas educacionais rapidamente declina até elas serem completamente esquecidos.

Uma prática comum em programas de liderança anos atrás era enviar pelo correio cópias das metas dos participantes vários meses após o programa. Pela nossa experiência, na falta de qualquer contato intermediário por parte da organização de T&D, tudo o que essa prática conseguiu foi realçar quão pífio foi o resultado. Era um lembrete, porém limitado e tardio demais.

Em seu clássico livro sobre marketing, *Posicionamento:* a Batalha Pela Sua Mente, Ries e Trout (2001) enfatizam que a mesma mensagem tem que ser repetida muitas vezes para passar pela confusão de ideias concorrentes. Na desordem das prioridades, a mensagem sobre a importância da transferência e da aplicação será perdida se a comunicação parar assim que o curso estiver concluído.

O *insight* original que levou ao desenvolvimento dos sistemas de gerenciamento da transferência do aprendizado foi termos nos dado conta que uma das poucas coisas que estavam atualizadas em nossos computadores era o programa antivírus. E isso porque o software nos alertava automaticamente quando ele precisava ser atualizado. Era esse lembrete ativo que nos fazia agir, não histórias horríveis de colegas que tiveram seu computador infectado.

Com a aceleração do ritmo dos negócios e com as agendas se tornando mais e mais ocupadas, as pessoas cada vez mais contam com calendários eletrônicos e lembretes automáticos para compromissos importantes, telefonemas, prazos de projetos, entre outros. Do contrário, é muito fácil se envolver com uma coisa e esquecer completamente alguma outra obrigação.

Lembretes pós-curso podem assumir uma variedade de formatos – correio, e-mail, telefone, itens de agenda automáticos, ou uma combinação dessas opções. O mais importante é que *existam lembretes*, de forma que a meta não seja esquecida. Levinson e Greider (1998) desenvolveram um dispositivo simples que chamaram de MotivAider, que era usado como um beeper e não fazia nada além de vibrar em um cronograma definido. Não obstante, esse simples lembrete periódico provou ser notavelmente eficaz em ajudar as pessoas a darem seguimento a uma grande variedade de metas. Levinson e Greider definiram os dois atributos fundamentais de um sistema de lembretes como "(1) ele tem que ser confiável em obter a atenção, e (2) precisa ocorrer com frequência suficiente para ser útil como indicação" (1998, p. 173).

Apesar da carga excessiva de e-mails com que todos nos deparamos hoje em dia, lembretes por e-mail ainda funcionam. Em um estudo envolvendo mais de 2.000 colaboradores em cinco locais de trabalho no Canadá, Plotnikoff e seus colegas

(2005) testaram a eficácia de lembretes por e-mail para ajudar a mudar comportamentos relacionados a exercícios e nutrição. Comparado ao grupo de controle, os colaboradores que receberam semanalmente lembretes por e-mail por 12 semanas apresentaram melhora tanto nas atividades físicas, quanto nos hábitos alimentares. Um estudo parecido na Kaiser Permanente, patrocinado pelo Centro de Controle e Prevenção de Doenças dos Estados Unidos, descobriu que os colaboradores que recebem semanalmente um e-mail, contendo pequenas sugestões práticas para melhorar sua saúde, melhoraram de forma significativa seus hábitos de vida em comparação àqueles que não receberam as mensagens (Pallarito, 2009) – mais uma prova do poder dos lembretes periódicos por e-mail.

Atribuição de Responsabilidade Lembretes são ótimos, e eles provaram sua eficácia por mérito próprio. Mas, de acordo com o modelo do sistema de transferência do aprendizado, eles são muito mais eficazes quando endossados pela exigência clara de responsabilidade sobre a ação. Os participantes se esforçam mais para aplicar o aprendizado quando esperam ser responsabilizados, ser recompensados ao usarem os novos conhecimentos e habilidades, e criticados se não conseguirem fazê-lo (Figura D4.8).

Responsabilizar os participantes por usar de maneira eficaz os treinamentos patrocinados pela empresa é simplesmente uma boa prática de negócios; em qualquer negócio bem-gerido, os funcionários são responsáveis por fazerem bom uso do seu tempo e de outros recursos da empresa. Uma vez que programas de treinamento e desenvolvimento representam um investimento, eles não diferem de um empréstimo. Quando você toma dinheiro emprestado de um banco, assume uma obrigação de pagá-lo de volta (com juros). Estabelece-se um cronograma para o pagamento; o banco não hesita em fazê-lo lembrar se você não paga em dia. Se você não conseguir devolver o investimento, será bem mais difícil conseguir dinheiro emprestado no futuro.

Apesar de os programas de treinamento raramente serem explícitos a esse respeito, participantes de programas educacionais corporativos ficam sujeitos a obrigações similares. A gestão espera que seu investimento em treinamento seja restituído por meio de maior produtividade e eficiência (Figura D2.8). Quando os funcionários têm a oportunidade de participar de programas de aprendizagem, devem ser informados que estão, de fato, assumindo um contrato no qual serão considerados responsáveis por usarem o que aprenderam. Aqueles que não estiverem dispostos a saldar a dívida por meio da aplicação (que é, de qualquer forma, de seu próprio interesse) devem ser considerados maus candidatos para investimentos educacionais futuros.

"Atribuir responsabilidade aos participantes
é simplesmente uma boa prática de negócios."

Echols (2005) defende a interessante ideia de que empresas e colaboradores são na verdade *coinvestidores* em treinamento e desenvolvimento. Mesmo quando a empresa arca com 100% do custo financeiro da educação, "na ausência do investimento concomitante pelo colaborador dos elementos humanos que são seu tempo, motivação e energia emocional, o investimento em dinheiro é um gasto desperdiçado com um potencial bastante baixo de trazer benefícios econômicos para a empresa" (p. 22). Ele continua, dizendo que garantir o status de coinvestidores – responsabilidade compartilhada sobre os resultados – entre colaboradores e a empresa é prerrequisito para obter retorno dos investimentos em capital humano.

Ter responsabilidades é definido como "ter a obrigação de reportar ou justificar algo; encarregado de, que responde por" (*Webster's College Dictionary,* 2001). Responsabilidade implica em um sistema de follow-up, uma pessoa ou agência a quem se reportar, os meios e cronograma para apresentar relatórios, e um padrão para servir como indicador de desempenho. A responsabilidade primeira dos participantes deveria ser para com eles próprios. Eles são os que mais têm a ganhar. Já investiram seu tempo ao frequentar o programa. Agora podem aumentar ou reduzir a probabilidade de receberem maior responsabilidade e autoridade no futuro. Eles devem a si próprios a obrigação de fazer valer o investimento e tirar o máximo proveito de todas as fases da experiência do aprendizado. Para a maior parte das pessoas, atingir padrões autoestabelecidos é satisfatório e compensador, e com frequência é uma motivação bem mais forte do que recompensas externas (Csikszentmihalyi, 1990). Basta refletir sobre a quantidade de tempo, dinheiro e energia que as pessoas dedicam a tentar melhorar sua pontuação no jogo de golfe para verificar a validade dessa afirmação.

O segundo nível de responsabilidade deve ser para as equipes – as pessoas que trabalham com eles e para eles. Nós estimulamos os participantes a "irem a público" com suas metas – compartilhá-las com seus subordinados diretos e colegas quando voltam de um programa educacional. Há fortes indícios de que pessoas que partilham suas metas com outras estão mais propensos a atingi-las (Patterson, Grenny, Maxfield, McMillan & Switzler, 2008). Publicar as metas de transferência do aprendizado não só ajuda a elevar o nível de responsabilidade, como também envolve outros como fontes de ideias e encorajamento. Goldsmith (1996) verificou uma correlação direta entre a medida com que os participantes faziam acompanhamento junto aos seus colegas e a medida de melhorias que esses colegas percebiam (p. 233).

Por fim, para maximizar a transferência do aprendizado, os participantes do programa precisam sentir que têm uma responsabilidade para com os gestores. Os gestores deveriam exigir que seus subordinados desenvolvam planos claros para aplicar o que aprenderam, ajam com base nesses planos, e reportem o progresso e os resultados obtidos. É do interesse dos gestores fazê-lo, uma vez que sua carreira depende em parte de provar sua capacidade de desenvolver pessoas. Gestores também têm a responsabilidade fiduciária de garantir que os recursos da empresa sejam usados para promover as metas da organização.

Como sugere a definição do dicionário exposta, ser responsabilizado significa responder por algo e relatar os resultados. Isso implica haver um processo para relatar e um sistema para acompanhar e contabilizar. Historicamente, isso tem sido um obstáculo para se atribuir maior responsabilidade pela transferência do aprendizado; é difícil ou até impossível manter todas as partes interessadas informadas, envolvidas e responsabilizadas usando métodos manuais. Por essa razão, consideramos o desenvolvimento de sistemas de gerenciamento de transferência computadorizados um verdadeiro avanço na educação e desenvolvimento corporativo (ver *O acompanhamento da descoberta*, p. 192).

Feedback e Coaching Em nosso exame das pesquisas realizadas sobre o que é preciso para se tornar bom em alguma coisa, citamos numerosos estudos da expertise humana, todos enfatizando a importância do feedback e coaching. É virtualmente impossível melhorar qualquer habilidade sem algum tipo de feedback. Imagine tentar aprender arco-e-flecha com os olhos vendados. Se não conseguir ver onde as flechas acertam, e ninguém lhe disser, você pode atirar 10.000 flechas e, sem feedback, jamais se tornar melhor. As pessoas precisam saber o que está funcionando bem e o que não está a fim de reforçar as ações positivas e corrigir as ineficazes ou negativas. Na ausência de feedback, os funcionários se tornam incapazes de maximizar seus pontos fortes, ou de modificar comportamentos contraproducentes ou inequivocamente prejudiciais

Por esses motivos, encontrar formas de valorizar o feedback e coaching é um aspecto importante para melhorar o ambiente de transferência. Discutiremos formas de conseguir isso mais detalhadamente no capítulo D5. Por enquanto, basta dizer que as organizações de T&D podem acelerar o domínio de novas habilidades e comportamentos ao se certificarem de que feedback efetivo está sendo dado, e ao encorajar o seu uso.

Apoio ao Desempenho Um conceito intimamente relacionado é a disponibilidade do apoio e assistência no período pós-treinamento. É bom lembrar que a motivação para usar novos conhecimentos e habilidades é influenciada pela autoconfiança do participante em relação à capacidade de fazê-lo com sucesso. Praticar a D3, ministrando a instrução de maneira a facilitar sua aplicação, ajuda a criar essa autoconfiança. Fornecer um apoio contínuo ao desempenho durante a Fase III também.

Mesmo que o programa tenha sido bem-concebido para cumprir o prometido em relação à sua aplicação, e ainda que os participantes saiam confiantes em sua capacidade para utilizar aquilo que aprenderam, é quase certo que encontrarão situações inesperadas, empecilhos ou lapsos de memória quando começarem a tentar aplicar os princípios e assuntos do programa em seu trabalho. Se puderem obter prontamente ajuda e respostas, sua confiança e motivação persistirão. Contudo, se se depararem com um problema e não tiverem a quem recorrer para obter orientação, então é provável que rapidamente desistam do esforço.

Como implantar um apoio eficaz ao desempenho será assunto a ser discutido no capítulo D5. A questão, aqui, é deixar claro que esse é um elemento essencial do sistema de gerenciamento da transferência de aprendizado.

> "A motivação para transferir o aprendizado
> é influenciada pela autoconfiança do participante."

Linha de Chegada   No capítulo D2 – Desenhar uma experiência completa, sugerimos que a quarta e última fase do aprendizado deveria ser a avaliação das realizações – um resumo do que foi alcançado como resultado de ter participado do treinamento e tê-lo aplicado – uma meta a ser atingida. Isso porque a maioria das pessoas, especialmente aquelas que buscam desenvolver uma carreira no mundo dos negócios, possuem uma autodeterminação poderosa para serem bem-sucedidas. Nós também argumentamos que organizações de T&D não conseguem obter sucesso a não ser que as "condições para satisfação" sejam definidas antecipadamente. O mesmo vale para os participantes dos programas. Consequências, recompensas e reconhecimento impulsionam a motivação e afetam a transferência do aprendizado de diversas maneiras, direta e indiretamente. Para que os participantes estejam motivados a usarem o que aprenderam, precisam saber onde é a linha de chegada e qual a definição de sucesso.

Portanto, estabelecer um ponto decisivo no qual a realização será reavaliada e reconhecida contribui para um ambiente positivo de transferência. Por esse motivo, muitas empresas progressistas incluem sessões de "emissão de relatórios" em seus programas, que ocorrem semanas ou até meses após o período de instrução. No programa de aprendizado para a ação da OSRAM, por exemplo, as equipes em aprendizagem tinham que apresentar seus resultados e recomendações aos membros do comitê executivo da empresa. Os participantes não precisavam ser alertados quanto ao valor de serem capazes de demonstrar um trabalho de alta qualidade para esse público.

Na Honeywell, os participantes do programa de marketing estratégico são distribuídos em equipes de projetos que recebem requisitos claros e definidos quanto a apresentar relatórios. Como nos explicou Rod Magee, ex-CLO da Honeywell: "Ao final do programa, cada equipe deve definir o que poderá realizar, e um plano de ação para os próximos 90 dias. Ao invés de deixarmos que sigam em frente e pressupormos que eles o farão, nós os responsabilizamos de forma continuada ao agendar atualizações por meio de teleconferências. As equipes estão cientes, ao final do programa, que em 30, 60 e 90 dias, deverão se reportar à gestão. Há, portanto, uma clara atribuição de responsabilidade após o programa. A primeira convocação, em

30 dias, normalmente é feita pela liderança de marketing ou de estratégia do negócio. A meta é reforçar, validar ou questionar os planos da equipe e seu progresso. Em 60 dias, o presidente da empresa costuma participar da conferência. Em 90 dias, a equipe precisa reportar seu sucesso em comparação com o que havia prometido realizar. O instrutor que conduziu o programa participa de cada uma das sessões de teleconferência, dando apoio à equipe" (Magee, comunicação pessoal, 2005).

No Grupo *Chubb* de Empresas de Seguro, os participantes não recebem crédito por completarem o programa até terem participado de uma teleconferência na qual reportam o que alcançaram a partir daquilo que aprenderam (Amaxopoulos, comunicação pessoal, 2009). Na cerimônia de "graduação" do Centro de Liderança da *Children's Healthcare* de Atlanta, os participantes postam suas realizações na Parede do Sucesso e partilham suas histórias de sucesso com um público que inclui a alta liderança (Mohl, 2008). Dez semanas após o Fórum de Liderança da *Sony Electronics*, os participantes devem apresentar e defender uma estimativa do valor que eles criaram ao aplicarem seu aprendizado, em uma conferência que inclui um dos executivos do Conselho de Gestão de Talentos da *Sony* (Grawey, 2005).

A linha que essas abordagens têm em comum é o fato de os participantes saberem de antemão que existe um período específico para se trabalhar e um fórum no qual eles terão que prestar contas daquilo que concretizaram. Os fóruns incluem pessoas importantes para que os participantes maximizem os fatores motivacionais relacionados ao reconhecimento e aos resultados. Ter expectativas claras e uma data determinada na qual eles serão avaliados ajuda a direcionar a transferência do aprendizado.

D4 O acompanhamento da descoberta

Muitos dos princípios citados para otimizar a transferência do aprendizado já são conhecidos há muito tempo. Mas a complexidade, o custo, o tempo e a dificuldade de implementá-los levantaram obstáculos significativos para as organizações de T&D. O avanço veio com o advento de novas tecnologias: bancos de dados computadorizados, correio eletrônico e acesso universal à internet que, finalmente, tornaram possível facilitar e monitorar com eficácia o processo de transferência do aprendizado envolvendo um grande número de participantes simultaneamente.

Apresentamos o primeiro sistema on-line de gerenciamento da transferência do aprendizado, o *Friday5s*, em 1999. Posteriormente ele recebeu o título de "Produto de Treinamento do Ano" pela *Training Media Review*. Desde então, continuamos a pesquisar e aprimorar o conceito de gerenciamento eletrônico da transferência; nosso sistema mais moderno chama-se *ResultsEngine*, para dar ênfase à nossa crença de que, no final das contas, o treinamento precisa produzir resultados e requer um motor para ajudar a direcioná-los. Até o momento, mais de 100.000 participantes, em milhares de programas, em centenas de companhias mundo afora, já usaram esses sistemas. De um modo geral, as empresas vêm conseguindo demonstrar que incluir um sistema de gerenciamento de transferência do aprendizado em um programa de educação ou de desenvolvimento otimiza os esforços dos participantes para usarem aquilo que aprenderam, facilita as interações com seus gestores, acelera melhorias de desempenho e incrementa o retorno sobre o investimento no programa (ver Caso em Pauta D4.1).

> "O avanço veio com o advento de novas tecnologias."

Entretanto, nem todo aplicativo é um sucesso. Em consonância com a natureza sistêmica do ambiente de transferência do aprendizado, empresas que introduziram seus sistemas de gerenciamento da transferência em um ambiente hostil não observaram o aumento esperado nos resultados. De fato, foi a variabilidade do sucesso que nos levou a identificar as 6Ds que transformam educação em resultado para o negócio. Descobrimos que, apesar de um sistema de gerenciamento de transferência do aprendizado poder ser um poderoso catalisador para a aplicação, ele não consegue compensar a falta de envolvimento da gestão, a execução medíocre ou elos frágeis com o negócio. A magnitude do benefício final e essencial do treinamento e desenvolvimento para o negócio é produto da experiência completa de aprendizagem; ele é limitado pelo elo mais fraco da corrente.

A discussão que se segue resume o que aprendemos ao longo dos últimos 10 anos sobre os elementos essenciais de um sistema de gerenciamento de transferência do aprendizado eficaz e sua implantação para maximizar resultados. Mesmo havendo extraído elementos com base essencialmente em nossa própria experiência e sistema – uma vez que é o que conhecemos melhor –, os princípios são amplamente aplicáveis a todos os esforços para otimizar a transferência do aprendizado. Apresentamos sugestões sobre o que buscar em um sistema, pois pode-se confundir sistemas de gerenciamento do aprendizado (LMS) – que dão apoio aos aspectos administrativos do aprendizado e a muitas plataformas do aprendizado à distância – e o que estamos chamando de sistemas de gerenciamento de transferência do aprendizado – que são concebidos especificamente para otimizar a transferência e a aplicação pós-curso. *Caveat emptor*: alguns sistemas de gerenciamento do aprendizado aparentam conter módulos de suporte para a transferência, mas muitos são bastante rudimentares e incompletos, ou acarretam grande sobrecarga administrativa.

Caso em Pauta D4.1
Fazendo o treinamento de segurança funcionar

BST, Behavioral Science Technology – líder mundial em consultoria de segurança – usa um sistema de gerenciamento de transferência do aprendizado customizado desenvolvido em parceria com a *Fort Hill Company*. Kristen Bell, vice-presidente de pesquisa e desenvolvimento, explica: "O sistema de acompanhamento é parte integrante de nossa prática. Ele nos ajuda a chegar até os gerentes e supervisores de nossos clientes ao nos fornecer meios eficientes de prover coaching e feedback sobre sua liderança em segurança.

Nós temos centenas de histórias de sucesso registradas no sistema. Para citar um exemplo, um gerente usou o sistema para rastrear seu próprio progresso em fornecer feedback e apoio consistentes a seus colaboradores a respeito do uso de práticas seguras no trabalho. Em um registro, ele descreveu ter visto, enquanto caminhava pelas dependências, alguns funcionários colaborando para minimizar a exposição a riscos. Esses funcionários estavam lavando um enorme equipamento e, enquanto um removia a água parada, dois outros estavam manuseando a mangueira de 15,24 m. Ao ver isso, o gerente parou para dizer aos funcionários e a seus supervisores quão satisfeito estava ao vê-los trabalhando juntos em segurança. Para os funcionários, este tipo de reconhecimento não tinha precedentes.

Em outra área de trabalho, esse mesmo gerente viu um funcionário colocando a si próprio em perigo. Em sua atualização de relatório, o gerente descreveu haver parado imediatamente o funcionário devido ao risco que havia. O gerente expressou apreciação pelo fato de o funcionário estar tentando completar uma tarefa, mas explicou que sua segurança pessoal vinha em primeiro lugar. O gerente sugeriu que ele pedisse ajuda a um colega naquele instante, mas se comprometeu em trabalhar para buscar uma alternativa mais segura a ser usada no futuro. Mais uma vez, esse tipo de apoio positivo da gestão em prol da segurança era raro na organização. Como parte de um esforço maior para melhorar a segurança, o gerente registrou esses e outros exemplos de forma que ele pudesse receber feedback de seu coach e aprimorar suas próprias habilidades.

Por meio de centenas de exemplos como esses, o sistema de gerenciamento de transferência do aprendizado nos ajuda a tornar o que antes era um resultado intangível em um resultado mensurável para os clientes".

Componentes

Um sistema de gerenciamento de transferência do aprendizado abrangente inclui oito componentes intercomunicáveis que estão ligados a um banco de dados comum: um agendador, um módulo de comunicações, um mecanismo flexível de atualização, um ciclo de coaching, um sistema de orientações on-line, um instrumento de aprendizagem colaborativa, um subsistema administrativo e de segurança, e um sistema de gerenciamento da informação (ver Figura D4.11).

Agendador O agendador é o cronometrista-chefe das atividades de aprendizagem das Fases III e IV. Ele precisa ser flexível o suficiente para acomodar uma ampla gama de programas e metas. Por exemplo, atualizações a cada dois meses trazem o equilíbrio entre frequência e exagero para a maioria dos programas de treinamento e desenvolvimento. Contudo, atualizações mensais são mais apropriadas para planos de desenvolvimento pessoal que durem de seis a doze meses. O sistema deve suportar variações no número e no tempo de eventos com base na concepção completa da experiência de aprendizado. O agendador também rastreia e dispara outros aspectos da experiência completa, tais como notificações para os gestores, questionários de avaliação final e outros itens.

Figura D4.11
Componentes principais de um sistema eficaz de gerenciamento de transferência do aprendizado

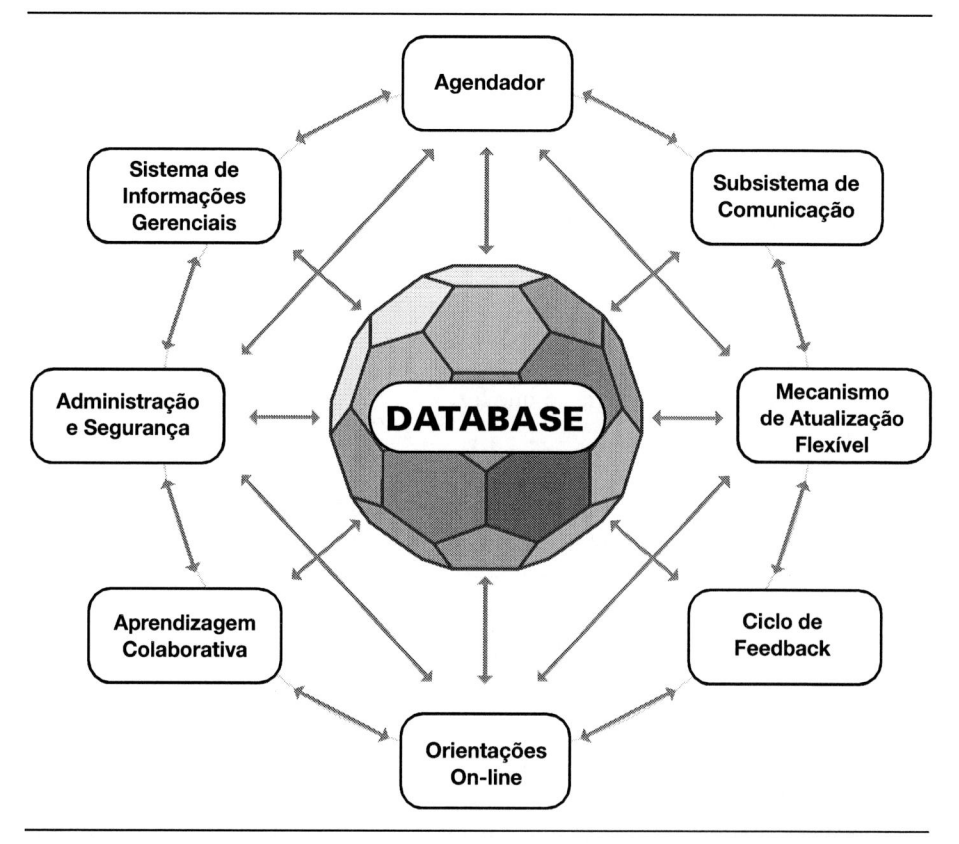

Agendador
Subsistema de Comunicação
Sistema de Informações Gerenciais
Administração e Segurança
DATABASE
Mecanismo de Atualização Flexível
Aprendizagem Colaborativa
Ciclo de Feedback
Orientações On-line

Subsistema de Comunicações O subsistema de comunicações é notificado pelo agendador quando algo deve ser comunicado no tocante a um programa específico. O módulo de comunicação, então, seleciona, personaliza e envia comunicações apropriadas para as partes relevantes. Estas podem incluir lembretes aos participantes e também a seus gestores, instrutores ou outros interessados. Os participantes são avisados para atualizar seu progresso, chamados a refletir para estimular o aprendizado contínuo e a planejar ações que favoreçam seu progresso. Facilitadores ou diretores do programa podem ser acionados para lembrar de checar o progresso do grupo; gestores podem receber cópias das metas de seus subordinados diretos e dos seus relatórios finais; patrocinadores do programa podem receber links para um painel de controle do progresso do grupo e assim por diante.

O sistema de comunicações precisa ser "inteligente" de forma que, por exemplo, só envie lembretes de follow-up para aqueles que não completaram suas tarefas, e gere mensagens personalizadas de acordo com as metas dos participantes, seu gestor e seu instrutor. A organização de T&D deve ser capaz de especificar o timing das mensagens e customizar qualquer comunicação.

Apesar de avisos por e-mail por si só terem demonstrado encorajar o acompanhamento, eles são apenas uma pequena parte do processo global.

Mecanismo Flexível de Atualização   O mecanismo de atualização fornece a maior parte da força motriz. O sistema de comunicações induz os participantes a atualizar seu progresso e fornece um link para um aplicativo na web que os convida a parar, refletir e registrar o que já fizeram e o que aprenderam no processo de praticar suas novas capacidades (Figura D4.12).

Descobrimos que três perguntas de atualização são aplicáveis à maior parte dos programas de aprendizagem:

- O que você fez para progredir em direção à sua meta?
- Como classifica o progresso que fez?
- O que fará a seguir?

Curtas e ilusoriamente simples, essas três perguntas reforçam a expectativa de que os participantes entrem em ação, provocam uma reflexão sobre o progresso que estão fazendo e dão ênfase à expectativa de ação contínua.

O mecanismo de atualização precisa ser flexível o suficiente para dar apoio a uma variedade de programas e metas de aprendizagem. Deve ser possível rapidamente alterar as perguntas de solicitação e os dados coletados. O sistema deve ser capaz de coletar dados qualitativos e quantitativos e de suportar escalas classificatórias, seleções predefinidas (uma ou mais), registros numéricos e registros de texto livre. Deve ser capaz de fazer perguntas diferentes em vários pontos do processo de transferência, assim como perguntas distintas para tipos distintos de metas (liderança, negócios, comunicações, vendas e assim por diante). Finalmente, o sistema deve ser capaz de suportar perguntas relevantes da Fase IV, que ajudem os participantes e seus gestores a avaliar as realizações e a estabelecer as bases para a abordagem do tipo "casos de sucesso" na avaliação do programa (ver D6).

Uma vez que pressões de tempo representam obstáculos importantes para a transferência do aprendizado, o mecanismo de atualização precisa ser rápido e fácil de ser usado. Ele não deve exigir nenhum treinamento ou software específico; controles e navegação devem ser diretos e intuitivos.

> "Uma vez que pressões de tempo representam obstáculos,
> o mecanismo de atualização precisa ser rápido e fácil."

D4 Definir a transferência do aprendizado   197

Figura D4.12
Uma atualização representativa pós-curso para os participantes do programa

© 2010 Fort Hill Company. Usada sob permissão.

Ciclo de Coaching Dada a importância do feedback no desenvolvimento de competências e direcionamento da transferência do aprendizado, um sistema de gerenciamento dessa transferência deve facilitar o feedback e coaching. Concebemos nossos sistemas de forma que os participantes tenham a opção de solicitar feedback assim que completarem suas atualizações. Eles podem decidir de quem querem receber esse input – de seu gestor, de seu coach executivo, de colegas ou de outros mentores (à sua escolha). O pedido de feedback inclui um link que permite ao instrutor (coach) ou gestor visualizar as metas, ações, progresso e desafios relacionados àquele participante, e responder dentro desse contexto. O feedback é enviado por e-mail ao participante e acrescentado a seus dados pessoais on-line, ficando, assim, disponível para referências futuras.

A capacidade de responder por meio do sistema melhora a eficiência do coaching, contornando a necessidade de ambos estarem disponíveis ao mesmo tempo; instrutores (coaches) podem reavaliar o progresso dos participantes e dar seu input de forma não sincronizada. Isso é particularmente útil para grupos cujos participantes estejam dispersos geograficamente. De acordo com John Bakhos, presidente e CEO da *Grid International*: "A Grid é um processo de mudança de cultura, que parte da modificação do comportamento de um indivíduo. O acompanhamento é essencial para ajudá-lo a realizar esta mudança. O sistema de gerenciamento de transferência do aprendizado, *ResultsEngine*, vem nos auxiliando a trabalhar virtualmente e de forma eficiente com nossos clientes para prover coaching no ambiente de trabalho e o follow-up necessário para garantir que essa mudança seja duradoura e constante" (Bakhos, comunicação pessoal, 2010). Usando esse sistema, um instrutor de um programa de liderança global da Escola de Negócios de Londres foi capaz de, sozinho, proporcionar coaching a 70 participantes em quatro continentes.

Uma preocupação às vezes expressa é que a possibilidade de fornecer feedback por escrito possa ser utilizada por alguns gestores para evitar encontros cara a cara. Teoricamente, o número de encontros desse tipo – que são catalisadores poderosos para a transferência do aprendizado – poderia diminuir. Porém, não tem sido esse o caso.

Pelo contrário. Quando comparamos o número de interações entre gestores e seus subordinados diretos em um programa antes e depois da implementação de um sistema de gerenciamento de transferência do aprendizado, descobrimos que a inclusão do sistema *aumentou* significativamente o número de interações. Dos 44 participantes de cada grupo, o número de integrantes que tinha *qualquer* tipo de discussão com seus gestores subiu de 65% para 96% após a inclusão do sistema de gerenciamento no programa (sem qualquer outra mudança), e a porcentagem que teve múltiplas interações aumentou de 25% para 68% (Figura D4.13). Usar o sistema para dar apoio a planos de desenvolvimento individual produziu um aumento similar.

Orientações On-line   Como discutiremos em mais detalhes no próximo capítulo (D5), existe um excepcional "momento propício ao ensino" na ocasião em que os participantes são chamados a planejar seus próximos passos. Naquele instante específico, eles se encontram especialmente receptivos a sugestões sobre como podem melhorar uma determinada habilidade ou competência. Portanto, achamos que um sistema de gerenciamento de transferência do aprendizado abrangente deve incluir orientações oportunas que funcionem como um tipo de GPS do aprendizado, fornecendo aconselhamento conforme o contexto para atividades de desenvolvimento continuado.

Figura D4.13
Muito mais participantes tiveram diversas interações com seus gestores após a implementação do sistema de gerenciamento de transferência do aprendizado

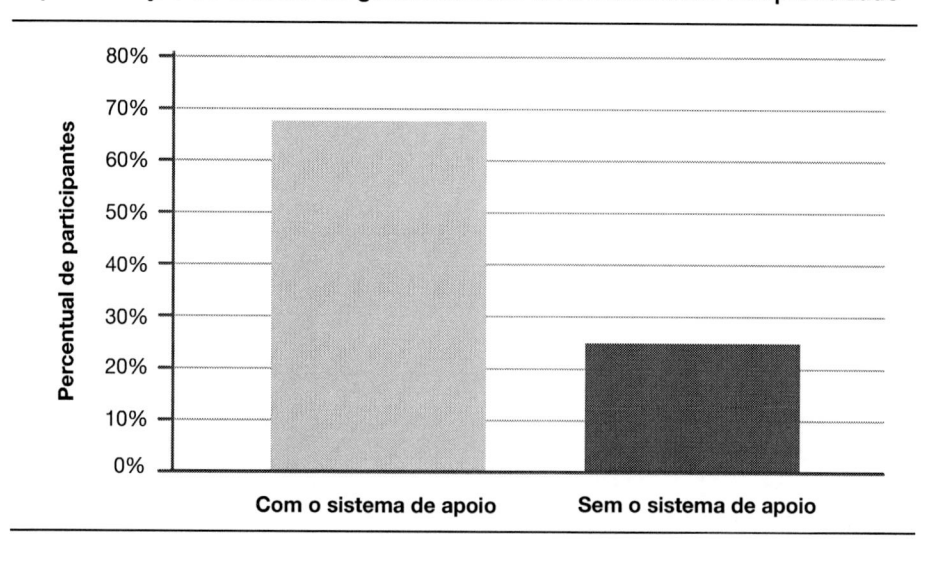

Aprendizagem Colaborativa Reconhece-se cada vez mais o poder das redes sociais e cresce o interesse em tirar efetivo proveito delas para dar apoio à aprendizagem colaborativa. O apoio de colegas é um dos fatores do modelo de transferência do aprendizado (Figura D4.8), então criar e sustentar uma "comunidade de aprendizes" pode contribuir fortemente para sua eficácia. Um sistema de gerenciamento pode facilitar o aprendizado informal entre participantes ao lhes permitir ver as reflexões e atualizações dos outros e ao encorajar comunicação contínua e coaching entre colegas. Outros participantes e colegas têm credibilidade imediata porque eles partilharam da mesma experiência e enfrentam desafios semelhantes. Como escreveu um dos participantes de um programa para altos executivos em enfermagem: "Eu aprendi mais percorrendo as respostas ponderadas de outras pessoas". A professora Beta Mannix, da Cornell's Johnson Graduate School of Management, disse: "É espetacular a quantidade de informação que os colegas de grupo partilham uns com os outros, de pequenas [dicas] de como lidar com funcionários difíceis a iniciativas estratégicas, ou até à localização de um artigo" (Wick, 2003).

Ao mesmo tempo, o sistema precisa ser sofisticado o suficiente para não divulgar informação pessoal, como feedback individual. O ideal é que seja possível desabilitar a opção de compartilhamento para tipos específicos de metas ou programas.

Também descobrimos que "coopetição" – uma mistura de cooperação com competição no grupo – acrescenta uma leve dose de responsabilidade que estimula os esforços de transferência. Então, fornecemos um gráfico de barras, acessível a todos os membros do grupo, que traça o progresso relativo reportado por cada participante (Figura D4.14). Uma vez que a maioria das pessoas gosta mais de ser vista como líder e não retardatário, o gráfico é um incentivo para manter o empenho em progredir. Ao mesmo tempo, ajuda a identificar aqueles que estão progredindo bem e podem ser consultados para aconselhamento (aprendizagem cooperativa).

Figura D4.14
Um gráfico de barras do progresso relatado encoraja a "coopetição"

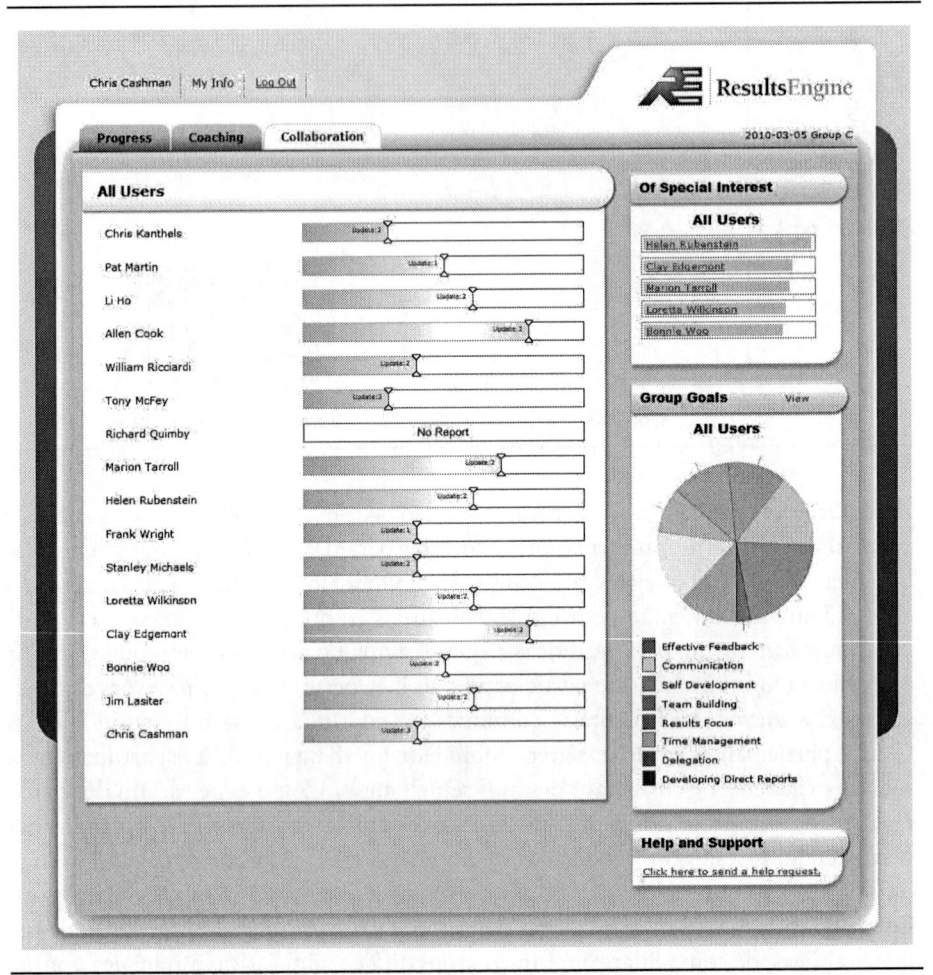

© 2010 Fort Hill Company. Usada sob permissão.

Subsistema Administrativo e de Segurança   Um sistema de gerenciamento de transferência do aprendizado, como qualquer outro sistema de TI, requer um *back-end* administrativo que permita que administradores designados estabeleçam grupos, inscrevam ou excluam participantes, criem equipes, gerenciem níveis de permissão, e assim por diante. O acesso dos participantes deve ser protegido por senha de acesso e o site, limitado aos membros do grupo; o sistema de segurança deve ser robusto o suficiente para evitar que seja invadido ou acessado indevidamente. Uma vez que a maioria das organizações de T&D já são *enxutas*, com limitado suporte administrativo, acreditamos que um sistema efetivo deva acarretar encargos administrativos mínimos, e que o suporte mais aprofundado deva ser dado pelo fornecedor.

Sistema de Gerenciamento da Informação   A verdadeira força dos sistemas de gerenciamento de transferência do aprendizado são os insights que eles proporcionam aos profissionais de T&D nas atividades e no desenrolar da Fase III – uma fase da aprendizagem que um dos nossos clientes classificou como historicamente um *buraco negro*. Jayne Jonhson, da GE, apontou que, sem algum tipo de sistema de apoio à transferência, a maioria das organizações de T&D não tem a menor ideia do que os alunos fazem uma vez que saiam do curso.

Diretores do programa, gestores e facilitadores devem receber um *painel de controle* das principais métricas, tais como índice de participação, distribuição das metas, indicadores de progresso e realizações. O sistema deve oferecer a possibilidade de rapidamente fazer *drill down**, selecionar e analisar os detalhes de indivíduos, grupos ou programas envolvendo toda a empresa. Um exemplo de painel de controle de um líder de T&D é mostrado na Figura D4.15.

De forma análoga ao que se vê em sistemas de gerenciamento de informações financeiras, o painel de controle de sistemas de gerenciamento de transferência do aprendizado deve facilitar o *gerenciamento por exceção*. Ele deve facilitar a identificação e reconhecimento (sendo o reconhecimento a força propulsora da motivação) daqueles que estão realmente progredindo. Também deve destacar aqueles que não estão fazendo o acompanhamento para que recebam atenção extra (lembrar que consequências negativas por não aplicar o aprendizado fazem parte de um ambiente eficaz de transferência).

O painel de controle deve fornecer avisos antecipados para que programas que estão *fora dos trilhos* possam sofrer intervenções a tempo – a essência da gestão. Criadores do programa devem ser capazes de revisar eficientemente a qualidade e distribuição das metas de transferência do aprendizado para medir o quanto essas metas condizem com os objetivos gerais do curso. A alta gestão de T&D, diretores de programas, instrutores e outros devem ser capazes de explorar os dados, gerar relatórios para dar apoio a melhorias contínuas e documentar o impacto da iniciativa sobre o negócio (D6). O sistema também deve permitir que profissionais selecionados monitorem a qualidade e quantidade do feedback, pois feedback e coaching provocam efeitos profundos no ambiente de transferência do aprendizado.

Por fim, a última atualização de qualquer ciclo deve concluir a Fase IV do processo de aprendizagem, solicitando que os participantes avaliem suas realizações e, se possível, fazendo com que os gestores triangulem os resultados. O sistema de gerenciamento da transferência deve tornar os cômputos facilmente acessíveis para apoiar a avaliação do programa, assim como a melhoria contínua (ver D6).

---

* N.T.: Explorar um conjunto de informações em diferentes níveis de detalhe e profundidade.

Figura D4.15
Um exemplo de um painel de controle de um líder de T&D em um sistema de gerenciamento de transferência do aprendizado

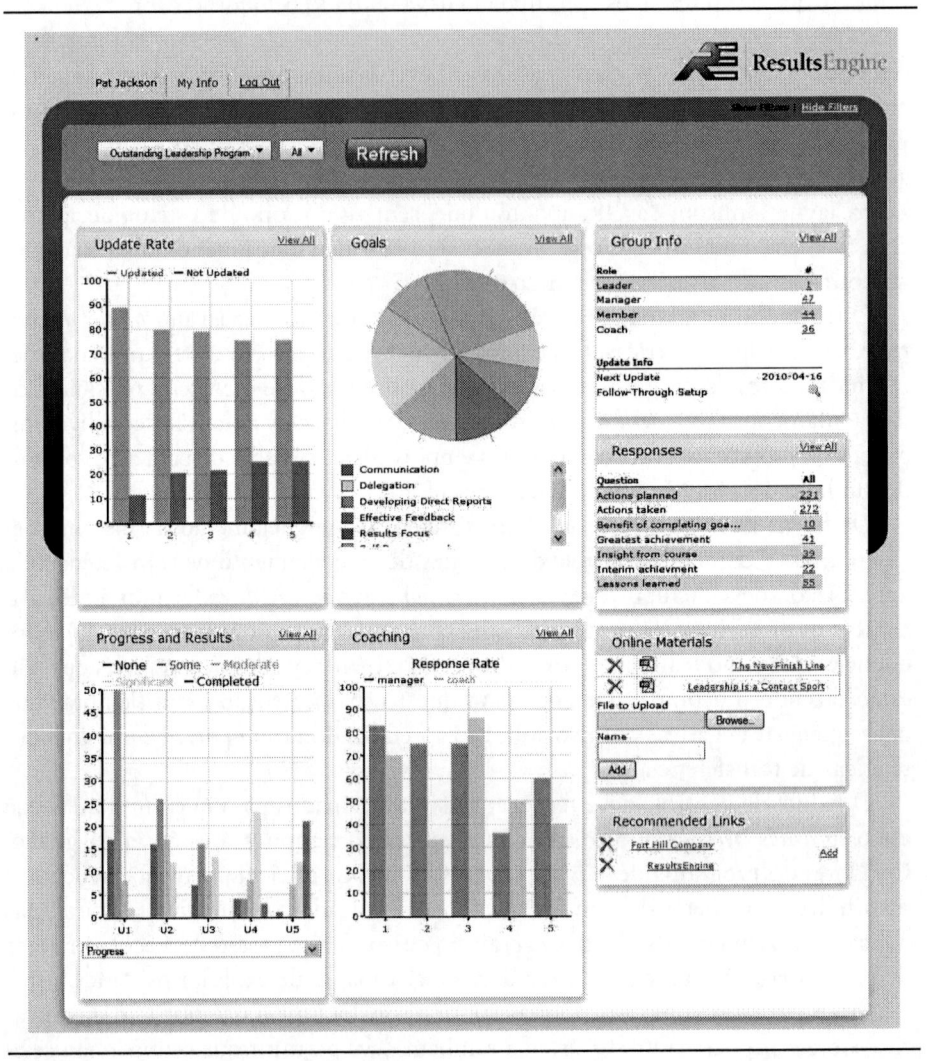

© 2010 Fort Hill Company. Usada sob permissão.

D4 Melhor retorno sobre o aprendizado

Embora sistemas de gerenciamento de transferência do aprendizado bem-concebidos sejam fáceis de se implantar e relativamente pouco dispendiosos – especialmente em comparação com o verdadeiro custo do aprendizado-sucata –, eles resultam, apesar disso, em custos de tempo e dinheiro que precisam, tal qual o treinamento em si, ter retorno positivo por meio da melhora do desempenho. Já trabalhamos com centenas de empresas, parceiros e escolas de negócios na implantação de apoio à transferência do aprendizado que se segue aos cursos e aos planos de desenvolvimento individual (ver Caso em Pauta D4.2). Na maioria das vezes, a consequência foi uma melhora substancial no ambiente de transferência e nos resultados.

Como os exemplos abaixo ilustram, o gerenciamento da Fase III do processo de transferência do aprendizado gera um esforço maior na aplicação do aprendizado, um progresso mais rápido, e um aumento no retorno sobre o investimento, considerando-se essencialmente o mesmo investimento em aprendizagem. Tanto empresas quanto participantes se beneficiaram.

> "Sistemas de gerenciamento de transferência do aprendizado mais do que se pagam por meio de melhoria de desempenho."

Estudos de controle de caso

Um dos mais antigos estudos que fizemos para avaliar o impacto do gerenciamento da transferência do aprendizado foi realizado em conjunto com a *Sun University* (Sun U) da *Sun Microsystems*. Selecionamos o Curso para Novos Gestores da Sun por conta de sua importância para os esforços da *Sun University* no sentido de criar vantagem competitiva por meio do desenvolvimento de capital humano. A intenção do programa era apresentar conceitos fundamentais de gestão e liderança para novos gerentes, e também expor as expectativas da Sun com relação a líderes de equipes e gestores. A liderança da Sun U queria testar a validade de apoiar a transferência do aprendizado a esse programa, que já era bem-sucedido.

Usamos um desenho de controle de caso. Quatro sessões do Curso para Novos Gestores da Sun foram conduzidas para 88 participantes (22 por grupo) com os mesmos materiais e currículo, e pelo mesmo instrutor. Em duas sessões envolvendo um total de 44 participantes, o sistema de gerenciamento de transferência do aprendizado *Friday5s* foi acrescentado à Fase III. As outras duas sessões foram conduzidas da forma convencional (sem atenção específica ao acompanhamento). Aproximadamente três meses após o curso, todos os participantes e seus gestores foram sondados por meio de uma entrevista anônima via web.

Caso em Pauta D4.2
Não confunda aprendizado com mudança de comportamento

> A *ASK Europe, plc.* ajuda organizações a melhorarem o desempenho no trabalho mediante desenvolvimento organizacional, o desenvolvimento de gestão e liderança e o de coaching executivo. Fundada em 1994, as intervenções de aprendizagem de grande repercussão da ASK agregaram valor para organizações mundo afora. Desde 2004, a ASK tem liderado na utilização das melhores práticas em transferência e aplicação para

garantir que novos comportamentos e aprendizado não sejam meramente adquiridos, mas que se incorporem à prática diária dos indivíduos e organizações.

De acordo com o diretor Robert Terry: "Hábitos são fáceis; mudança é desconfortável. Aprendizagem é uma condição prévia necessária, porém insuficiente para melhorar o desempenho no trabalho. A existência da 'questão da transferência' foi formalmente reconhecida pela primeira vez por Mosel, em 1957. Desde então, pesquisadores e acadêmicos expandiram bastante nossa compreensão sobre o 'problema da transferência' e suas possíveis soluções, mas o nível de absorção desse novo conhecimento pela comunidade praticante tem sido decepcionante. Treinamento sem transferência limita o alcance de novas habilidades no trabalho e prejudica sua durabilidade. Por essa razão, empenhamo-nos para incluir as Seis Disciplinas e o apoio à transferência do aprendizado em todo trabalho que realizamos".

Como exemplo, a ASK vem trabalhando com uma organização global de serviços financeiros para desenvolver sua alta liderança desde 2006. Entre novembro de 2006 e dezembro de 2009, 135 integrantes da alta gestão completaram o programa, incluindo um processo rigoroso de acompanhamento usando o sistema de suporte à transferência do aprendizado da ASK (ASK Elephant) para dar apoio, monitorar e avaliar os resultados. Dentre esses 135 participantes, todos reportaram haver se tornado "mais eficazes" ou "muito mais eficazes" após o programa. Dois terços também reportaram que o impacto do programa no negócio havia sido "significativo" ou "muito significativo". A organização cresceu rapidamente durante esse período, incluindo diversas aquisições de sucesso; o programa é reconhecido por ajudar a criar uma comunidade única e dinâmica de liderança abrangendo a alta gerência tanto da empresa matriz quanto das empresas adquiridas.

"Nós descobrimos que o fato de haver um sistema de acompanhamento para programas de desenvolvimento proporciona oportunidades para o aprendizado contínuo, cria um ambiente útil dentro do qual aprendizes podem oferecer apoio e encorajamento mútuos, e enfatiza a importância do tempo na mudança do comportamento no trabalho", nas palavras de Terry.

Resultados A inclusão do sistema de gerenciamento de transferência do aprendizado aumentou a conscientização dos gestores sobre as metas de transferência de seus subordinados diretos. Gestores daqueles que faziam parte do grupo de apoio à transferência do aprendizado tinham significativamente mais consciência das metas de transferência de seus subordinados do que aqueles que faziam parte do grupo de controle.

Na falta de um sistema de acompanhamento, menos da metade (40%) dos gestores alegaram estar cientes das metas de seus subordinados. Por outro lado, 100% dos gestores que faziam parte do grupo de acompanhamento reportaram conhecer as metas de seus subordinados diretos (ver Figura D3.14).

Como mostra a Figura D4.13, os participantes das sessões que incluíam o sistema de gerenciamento de transferência do aprendizado estavam muito mais propensos a discutir com seus gestores o curso e seus esforços para aplicá-lo. Os gestores também relataram haver observado mais empenho pós-curso no grupo de suporte à transferência do que no grupo em que ela foi deixada à mercê da iniciativa individual. Embora os participantes e seus gestores nos quatro grupos houvessem notado que o programa contribuíra para melhoria na eficiência gerencial, a pontuação de melhoria dada tanto por gestores quanto por participantes foi maior nos grupos com sistemas de gerenciamento de transferência.

Esses resultados corroboram a argumentação de Baldwin e Ford (1988) de que a transferência do aprendizado depende de mais elementos do que apenas do conteúdo do curso e sua apresentação. No caso acima, a programação, instrutor e conteúdo do programa foram os mesmos para os quatro grupos. As avaliações logo após o término do curso foram virtualmente idênticas para os grupos que recebiam e os que não recebiam apoio para a transferência. Apesar disso, três meses depois, a mudança na eficiência foi maior para aqueles que estavam no grupo com sistema de gerenciamento de transferência. Em outras palavras, é possível aumentar a eficiência de um programa ao se acrescentar apoio à transferência do aprendizado, *sem alterar o programa em si.*

> "A transferência do aprendizado depende de mais elementos do que apenas o conteúdo do curso e sua apresentação."

Comentários dos participantes, do instrutor e do coordenador do curso também ressaltam o valor de um sistema de gerenciamento da transferência:

- "A melhor coisa foi o lembrete de que eu tinha metas específicas e precisava me empenhar nessa direção toda semana" (participante do programa).
- "Eu gostei do feedback do instrutor. Realmente acredito que minhas habilidades foram moldadas por este curso" (participante do programa).
- "De um modo geral, a melhor parte foi ler como os outros estavam se saindo. É bom saber que mais pessoas estão na mesma situação que você e lidam com os mesmos problemas" (participante do programa).
- "Chama as pessoas a assumirem responsabilidades, rastreia as ações dos participantes e fornece provas dos resultados. Os efeitos positivos no trabalho foram claros em todos os níveis para o grupo de participantes que se comprometeram com o processo. Gatilhos impelindo os participantes a fazer a atualização são essenciais" (instrutor).
- "A maior utilidade do sistema foi dar apoio aos participantes do curso para que realizassem ações pós-treinamento. O impacto de suas ações foi facilmente captado e pode ser imediatamente usado como dado e comprovação para avaliações do Nível 3. Como gestor do curso, este processo realmente ajuda na documentação e avaliação da eficácia do curso no mundo real e de sua concepção" (gestor do curso).

Resultados positivos também foram observados em um estudo comparativo conduzido por Laurie Cusic na *Wyeth Pharmaceuticals* (Cusic, 2009). Dois grupos de gerentes de vendas que frequentaram o programa *Transformational Coaching for Managers* foram comparados: aqueles com e aqueles sem a adição do sistema de gerenciamento de transferência do aprendizado *ResultsEngine*. De maneira geral, o programa melhorou significativamente as habilidades de coaching dos gerentes e parece ter contribuído para um nível mais alto de cumprimento da meta de vendas da empresa. A ferramenta provou ser eficaz em manter os participantes envolvidos e conectados com o aprendizado, o que pareceu ser um fator favorável à melhora do cumprimento de metas de vendas no trimestre seguinte.

O valor do sistema de gerenciamento de transferência para aprimorar a realização dos planos individuais de desenvolvimento foi testado em uma empresa da lista das *Fortune 50*. A empresa havia implementado um processo para apoiar o desenvolvimento dos comportamentos que ela esperava de seus líderes. O processo incluía uma ferramenta customizada de feedback 360 graus, coaches pessoais e a criação de planos individuais de desenvolvimento para cada líder.

Para testar o valor de se adicionar um sistema de gerenciamento de transferência do aprendizado, dois grupos de gestores de nível de diretoria foram comparados. Todos os gestores completaram o processo de feedback de 360 graus, receberam coaches e foram encorajados a discutir suas metas e esforços com seus gestores. Além disso, um dos dois grupos recebeu acesso a um sistema de gerenciamento de transferência chamado *DevelopmentEngine*, que foi usado para acompanhar seu progresso a cada três semanas durante quinze semanas. No final do período, todos os participantes foram entrevistados, e os resultados analisados.

Adicionar o sistema de gerenciamento de transferência do aprendizado contribuiu positivamente para o processo de desenvolvimento e de coaching. Ele aumentou significativamente a quantidade de interações que os participantes tiveram com seus gestores e instrutores (Figura D4.16). Todos os participantes do grupo com apoio à transferência do aprendizado indicaram que usar o *DevelopmentEngine* fez com que eles tivessem mais discussões com seus gestor ou seu coach e que isso os havia ajudado a se concentrar em seu desenvolvimento contínuo.

Todos os participantes concordaram que o sistema de apoio facilitara seu progresso, atribuindo alta pontuação quanto ao valor e facilidade de uso do sistema. Mais de 80% declarou querer disponibilizar o *DevelopmentEngine* para seus subordinados diretos. Seus depoimentos confirmam o valor do sistema:

- "Um sistema excelente para impelir à ação. Traz disciplina ao processo."
- "Mantém você no caminho certo para realizar as ações definidas de comum acordo que, de outra forma, seriam esquecidas."
- "Obriga-nos a manter o foco nos compromissos assumidos em resposta ao feedback de 360 graus."

- "Eu não hesitaria em usá-lo novamente e recomendo fortemente o seu uso continuado. Paralelamente, ele não constitui um desafio significativo em termos de tempo gasto."

Figura D4.16
Um sistema de gerenciamento de transferência do aprendizado também incrementa as interações com coaches e com gestores no tocante aos planos individuais de desenvolvimento

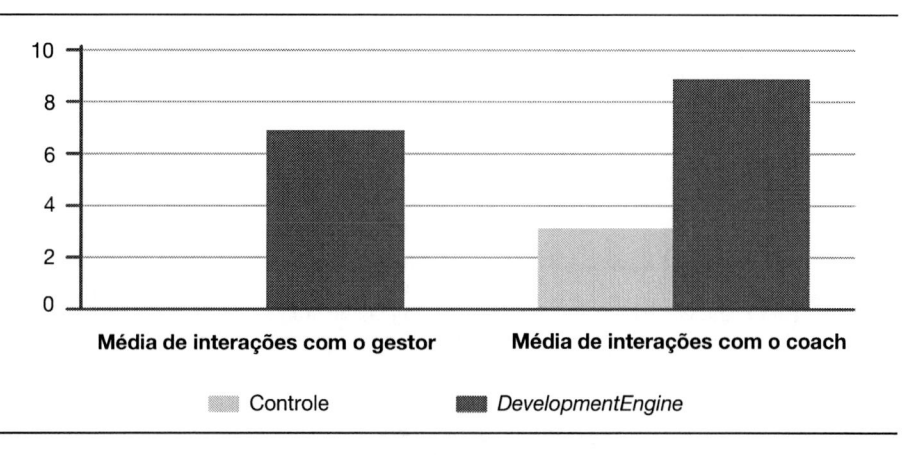

Reduzindo o desperdício na Hewlett-Packard

Os resultados do Programa de Liderança Dinâmica da Hewlett-Packard foram relatados no *Journal of Organizational Excellence* (Connolly & Burnett, 2003). Os autores identificaram seis fatores principais que contribuíram para o sucesso comprovado do programa:

- Forte relação com os imperativos do negócio
- Comprometimento em criar valor para o negócio
- Uso de ferramentas e conceitos do programa pela própria equipe de projeto
- Ação rápida e adaptação ágil
- Parceria entre especialistas em conteúdo e gerentes de negócio
- Reforço e mensuração

A equipe de concepção admitiu que um evento de dois dias não seria suficiente para produzir a mudança desejada. Eles decidiram estender o período de aprendizagem para 10 semanas ao incorporar o apoio à transferência do aprendizado como um componente central do programa. A Fase III do Programa de Liderança Dinâmica é apresentada na Figura D4.17.

Os autores concluíram: "O sistema de apoio pós-workshop criou um ciclo de reforço a ações de follow-up, coaching, feedback e mensuração para garantir que os participantes estivessem aprendendo e manifestando os novos comportamentos desejados, e que esses novos comportamentos estavam gerando o valor esperado para o negócio" (Connolly & Burnett, 2003).

Figura D4.17
Processo de apoio à transferência do aprendizado usado no programa de liderança dinâmica da HP

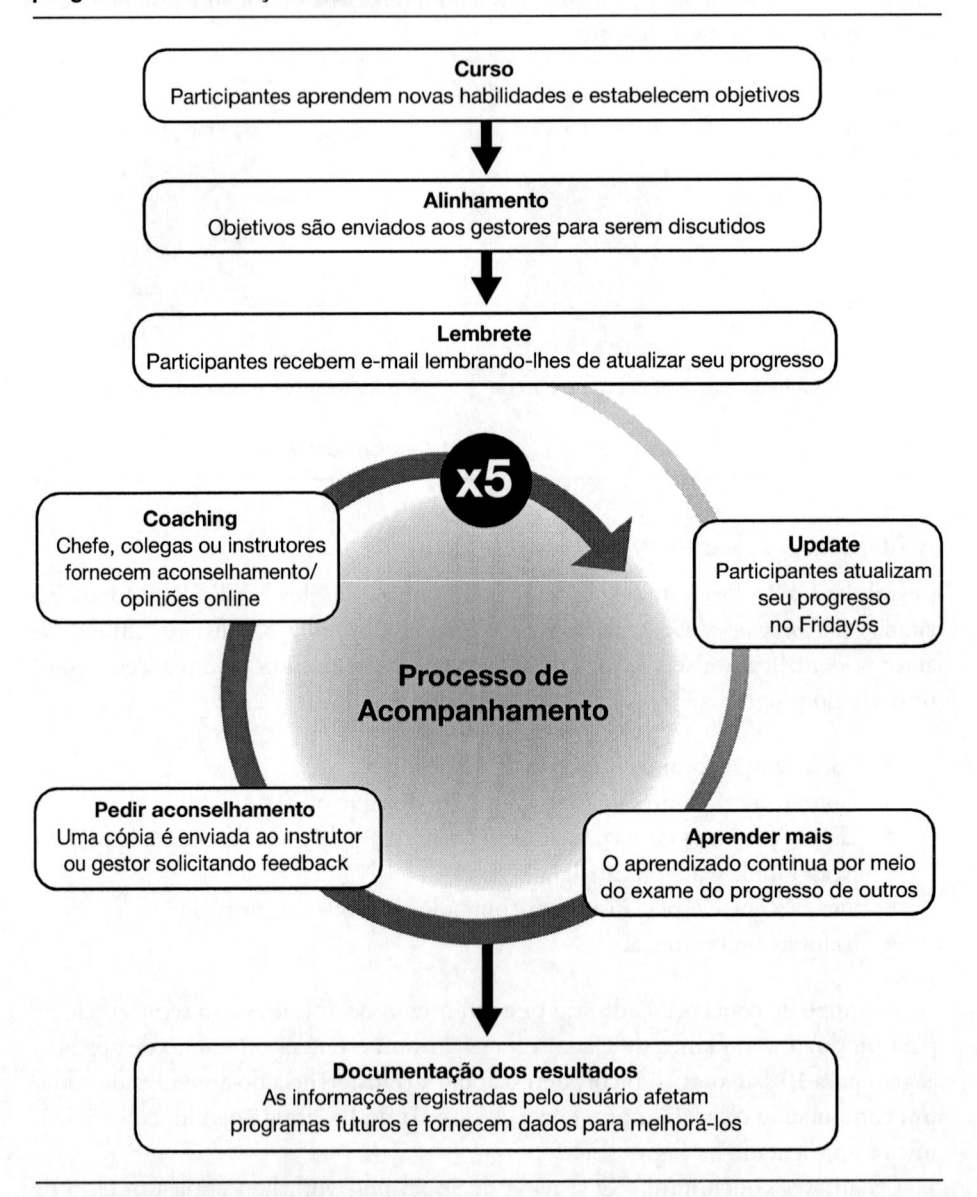

```
                    Curso
    Participantes aprendem novas habilidades e estabelecem objetivos
                      ↓
                  Alinhamento
       Objetivos são enviados aos gestores para serem discutidos
                      ↓
                   Lembrete
   Participantes recebem e-mail lembrando-lhes de atualizar seu progresso
                      ↓
```

Processo de Acompanhamento (x5)

- **Coaching**: Chefe, colegas ou instrutores fornecem aconselhamento/opiniões online
- **Update**: Participantes atualizam seu progresso no Friday5s
- **Pedir aconselhamento**: Uma cópia é enviada ao instrutor ou gestor solicitando feedback
- **Aprender mais**: O aprendizado continua por meio do exame do progresso de outros

Documentação dos resultados
As informações registradas pelo usuário afetam programas futuros e fornecem dados para melhorá-los

Connolly & Burnett, 2003. Usada sob permissão.

Aumento do retorno sobre o investimento

Provas concretas do impacto econômico do gerenciamento da transferência do aprendizado são encontradas em uma pesquisa da Pfizer – a maior empresa farmacêutica do mundo e a primeira a ser denominada Melhor Empresa de Treinamento pela revista *Training* duas vezes consecutivas (Schettler, 2003). Um fator importante que levou a Pfizer ao topo do ranking foi sua abordagem rigorosa ao avaliar a eficácia do treinamento. O Centro de Aprendizagem da Pfizer mantinha um Departamento de Mensuração, Avaliação e Análise Estratégica (MESA) especificamente para esse propósito.

Cerca de seis meses após o sistema de gerenciamento de transferência do aprendizado ser implementado, o grupo MESA da Pfizer conduziu uma profunda análise de retorno sobre o investimento (ROI) com respeito ao programa de liderança usando a metodologia recomendada por Phillips (2003). Solicitou-se aos gestores que frequentaram o curso que quantificassem os benefícios em termos financeiros e indicassem o grau de confiança que eles tinham nas estimativas, assim como o percentual desses benefícios que poderiam ser atribuídos diretamente ao programa. Cerca de 140 respostas foram disponibilizadas para análise. Uma estimativa conservadora do benefício efetivo foi obtida ao se multiplicar:

Estimativa do valor financeiro × percentual de confiança × percentual atribuído ao programa

Os participantes apoiaram de forma esmagadora o valor do programa no sentido de ajudá-los a melhorar suas habilidades gerenciais e de liderança. O ROI total foi estimado em 150%. Além disso, um grande número de benefícios que não podem ser diretamente expressos em valor monetário foram citados.

Uma vez que alguns dos respondentes haviam participado do programa antes da implantação do sistema de gerenciamento de transferência do aprendizado, foi possível comparar o ROI relatado com e sem o sistema. Acrescentar um sistema de apoio ao aprendizado aumentou o retorno sobre aquele mesmo investimento em treinamento. Gerentes que frequentaram sessões que incluíam o apoio à transferência estimaram benefícios monetários aproximadamente 50% maiores do que aqueles que participaram de sessões sem acompanhamento – um valor incremental de cerca de $14.000 por participante (Trainor, 2004).

> "Apoiar a transferência do aprendizado aumentou o retorno sobre o mesmo investimento em treinamento."

Um efeito positivo nos resultados do negócio também foi observado na UPS (ver Caso em Pauta D4.3). Esses resultados ressaltam ainda mais a capacidade dos sistemas de gerenciamento de transferência do aprendizado de aumentar o retorno sobre o treinamento. Eles demonstram que o aumento do empenho, as discussões com a gestão e o acompanhamento que foram observados no estudo da SUN são convertidos em ganhos mensuráveis de produtividade no trabalho. De acordo com Van Potter, consultor sênior de T&D da *Fidelity Investments*, "Nós queremos provas de que o aprendizado afeta as maneiras de pensar, o comportamento e os resultados... e que ele leva a uma mudança que torna o negócio mais bem-sucedido. Com acompanhamento gerenciado, obtemos os dados para quantificar nossos resultados e estabelecer um valor monetário para o ROI" (Wick, 2003).

Caso em Pauta D4.3
Valor suplementar do acompanhamento

> UPS é a maior empresa de entrega de encomendas do mundo e é líder global no fornecimento de transporte especializado e serviços de logística. O treinamento é essencial para manter seu nível excepcional de serviço e eficiência. Para testar o efeito do treinamento em *soft skills* nos resultados do negócio, a UPS acompanhou os resultados de mais de 1.500 gerentes que participaram do workshop *Building Relationships (Construindo Relacionamentos)*. Os resultados foram comparados com os de 52 gerentes que participaram dos três primeiros workshops, que incluíam o sistema de gerenciamento de transferência do aprendizado *Friday5s*.
>
> As metas do workshop eram proporcionar competências e técnicas aos gerentes para ajudá-los a melhorar o ambiente de trabalho, a lidar com objeções e a resolver problemas de maneira construtiva de forma a motivar seus funcionários. O treinamento em relacionamento por si só resultou no aprimoramento de métricas-chave de eficiência – mostrando que o treinamento em *soft skills* pode produzir resultados demonstráveis para o negócio.
>
> Aqueles grupos que tiveram o apoio adicional para a transferência do aprendizado produziram melhores resultados em termos de economia de custos, desempenho e segurança. A diferença se traduziu em economias adicionais consideráveis para a empresa. Quando inquirido sobre o valor do treinamento e do processo de transferência doze semanas após o workshop, um dos participantes respondeu: "não tem preço". Ele explicou: "Meus funcionários confiam ainda mais em mim e na minha equipe de gestores e acreditam que faremos aquilo que dizemos que vamos fazer. A assiduidade melhorou, assim como a retenção de funcionários.
>
> Nossa meta de interligar relacionamentos e resultados de negócio foi atingida mais cedo, como consequência da aplicação do sistema de gerenciamento de transferência do aprendizado *Friday5s*. A chave para o sucesso foi o coaching ativo realizado por nossos gerentes", disse Jerry Frasso, gerente de relacionamento com colaboradores na UPS.

Insights sobre desenvolvimento

Laura Santana (2009) usou informações do sistema de gerenciamento de transferência do aprendizado (*Friday5s*) do Centro de Liderança Criativa para responder a algumas perguntas-chave sobre desenvolvimento e afastar certos mitos comuns. Ela selecionou para o estudo 248 indivíduos que haviam participado do Programa de

Desenvolvimento de Liderança (LDP) oferecido pelo Centro, e que haviam indicado por meio de seus relatórios no *Friday5s* haverem completado uma ou mais metas de desenvolvimento pessoal.

O que ela descobriu foram indícios tanto de desenvolvimento "horizontal" – integração de novos conhecimentos e habilidades a estruturas já existentes – quanto de desenvolvimento *vertical*, que exige a reorganização de conhecimentos e crenças já existentes para dar sentido às novas informações e para lidar com a ambiguidade. Ela também conseguiu afastar o mito de que o desenvolvimento afeta somente o indivíduo; havia provas claras de transferência do aprendizado com efeitos na esfera interpessoal, organizacional e da equipe. De fato, ainda que o foco do programa LDP esteja nos indivíduos, mais da metade dos efeitos relatados se estenderam muito além dos participantes. Santana concluiu: "Vimos como uma iniciativa de cinco dias mais o acompanhamento on-line levaram ao desenvolvimento de capital humano, do capital social, da inteligência coletiva e à expansão da conscientização por meio do desenvolvimento vertical" (p. 208).

D4 | Implementando o gerenciamento de transferência do aprendizado

Sistemas de gerenciamento de transferência do aprendizado bem-concebidos podem ser rápida e facilmente implementados. Para colocá-los em prática com *eficácia*, contudo, é preciso assumir esse compromisso, selecionar um sistema, aplicá-lo e "aprender durante o voo", ou seja, melhorar e aperfeiçoar o processo ao longo do tempo.

O primeiro passo é assumir o compromisso. Esperamos que, a esta altura, você já esteja convencido de que o apoio à transferência do aprendizado oferece oportunidades muito interessantes para incrementar o resultado de programas que já são excelentes, e que esteja disposto a comprometer-se e empenhar-se mais para dar apoio à Fase III. Esperamos que esteja igualmente convencido de que, para ser eficaz, o apoio à transferência do aprendizado precisa fazer parte de um processo integrado fundamentado na execução das 6Ds.

Questões que precisam ser consideradas incluem: como o conceito será apresentado aos participantes; como facilitadores serão preparados para explicar o processo e suas compensações; como o apoio e envolvimento ativo dos gestores serão garantidos; quem na organização de T&D será o defensor do processo, controlará seu avanço e recomendará ações; e assim por diante. Um fornecedor confiável de sistemas de gerenciamento de transferência do aprendizado deve ser capaz de aconselhar e dar consultoria sobre essas e outras questões referentes à implementação.

O segundo passo é selecionar um sistema. Embora alguns aspectos do apoio ao aprendizado possam ser implementados usando sistemas manuais, partes de um

LMS, ou possivelmente um sistema eletrônico de avaliação, para se conseguir um avanço decisivo na transferência do aprendizado é necessário implementar uma solução minuciosa concebida especificamente para esta finalidade.

Uma decisão crucial, como ocorre em relação a qualquer sistema de gerenciamento de informações, é "fazer ou comprar". A vantagem de arquitetar seu próprio sistema personalizado é que ele pode ser talhado especificamente para as necessidades, a cultura e as metas da organização. As desvantagens incluem o tempo necessário para conceber, elaborar, testar e fazer a manutenção do sistema. O custo reduzido de sistemas "faça você mesmo" normalmente se revela ilusório quando os custos reais de desenho, programação e manutenção constante são levados em conta. As vantagens de sistemas comerciais são: (1) eles representam a junção das melhores práticas advindas da experiência de muitas empresas diferentes, e (2) os fornecedores são levados a continuamente atualizar e melhorar seus produtos por conta da concorrência.

Tomando-se a decisão de usar uma solução comercial, o desafio passa a ser selecionar o melhor sistema e o melhor fornecedor. As questões habituais sobre o histórico, reputação e experiência são pertinentes. O processo de seleção deve incluir uma avaliação crítica do fornecedor consultando-se os seus usuários atuais de peso. Além disso, deve-se escolher entre um fornecedor que ofereça serviço completo, incluindo o gerenciamento de muitas das funções administrativas (como customização do aplicativo, inscrição dos participantes, registro de metas, suporte contínuo, atendimento e assim por diante), e uma abordagem "faça você mesmo", na qual essas funções têm que ser desempenhadas pela sua própria equipe de T&D.

Uma vez que o sistema e o programa tenham sido selecionados, é hora do "basta colocar em prática" – colocar o apoio à transferência para funcionar e iniciar o processo de aprendizagem e melhoria contínua na aplicação dessa poderosa nova ferramenta para o avanço do aprendizado.

Por fim, é necessário avaliar se foi gerado valor adicional como resultado de apoiar a transferência do aprendizado. É importante que os critérios de avaliação reflitam os resultados de negócio para os quais o programa foi criado (ver D6), e não se os participantes "gostaram" do processo. Poucas pessoas "gostam" de serem responsabilizadas por cumprir aquilo com que se comprometeram, prepararem relatórios de desempenho e assim por diante; mas essas atividades são essenciais para garantir que a empresa "faça seu dinheiro valer" na área de treinamento e desenvolvimento, tal qual em outros investimentos.

D4 Resumo

Por pelo menos 50 anos, melhorar a transferência do aprendizado tem sido reconhecido como fator-chave para converter uma porção maior do aprendizado em resultados para o negócio. Não importa quão magníficas sejam a instrução, módulos de ensino à distância, simulações ou outras experiências de aprendizagem; a menos que novas habilidades e conhecimentos sejam transferidos e usados no trabalho, eles não são nada além de um dispendioso aprendizado-sucata. No ambiente competitivo dos dias de hoje, nenhuma empresa pode se dar ao luxo de produzir sucata em qualquer enfoque de suas operações, seja por produtos defeituosos, falhas no serviço, ou aprendizagem sem utilidade. O custo real de não se fazer nada para melhorar a transferência do aprendizado é maior do que aquele com que qualquer empresa pode arcar.

As causas primeiras do aprendizado-sucata são numerosas e originam-se dentro e fora da organização de T&D. Portanto, a solução requer uma abordagem minuciosa e cooperação entre a organização de T&D e a gerência do negócio. Aprimorar a transferência do aprendizado (reduzir o aprendizado-sucata) começa com a concepção do programa e a Fase I de preparação, continua ao longo da instrução e, mais importante, inclui sistemas e processos para dar apoio e impulso à prática deliberada no trabalho.

Em empresas bem-gerenciadas, existem sistemas para garantir que as metas do negócio sejam implementadas, que o progresso seja monitorado e realizações, recompensadas. Para maximizar o valor do treinamento e desenvolvimento, as empresas precisam implementar sistemas similares para garantir que as metas da transferência do aprendizado sejam postas em prática, monitoradas e recompensadas de forma equivalente.

As organizações de T&D com as melhores práticas impulsionam a transferência do aprendizado por meio do gerenciamento ativo do processo de acompanhamento. Elas usam sistemas e procedimentos para garantir que os participantes coloquem seu aprendizado para funcionar ao definir expectativas, emitir avisos, assegurar a atribuição de responsabilidades e proporcionar apoio. Empresas que implementaram sistemas de gerenciamento de transferência do aprendizado vivenciaram níveis significativamente mais altos de empenho, realizações e retorno do investimento após o curso, com uma aplicação suplementar de recursos modesta. O advento de sistemas eficientes e eficazes de apoio à transferência representa um real avanço na educação corporativa e a melhor oportunidade para aumentar seu valor.

Use o checklist para D4 para ajudar a garantir que você tenha um plano sólido para assegurar a transferência e a aplicação do aprendizado de maneira a sustentar o valor da experiência de aprendizagem.

Checklist para D4

☑	Elemento	Critério
☐	Metas	Os participantes estabelecem ou recebem metas desafiadoras que exigem transferência e aplicação do aprendizado para serem alcançadas.
☐	Lembretes	O aprendizado é mantido *top-of-mind* através de lembretes periódicos sobre o conteúdo do programa, as metas e objetivos pessoais do participante e a necessidade de continuar a praticar os novos conhecimentos e habilidades.

(continua)

(continuação)

☑	Elemento	Critério
☐	Atribuição de Responsabilidade aos Gestores	Os gestores são chamados a recordar as metas do programa e informados sobre as metas de aplicação individuais de seus subordinados diretos.
	Atribuição de Responsabilidade aos Participantes	Metas e progressos dos aprendizes são publicados – ao menos para seu grupo de colegas-aprendizes e respectivos gestores – analogamente ao que se faz com metas e progressos do negócio.
	Nova Linha de Chegada	Existe um mecanismo e um calendário predeterminado para relatórios, para destacar a necessidade de ação e reflexão que inclui um ponto de conclusão definido e um método para avaliar realizações.
	Reconhecimento	Reconhecimento apropriado é fornecido àqueles que fazem notável progresso e/ou atingem suas metas.

Pontos de ação

Para líderes de T&D

- Responda às seguintes perguntas para cada um dos principais programas que seu grupo realiza:
    - O que sua organização está fazendo para impulsionar a transferência do aprendizado na Fase III?
    - Você sabe quais são as metas de transferência do aprendizado dos participantes?
    - Você os faz lembrar disso e lhes dá o devido apoio?
    - Os gestores estão envolvidos ativamente em dar apoio à transferência do aprendizado?
    - Você tem sistemas em operação para gerenciar o acompanhamento, transferência e aplicação?
- Com base em suas respostas, desenvolva um plano para assumir uma responsabilidade bem maior sobre o que acontece durante a Fase III, uma vez que você responderá pelos resultados.
- Explore métodos e sistemas para ajudar a apoiar a transferência do aprendizado.
- Tenha uma discussão franca com a alta administração sobre a capacidade que os gestores dos participantes têm de potencializar ou destruir o valor do aprendizado.
- Atue em conjunto com a gestão para garantir que a transferência do aprendizado ocorra. Isso requer um trabalho em equipe. A área de T&D não consegue direcionar sozinha a transferência do aprendizado, nem pode renunciar à sua responsabilidade pois, como diz Eldridge Cleaver: "ou você é parte da solução ou é parte do problema".

Para líderes de negócios

- Reflita sobre suas próprias experiências em programas de aprendizagem e desenvolvimento. Esperava-se que você fizesse um acompanhamento e pro-

duzisse retorno sobre os investimentos da empresa? Ou o último dia de atividades era considerado a linha de chegada?
- Em sua organização, entreviste funcionários que participaram recentemente de programas ou que têm subordinados diretos que o fizeram.
  - As metas de desenvolvimento são levadas a sério em sua unidade?
  - Prevalece uma cultura de execução ou uma cultura de indiferença?
- Entreviste os gestores dos participantes de programas recentes.
  - Eles estavam cientes das metas de negócios do programa?
  - Eles sabiam quais eram as metas individuais dos subordinados diretos?
  - Eles atribuíram a seus subordinados diretos a responsabilidade por demonstrar um retorno sobre o investimento na educação?
- Se você descobre que metas de desenvolvimento são consideradas "cidadãs de segunda classe" e são frequentemente ignoradas por participantes e seus gestores, está desperdiçando tempo e dinheiro. Trabalhe com a organização de T&D para tratar do problema.
- Exerça liderança para garantir que os participantes do programa sejam responsabilizados pelo acompanhamento e transferência do aprendizado para o seu trabalho de maneira a melhorar seu desempenho pessoal e os resultados para o negócio.
- Certifique-se de que exista alguma forma de reconhecimento para aqueles que fazem progressos significativos em relação a suas metas de desenvolvimento; agilidade de aprendizagem é um atributo essencial de futuros líderes.

D5
Dar apoio à performance

O problema, como indica minha pesquisa, é o que acontece quando um gestor volta à rotina diária do escritório. — Herminia Ibarra

Nos capítulos anteriores, discutimos a importância da existência de um sistema para atribuir responsabilidades e, assim, obter um avanço na proporção do aprendizado que é aplicada no trabalho. No presente capítulo, exploramos a outra metade da equação: apoiar a performance pós-treinamento para ajudar os participantes a preencher a lacuna entre aprender e fazer. Os melhores resultados são obtidos quando tanto a atribuição de responsabilidades quanto o apoio estão presentes e em equilíbrio (Kirkpatrick & Kirkpatrick, 2005).

Organizações de ponta em T&D certificam-se de que os participantes tenham acesso aos recursos necessários para conseguirem colocar o novo aprendizado em prática. No prefácio de seu livro *Os Primeiros 90 Dias: Estratégias de Sucesso Para Novos Líderes,* Michael Watkins explica o que despertou seu interesse pelo assunto. "Eu fiquei impressionado pela quantidade mínima de empresas que investem em ajudar sua preciosa liderança a sair-se bem durante as transições – possivelmente as circunstâncias mais críticas de sua carreira. Por que as empresas deixam seus profissionais à deriva? Qual seria o valor gerado para as empresas se os gestores que assumissem posições-chave pudessem fazê-lo mais rapidamente?" (p. XII).

Cabe fazer as mesmas perguntas quanto à educação corporativa. Qual seria o valor gerado para as empresas se os colaboradores aplicassem seu novo aprendizado no trabalho com mais rapidez e eficiência? Por que tantas empresas deixam seus colaboradores à deriva em vez de ajudá-los a preencher a lacuna entre a sala de aula e o trabalho? Tendo já investido tempo, esforço e dinheiro para transmitir novas competências e conhecimentos, por que mais empresas não fazem o modesto investimento suplementar que garantiria sua aplicação?

Nossa experiência envolvendo centenas de iniciativas confirma que quando os programas de aprendizagem e desenvolvimento incluem apoio contínuo aos alunos – especialmente durante as primeiras e decisivas semanas da fase de transferência –, elas usufruem um retorno maior sobre seus investimentos em educação. Essa é a razão pela qual a D5 dá apoio à performance com vistas à transferência do aprendizado. Tópicos deste capítulo incluem:

- Analogia com assistência ao cliente e assistência técnica de produto
- Materiais
- Sistemas
- Pessoas
- Checklist para D5
- Ações para líderes de negócio e de T&D

D5 | Analogia com assistência ao cliente e assistência técnica de produto

Recentemente compramos uma nova geladeira, que não é um daqueles produtos terrivelmente complicados e difíceis de usar. Mesmo assim, o fabricante incluiu: um manual de usuário e guia para solução de problemas detalhado, acesso a um site de ajuda on-line, um número de telefone gratuito de suporte ao produto, e até mesmo um chat 24 horas com um especialista. Obviamente, o fabricante percebeu que a satisfação do cliente resulta da "experiência completa do produto" – que inclui a qualidade do suporte técnico, além da qualidade do produto propriamente dito (ver Figura D5.1).

A satisfação do cliente é um indicador importante do sucesso futuro porque um cliente satisfeito fica mais predisposto a comprar outros produtos ou serviços; recomendará também a marca à família e aos amigos. Um cliente insatisfeito, por outro lado, não só se recusará a comprar outros produtos ou serviços, como provavelmente expressará sua insatisfação a todos os que quiserem ouvir. Então, manter os clientes felizes é essencial para um sucesso duradouro. Entretanto, poucas coisas o frustram mais do que ser incapaz de descobrir como fazer algo funcionar ou ter um problema e não conseguir obter respostas claras e na hora. Esse é o motivo pelo qual empresas bem-sucedidas esforçam-se ao máximo para proporcionar excepcional assistência ao cliente.

Percebemos que há uma nítida analogia com relação à educação corporativa. A satisfação de um apoiador com um determinado programa de treinamento e desenvolvimento depende de uma melhora real no desempenho. A satisfação do participante depende da *experiência completa do aprendizado*, que, conforme realçamos na D2, inclui muito mais do que a sala de aula ou o aprendizado à distância. Em última instância, a satisfação dos clientes com o treinamento depende do cumprimento de sua promessa de ajudar os participantes a melhorar seu desempenho e alcançar metas pessoais importantes. O alcance de metas requer a capacidade de se utilizar com sucesso o que foi aprendido, o que, por sua vez depende do acesso à assistência quando necessária.

Figura D5.1
A satisfação do cliente depende da experiência completa do produto, que inclui a disponibilidade e a qualidade do suporte técnico

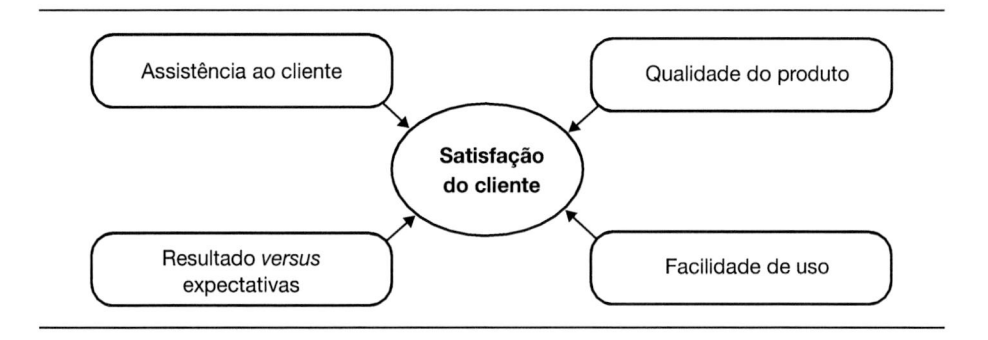

```
   Assistência ao cliente              Qualidade do produto
                          ↘         ↙
                        Satisfação
                        do cliente
                          ↗         ↖
   Resultado versus                    Facilidade de uso
   expectativas
```

Programas de educação corporativa buscam ensinar maneiras novas e melhores de atingir as metas. Dito isso, não deveria surpreender que os alunos às vezes enfrentem dificuldades quando começam a tentar novas abordagens por conta própria. Tudo o que se ensina em programas de educação corporativa é bem mais complicado do que ligar uma geladeira e, ainda assim, a assistência correspondente é, via de regra, muito menor, se é que existe. Da mesma forma como ocorre em relação à satisfação do consumidor com um produto, um aluno satisfeito – e também seu gestor – estará predisposto a procurar obter mais treinamento e a recomendar o programa a outras pessoas. Alunos insatisfeitos – e, em particular, gestores insatisfeitos que não constataram nenhuma melhoria como resultado de seu investimento – provavelmente darão voz de maneira ostensiva à sua insatisfação. Essa publicidade negativa enfraquece o apoio a programas de treinamento e desenvolvimento e dificulta ainda mais a missão da organização de T&D no futuro.

> "Programas de educação corporativa buscam
> ensinar maneiras novas e melhores de fazer as coisas."

Então, é do interesse de todos – alunos, empresa e organização de T&D – proporcionar apoio eficaz à performance, em especial durante a fase crítica da transferência. Mas em que deve consistir um apoio eficaz à transferência do aprendizado, e quais as opções disponíveis?

Rossett e Schafer (2007) definiram o apoio à performance como: "Um ajudante na vida e no trabalho... um repositório de informações, processos e perspectivas que informam e guiam o planejamento e a ação" (p. 2). A essência dessa definição são os conceitos de que o apoio à performance precisa estar pronta e convenientemente disponível, e que precisa de um repositório de fácil acesso contendo informações, processos e conhecimento relevantes para informar o planejamento e orientar ações.

O apoio à performance é particularmente útil quando as pessoas estão tentando dominar uma nova competência, pois reduz a carga cognitiva, permitindo que novatos concentrem sua memória de curto prazo (memória de trabalho) no desempenho da tarefa, em vez de simultaneamente tentar lembrar-se dela (Clark, Nguyen & Sweller, 2006). Conforme escreveu Clark (1986):

> Criadores de programas devem estimular alunos a utilizar a memória de trabalho para processar a informação, e não para armazená-la. Por exemplo, quando alunos praticam um novo procedimento pela primeira vez, devem ter acesso a passos claros, escritos e resumidos como referência, de forma que a memória de trabalho seja completamente direcionada para a execução do procedimento. O uso de um assistente de tarefas, sob a forma de uma tabela de procedimentos por escrito... pode ser notadamente eficiente para este propósito. Após repetições suficientes da tarefa, ela se tornará automática e passará ao largo da memória de trabalho. Nesta altura o assistente de tarefas se tornará desnecessário (p. 19).

Uma ampla gama de abordagens e meios pode satisfazer a definição de apoio à performance: um colega experiente, um assistente de tarefas do tamanho de um cartão de crédito, um aplicativo para computador ou celular, até mesmo um *post-it* – qualquer um ou qualquer coisa que consiga transmitir a informação, procedimento ou sugestão quando e onde for necessário. O apoio à performance pode ser subdividido em três tipos genéricos: materiais, sistemas e pessoas, embora a tecnologia esteja começando a tornar os limites entre eles menos nítidos. Os programas mais eficazes usam uma combinação dos três.

D5 | Materiais

Vários tipos de materiais impressos – procedimentos passo a passo, checklists, pôsteres de parede, ímas – podem ser assistentes de tarefas úteis e constituir uma forma de apoio à performance. Por exemplo, um de nós carrega há anos na carteira um cartão com os quatro passos para abrir um pedido de vendas, e ainda o usa para refrescar a memória antes de começar uma reunião importante.

O propósito genérico de um assistente de tarefas é funcionar como um dispositivo externo de armazenamento de memória para ajudar o usuário a lembrar-se de passos específicos de um procedimento, das informações necessárias para desempenhar uma tarefa e assim por diante, sem precisar contar com a (notoriamente falível) memória humana. Por esse motivo, assistentes de tarefas são úteis sobretudo quando:

- Tenta-se dominar um novo procedimento ou habilidade
- Realiza-se um procedimento usado com pouca frequência
- A tarefa envolve muitos passos
- Não há margem para erros (como em um checklist antes de um voo ou um procedimento em uma sala de operações)

O motivo pelo qual produtos vêm acompanhados de um manual do proprietário é que os fabricantes sabem que, mesmo que uma funcionalidade tenha sido demonstrada em um showroom, o consumidor provavelmente não vai se lembrar de como usá-la dias ou semanas depois. E se o consumidor não conseguir descobrir como usar algo, ele não irá fazê-lo, e ficará insatisfeito com a compra. Por isso, fabricantes investem tempo e energia consideráveis para preparar e testar manuais de produtos de forma a garantir que sejam fáceis de usar e que respondam às dúvidas mais frequentes dos clientes. Um manual de usuário bem-concebido não é um mero compêndio de informações sobre o produto; ele prevê os tipos de dificuldade com que um usuário pode se deparar e fornece conselhos práticos sobre o que fazer. Cada vez mais, esses manuais estão sendo incorporados ao próprio dispositivo, de maneira a estar disponíveis quando e onde forem necessários.

Se as empresas fornecem manuais de uso para tudo, de tratores a softwares e copiadoras – e até mesmo geladeiras – não deveríamos fazer o mesmo com relação a programas de transferência do aprendizado?

Participantes de programas de educação corporativa com frequência fazem grande esforço para traduzir o que aprenderam em ações concretas ao retornar ao trabalho. O que parecia claro durante os exercícios de sala de aula é menos evidente no conturbado dia a dia de trabalho. Como explica Allison Rossett, professora de tecnologia educacional da Universidade Estadual de San Diego: "A literatura sobre o assunto é bastante clara ao afirmar que a maior parte das pessoas não se sai muito bem como aluno ou executante independente. Elas não sabem quando precisam de outro exemplo, não sabem quando estão prontas para testar algo. Então tentamos colocar tudo no pacote da 'aula', mas aí elas deixam esse ambiente e tudo sai de controle. E elas não sabem como fazer o que deveriam fazer. O fato de terem conseguido desempenhar em sala de aula não significa de forma alguma que serão capazes de fazer o mesmo no trabalho, ou que o farão por escolha própria" (Rossett, comunicação pessoal, 2009). Essa é a razão pela qual os participantes se beneficiam de guias que os relembrem de como aplicar os princípios do curso, que exercitem sua memória, que forneçam checklists para procedimentos, ou que sugiram maneiras de abordar um problema.

> "Se as empresas fornecem manuais de uso para geladeiras, não deveríamos fazer o mesmo com relação a programas de transferência do aprendizado?"

Existem numerosas oportunidades para se criar assistentes de tarefas econômicos e eficazes para fazer parte de programas de treinamento e desenvolvimento corporativo. Assistentes de tarefas devem ser incluídos no checklist de concepção do programa – parte integrante do planejamento da experiência completa de aprendizagem. Os designers instrucionais deveriam se perguntar: "O que deve ser difícil de recordar ao usar esta competência ou realizar este procedimento no trabalho, especialmente nas primeiras vezes?", e, então, projetar um assistente de tarefas ou outra ferramenta de apoio para ajudar os participantes a superarem aquela barreira.

Para ser eficiente, um assistente de tarefas precisa ser:

- Disponível para uso no local e na hora em que se precisa
- Simples
- Rápido
- Relevante
- Específico (sem informações irrelevantes)

As pastas com o material dos programas não são assistentes de tarefas. São concebidas para apoiar a aula, e não para dar apoio à performance na transferência e aplicação do aprendizado. Esses materiais tendem a ser grandes e pesados, sendo difícil localizar tópicos ou sugestões de ação. Pode ser esse o motivo pelo qual a maioria dos participantes de programas que entrevistamos declarou raramente recorrer às apostilas após a conclusão do curso. Assistentes de tarefas precisam ser especificamente concebidos para atender aos critérios citados e, por conseguinte, ser eficazes nas tarefas de apoio e na aplicação de competências.

Ex-participantes são uma boa fonte para consulta sobre assistentes de tarefas eficazes: o que estão usando para ajudá-los a aplicar o que aprenderam? Alguns terão inventado truques mnemônicos inteligentes ou "colas" como as que usávamos na escola, contendo informações-chave que os ajude a lembrar e a ter uma performance melhor. Uma vez que já passaram pelo "teste de campo" quanto à sua utilidade, é provável que esses truques funcionem para outros participantes também.

Exemplos de assistentes de tarefas simples, porém eficazes, incluem:

- Cartões, post-its, ímãs etc., com os passos principais de um procedimento ou abordagem
- Um checklist de planejamento pré-teleconferência para representantes
- Pôsteres com gráficos consistentes, simples e fáceis de lembrar, relativos a um assunto em particular
- Uma lista de perguntas para ajudar o colaborador a refletir a respeito de sua performance

- Um pequeno caderno de notas com marcadores de páginas para procedimentos-chave
- Um cubo com uma das 6Ds em cada face
- Uma rubrica para ajudar os gestores a avaliar as metas de transferência do aprendizado (Jefferson, Pollock & Wick, 2009, p. 37)

Um aspecto valioso de assistentes de tarefas é que explicitam expectativas e as fortalecem no momento da ação. Allison Rossett explica:

> Existem várias formas de se cumprir o prometido, mas a transparência de expectativas é, na minha opinião, a mais eficiente. A literatura da neurociência e as novas descobertas sugerem que, se estiver realmente claro para as pessoas o que se espera delas, elas irão naquela direção.
>
> Deixe-me dar um exemplo bem simples. Estava fazendo um trabalho para a IBM anos atrás, quando a empresa tentava intensificar o foco no cliente. Na parte de trás dos crachás dos colaboradores havia seis ou setes coisas sobre as quais deveriam pensar antes de se encontrarem com seus clientes, apenas um lembrete. Ótimo! Eu acho ótimo. É a execução mais simples possível, mas é isso que quero dizer quando falo que você precisa agir perto de onde a ação é necessária (Rossett, comunicação pessoal, 2009).

Em suma, o valor gerado por programas de aprendizagem de qualquer tipo pode ser aumentado pela inclusão de assistentes de tarefas bem-concebidos e de eficácia testada, que tragam orientações simples, relevantes e específicas sobre o que é necessário para fazer bem o trabalho.

> "O valor gerado por programas de aprendizagem pode ser aumentado pela inclusão de assistentes de tarefas."

D5 Sistemas

Os mais empolgantes acontecimentos envolvendo o apoio à performance pós-treinamento resultaram de avanços tecnológicos. Formatos inteiramente novos de apoio à performance são viáveis hoje em dia. Esses novos sistemas proporcionam orientações mais ricas, transferíveis, específicas e personalizadas do que nunca.

Um exemplo agora familiar é a revolução que ocorreu para se obter orientações. Até alguns anos atrás, se você quisesse ir de um lugar a outro, comprava um mapa da área e planejava sua própria rota. Outra opção era pedir informações a alguém que conhecesse o lugar e anotá-las. Isso funcionava muito bem até que você virasse na rua errada, fosse forçado a fazer um desvio, ou até que o mapa rodoviário mudasse. Então, tentar retornar à estrada certa podia se tornar um verdadeiro pesadelo. Agora, em função do GPS e de mapas computadorizados que incluem quase todas as estradas de todos os países, você digita o local aonde quer ir e recebe instruções passo a passo da rota a ser seguida. Se desviar do plano original, seja intencionalmente ou não, os sistemas irão recalcular rapidamente o que precisa fazer para voltar ao caminho certo.

Usando a metáfora do desenvolvimento pessoal como uma jornada, devemos buscar ferramentas de apoio à performance que tenham funções parecidas: que permitam aos participantes especificar seu destino e, então, orientem-nos na seleção das melhores rotas, incluindo as alternativas, refazendo os caminhos caso saiam dos trilhos.

A capacidade de usar a tecnologia *para informar e orientar o planejamento e a ação* é particularmente apropriada para situações nas quais:

- A performance depende do acesso a um volumoso conjunto de informações (conhecer todas as estradas do país, por exemplo)
- Os procedimentos ou informações mudam com frequência (processamento de sinistro de seguros ou verificação de interações medicamentosas, por exemplo)
- A informação precisa ser personalizada (para atingir suas metas pessoais financeiras ou de desenvolvimento)

Apoio eletrônico à performance

Cada vez mais empresas estão usando a internet para dar assistência imediata ao cliente. Manuais de usuário on-line podem ser mais abrangentes, mais prontamente atualizados, mais facilmente ampliados e podem permitir buscas mais rápidas do que as versões impressas; eles permanecem disponíveis a virtualmente qualquer um através da *World Wide Web*. Ademais, a beleza do *hypertext transfer protocol* (http) e de modernos mecanismos de busca é que permitem aos usuários seguir sua abordagem individual ao explorar um tópico; muitos pontos de partida e diferentes caminhos podem levar ao mesmo recurso (ver Figura D5.2).

Em educação corporativa, colocar o apoio à performance disponível on-line traz vantagens similares. Também possibilita oferecer conteúdo customizado para metas do aprendizado específicas, e empregar termos e conceitos específicos da empresa. Explorar o pleno potencial de sistemas eletrônicos de apoio à performance, contudo, exige mais do que simplesmente oferecer cópias eletrônicas de livros e apostilas. Assim como ocorre com assistentes de tarefas, sistemas on-line de apoio à performance precisam ser desenvolvidos de acordo com a finalidade para eles definida para ser eficientes.

Figura D5.2
Sistemas eletrônicos de apoio à performance permitem aos usuários encontrar informações relevantes de diferentes pontos de vista

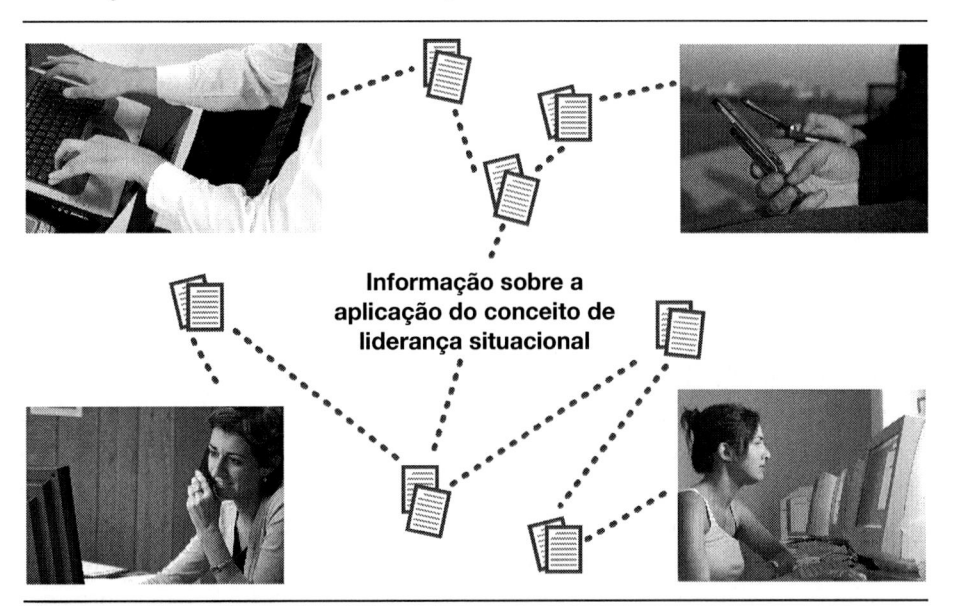

Informação sobre a aplicação do conceito de liderança situacional

Rossett e Schafer (2007) definiram oito critérios para a excelência de sistemas de gerenciamento da performance (Exibição D5.1). Explicações breves, aplicação para a transferência do aprendizado e exemplos são fornecidos em seguida.

Exibição D5.1
Oito princípios para a excelência de sistemas de apoio à performance

Ótimos sistemas de gerenciamento de performance:
1. Dão apoio à realização de importantes metas do negócio.
2. Ajudam os usuários a definir, acompanhar e alcançar suas metas.
3. Mantêm o foco naquilo que realmente caracteriza uma performance excepcional.
4. Identificam e proporcionam a ajuda de que as pessoas precisam.
5. Favorecem a colaboração entre as pessoas.
6. Usam a linguagem do colaborador e de seu trabalho.
7. Proporcionam o que é necessário, nem mais, nem menos.
8. Ajudam as pessoas a agir de forma mais inteligente.

De Rossett e Schafer, 2007, p. 155-162. Usado sob permissão.

1. Possibilite a realização de importantes metas de negócios

Conforme enfatizamos ao longo de nossa discussão sobre as 6Ds, metas de transferência do aprendizado *são* (ou ao menos deveriam ser) importantes metas de negócios. Os programas deveriam ser desenhados desde o início para dar apoio às necessidades do negócio, e priorizados conforme sua contribuição relativa à missão da organização. Feito isso, o sistema de apoio à performance pós-treinamento ajudará a organização a atingir suas metas primeiro, ao apoiar as pessoas na realização de suas metas de transferência do aprendizado. Uma relação causal concreta com o êxito do negócio é essencial, pois qualquer tipo de apoio à performance necessariamente implica em custos. Esses custos, assim como o custo do próprio treinamento, precisam ser compensados por meio da melhora do desempenho. Quanto mais alto o valor dos resultados para o negócio, mais fácil fica justificar o investimento.

Algum tempo atrás, muitas empresas investiam somas consideráveis na compra de sites com conteúdos extensos, para depois se desapontarem quanto à pouca frequência com que eram visitados. O problema é que esses sites tinham fraca correlação com as metas de desenvolvimento e do negócio. As pressões de tempo no ambiente empresarial de hoje impedem que as pessoas explorem sites de conteúdo, por mais ricos e interessantes que sejam. Colaboradores recorrem a sistemas de apoio à performance quando têm uma dúvida específica, um problema para resolver ou uma tarefa a cumprir no trabalho. Mesmo sistemas de apoio excepcionais se enfraquecerão se não fizerem parte de um processo genérico de transferência e aplicação. Este é mais um exemplo de um princípio central da andragogia (educação de adultos): adultos precisam de uma "necessidade de saber" antes de buscarem informação e aprenderem (Knowles, Holton & Swanson, 2005, p. 64).

Quando ajuda a atingir metas reais de negócios, o custo de um sistema dirigido de apoio à performance é em geral restituído múltiplas vezes. A IBM, por exemplo, calculou que em um único ano o seu portal para gerentes gerou $14 milhões em economia de tempo (Rossett & Schafer, 2007, p. 155); a Pfizer conseguiu um retorno quase 50% maior de seu programa de liderança, ao acrescentar apoio à transferência e à performance.

2. Ajude usuários a definir, acompanhar e atingir metas

Aprendizado e desenvolvimento contribuem para a melhoria do desempenho organizacional como um todo, ao melhorarem desempenhos individuais (Figura D5.3). Assim, para satisfazer ao primeiro critério de um excelente sistema de apoio (alcançar metas importantes para o negócio), o sistema deve amparar a definição mais granular de ajudar indivíduos a definirem, acompanharem e atingirem suas metas pessoais.

Essa é razão pela qual, por exemplo, as metas de cada indivíduo – o que ele está tentando realizar ao aplicar os novos conhecimentos e competências – compõem o princípio organizador fundamental dos sistemas de transferência do aprendizado que projetamos (Figura D5.4). Como no exemplo do GPS, uma vez definido o destino, o sistema é capaz de fornecer orientações específicas.

Figura D5.3
Treinamento e desenvolvimento contribuem para melhor desempenho organizacional ao aprimorar o desempenho individual

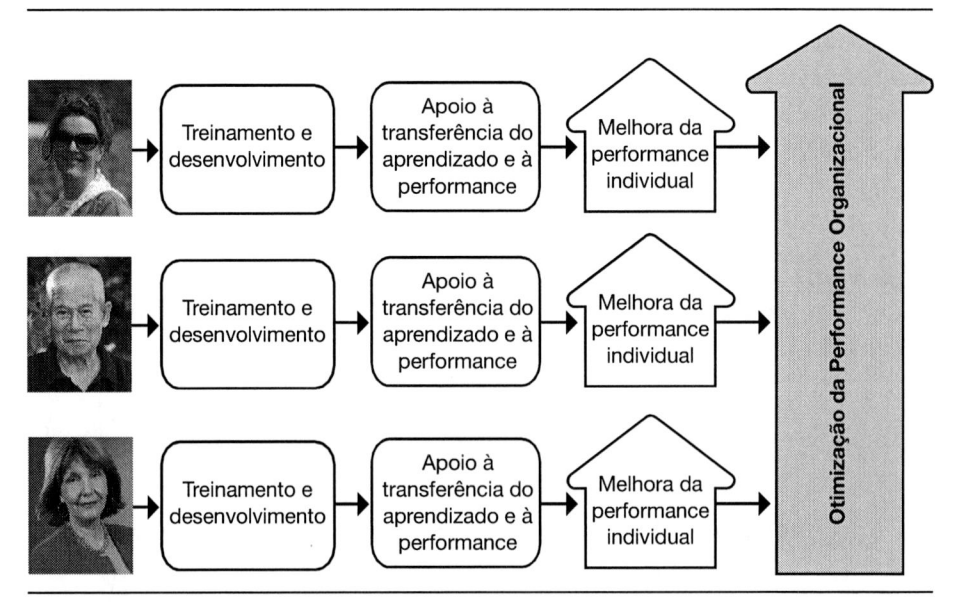

[Figura: Três fluxos paralelos mostrando Treinamento e desenvolvimento → Apoio à transferência do aprendizado e à performance → Melhora da performance individual, convergindo para Otimização da Performance Organizacional]

3. Concentre-se no que realmente caracteriza uma performance excepcional

O terceiro critério para um excelente apoio à performance é que ele realmente deve apresentar as "melhores práticas". Esse princípio exige que profissionais de T&D pesquisem as melhores práticas para determinada tarefa ou habilidade, para, então, incorporá-las ao treinamento e ao sistema de apoio à performance. O ideal é que os "comportamentos vitais" já tenham sido identificados como resultado do processo de análise de necessidades e definição de resultados. Podem também advir de pesquisas publicadas sobre liderança, vendas, coaching e outros. Para maximizar seus efeitos, o sistema de apoio precisa fortalecer e ser consistente com os métodos, abordagens e processos apresentados durante o curso. Apresentar modelos diversos, conceitos conflitantes e termos diferentes para a mesma coisa no sistema de apoio à performance pode confundir os alunos, especialmente os novatos.

Por esse motivo, a *Grid International*, uma empresa global de treinamento em liderança, habilidades de gestão e formação de equipes incorporou mais de 100 sugestões específicas a seu sistema de gerenciamento de transferência do aprendizado para reforçar os princípios e métodos específicos apresentados em seus seminários. A *Blue Wing Consulting* da Cannon fez o mesmo para ajudar os participantes a aplicarem os conceitos de *Fierce Conversations*. O programa da *GlaxoSmithKline, Leadership Edge*, usa um sistema de gerenciamento de transferência do aprendizado para enviar aos participantes links para as ferramentas de reforço do aprendizado de Senn Delaney, de forma a ajudar a renovar a compreensão e dar apoio à aplicação de conceitos fundamentais. A *Scotwork*, uma empresa internacional de treinamento em habilidades de negociação, desenvolveu uma biblioteca de itens de ajuda com sugestões específicas para auxiliar os participantes a fechar acordos mais vantajosos, lidar com uma reclamação, superar um impasse e assim por diante. E o Centro de Liderança Criativa publicou 46 guias curtos de "Ideias para entrar em Ação", para ajudar os participantes a converter aprendizado em ações e resultados.

Figura D5.4
Exemplo de um sistema de gerenciamento de transferência do aprendizado organizado para dar apoio ao alcance de metas individuais

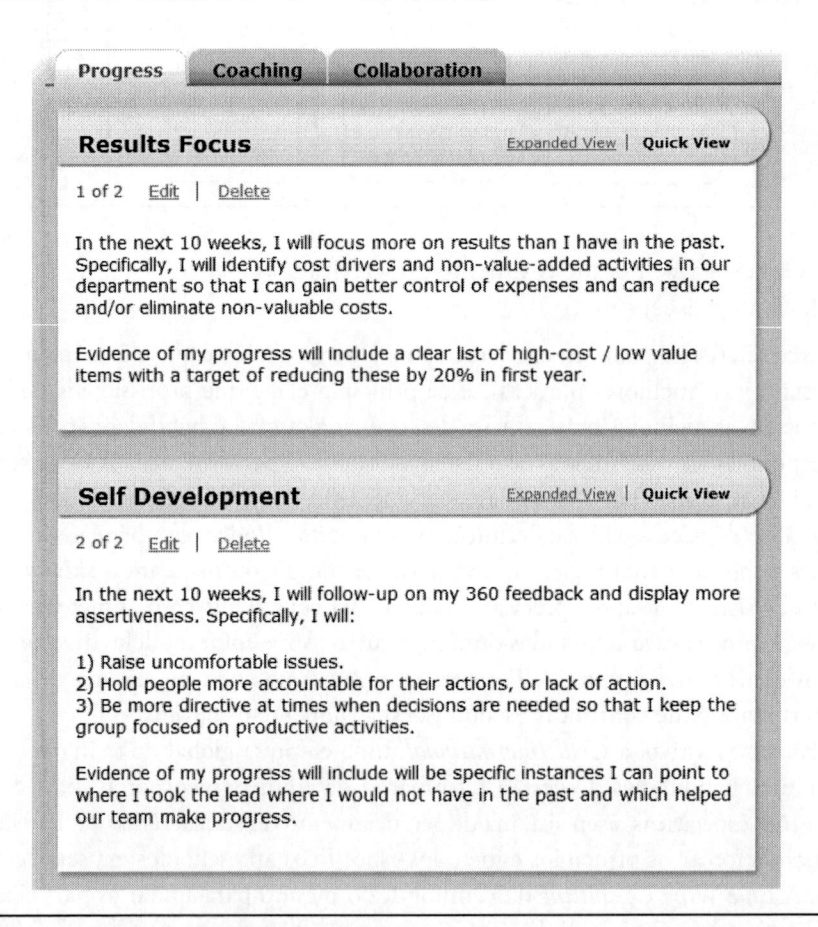

Progress | Coaching | Collaboration

Results Focus   Expanded View | Quick View

1 of 2   Edit | Delete

In the next 10 weeks, I will focus more on results than I have in the past. Specifically, I will identify cost drivers and non-value-added activities in our department so that I can gain better control of expenses and can reduce and/or eliminate non-valuable costs.

Evidence of my progress will include a clear list of high-cost / low value items with a target of reducing these by 20% in first year.

Self Development   Expanded View | Quick View

2 of 2   Edit | Delete

In the next 10 weeks, I will follow-up on my 360 feedback and display more assertiveness. Specifically, I will:

1) Raise uncomfortable issues.
2) Hold people more accountable for their actions, or lack of action.
3) Be more directive at times when decisions are needed so that I keep the group focused on productive activities.

Evidence of my progress will include will be specific instances I can point to where I took the lead where I would not have in the past and which helped our team make progress.

© 2010 Fort Hill Company. Usada sob permissão.

Um dos aspectos mais empolgantes dos sistemas eletrônicos de apoio à performance – em contraste com assistentes de tarefas, manuais e guias impressos – é o potencial que têm de estar em contínua atualização e em constante aprimoramento. Assim como empresas e indivíduos precisam continuar aprendendo e se adaptando para permanecerem competitivos, o sistema de apoio à performance também precisa evoluir e melhorar ao longo do tempo, à medida que condições mudem e que outras melhores práticas surjam.

Algumas das sugestões mais úteis a se incluir no sistema de apoio são aquelas que se originam na própria empresa – coisas que funcionaram bem para outros colaboradores na cultura e ambiente peculiares àquela empresa. Organizações que identificam tais práticas apreendem-nas de forma a possibilitar sua retroalimentação ao sistema e, então, disseminam-nas rapidamente, possuem uma inegável vantagem competitiva.

Um exemplo das potencialidades dessa abordagem vem dos *Fóruns de Aprendizagem para Gerentes de Loja*, da *Home Depot*. Para ajudar a alavancar os resultados de suas lojas, a *Home Depot* embarcou em um ambicioso programa de formação para seus mais de 1.600 gerentes de loja. Para garantir que o programa tivesse repercussão, cada gerente tinha que apresentar relatórios de progresso durante três meses em um sistema eletrônico de gerenciamento de transferência do aprendizado (*Friday5s*).

Ao final desses três meses, perguntou-se a cada gerente: "Qual a mudança introduzida por você que produziu o maior impacto no sentido de fazer com que sua loja funcionasse melhor?". Centenas de exemplos de mudanças específicas e bem-sucedidas foram apresentados. Um ponto importante, todos se mostraram eficazes na prática – não representavam apenas teoria abstrata. Isso significa que tiveram credibilidade imediata, pois foram originados e testados em lojas de verdade, por gerentes de loja efetivamente responsáveis pelos resultados financeiros. Essa abordagem, repetida ao longo do tempo, produziria um inestimável repositório de conhecimento específico da empresa com relação às suas melhores práticas.

Outro exemplo é a *GlobeSmart,* da Aperian Global, uma ferramenta da web que fornece informações detalhadas sobre a forma mais eficaz de se comunicar, gerenciar colaboradores, transferir tecnologia ou competências e melhorar o relacionamento com clientes e fornecedores em países do mundo inteiro (Aperian Global, 2010). O sistema continua a evoluir ao convidar executivos com experiência de trabalho em certas culturas a contribuir com ideias e insights. Essas ideias e insights são verificados, editados e acrescentados ao banco de dados e, desta maneira, o sistema fica cada vez mais enriquecido, profundo e específico.

Organizações de T&D podem valorizar seu trabalho ao introduzir mecanismos para descobrir e registrar o que realmente promove uma performance pós-treinamento notável entre os colaboradores que eles instruem, de forma que possam disseminar os fatores descobertos para a próxima geração.

4. Identifique e proporcione a ajuda de que as pessoas precisam

Os participantes de programas de educação corporativa valorizam a assistência para aplicar os princípios do curso na condução de suas atividades cotidianas. Eles precisam do equivalente a um manual do proprietário para suas novas competências, algo que explique como e quando usá-las com eficácia, da mesma maneira que um produto vem com instruções sobre como instalar um novo cartucho de impressora ou montar uma rede sem fio.

Diversos textos foram publicados para atender a essa necessidade, como, por exemplo *FYI: For Your Improvement* (Lombardo & Eichinger, 2009); *Successful Manager's Handbook* (Gebelein & colegas, 2004); *Essential Manager's Manual* (Heller & Hindle, 1998); e muitos outros. A maior utilidade deles é dar sugestões específicas sobre como desenvolver determinadas competências. Para ilustrar esse ponto, *The Essential Manager's Manual* dá o seguinte conselho sobre como conduzir reuniões de equipe:

> Tornar reuniões de equipe eficazes representa um teste importante de capacidade de liderança. A chave para uma reunião produtiva é envolver a todos ativamente no processo.
> - Certifique-se de que os membros da equipe entendam o propósito de cada reunião e o que se espera deles.
> - Mude o responsável por presidir cada reunião para envolver todos os participantes.
> - Tente delegar ao máximo para outros membros da equipe.
> - Distribua a programação da reunião com antecedência para dar à equipe tempo de se preparar (p. 390).

A popularidade desses guias atesta a necessidade a que eles atendem. Uma de suas limitações, entretanto, é que eles precisam necessariamente ser genéricos. Isso vai contra a atual tendência segundo a qual cada vez mais empresas estão definindo seus próprios modelos de competência e sua própria terminologia para enfatizar atributos específicos que considerem importantes para sua cultura e estratégia corporativa. Incorporar de fato esses modelos à cultura corporativa requer o uso consistente dos termos e conceitos ao longo do tempo.

Os alunos podem se confundir quando recebem materiais, instrumentos e orientações que usem terminologias diferentes para os mesmos conceitos apresentados em seu curso, e talvez nenhum deles se encaixe rigorosamente no credo corporativo. Uma profusão de termos conflitantes e conceitos sem alinhamento gera dúvidas sobre a existência de um real comprometimento da empresa com o modelo declarado, ou se essa é somente mais uma "tendência da vez". Para maximizar o reforço e a utilidade, todos os materiais do programa, incluindo os manuais de usuário pós-curso, devem empregar um conjunto consistente de termos e conceitos – algo que obviamente é mais fácil de se conseguir com sistemas eletrônicos de apoio.

(D5) Dar apoio à performance

As pessoas lembram-se mais de soluções e lhes dão mais valor quando são ensinadas no contexto de um problema imediato e urgente. O "momento de ensino" ideal para reforçar uma técnica, aptidão ou princípio da educação corporativa é quando a pessoa se depara com um problema relevante no trabalho. Por isso, assistentes de tarefas, pequenos e portáteis, são usados com muito mais frequência do que volumosos manuais de procedimentos, pois podem ir até onde a necessidade aparece. O sistema ideal de apoio ao desempenho oferece ideias ao aluno na hora certa – no momento e contexto em que são necessárias.

Softwares de preparação do imposto de renda, como o *TurboTax*, ilustram esse princípio em ação. Cada formulário e catálogo contém links para instruções relevantes e conselhos de especialistas. Com base no lugar em que o usuário se encontra quando pede ajuda, os links o levam diretamente ao capítulo pertinente do código do imposto, em vez de forçá-lo a procurar por toda parte. Outro exemplo é a versão eletrônica do *Physicians' Desk Reference (Manual de Referência Médica)*. Agora um médico pode carregar uma versão desse manual em seu PDA e a ele recorrer sempre que tiver dúvidas sobre a dosagem de um remédio, sua indicação, ou interações com outros medicamentos, em vez de ter que ir à biblioteca e apanhar na prateleira um tomo de centenas de páginas. Um terceiro exemplo seria um assistente de tarefas para planejar chamadas, incorporado a um software de gerenciamento de contas. Carregado no laptop de um representante de vendas, é fácil de se consultar no momento em que seria mais eficaz: imediatamente antes de uma chamada. As potencialidades de sistemas de apoio tão específicos e oportunos são fascinantes, e limitadas somente pela extensão de nossa criatividade e interesse em criá-los.

Assim como ocorre com o desenvolvimento de assistentes de tarefas, a chave para se planejar formas de apoio à performance que sejam eficazes para a transferência do aprendizado é imaginar onde é provável que surja uma "necessidade de saber". Busque lugares onde a memória ou o conhecimento possam estar incompletos ou ser pouco confiáveis, especialmente para novatos. Disponibilize ali mesmo e naquela hora o sistema de apoio à performance (assistentes de tarefas, sistemas eletrônicos e pessoas); esses são os locais e as ocasiões em que informação suplementar será mais valiosa e usada com mais frequência (Clark, Nguyen & Sweller, 2006).

> "Procure lugares onde a memória ou o conhecimento
> possam estar incompletos ou ser pouco confiáveis."

5. Favoreça a colaboração entre as pessoas

Bons sistemas de apoio ao desempenho ajudam as pessoas a colaborar para melhor explorar o conhecimento tácito da organização. Ou, conforme o suposto comentário sarcástico do ex-CEO da Hewlett-Packard, Lou Platt: "Se ao menos a HP soubesse o que a HP sabe, seríamos três vezes mais produtivos".

Um sistema de gerenciamento de transferência do aprendizado pode ajudar a manter um grupo de alunos conectado após uma experiência de aprendizagem compartilhada, e facilitar que recorram uns aos outros enquanto se esforçam para implementar novas competências e conhecimentos. O sistema que projetamos, por exemplo, chama a atenção do usuário para outros participantes que tenham os mesmos tipos de metas e estejam relatando progressos (ver Figura D5.5).

Duas tendências nas organizações tornam a promoção eletrônica da colaboração mais relevante e viável. A primeira é o número crescente de colaboradores jovens que cresceram com a mídia social digital e que estão habituados a se comunicar e colaborar digitalmente. A segunda é o número cada vez maior de pessoas que trabalham em casa ao menos meio período, dificultando as formas tradicionais de contato e colaboração. Está claro que, no futuro, redes sociais digitais irão desempenhar um papel cada vez mais importante, tanto no aprendizado quanto em sua transferência. O desafio para organizações de T&D é utilizar essas mídias com eficiência para dar apoio às diversas formas de aprendizagem e, ao mesmo tempo, não se iludir pensando que são a mágica que milagrosamente resolverá todas as dificuldades de treinamento e desenvolvimento.

Figura D5.5
Um exemplo de sistema para ajudar as pessoas a trabalhar colaborativamente

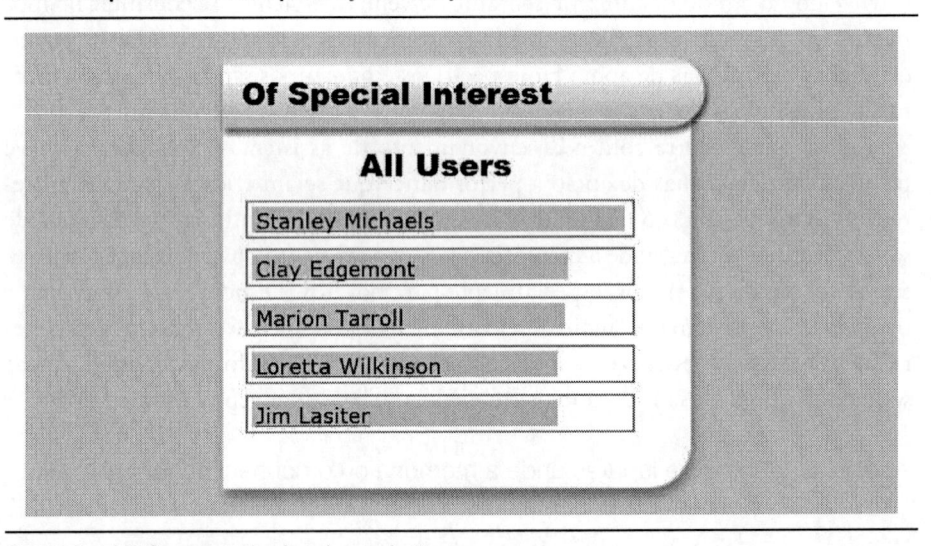

Of Special Interest

All Users

- Stanley Michaels
- Clay Edgemont
- Marion Tarroll
- Loretta Wilkinson
- Jim Lasiter

© 2010 Fort Hill Company. Usada sob permissão.

6. Use a linguagem do colaborador e de seu trabalho

Como abordaremos novamente no capítulo D6 sobre a documentação de resultados, é essencial que profissionais de T&D falem a língua do negócio. Isso é particularmente vital em sistemas de apoio à performance, que precisam fornecer conselhos e informações nos termos e formas que sejam de fato usados no trabalho. Para atender esse critério, submeta os itens dos sistemas de apoio à performance à revisão não só de especialistas no assunto, mas de colaboradores efetivamente envolvidos no trabalhos em questão, para garantir que os itens estejam claros, diretos e inteligíveis. Idealmente, os sistemas de apoio à performance devem incluir um mecanismo de feedback similar ao da Wikipedia, mediante o qual usuários podem sinalizar itens pouco claros, confusos ou falhos, de forma que o sistema se autocorrija e continuamente se torne melhor.

7. Proporcione o necessário, nem mais, nem menos

Falta de tempo é a razão mais comum dada por participantes para não fazerem mais no sentido de transferir e praticar novas habilidades após o treinamento. E-mails, telefonemas, voicemail, faxes, memorandos e outros tipos de comunicações chegam de todos os lados. O tempo urge. Velocidade é o que importa. Um sistema projetado para dar apoio à performance e à transferência do aprendizado deve ser simples, específico, fácil de ser usado e *rápido*. Se levar tempo demais para encontrar a informação relevante ou para reunir os pontos principais, o sistema não será usado. Para atender esses critérios desafiadores, concentre-se na utilidade, não em sofisticação e estardalhaço. Evite layouts complexos, gráficos chamativos sem valor agregado, e navegação pouco intuitiva. Evite a tentação de encantar a vista e ignorar o cérebro. O aspecto mais importante de qualquer sistema on-line é a *funcionalidade*, não o design gráfico (Flanders & Willis, 1996).

Do mesmo modo, uma vez que o público do sistema são os colaboradores e gerentes que querem prontamente localizar informações essenciais, a velocidade do acesso e a relevância da informação são mais importantes do que o tamanho do banco de dados propriamente dito. Por exemplo, uma busca de "como delegar" pela internet encontrou mais de seis milhões de links. "Como delegar com eficiência" encontrou 400.000 (aparentemente é mais fácil delegar, do que fazê-lo com eficiência!). Em ambos os casos, alguns dos links foram úteis, mas a maioria representou perda de tempo. A quantidade é tão esmagadora que desencoraja a todos com exceção dos pesquisadores mais dedicados. O fato é que a maioria das pessoas raramente olha além da primeira página de um programa de busca. O problema de se contar apenas com a World Wide Web para apoio à performance é que uma parcela dos conselhos que aparecem são ruins ou falsos. A World Wide Web é um fantástico repositório de informações, mas uma péssima ferramenta de apoio à performance.

Ao desenvolver ou adquirir um sistema de apoio à performance pós-treinamento, lembre-se de que as pessoas leem conteúdo na tela de um computador de forma bastante diferente do que o fazem no papel. Como exemplo, somente 16% dos usuários leem texto na tela palavra por palavra (Nielsen, 1997). Em vez disso, passam os olhos pelo material para identificar rapidamente conceitos-chave, e evitam passagens longas e densas, típicas de livros e artigos. Usuários de sistemas de informação eletrônicos preferem uma escrita clara e sucinta, com muitas quebras de parágrafos, marcadores e outras técnicas de condensação.

Portanto, é importante reescrever o material a ser apresentado na web com esse propósito específico em mente, utilizando um estilo de texto "escaneável":

- *Palavras-chave* destacadas (links de hipertexto servem como uma forma de destaque, assim como variações na tipografia e na cor)
- *Subtítulos* significativos (e não "engenhosos")
- *Listas* com marcadores
- *Uma ideia* por parágrafo (usuários pularão ideias suplementares se as palavras iniciais do parágrafo não chamarem sua atenção)
- O estilo *pirâmide invertida*, começando com a conclusão
- *Metade do número de palavras* (ou menos) do que na escrita convencional (Nielsen, 1997)

Os pesquisadores da *Sun Microsystems* descobriram que podiam *dobrar* a taxa de utilização da informação na Web quando era reescrita de acordo com essas orientações (Nielsen, Schemenaur & Fox, n.d.). Foram constatadas melhoras em todas as métricas principais:

- Redução do tempo para realizar a tarefa
- Menos erros
- Maior retenção de conteúdo
- Maior satisfação do usuário

Concisão, contudo, traz o risco concomitante da superficialidade. Um colaborador sensato se mostrará cético com relação a textos de uma linha só sobre "coisas para fazer" sem a correspondente justificativa, ou guias que reduzem complexas tarefas de gerenciamento a clichês superficiais. A solução para o paradoxo velocidade/profundidade é usar as capacidades da mídia eletrônica para apresentar informações "de cabeçalho" sucintamente, com links de hipertexto que levam a mais referências e tratam essa informação com mais profundidade. Isso permite aos usuários manter o controle; eles podem recapitular rapidamente uma grande quantidade de informação resumida, mas também ter a possibilidade de aprofundar seu conhecimento em áreas de interesse específicas.

Um exemplo da utilização desses conceitos na prática é o recurso *GuideMe* que desenvolvemos para ser incluído no sistema de gerenciamento de transferência do aprendizado *ResultsEngine*. Quando acionado pelo participante, o sistema seleciona sugestões relevantes com base no tipo de meta que o usuário está buscando.

Apresenta-se uma lista de sugestões sucintas para ação, todas relevantes para o tipo de habilidade ou competência que o participante está tentando aprimorar. Adjacente a cada sugestão, há o link "Conte-me Mais", para usuários que desejam mais explicações ou uma compreensão mais profunda. Clicando no link "Conte-me Mais", uma janela se abre com informações mais detalhadas, explicações, referências e assim por diante (ver Figura D5.6).

Figura D5.6
Um exemplo de orientação que ilustra ação direcionada e capacidade de visualizar detalhes

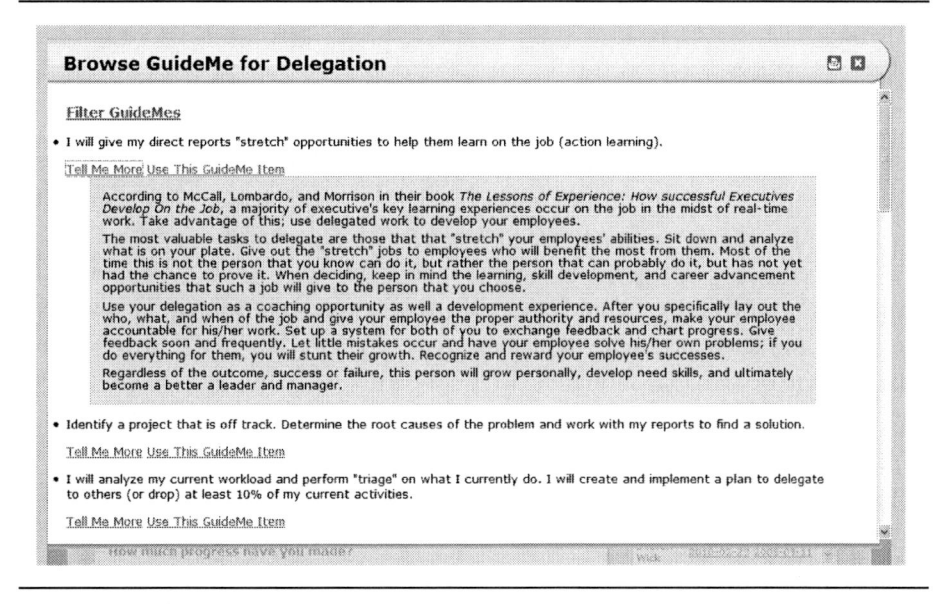

© 2010 Fort Hill Company. Usada sob permissão.

8. Ajude as pessoas a agir de forma mais inteligente

Por fim, um bom sistema de apoio à performance *ajuda as pessoas a fazer o certo* – mesmo se elas próprias não conseguirem lembrar-se exatamente como – fornecendo orientações específicas para a ação. A D3 (Direcionar a aplicação) se aplica tanto ao sistema de apoio à performance quanto ao curso propriamente dito. Um sistema de gerenciamento da transferência do aprendizado deve fornecer sugestões concretas e que podem ser postas em ação – passos práticos que as pessoas podem dar para mudar comportamentos de maneira a produzir melhores resultados. Para um colaborador com sérias restrições de tempo, mas que procura melhorar seu desempenho, nada é mais frustrante do que investir esse tempo buscando orientações e receber apenas banalidades vagas e genéricas tais como "Seja mais estratégico".

Nos sistemas que desenvolvemos, por exemplo, insistimos que cada recomendação seja escrita como uma afirmação concreta na primeira pessoa do futuro do presente, começando com: "Eu vou...". Isso obriga nossos escritores de recomendações a pensar de que maneira princípios específicos podem ser *aplicados* ou habilidades específicas podem ser *praticadas*, e não apenas admiradas.

Com avanços contínuos em capacidades técnicas e portabilidade, sistemas eletrônicos de apoio à performance se tornarão cada vez mais difundidos e sofisticados. Profissionais de T&D devem usar sua expertise em aprendizagem corporativa e em desenvolvimento de performance, para conceber e aplicar sistemas de apoio à performance que aperfeiçoem o aprendizado contínuo e otimizem a transferência de aprendizado no período pós-curso (Fase III).

D5 Pessoas

As pessoas são a terceira e decisiva fonte de apoio para a transferência do aprendizado. Pessoas desempenham um papel crucial e complementar com respeito ao apoio à transferência de aprendizado, oferecendo capacidades humanas únicas tais como empatia, sabedoria, feedback, encorajamento, solução colaborativa de problemas e motivação, talentos que sistema algum pode substituir completamente. Assim, devotar tempo, planejamento, energia e criatividade para tirar melhor proveito de sistemas humanos de apoio é uma parte importante da D5 e da experiência completa de aprendizado. Uma gama diversa de pessoas pode desempenhar diferentes papéis no apoio à transferência de aprendizado – todos, de gestores a amigos ou parceiros dos participantes. Quatro categorias – gestores, colegas, instrutores e coaches – produzem efeitos singulares e serão discutidas em detalhe a seguir.

Gestores

Gestores representam o mais influente e ao mesmo tempo o mais subutilizado recurso disponível para concretizar a aplicação e garantir que a educação produza resultados. Broad e Newstrom (1992) descobriram que o envolvimento gerencial antes e depois do programa havia sido respectivamente classificados como a primeira e terceira estratégia mais poderosa de transferência do aprendizado. Apesar disso, o envolvimento do gestor após o curso foi a menos frequentemente usada das nove combinações de função-tempo que estudaram. Eles concluíram: *"Gestores não apoiam consistente e energicamente a transferência do treinamento ao ambiente de trabalho.* Acreditamos que isso represente um problema fundamental e também uma oportunidade considerável para melhoria" (p. 53, destaque do original). Essa afirmação parece ser tão válida hoje quanto era quando foi publicada, 18 anos atrás.

Um estudo recente na Pfizer ilustra a medida da influência dos gestores. Para avaliar a eficácia de seu programa central de desenvolvimento de liderança, a Pfizer aplicou repetidas avaliações 360 graus aos participantes vários meses após o curso e as comparou com os resultados pré-programa. Solicitou também aos participantes que indicassem em que grau seus gestores haviam ativamente se envolvido no seu desenvolvimento pós-treinamento.

Os resultados mostraram claramente que o treinamento funcionou – participantes apresentaram ganhos estatisticamente significativos em todos os cinco itens de plano de desenvolvimento mais frequentemente citados – *desde que seus gestores estivessem ativamente envolvidos durante o período pós-curso*. Participantes do mesmo programa cujos gestores não haviam estado ativamente envolvidos não apresentaram melhora no desempenho ou obtiveram ganhos bem menores do que aqueles que gozaram do apoio da gestão. "Aqueles que receberam coaching de seus supervisores visivelmente mudaram mais ao longo do tempo" (Kontra, Trainor & Wick, 2007). Em outras palavras, o mesmo programa, com o mesmo conteúdo e o mesmo tipo de participante, gerou resultados diferentes dependendo do grau de envolvimento da gestão.

> "Gestores representam o mais influente
> e o mais subutilizado recurso disponível."

O estudo da Pfizer confirmou os resultados anteriormente mencionados do estudo da American Express (2007), que concluiu: "Os principais critérios para um ambiente de intensa transferência inclui possuir um gestor que comunica claramente seu aval e apoio ao treinamento, e que estabelece metas e expectativas antes que se inicie o evento de aprendizagem; que acompanha de perto o participante após o evento para discutir o que foi aprendido; e que proporciona reconhecimento e compensação quando há melhora no comportamento de liderança" (p. 11). Muitas outras pesquisas (por exemplo, Saks & Belcourt, 2006) confirmam a importância do envolvimento e apoio da gestão.

Não surpreende que os gestores exerçam profunda influência na transferência do aprendizado, visto que o supervisor direto de uma pessoa tem a posse da chave para aumentos de salários, promoções e avanços de carreira. Portanto, os colaboradores prestam muita atenção aos sinais (intencionais ou não) transmitidos por seus gestores. Dada a influência exercida pelos gestores, é impossível intensificar o grau de transferência do aprendizado sem o envolvimento da gestão. Gestores podem ser parte integrante e crucial do sistema inteiro que ampara os colaboradores em seu empenho para aplicar o aprendizado e convertê-lo em resultados para o negócio, mas desde que estejam dispostos e aptos a fazê-lo de forma eficiente (ver Figura D5.7).

Figura D5.7
Gestores podem se beneficiar de orientações sobre como dar feedback eficaz

"Continuem trabalhando assim, qualquer que seja esse trabalho, quem quer que sejam vocês."

© James Stevenson/Condé Nast Publications. Disponível em: <www.cartoonbank.com>.

Por esta razão, o CEO da *Agilent*, Bill Sullivan, queria começar a multiplicar a nova experiência de aprendizagem aplicada e centrada no negócio a partir da alta gestão, começando com os 100 gerentes gerais da empresa. Ele disse à líder executiva de aprendizagem, Teresa Roche: "Vamos nos certificar de que o solo seja fértil, de forma que quando as pessoas concluírem a experiência, tenham um gestor e um grupo de colegas que saibam do que elas estão falando, e nós possamos transferir e aplicar melhor" (citado em Prokopeak, 2009).

Âmbito do envolvimento da gestão

A proposição de Kirkpatrick (1998) sugere que a resposta de um gestor ao treinamento se encaixe em um *continuum* (Tabela D5.1). Na extremidade mais destrutiva da classificação estão os gestores que ativamente *impedem* seus subordinados de usar aquilo que aprenderam. O exemplo mais notório de que já ouvimos falar nos foi contado por um executivo de uma empresa de petróleo canadense. Sua empresa o havia enviado a um programa de treinamento de *seis meses* em Harvard a um custo considerável – não só do curso propriamente dito, mas também de seu salário, viagem, hospedagem e assim por diante. No dia em que voltou ao trabalho, seu gestor o chamou à sua sala e disse: "Bem-vindo de volta. Eu não quero ouvir nada daquela m**** que você aprendeu em Harvard".

É claro que esse é um exemplo extremo, mas em toda empresa há gestores que ativamente obstruem o uso de novas abordagens ao efetivamente dizer a seus subordinados que o que eles aprenderam no treinamento "não é a forma como fazemos as coisas por aqui". Uma contradição tão completa entre gestores e treinamento indica uma falha em definir necessidades reais do negócio e em conseguir o apoio da gestão na fase do desenho do programa. Também indica uma ruptura no processo de "compra da ideia" pela cadeia de comando. Se a alta gestão apoia o programa, gerentes de nível médio e de linha devem se sentir obrigados a tentar fazê-lo funcionar.

Quase tão prejudicial quanto a mencionada acima é a conduta de gestores que *desencorajam* o uso de novos métodos ou abordagens. Situações assim são o caminho para um desastre; esses gestores esbanjam recursos e deixam os funcionários confusos e frustrados: "Se eu não devo usar isso, por que você desperdiçou meu tempo me fazendo aprender?".

Tabela D5.1
Classificação das reações dos gestores ao uso de novas capacidades pelos colaboradores

Ação do gerente	Impedir a aplicação	Desencorajar a aplicação	Neutra	Encorajar o uso	Exigir o uso
Reforço		← Reforço negativo →		← Reforço positivo →	
Efeito sobre o aprendizado	Neutraliza os benefícios do aprendizado e do desenvolvimento; reduz o retorno sobre o investimento			Aumenta os benefícios do aprendizado e do desenvolvimento; aumenta o ROI	
Efeito sobre o colaborador	Confunde colaboradores; desvaloriza o aprendizado e desencorajava o autodesenvolvimento			Encoraja os colaboradores a continuar aprendendo; reforça o valor do autodesenvolvimento	

O exemplo mais revelador em nossos anos de experiência veio de uma discussão com uma grande empresa de serviços de saúde. Estávamos tentando argumentar sobre a importância do apoio da gestão. Dissemos: "Gestores exercem profunda influência sobre a transferência do aprendizado. Se as pessoas participarem do programa e entusiasmarem-se para usar o que aprenderam, mas depois acabarem por provocar uma reação negativa em seu chefe quando tentarem fazê-lo, o valor do programa ficará dramaticamente reduzido. Em 10 minutos um gestor pode desfazer o trabalho de uma semana de formação".

Nosso cliente respondeu: "É muito pior que isso. Em 15 segundos um gerente pode arruinar um ano inteiro de trabalho".

Eles prosseguiram explicando que, em uma de suas divisões, a área de treinamento de vendas trabalhou com os gerentes de venda por *um ano inteiro* para levar as equipes de vendas a um estilo de trabalho mais consultivo. Mas ninguém se certificou de que o gerente geral da divisão estivesse na mesma sintonia e bem-informado sobre a mudança. Então, quando ele foi inquirido na frente de toda a equipe de vendas sobre o que pensava da abordagem, respondeu: "Oh, isso é só o que eles ensinam no treinamento". Com um comentário, ele acabou com meses de esforços.

Kirkpatrick colocou "neutro" ou "indiferente" no centro de sua escala. Nós discordamos. Acreditamos que indiferença é negativa. Se uma pessoa frequenta um programa educacional e está animada com sua aplicação, porém o chefe lhe diz claramente "Eu realmente não me importo que seja de um jeito ou de outro", muitos irão entender isso como "Você tem coisas mais importantes a fazer". A indiferença da gestão não é neutra: é destrutiva e cara.

Do lado positivo estão os gestores que *encorajam* seus subordinados diretos a aplicarem o que aprenderam. Um encorajamento ativo age como importante contribuição para um ambiente de transferência positivo (Figura D4.8) e para fazer com que o dinheiro gasto com treinamento e desenvolvimento seja restituído à empresa. No mínimo, o que se deveria esperar de gestores é que encorajem o uso do novo aprendizado; e o ideal é que eles o *exijam* como "a maneira com que fazemos as coisas por aqui". Esta última atitude é excepcionalmente eficaz para efetuar mudanças organizacionais (ver Caso em Pauta D5.1).

Aprendizado e desenvolvimento não ocorrem em um vácuo. O ambiente para o qual os alunos retornam – em especial as mensagens que seus gerentes transmitem (abertamente ou dissimuladamente) – precisa ser gerenciado ativamente para dar apoio à transferência e à aplicação.

"Indiferença é negativa."

Caso em Pauta D5.1
Maximizando o valor do treinamento de marketing

Quando Jorge Valls aceitou a liderança da *SmithKline Beecham Animal Health*, identificou uma necessidade urgente de melhorar a qualidade do marketing e dos planos de marketing. Então contratou o *Impact Planning Group* para dar um workshop intensivo sobre o assunto. Incluiu não apenas o departamento de marketing, mas também todos os demais gerentes, fiel à sua crença de que marketing é responsabilidade de todos, pois todos os departamentos contribuem positivamente ou negativamente para a percepção do cliente a respeito da firma e da marca.

O treinamento foi excelente, mas o que o tornou *eficaz* foi que, em sua conclusão, Valls anunciou uma exigência não negociável: todos os planos de marketing dali por diante deveriam ser preparados de acordo com os princípios que haviam sido ensinados. Ele *exigiu* que o treinamento fosse utilizado e sustentou suas palavras com ações. Todas as revisões posteriores foram conduzidas em concordância com os princípios que haviam sido previamente acordados. Ele rejeitaria de antemão qualquer proposta que não seguisse essas diretrizes.

O resultado foi que a qualidade dos planos operacionais melhorou imediatamente, assim como a qualidade das discussões entre gerentes, departamentos e a equipe de liderança porque todos compartilhavam de conceitos comuns e do mesmo vocabulário. Em alguns meses, a melhora da qualidade do planejamento e do marketing ficou evidente pelo crescimento da receita e dos resultados, mesmo na ausência de novos produtos.

Se Valls tivesse apenas *encorajado* o uso da nova metodologia ou deixado a critério pessoal, a melhora teria sido muito menor e mais lenta, com alguns departamentos aderindo ao novo, e outros se agarrando à forma anterior de se trabalhar. A companhia teria obtido um retorno muito menor do investimento em treinamento, se é que haveria algum.

Motivando gerentes para fazer coaching

Por muito tempo, nos debatemos com o motivo pelo qual os gestores não se esforçam para encorajar seus subordinados diretos a aplicar o aprendizado. É obviamente do interesse deles que os colaboradores do seu departamento se tornem mais eficientes, e que sejam capazes de assumir mais responsabilidades. Além do mais, a empresa já investiu e o departamento já empenhou o tempo do funcionário. Por que não fazer um pequeno investimento incremental em coaching para obter um retorno significativo sob a forma de melhora da performance?

Nossos clientes realmente nos ajudaram a entender os obstáculos, assim como a encontrar soluções práticas e funcionais para contorná-los. Os gestores não fazem coaching para maximizar a transferência do treinamento porque não sabem direito como fazê-lo, não estão convencidos de seu valor e não têm tempo (o que na realidade significa que não é uma prioridade). Por conseguinte, quatro condições precisam ser satisfeitas para motivar gestores a dar apoio a seus subordinados diretos na aplicação do aprendizado e do desenvolvimento. Gestores precisam:

1. Acreditar que há *valor* em fazê-lo.
2. Sentirem-se *confiantes* de que conseguem.
3. *Saber* o que o programa e seus subordinados diretos estão tentando concretizar.
4. *Ser responsabilizados* pelo apoio a ser dado, que deve ser um componente previsto em seu rol de funções.

Enxergar Valor Por mais ocupados que sejam nos dias de hoje, gestores precisam ser convencidos de que, no curto prazo, investir tempo em coaching de seus subordinados diretos compensará, no longo prazo, por conta de maior eficácia. Isso requer uma resposta convincente para a questão "Que vantagem eu levo nisso?". Profissionais de T&D precisam instruir supervisores sobre a repercussão de suas ações para determinar se o treinamento paga ou não dividendos *para o seu departamento*. Mostre-lhes provas disso. Um fascinante efeito colateral do estudo da Pfizer foi que, quando os dados sobre as repercussões do envolvimento gerencial foram compartilhados com os gestores, a quantidade de coaching aumentou: gestores puderam enxergar seu valor.

> "Gestores precisam ser convencidos
> de que investir seu tempo será compensador."

Compartilhe as descobertas de pesquisas com a alta gestão também (ver Caso em Pauta D6.6). Eles precisam ser persuadidos a fazer do acompanhamento das oportunidades educacionais uma responsabilidade fundamental de *todos* os gestores. Mostre a eles o valor incremental que o apoio do gestor traz aos programas de aprendizagem e desenvolvimento. Calcule os custos do aprendizado-sucata resultante da falta de apoio dos gestores à implementação. Estimule a alta liderança a incluir o apoio ao desenvolvimento dos colaboradores nas avaliações anuais e em outras medidas da eficácia gerencial. A meta é criar uma cultura organizacional na qual tanto alunos quanto *seus gestores* aceitem a responsabilidade compartilhada de maximizar o valor de programas educacionais.

Ter Confiança   Para um coaching eficaz, gestores devem sentir-se confiantes em relação à sua capacidade. Nenhum gestor quer se sentir constrangido ao denotar desinformação ou incapacidade. Quando inseguros com relação à melhor maneira de fazer coaching relativo ao treinamento, ou sobre o que foi apresentado no programa, gestores resolvem a questão simplesmente evitando discussões a respeito do conteúdo e sua aplicação.

Para terem autoconfiança e desse modo fornecerem aconselhamento pós-curso, gestores precisam entender o que foi exposto no programa, sentir que têm as habilidades necessárias para coaching e ter um processo definido a seguir. Assim como os participantes se beneficiam de assistentes de tarefas e de ferramentas de apoio à performance que os ajudam a cumprir suas obrigações pós-treinamento, o mesmo ocorre com os gestores. Forneça-lhes um processo específico para seguir e orientações para maximizar a transferência do aprendizado, como fazem a *Plastipak Academy*, a *Chubb Insurance* e outras organizações progressistas. Essas empresas descobriram que, embora seja provável que nenhum gestor vá telefonar para a área de recursos humanos para pedir auxílio em relação ao coaching pós-treinamento, se você simplesmente oferecer essa ajuda, muitos irão usá-la, produzindo bons resultados.

Geoff Rip, presidente da *ChangeLever International*, uma empresa de consultoria em transferência do aprendizado, tem tanta convicção sobre os benefícios do apoio gerencial que ministra um curso dirigido a gestores *antes* do treinamento de seus subordinados. O programa para gestores se concentra em como eles podem e devem usar sua influência, direta e indireta, para garantir a transferência e prolongar o aprendizado, maximizando, portanto, os benefícios do treinamento vindouro. De acordo com Rip: "Uma vez que liderança tem a ver basicamente com influência, o treinamento é colocado como uma importante habilidade para liderança. Gestores muitas vezes têm uma perspectiva limitada sobre coaching e ignoram muitas estratégias que poderiam usar para influenciar a transferência e o ciclo de aprendizagem para a ação" (Rip, comunicação pessoal, 2010). Na *Centocor Inc.*, por exemplo, os gestores são reunidos para uma sessão de reciclagem sobre como maximizar o valor do feedback 360 graus, enquanto, simultaneamente, seus subordinados diretos estão recebendo os resultados do seu feedback. Logo depois, são agendadas reuniões individuais, enquanto o assunto está fresco na cabeça de ambos.

Lisa Bell, gerente do Centro Norte-Americano de Aprendizado da *Holcim*, conduziu sessões que duravam o dia inteiro sobre "maximização do impacto" para gestores dos participantes do programa *Building Leader Performance*, que ela acredita terem representado um fator-chave para seu sucesso (Bell, 2008). Bell estava tão convicta sobre o valor dessas sessões que não cedeu à pressão por encurtá-las. "Inicialmente, uma de nossas maiores preocupações era que os gestores jamais abrissem mão de seu precioso tempo para participar dos passos 'extras' como estávamos pedindo. E agora, quem diria, eles próprios estão pedindo mais" (p. 191).

Quando for impossível ou impraticável proporcionar treinamento específico aos gestores, forneça um guia prático com conselhos sobre como maximizar os benefícios da educação de seus subordinados. O guia deve ser conciso, prático e voltado para a ação, seguindo as orientações discutidas anteriormente sobre sistemas de apoio à performance. Forneça formulários fáceis de usar, processos passo a passo, e exemplos. Avise-os que o guia encontra-se disponível e facilite o acesso nas versões impressa e on-line.

> "Disponibilize formulários fáceis de usar,
> processos passo a passo e exemplos."

A pedido de nossos clientes, desenvolvemos um guia como esse – um manual chamado *Getting Your Money's Worth from Training and Development* (Jefferson, Pollock & Wick, 2009). Convencemos a editora a imprimi-lo como se fossem dois livros em um: um lado para o gestor e o verso para o participante, para garantir que cada um saiba que conselhos o outro recebeu. Um exemplo do manual preenchido é apresentado na Figura D5.8.

Figura D5.8
Um exemplo de formulário preenchido para facilitar o diálogo participante-gestor

COMPLETED EXAMPLES OF WORKSHEET 1.2
WIIFM for Participants

Do It Now

Example 1

Your Name: Pat O'Brian
Name of Program: High-Impact Marketing   Date of Program: 11/12/10

	Most important deliverables of my business/organizational unit	Most important results for which I am personally responsible	What new or improved skills/knowledge would help me deliver better results	Topics covered in the training or development program	Therefore, what I want to get out of it (be able to do better or differently)
Your Input	revenue growth sustained profitability	effective marketing programs strong branding perceived value	better segmenting and targeting more effective project mgt	positioning segmentation/targeting product life cycle management selecting vendors	improve the way I segment and target campaigns to increase impact
Your Manager's Review	☐ Agree as written ☐ See edits ☐ Let's discuss	☐ Agree as written ☐ See edits ☐ Let's discuss	☐ Agree as written ☐ See edits ☐ Let's discuss	☐ Agree as written ☐ See edits ☐ Let's discuss	☐ Agree as written ☐ See edits ☐ Let's discuss
Comments:					

De Jefferson, Pollock & Wick, 2009. Usada sob permissão.

Em parceria com a Option Six Inc., nós, em seguida, completamos uma versão on-line de apoio ao aprendizado e à performance chamada *How to Get Your Money's Worth from Training* (Jefferson, Pollock & Wick, 2010) que é compatível com sistemas de gerenciamento do aprendizado. Como na versão impressa, há programas separados, porém integrados, para o gestor e o participante. A versão on-line usa avatares animados para guiar os usuários, assim como formulários interativos para facilitar a comunicação entre gestor e participante (Figura D5.9).

Conheça as Metas   Para que os gestores se envolvam ativamente e de forma significativa no processo de transferência do aprendizado, precisam saber quais são as metas do programa e o que exatamente seus subordinados diretos estão tentando realizar. O ideal é que os gestores participem do programa antes de seus subordinados ou juntamente com eles. Infelizmente, isso costuma ser inviável, especialmente porque as relações de subordinação mudam e novos gerentes são promovidos. Além disso, os cursos evoluem continuamente de acordo com as necessidades da empresa, de forma que mesmo que um gestor tenha frequentado o programa anteriormente, material novo pode ter sido acrescentado. Assim, existe uma necessidade contínua de manter os gestores informados sobre as metas do programa, seu conteúdo e expectativas inerentes.

Figura D5.9
Um exemplo de um programa on-line de apoio ao aprendizado e à performance para aumentar o envolvimento gerencial na transferência do aprendizado

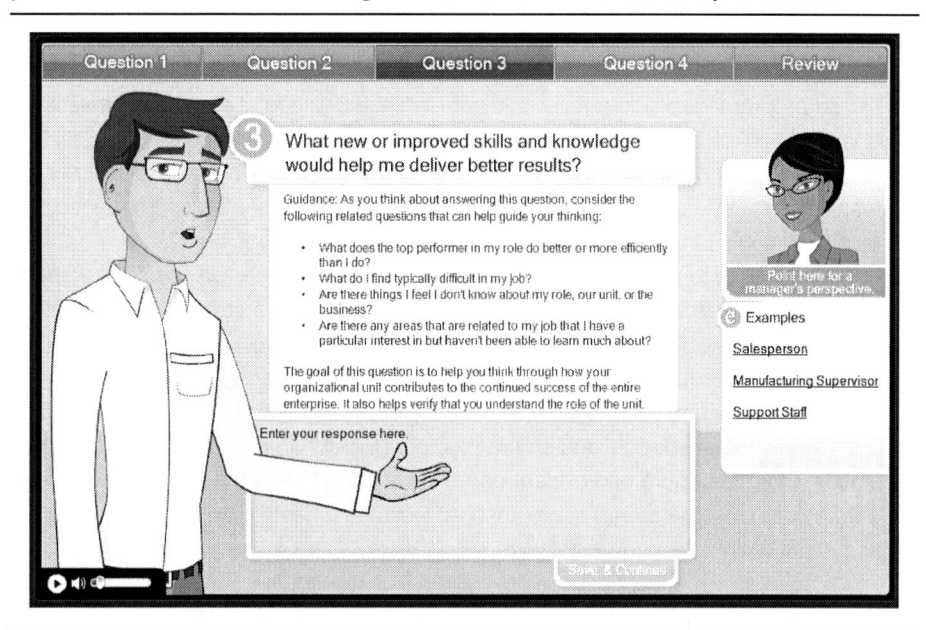

© 2009 Fort Hill Company. Usada sob permissão.

Quando um colaborador se inscreve em um curso, envie ao gestor uma sinopse explanando as necessidades do negócio que o programa visa atender, os tópicos abordados e os resultados esperados, como faz um líder de T&D na GE. Certifique-se de que as comunicações sejam sucintas e eficientes; gestores enfrentam restrições de tempo ainda maiores do que a dos participantes. Um breve e-mail introdutório com links para informações mais aprofundadas e sugestões na intranet da empresa tem mais chances de ser lido do que uma longa descrição do curso. Para cursos-chave, agende uma breve teleconferência pré-curso com participantes e gestores, como faz Bill Amaxopoulos na *Chubb Insurance* (ver Caso em Pauta D5.2).

Caso em Pauta D5.2
Positivamente envolvendo os gestores

Vasilious (Bill) Amaxopoulos é o gerente do programa de liderança da *Chubb Group of Insurance Companies* e um incansável defensor de melhoria contínua. Ele compartilhou conosco a história de sua jornada para envolver mais intensivamente os gestores ao longo dos últimos anos em um dos programas distintivos da Chubb, o *Leadership Development Seminar*.

"Nós temos alguns programas de liderança maravilhosos na *Chubb*, mas continuamos a aumentar as exigências todo anos. Queríamos de fato poder dizer que observamos grandes mudanças de comportamento e que nossos programas são um excelente investimento de tempo para os gerentes. Então, comecei a dizer, 'Talvez não possamos controlar o ambiente de onde as pessoas vêm ou para onde retornam, mas devemos a elas procurar exercer uma influência maior sobre esse ambiente para aumentar suas chances de sucesso'.

Eu sempre enviei aos gestores dos participantes cópias das anotações preliminares do programa fazendo um ou dois comentários pedindo que ajudassem seus subordinados diretos a obter sucesso após o programa. Também pedíamos ao gestor e ao participante que assinassem um 'contrato de aprendizagem' antes do treinamento, mas notamos que cada vez mais pessoas vinham para nossas sessões dizendo, 'Ah, eu não tive oportunidade de conversar com meu gerente. Tudo bem?'.

Agora, o processo mudou, os gestores precisam participar da Fase I de webcast com seu subordinado direto, que é o participante, quatro a seis semanas antes do programa. No webcast, estabelecemos os papéis específicos que eles podem desempenhar antes, durante e depois de cada sessão. Digo aos gestores que não tem importância que no passado não tenham feito coaching e preparado seus subordinados diretos antes e depois dos programas, pois talvez não soubessem dessa necessidade, mas que agora não podem continuar agindo da mesma maneira. Porque só obteremos o melhor retorno sobre nosso investimento neste evento de aprendizagem se todos tivermos algo em jogo".

"A outra parte da mensagem é que, durante esse webcast, sugerimos várias ações bem fáceis e específicas para antes da sessão, algumas coisas fáceis para fazer durante a sessão, e outras para depois. O webinar propriamente dito leva 45 minutos, mas pedimos que reservem pelo menos 75 a 90 minutos. Criamos uma situação na qual, quando o webcast termina, o gestor e o participante possam começar de imediato uma conversação de coaching. Eles discutem expectativas, necessidades de desenvolvimento, seguem outras dicas oferecidas durante o webcast, e concluem estabelecendo algumas datas em sua agenda para outros bate-papos pré e pós--curso. A parte boa é que os participantes sabem que seus gestores têm responsabilidade pelos resultados e vice-versa. Compreender essa mensagem simultaneamente é muito importante.

Eu ainda envio e-mails, mas as principais mensagens chegam por meio da webcast da Fase I para os participantes e seus gerentes, quatro a seis semanas antes do programa, e da webcast da Fase III, 13 a 15 semanas após o programa. Alguns gestores se deram ao trabalho de me dizer o quanto essas mensagens eram informativas, e que jamais haviam percebido o quão importante era seu papel. De uma forma geral, a mensagem foi bem-recebida.

Após o programa, também os envolvemos no processo *Friday5s* (apoio à transferência do aprendizado), certificando-nos de que o gestor está sendo solicitado a dar feedback em pelo menos duas ou três das oito atualizações feitas pelos participantes durante um período de seis meses. Terminado o programa, algo em torno de 13 a 15 semanas depois, há a webcast da Fase III para os participantes, assim como dicas complementares e follow-up que realizamos com os gestores.

O *Leadership Development Seminar* já vem sendo aplicado há 15 anos. As pessoas tendem a fazer comentários como 'Este é o melhor programa de liderança de que já participei na *Chubb* ou em qualquer outro lugar em toda a minha carreira', e nos orgulhamos muito disso. Nos últimos anos, entretanto, muitos gerentes me disseram, 'Quando eu participei do programa, anos atrás, achei que era o melhor programa de que havia participado, e ainda acho. Mas agora que sou gerente e tenho as ferramentas e a responsabilidade de ajudar meus subordinados a obterem sucesso após tê-lo frequentado, vejo que está mais eficiente do que nunca. Enxergo realmente o valor dessas ferramentas de acompanhamento'.

A outra coisa que me deixa realmente satisfeito é quando vejo gestores dando feedback aos participantes após o programa dizendo coisas como: 'Notei que, quando você faz suas reuniões, está fazendo isso ou aquilo de maneira diferente' e 'Quando você voltou, disse que ia tentar ter uma perspectiva mais geral. Notei que sua abordagem está bem diferente agora, e que você conversa estrategicamente e vê as coisas de forma mais ampla do que costumava antes das aulas'. Quando você vê gestores reconhecendo em seus próprios comentários que notaram mudanças de comportamento, nós marcamos um gol, pois todos sabemos o quanto é difícil mudar comportamentos".

Incentive os gestores e seus subordinados diretos a encontrarem-se antes do programa para identificar as oportunidades mais importantes de aprendizado. Forneça-lhes um processo simples e eficaz para seguir, como faz Diane Hinton na *Plastipak*, Lisa Bell na *Holcim* e Bill Amaxopoulos na *Chubb*. Considere a possibilidade de usar manuais disponíveis comercialmente ou programas on-line para simplificar o processo.

Incentive os participantes a discutirem com seus gestores, após o programa, suas metas específicas para a aplicação. Aumente a probabilidade de que isso ocorra coletando e enviando uma cópia das metas de transferência de aprendizado de cada participante para seu gestor, mediante um sistema eletrônico de gerenciamento de transferência do aprendizado, ou outros meios.

Por fim, certifique-se de que gestores estão cientes do que seus subordinados diretos concretizaram (ou não) como resultado do treinamento. Isso pode ser feito de diversas maneiras, como, por exemplo, incluindo o gestor em uma sessão final (pessoalmente ou virtualmente), na qual cada participante revê suas metas, realizações e "lições aprendidas". Sistemas eletrônicos de gerenciamento da transferência do aprendizado podem ser programados para enviar ao gestor, automaticamente, um resumo das realizações do participante, assim como uma breve enquete para validar, da perspectiva do gestor, o valioso avanço alcançado. Tal triangulação automática de resultados pode ajudar a fornecer provas convincentes e críveis da eficácia do programa (ver Figura D5.10).

Figura D5.10
Pares de respostas de 134 participantes e seus respectivos gestores cinco meses após um programa de desenvolvimento com apoio à transferência do aprendizado

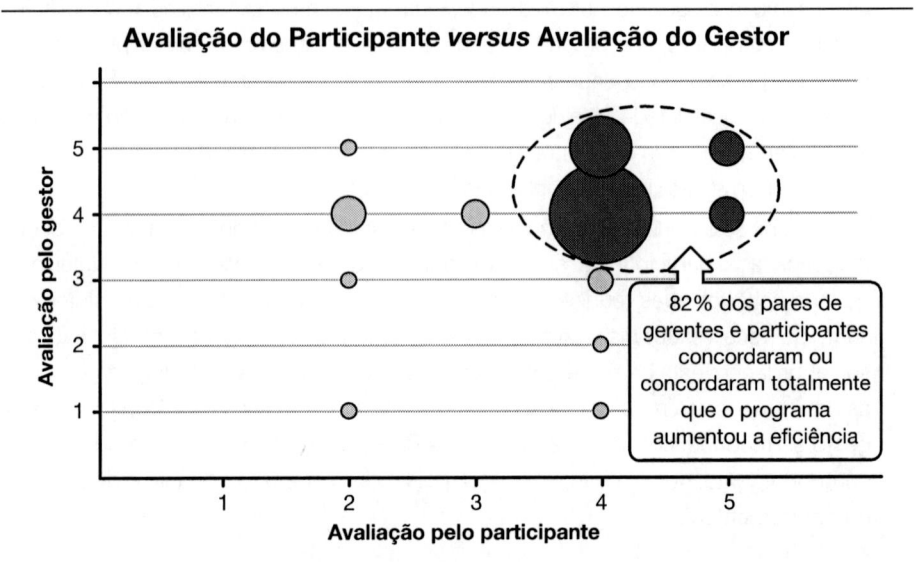

Avaliação do Participante *versus* Avaliação do Gestor

82% dos pares de gerentes e participantes concordaram ou concordaram totalmente que o programa aumentou a eficiência

O programa e seu acompanhamento aumentam a eficiência do participante.
1 = discorda completamente   2 = discorda   3 = não sabe/não tem opinião
4 = concorda   5 = concorda totalmente

Responsabilize-se pelo Coaching A desculpa mais comum dada pelos gestores por não se dedicarem mais a fazer coaching e assim maximizar o valor do treinamento é que "não têm tempo". Isso significa de fato que a prioridade não é alta o suficiente para colocar o coaching entre as coisas que serão feitas, ficando relegado ao que não será realizado. O saudoso guru da administração, Peter Drucker, observou, mais de 30 anos atrás, que gestores tornaram-se tão ocupados que não conseguiam mais cumprir todas as suas tarefas – nem ao menos tinham tempo para todas as tarefas importantes; precisavam se concentrar somente no que era *primordial*.

Obviamente, gestores não priorizarão gastar tempo dando feedback se não estiverem convencidos de seu valor. Há dados mais do que suficientes para mostrar como o envolvimento da gestão no período pós-treinamento agrega valor para o participante e para a empresa. Mas e quanto ao gestor? Nas empresas mais bem-geridas, uma capacidade comprovada para desenvolver pessoas é prerrequisito para promoções futuras. Uma métrica-chave relativa ao desempenho de gestores deveria ser sua responsabilidade por desenvolver seus subordinados diretos.

Profissionais de aprendizagem e desenvolvimento organizacional precisam ajudar a alta gestão a entender seu papel na maximização do valor do treinamento e desenvolvimento. Precisam estabelecer um equilíbrio entre apoio e responsabilidade para gestores dos participantes e, por sua vez, os gestores precisam fazer o mesmo com relação aos participantes do programa. Programas são mais bem-sucedidos quando há uma supervisão ativa pelos superiores dos gestores dos participantes.

No programa da *AstraZeneca, Breakthrough Coaching*, por exemplo, a organização de T&D usou um sistema eletrônico de gerenciamento da transferência do aprendizado para ajudar os gerentes de vendas a identificar quais dos seus gerentes regionais estavam se saindo particularmente bem (ou mal) em coaching a seus subordinados diretos. Chamar a atenção para esses outliers durante as discussões regionais ajudou a reconhecer e reforçar comportamentos de coaching positivos e a aumentar o empenho de coaches menos ativos. O apoio e acompanhamento do envolvimento da gestão representam importantes contribuições para o sucesso do programa.

> "Ajude a alta gestão a compreender seu papel."

Gestores representam o recurso mais influente, porém subutilizado, para melhorar a transferência do aprendizado e, por conseguinte, os resultados gerados pela educação corporativa. Para cumprir esse papel, gestores precisam de informações sobre o curso e as metas de seus subordinados diretos, de habilitação em coaching e de orientações sobre como contribuir mais efetivamente para o processo. Organizações de aprendizagem e desenvolvimento de sucesso suprem essas necessidades (ver Caso em Pauta D5.3). A alta gestão precisa tornar o apoio à transferência do aprendizado uma parte do trabalho de qualquer gestor – uma parte que seja monitorada, reconhecida e recompensada. Não obstante sua importância, gestores não são a única fonte de apoio, nem devem ser o único recurso a que se recorre. Instrutores, colegas e outros coaches também podem fazer parte da equipe de apoio após o treinamento, como argumentaremos a seguir.

Caso em Pauta D5.3
Apoio contínuo na ADP

Com mais de meio milhão de clientes, a ADP é uma das maiores empresas do mundo em fornecimento de soluções de outsourcing. A *National Account Services* da ADP declarou publicamente seu total comprometimento em fornecer serviços de primeira linha. De acordo com Dianne Keefer, diretora executiva de aprendizagem e desenvolvimento: "Toda interação entre nossos colaboradores e nossos clientes é importante". Treinamento é vital para atingir essa meta, mas, como observa Keefer: "Treinamento é mais do que apenas um evento; exige comprometimento, apoio explícito da liderança e da gestão, e um convincente argumento de negócios para impulsionar a mudança.

Também requer reforço constante e envolvimento visível dos gestores para manter o ímpeto e convencer os colaboradores de que este não é só outro programa da moda." Para garantir que os colaboradores continuem a praticar e aprimorar suas habilidades, o grupo de Dianne fornece aos supervisores roteiros e orientações completos para que organizem reuniões trimestrais – curtas discussões em grupo que reforçam e expandem os princípios e práticas do serviço de primeira linha. Keefer confere à abordagem sistêmica da ADP quanto a treinamento e apoio – incluindo essas reuniões periódicas – o mérito de contribuir para uma melhora contínua na satisfação dos clientes (Keefer, 2010).

Instrutores e facilitadores

Outra fonte importante de apoio para a transferência do aprendizado é o próprio departamento de aprendizagem e desenvolvimento. Participantes com frequência expressam seu desejo de ter contato constante com os instrutores. Quando fizemos uma enquete, três meses depois de um programa de desenvolvimento gerencial que forneceu apoio ininterrupto por parte do instrutor, os participantes atribuíram um alto valor ao acesso contínuo ao instrutor durante a fase de transferência do aprendizado.

Um recurso de confiança

Isso faz sentido, como explica Teresa Roche da *Agilent Technologies*: "Facilitadores são selecionados pelo seu excepcional conhecimento e excelente aptidão para o ensino. Durante o programa, participantes passam a valorizar o conhecimento do facilitador, suas opiniões e conselhos. Contudo, historicamente, o ensino terminava quando a sessão terminava: a comunicação era cortada. Como resultado, não havia apoio à transferência do aprendizado por parte dos facilitadores – as pessoas com mais insights sobre o material e cuja opinião os alunos mais valorizam" (Roche & Wick, 2005, p. 6). Instrutores são recursos confiáveis para os participantes. Encontrar formas eficientes de torná-los disponíveis para apoiar a transferência do aprendizado – dando-lhes o tempo e atribuindo-lhes a responsabilidade por fazê-lo – favorecerá um ambiente de transferência mais saudável.

O novo papel dos facilitadores

Para tratar dessa questão, a Agilent redefiniu o papel dos facilitadores de forma que suas responsabilidades fossem além do último dia de aula e compreendessem o período de transferência do aprendizado. Isso representa uma mudança significativa em relação ao paradigma vigente, que limita o papel dos educadores ao de ministrar o curso e requer uma conceituação mais ampla do papel do facilitador, assim como uma realocação de recursos.

O novo papel dos facilitadores é usar sua expertise para apoiar as quatro fases do processo de aprendizagem, e não apenas atividades em sala de aula e nas sessões virtuais. Ela corrobora o argumento de Broad e Newstrom de que profissionais de T&D devem redefinir seu papel, de "estritamente coaches/apresentadores para *facilitadores de mudança comportamental no trabalho*" (1992, p. 113) e o conceito de Robinsons, segundo o qual profissionais de aprendizagem no trabalho são "consultores de performance" (2008, p. 1). Roche e Wick (2005) argumentam da seguinte maneira: "Facilitadores devem deixar de ser 'os entendidos sob os holofotes' para se tornarem 'orientadores ao seu lado', devem mudar de facilitadores do aprendizado para facilitadores da performance" (p. 13).

O problema de se pedir a facilitadores que assumam esse papel é que a maioria das organizações de T&D mal tem profissionais suficientes para cuidar do que já faz parte de suas preocupações. Um facilitador que conclui um curso em uma tarde normalmente começará outro na manhã seguinte. Quando encontrarão tempo para acompanhar os participantes das sessões anteriores? Eis a pergunta que departamentos de treinamento precisam responder: insistir em dedicar tanto esforço a um sistema que apresenta tão parcos resultados representa o melhor uso dos recursos (treinar 1.000 pessoas para melhorar o desempenho de uma centena)? Ou será que faz mais sentido realocar recursos, humanos e financeiros, e investi-los nas partes do processo com maior probabilidade de produzir resultados? Em outras palavras, fazer com que facilitadores ensinem menos e orientem mais provavelmente gerará mais valor do que continuar a extrair à força tanto aprendizado-sucata em cada sessão.

Bob Sachs, vice-presidente de aprendizagem e desenvolvimento da Kaiser Permanente, concorda: "Não se trata de quantos programas nós temos. Continuamos a trabalhar com o conceito de que ministrar muitos programas é menos importante do que ministrar poucos programas de grande repercussão. Para isso, é preciso mudar o papel dos instrutores, de forma que não sejam responsáveis somente pela apresentação de conteúdo em sala de aula, mas por seguir na prática um grupo de pessoas durante o estágio de acompanhamento. Isso se traduz em ter instrutores que ministram menos programas, porém geram maior impacto" (Sachs, comunicação pessoal, 2009).

É importante perceber que não se pode simplesmente acrescentar coaching às outras responsabilidades dos facilitadores e esperar ter êxito; é necessário aliviar seu cronograma de ensino para reservar tempo para o apoio à performance, e dar-lhes ferramentas que tornem o processo eficiente. Pode-se dar início à mudança solicitando aos instrutores que simplesmente entrem em contato com cada participante duas ou três semanas após o curso para perguntar: "Que tal estão seus esforços para transferir as novas competências?" Será esclarecedor para os facilitadores e um lembrete ativo aos participantes.

Tendo reconhecido que o tempo dos facilitadores é valioso e limitado, use tecnologia para tornar o processo eficiente e eficaz. Sistemas eletrônicos de gerenciamento de transferência proporcionam aos facilitadores um "painel de controle" que mostra como o grupo como um todo está se saindo e quais colaboradores precisam de atenção individual.

"Facilitadores devem deixar de ser os 'entendidos sob os holofotes' para se tornarem os 'orientadores ao seu lado'."

Colegas: comunidades de aprendizagem

O terceiro recurso poderoso, mas subutilizado, como fonte de apoio continuado é representado pelos outros participantes do programa. Quando Liza Sharkey era diretora de desenvolvimento de liderança da *General Electric* observou o valor do coaching entre colegas nos renomados programas internos de desenvolvimento de liderança: "Como todas as nossas equipes de liderança participaram do processo de feedback 360 graus, agora trabalham em equipe para apoio mútuo. Quando equipes de liderança discutem suas necessidades de desenvolvimento umas com as outras e usam o modelo de coaching, com frequência descobrem três coisas: (1) que têm problemas parecidos, (2) que recebem ótimas sugestões de melhoria umas das outras, e (3) que obtêm apoio mútuo para melhorar" (2003, p. 73).

Programas de treinamento de todo tipo podem se beneficiar do conhecimento e da experiência da coletividade dos participantes ao incentivar aprendizagem compartilhada por todo o processo. Relacionamentos de apoio entre colegas são particularmente eficazes no período de transferência do aprendizado (Fase III). Etienne Wenger, que estuda comunidades direcionadas para a prática, explicou por que tais relacionamentos são tão influentes: "As palavras de um colega possuem algum elemento que torna a relevância do conhecimento transmitido muito imediata. Então, para mim, essa é a proposta de valor básica de uma rede de relacionamentos entre colegas" (citado em Dulworth & Forcillo, 2005, p. 111).

Os exemplos a seguir atestam o valor que participantes atribuem à manutenção de uma rede de relacionamentos para a aprendizagem:

- Participantes de um dos programas abertos de gerenciamento da Cornell organizaram um evento de reencontro da classe.
- Participantes de uma sessão do Centro de Liderança Criativa criaram seu próprio website para ajudá-los a permanecer conectados.
- Colegas em um dos programas nacionais de liderança da Kellogg continuaram a se encontrar anualmente durante vinte anos.

Organizações de treinamento e desenvolvimento de pessoas podem ajudar a constituir e sustentar a comunidade de aprendizagem ao tornar a reunir grupos, virtual ou presencialmente. Kirwan (2009) recomenda que a organização de T&D forme comunidades de aprendizagem antes que os participantes saiam do curso, em vez de deixar a formação de redes de relacionamento ao acaso, lembrando que "as ações dos participantes nem sempre correspondem às suas boas intenções!" (p. 60). Um importante componente do programa *Leader – to – Leader* da *Babcock and Wilcox* foi o estabelecimento de equipes de coaching entre colegas, que se encontravam durante todo o processo de um ano de duração, para darem apoio uns aos outros (ver Caso em Pauta D6.3).

"As ações dos participantes nem sempre correspondem às suas boas intenções!"

Gary Jusela, que liderou organizações de T&D na *Boeing, Cisco Systems* e *Home Depot*, diz:

> Eu sou um grande defensor dos eventos de aprendizagem que são planejados como eventos de vários estágios. Acho que múltiplos estágios são sempre melhores e têm maior repercussão do que apenas um. Incorporando-se a prática e a reflexão sobre a aprendizagem, e somando-se a isso o retorno dos participantes para alguma forma disciplinada de reflexão coletiva, as chances de se conseguir uma verdadeira transferibilidade aumentam de fato.
>
> O aprendizado a partir da experiência acontece ao se refletir sobre a experiência propriamente dita: o que funcionou e o que não funcionou. O que adoro é trazer as pessoas de volta e fazer com que elas reflitam sobre suas experiências em pequenos grupos, e então também compartilhem um pouco daquilo coletivamente. As pessoas descobrem que não estão tão sozinhas, ou que não são tão esquisitas quanto pensam. Todos batalham pelas mesmas coisas, e as pessoas podem aprender umas com as outras e obter algumas dicas sobre como superar alguns dos obstáculos mais intrincados (Jusela, comunicação pessoal, 2004).

Embora o apoio entre colegas possa assumir muitas formas, consideramos sistemas colaborativos eletrônicos particularmente valiosos em programas abertos ou similares, aos quais os participantes compareçam possivelmente provindos de locais diferentes. A ajuda aos participantes para manterem contato pode ser tão simples quanto a troca de endereços de e-mail, ou tão complexa quanto um sistema completamente integrado que permita aos participantes ver os relatórios de progresso uns dos outros e trocar feedback.

Bob Sachs, vice-presidente de aprendizagem e desenvolvimento da Kaiser Permanente, acredita que o aprendizado informal e entre colegas será cada vez mais importante para complementar o aprendizado estruturado e o próximo território a ser explorado pelas organizações de T&D. "Então, eu venho conversando com meus colegas de design instrucional sobre em que medida o desenho da experiência completa muda como resultado dessa nova perspectiva. E também sobre o escopo da experiência completa, que agora inclui todas as coisas que Bersin colocaria sob a categoria de aprendizagem informal, além do que cairia na categoria de aprendizagem formal. Precisamos começar a pensar sobre o desenho de nosso processo de aprendizado considerando esse espectro completo de aprendizagem formal e informal. Temos que observá-lo com a perspectiva de que se trata de um empreendimento, não apenas de um programa" (Sachs, comunicação pessoal, 2009).

Massa crítica

A maneira como colegas de trabalho reagem aos esforços do colaborador para aplicar o novo aprendizado é um fator-chave de influência sobre o ambiente de transferência do aprendizado (Figura D4.8). A parcela do aprendizado que é aplicada na prática aumenta quando os colegas recebem o mesmo treinamento simultaneamente, criando massa crítica (Kirwan, 2009). Treinar todos os integrantes da mesma unidade de trabalho ou departamento ao mesmo tempo favorece a criação de um ambiente no qual alunos possam oferecer ajuda mútua e reforçar mutuamente o uso da nova linguagem, conceitos e comportamentos.

Criar massa crítica e formar um grupo de colegas de trabalho treinados de maneira equivalente são elementos especialmente importantes se o treinamento fizer parte de uma iniciativa de mudança mais abrangente. Se possível, treine equipes intactas juntas, incluindo o líder ou gestor do grupo. Direcionar o treinamento de forma a englobar departamentos específicos, unidades de negócio, ou grupos de trabalho, e rapidamente treinar um percentual significativo de integrantes desses grupos aumenta as chances de sucesso, em comparação com uma abordagem de mirar em um aqui, outro ali. Quando somente um pequeno número de indivíduos foi treinado, os recém-formados "pregadores" da nova abordagem sofrem intensa pressão para se conformar com a antiga maneira de se fazer as coisas quando retornam ao trabalho. Se eles forem "vozes solitárias a clamar no deserto", poucos serão bem-sucedidos ao aplicar aquilo que aprenderam. Um grupo de discípulos tem mais chances de manter a fé. "Se você procura melhorar substancialmente a performance de sua empresa, muitas pessoas precisam aprender coisas similares, todas ao mesmo tempo" (Bordonaro, 2005, p. 163).

> "Muitas pessoas precisam aprender coisas similares, todas ao mesmo tempo."

Selecionar um coach

Um coach selecionado, normalmente profissional, é outra fonte potencial de apoio à performance. Mentores profissionais podem ajudar gestores a dominar a arte da liderança da mesma forma que instrutores profissionais ajudam músicos, atores, atletas e outros artistas a dominarem sua arte. Quando Daniel Coyle (2009) estudou as "fontes de talento" no mundo todo – lugares que geravam um número desproporcional de artistas notáveis – ele sempre encontrou "mestres instrutores", homens e mulheres com talento e um gosto por ajudar os outros a alcançarem o seu melhor.

De acordo com Mary Jane Knudson, vice-presidente de recursos humanos da *Fidelity Investments*, "Quase toda grande corporação – e também empresas menores mas progressistas – identificam coaching executivo como uma de suas principais atividades executivas e de desenvolvimento de lideranças" (2005, p. 40). Profissionais de coaching podem ser de grande valia para ajudar participantes a maximizar o valor do treinamento formal, do feedback 360 graus e de experiências de aprendizado no trabalho. Ter um coach já é por si só um incentivo para o acompanhamento, prática e reflexão.

Contudo, nomear coaches de nível executivo tem um custo proibitivo para a maioria dos programas de aprendizagem e desenvolvimento. Ademais, participantes em programas para novos gerentes, por exemplo, não precisam de executivos caros como coaches, mas precisam de acesso a mentores mais experientes e com um conhecimento maior que o deles. Se instrutores de fora da empresa ministrarem o programa, considere a possibilidade de fazê-los permanecer para dar apoio à transferência do aprendizado. Outras possibilidades para coaching incluem gerentes, especialistas em desenvolvimento interno, aposentados e generalistas de RH.

Goldsmith e Morgan (2004) compararam os resultados de programas de desenvolvimento em oito empresas diferentes. Algumas usaram coaches externos contratados, outras usaram profissionais da própria empresa. Em ambos os casos os coaches agregaram valor. Goldsmith e Morgan concluíram: "Coaching pode ser um grande complemento ao treinamento. Líderes podem visivelmente se beneficiar do coaching, mas não é necessário que seja feito por coaches externos". Alguns programas com que trabalhamos envolveram a escolha de participantes recém-saídos de cursos como mentores, um processo que aprofunda e enriquece o conhecimento de ambos, aluno e professor.

O gigante de outsourcing *ADP Inc.* criou um programa inovador para certificar coaches internos. Embora a participação no programa fosse voluntária e exigisse uma significativa dedicação de tempo do próprio praticante (sem pagamento de salário), havia uma lista de espera para se tornar coach interno. Se for dada a oportunidade, é provável que bastante gente se disponha a fazer coaching ou se tornar mentor; a maioria das pessoas se interessa genuinamente por ajudar aos outros.

Tecnologias de apoio à transferência do aprendizado possibilitam novas formas de coaching que promovem a interação e, ao mesmo tempo, reduzem o tempo gasto pelos envolvidos. Para começar, o tempo desperdiçado com troca de telefonemas é eliminado. Em segundo lugar, quando o coaching está integrado a um sistema de apoio on-line, os coaches podem rever as metas dos participantes, suas atividades mais recentes, êxitos, problemas e insights antes da interação. Isso não só é mais eficiente e exato do que uma recapitulação verbal, mas também dá ao coach mais tempo para refletir e formular os conselhos ou perguntas mais úteis – em vez de ter que responder de improviso em tempo real. Em terceiro lugar, coaching on-line deixa um registro no banco de dados. Isso é útil aos alunos, pois podem consultar essas informações posteriormente. Também é útil para o coach porque, ao longo do tempo, ele pode criar uma biblioteca de respostas bem-articuladas a problemas recorrentes. E é útil aos líderes de T&D porque podem monitorar a quantidade e a qualidade dos conselhos que estão sendo dados. Esses são fatores importantes em especial quando se trata de coaches contratados. Considerando-se o custo de coaching profissional, é surpreendente a quantidade de organizações de T&D que investem somas consideráveis em coaching executivo, mas não possuem um sistema para monitorar sua qualidade ou o valor dele extraído. Cada vez mais empresas estão implementando sistemas de gerenciamento de transferência do aprendizado para assisti-las na facilitação e no monitoramento da quantidade e da qualidade de coaching realizado.

Feedback sustenta a transferência do aprendizado

Facilitar o feedback é importante não só para criar um ambiente de transferência do aprendizado favorável (Figura D4.8), mas também para manter o comprometimento e entusiasmo do colaborador de um modo geral. Ken Blanchard queixa-se de que a maioria das pessoas só sabe que estão fazendo um bom trabalho porque "ninguém está gritando comigo ultimamente" (Blanchard, 2004). O simples reconhecimento dos esforços dos participantes para transferir e aplicar seu aprendizado, especialmente por parte de seus próprios gestores, é um forte incentivo para que persistam nesses esforços.

> "O simples reconhecimento dos esforços é um forte incentivo."

Provas diretas de como o feedback influencia sensivelmente os esforços de transferência do aprendizado são ilustradas pelo trabalho que fizemos com uma empresa de tecnologia internacional. Nós examinamos os registros do sistema de gerenciamento de transferência do aprendizado relativos a mais de 5.000 funcionários que haviam participado de um programa de desenvolvimento de competências abrangendo toda a empresa. Comparamos o comportamento daqueles que solicitaram e *receberam* feedback com o dos que pediram, mas não o receberam.

A diferença era dramática. O grupo que recebeu feedback em resposta à sua solicitação completou, em média, duas vezes mais atualizações sobre progressos posteriores do que aqueles que pediram o feedback, mas não o receberam (Figura D5.11).

Isso faz sentido. Quando colaboradores pedem assistência quanto à transferência do aprendizado e seu gestor a proporciona, há uma mensagem clara de que aquilo que eles estão fazendo é importante para os gestores e de que, portanto, merece o tempo gasto. Por outro lado, se os participantes pedem feedback e o pedido é ignorado, transmite-se uma mensagem igualmente clara (intencional ou não) de que o gestor não valoriza esse esforço e de que é melhor usar seu tempo para outras coisas.

Conclui-se que as organizações de aprendizagem que quiserem ver uma parcela maior de seus esforços efetivamente produzindo resultados para o negócio precisam estar atentas à quantidade e qualidade do coaching e feedback pós-curso – e encontrar formas de favorecê-los. É importante que *todas* as mensagens recebidas pelos colaboradores em relação à importância do aprendizado e do desenvolvimento sejam consistentes e reforcem-se mutuamente. Praticar a D5 significa investir em materiais, sistemas, pessoas e processos, para prover, monitorar e melhorar continuamente o apoio à performance na transferência do aprendizado.

Figura D5.11
Resultados do feedback. Participantes que receberam feedback fizeram duas vezes mais atualizações de progresso do que os que não o receberam

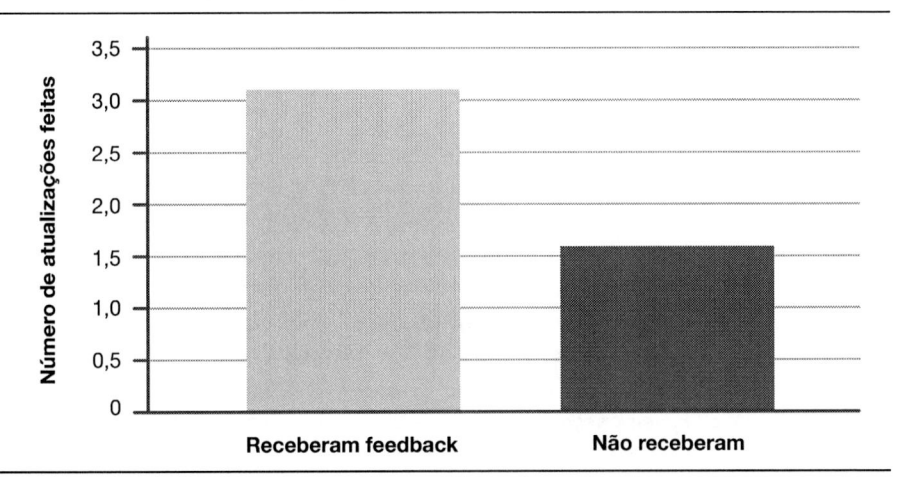

D5 Resumo

A D5 que caracteriza programas de treinamento e desenvolvimento de sucesso envolve a implementação de apoio contínuo e ativo à performance durante a Fase III do aprendizado, após o tradicional "curso" ter terminado. Ao dar apoio, além de atribuir responsabilidades, programas inovadores aumentam a probabilidade de sucesso do aluno, estendem o período de aprendizagem e aceleram sua transferência, o que leva à melhora da performance.

Os melhores programas de educação corporativa tratam do apoio à Fase III com o mesmo rigor e foco no cliente que as melhores empresas de produtos de consumo aplicam ao serviço e ao cliente. Esses programas levam em conta que a qualidade do apoio após o treinamento afeta o sucesso deste último como um todo, assim como a qualidade do produto e do atendimento ao cliente determinam o sucesso de uma empresa.

Programas altamente eficazes fornecem "manuais do usuário", assistentes de tarefas e sistemas de apoio on-line para ajudar os colaboradores a aplicar os princípios e práticas do curso. Também envolvem os gestores no decorrer de todo o processo, e os apoiam através de profissionais de aprendizagem e de coaching quando necessário. Facilitam ainda a aprendizagem colaborativa por meio de redes sociais, e disponibilizam orientações e sistemas de apoio eficientes e on-line. Empresas que gerenciam o "produto completo", investindo uma parcela dos recursos destinados a aprendizado e desenvolvimento no suporte à Fase III, obtêm um retorno maior sobre seu investimento do que empresas que limitam sua forma de pensar e seu investimento a cursos e salas de aula.

Use o checklist para a D5 para garantir que você tenha um plano sólido que proporcione, após o curso, coaching e apoio à performance, imprescindíveis para a maximização do valor da experiência de aprendizagem.

Checklist para D5

☑	Elemento	Critério
☐	Conteúdo	Materiais do curso são organizados e indexados de forma a se tornarem úteis para referência posterior e não apenas para o curso.
☐	Conteúdo	Os alunos recebem assistentes de tarefas, materiais on-line, artigos para referência e assim por diante, para reforçar os princípios do curso e dar apoio à aplicação durante o período de transferência.
☐	Colaboração	Aprendizado e compartilhamento contínuo com os colegas após o período formal de instrução são encorajados e facilitados.
☐	Coaching	Alunos recebem diretrizes fáceis e eficientes indicando maneiras de envolver seu gestor, especialistas, instrutores ou outros conselheiros durante o processo de transferência e aplicação.
☐	Apoio do Supervisor	Gestores são incentivados a fazer coaching, recebendo históricos relevantes e guias de coaching fáceis de usar, para assim aumentar a probabilidade de saírem-se bem.
☐	Apoio da Alta Gestão	A alta gestão admite a importância do apoio gerencial ao reconhecer e recompensar os gerentes que fazem um bom trabalho de desenvolvimento com seus subordinados diretos.

Pontos de ação

Para líderes de aprendizagem
- Pense mais holisticamente sobre seus programas.
    - Onde mais valor está sendo agregado? Onde está se dissipando?
    - Onde estão os pontos de alavancagem, especialmente relativos à Fase III, em que há potencial para acelerar a criação de valor?
    - Compare onde você está aplicando recursos com onde mais valor é criado. Estão proporcionais?
- Entreviste aleatoriamente alguns participantes três meses após um programa de aprendizagem ou de desenvolvimento.
    - Descubra onde eles obtiveram sucesso e quais fatores contribuíram com seus esforços. Maximize-os em interações subsequentes do programa.

- Identifique as barreiras que impediram seu progresso ou prejudicaram a transferência e aplicação do aprendizado. Eles conseguiram obter a ajuda e as informações de que precisavam?
- Examine os materiais (assistentes de tarefas, sistemas de informação on-line, e assim por diante) disponibilizados aos participantes para apoiar a transferência do aprendizado. Eles são tão bons quanto o apoio que a sua empresa proporciona aos seus clientes externos?
- Use suas descobertas para criar sistemas de apoio à performance que elevem ao máximo a transferência bem-sucedida do aprendizado para o trabalho. Inclua no plano os três tipos de apoio: materiais, sistemas e pessoas.

Para líderes de linha
- Examine os planos de programas propostos e em andamento em sua empresa.
  - Há sistemas e recursos adequados para dar apoio à transferência do aprendizado?
  - Em caso negativo, não deixe dúvidas sobre a importância que você atribui ao apoio ativo à transferência do aprendizado rejeitando qualquer proposta na qual o processo não seja contemplado.
- Ao mesmo tempo, reavalie suas próprias ações e as de sua equipe.
  - O que vocês fazem é consistente com o que dizem sobre a importância do retorno do investimento em treinamento e desenvolvimento?
  - Você e seus gestores representam os modelos de comportamentos que esperam dos outros?
  - Você atribui à sua equipe responsabilidade por maximizar o valor daquilo que eles e seus subordinados aprendem?
  - Você reconhece e recompensa gestores que fazem um excelente trabalho de desenvolvimento de seus subordinados diretos?
- Se a resposta para qualquer uma dessas últimas perguntas for "não", coloque a casa em ordem. Caso não o faça, os colaboradores perceberão a inconsistência entre suas palavras e suas ações. Nesse caso, tanto sua credibilidade quanto a eficácia das iniciativas de treinamento serão prejudicadas.

D6
Documentar os resultados

Você, seus líderes e os investidores estão interessados no aprendizado somente na medida em que ele contribui para melhorar o desempenho e obter melhores resultados para o negócio.
— Michael Dulworth e Frank Bordonaro

A conclusão final sobre o aprendizado é: ele fez diferença? Ajudou a organização a atingir suas metas? Pois a única justificativa plausível para o contínuo investimento de tempo e dinheiro em programas de treinamento e desenvolvimento é o fato de produzirem efeitos positivos sobre o sucesso da organização. Por esse motivo, a definição da D6 é: documentar os resultados de forma convincente, com relevância e credibilidade, assim justificando o investimento contínuo e apoiando o permanente aperfeiçoamento.

Neste capítulo, discutiremos:

- Por que documentar resultados
- As causas da avaliação inadequada
- Diretrizes
- Um processo em seis passos
- Uma ressalva
- Checklist para D6
- Ações para *Líderes de T&D e de linha*

D6 — Por que documentar resultados?

Usar de maneira responsável os ativos de uma organização é uma obrigação administrativa de um líder de negócio – ou seja, eles devem agir de forma a maximizar a capacidade da empresa de cumprir sua missão e atingir suas metas. "Investir está relacionado à criação de valor para o futuro. Tem a ver com aplicar recursos hoje para gerar valor *futuro*" (Echols, 2008a, p. 61, destaque no original).

Isso envolve necessariamente tomar decisões sobre alocação de ativos. Quanto dos recursos disponíveis deve ser investido em marketing, vendas, pesquisa, fabricação, infraestrutura, pessoas, entre outros? Qual distribuição equilibra melhor as realidades de curto prazo com as oportunidades de longo prazo? Que combinação de investimentos criará mais valor, a longo prazo, para acionistas, colaboradores e clientes? Acertar – ou errar – essa distribuição tem implicações profundas no futuro da empresa e de seus colaboradores.

Não há como escapar dessas escolhas. Mesmo em épocas de vacas gordas, sempre há maior quantidade de boas ideias para se gastar dinheiro do que há dinheiro para ser gasto. E quando a economia desacelera, as decisões se tornam ainda mais difíceis e cruciais.

Aprendizagem precisa agregar valor

Iniciativas de aprendizagem e desenvolvimento consomem tempo e dinheiro. Portanto, querendo ou não, elas competem por recursos com outros departamentos, necessidades e oportunidades. Líderes têm que fazer escolhas difíceis como, por exemplo, custear uma ideia promissora de um novo produto para impulsionar crescimento futuro, contratar mais representantes de vendas para melhorar a receita, investir em tecnologia para cortar custos, ou fornecer um programa de treinamento para melhorar a eficiência gerencial. Todas as propostas têm mérito, mas raramente é possível financiar todas elas em um mesmo ano. Portanto, é preciso fazer escolhas; os líderes têm que pesar e medir a importância estratégica, contribuição relativa e probabilidade de sucesso de todas essas iniciativas díspares, filtrando-as para selecionar aquelas que serão financiadas, as que serão parcialmente financiadas e as que serão eliminadas (Figura D6.1). Além disso, eles sabem que, independentemente de sua decisão, suas escolhas serão avaliadas pela alta liderança e, em última instância, pelos acionistas. Portanto, eles precisam ser capazes de justificar essas escolhas.

Chefes de departamento inteligentes entendem as escolhas difíceis que os altos executivos precisam fazer e a pressão sob a qual se encontram. Assim, preparam seus casos da forma mais sólida possível para defenderem planos e orçamentos, fortalecendo seus argumentos com exemplos de sucessos passados, pesquisas de mercado favoráveis e projeções do impacto. Para obter sucesso na competição por tempo, dinheiro e atenção, as organizações de aprendizagem precisam estruturar propostas igualmente convincentes. Para tanto, precisam apresentar provas críveis, irretorquíveis e significativas de que o plano trará resultados.

> "Atividades de aprendizagem competem por recursos corporativos com outros departamentos, necessidades e oportunidades."

Alguns profissionais de treinamento e desenvolvimento consideram ofensiva a ideia de competir por financiamento dessa maneira. No estudo de caso de Idalene Kesner, *"Leadership Development: Perk or Priority?"* publicado na *Harvard Business*

Review, a diretora de aprendizagem reclama: "Eu odeio quando as pessoas fazem esse tipo de comparação. Em primeiro lugar, estamos falando de pessoas. Isso é diferente de calcular a recuperação do investimento em uma máquina" (2003, p. 31). Ela argumenta, portanto, que, por lidarem com problemas relacionados a pessoas, as áreas de treinamento e recursos humanos não deveriam ter de defender seu caso da mesma forma como o fazem outras funções da empresa.

Figura D6.1
Os gestores precisam decidir quais iniciativas financiar e quais reduzir, eliminar ou adiar

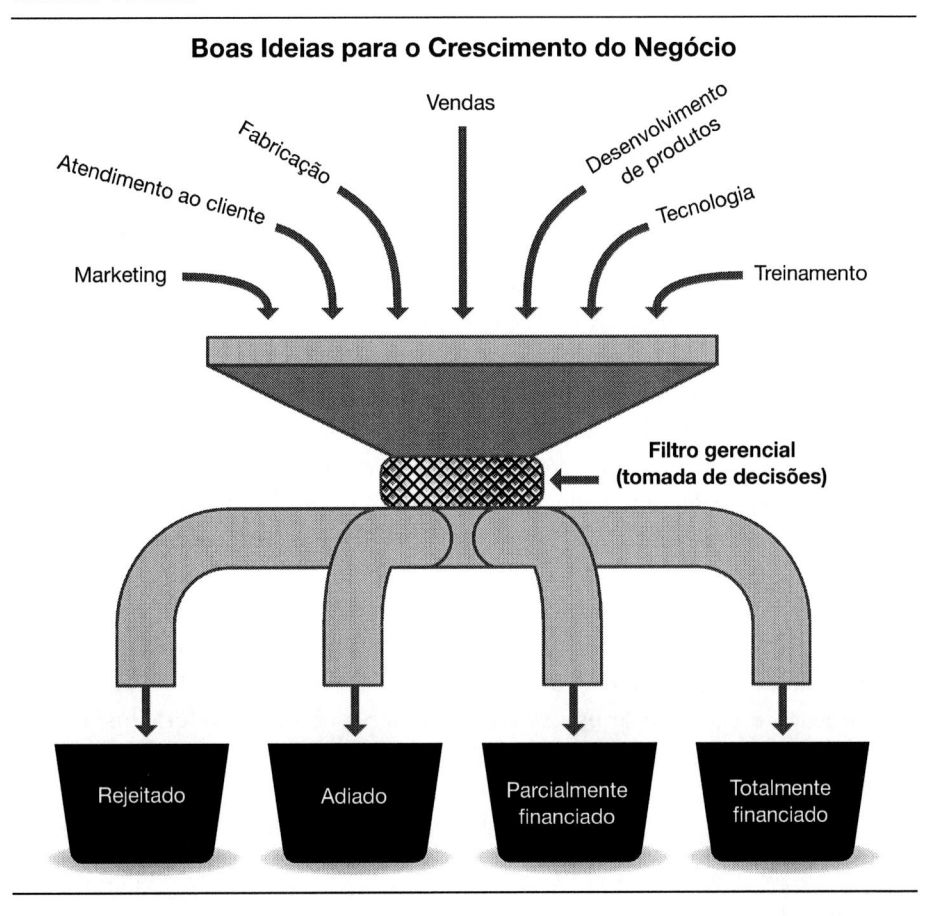

Boas Ideias para o Crescimento do Negócio

Entradas: Marketing, Atendimento ao cliente, Fabricação, Vendas, Desenvolvimento de produtos, Tecnologia, Treinamento

Filtro gerencial (tomada de decisões)

Saídas: Rejeitado | Adiado | Parcialmente financiado | Totalmente financiado

É verdade que demonstrar o valor do aprendizado *é* diferente de calcular o retorno de uma máquina. De fato, tentar aplicar a mesma tecnologia sem discernimento para ambos é um erro, mas é preciso dar provas de valor gerado. Como a organização de T&D consome recursos que poderiam ser alocados em outro lugar, ela tem que apresentar um caso convincente do benefício trazido.

O argumento apresentado para justificar o contínuo investimento em T&D precisa ser especialmente bem-articulado em épocas de restrições financeiras; é necessário projetar benefícios tangíveis de importância significativa para as metas da organização. Pedidos de financiamento que se baseiam em generalizações vagas ou simplesmente porque "treinamento é a coisa certa" provavelmente serão reduzidos ou eliminados.

A alta liderança quer dados confiáveis, convincentes e relevantes para apoiar a decisão de alocar recursos para treinamento em vez de destiná-los a outras oportunidades de investimento. E eles querem muito mais dados como esses do que a maioria das organizações de T&D oferece atualmente. Executivos querem que as organizações de T&D passem mais tempo estabelecendo elos de ligação com o negócio e medindo resultados do que o fazem hoje (Dilworth & Redding, 1999). Uma pesquisa com CEOs da *Fortune 500* verificou que os dados que os altos executivos mais querem da área de T&D são os relacionados à confirmação do seu impacto nos negócios da empresa (Phillips & Phillips, 2009), contudo, esse é o resultado menos mensurado (*American Society for Training and Development*, 2009).

Para descobrir o que CEOs realmente querem do treinamento e desenvolvimento, Rothwell e seus colegas entrevistaram mais de 100 CEOs e concluíram: "De acordo com a tendência de uma maior atribuição de responsabilidade em todas as atividades organizacionais, os CEOs querem confirmação de que a empresa está agregando valor aos seus investimentos em melhora de desempenho. Essa tendência não deve diminuir" (Rothwell, Lindholm & Wallick, 2003, p. 218).

Embora a gestão de algumas organizações ainda não tenha decidido tomar medidas com relação à eficácia do treinamento, é um erro esperar até que peçam que os resultados sejam documentados porque, de acordo com Daniel Tobin (1998): "Se você esperar até que o CEO peça um estudo de ROI para... tentar demonstrar como seu grupo de treinamento agrega valor para a companhia, será tarde demais – o CEO já decidiu reduzir drasticamente o seu orçamento ou eliminar o grupo por completo". Um bom método de registro do valor agregado é a melhor defesa para a manutenção do orçamento de T&D em épocas de restrições econômicas. Comece a documentar e a comunicar os resultados agora, para formar um forte histórico de contribuição, antes que isso seja posto em discussão.

"Os líderes buscam dados confiáveis, convincentes e relevantes."

Aperfeiçoamento contínuo

O segundo motivo para documentar os resultados é impulsionar o aperfeiçoamento contínuo. Na economia global de hoje, competitiva e sujeita a mudanças rápidas, nenhuma organização pode se dar ao luxo de ficar parada. Se sua organização não estiver progredindo lado a lado com a concorrência, ela vai ficar para trás.

A prática do aperfeiçoamento contínuo tem sua origem na produção industrial, tendo contribuído para grandes saltos em qualidade e, ao mesmo tempo, reduções de custo. Os princípios e métodos dessa prática foram aplicados posteriormente a outros processos de negócio com o mesmo sucesso. Jack Welch atribui uma porção significativa do excepcional sucesso da GE ao seu agressivo programa de aperfeiçoamento Six Sigma (Welch, 2005). A força de um ciclo contínuo de aperfeiçoamento é enorme. Em seu best-seller, *Good to Great*, Jim Collins (2001) comparou o processo de construção de uma grande corporação com o de virar um enorme volante de uma máquina: "Partir do bom e chegar ao melhor é o resultado de um processo acumulativo – passo a passo, ação por ação, decisão por decisão, giro por giro do volante – que leva a resultados duradouros e espetaculares" (p. 165).

Para que a área de treinamento e desenvolvimento permaneça relevante, competitiva e digna do investimento, as organizações de T&D precisam conseguir avanços contínuos tanto quanto outras áreas do negócio.

Modelo de aperfeiçoamento

Langley e colegas (1996) propuseram um modelo geral de aperfeiçoamento baseado em três questões centrais:

- O que estamos tentando conseguir?
- Como saberemos?
- Quais as opções?

A importância da primeira questão – O que estamos tentando conseguir? – é óbvia. A rota para o fracasso certo é não entender onde está o sucesso. Aprimorar o aprendizado – tornando-o mais eficiente e eficaz – começa na D1, onde se determina os resultados que os clientes do treinamento buscam atingir. A segunda questão – Como saberemos? – é o coração da D6 – Documentar os resultados. Sem algum sistema de acompanhamento e avaliação, é impossível saber se o programa está sendo eficaz e se as mudanças foram positivas, negativas ou supérfluas.

A terceira questão – Quais as opções? – desafia as organizações de T&D a desenvolverem ideias para tornar os programas ainda melhores. O pressuposto subjacente é que não importa o quanto um processo seja bom, sempre há um jeito de torná-lo melhor. Esse conceito é o cerne da *kaizen*, a filosofia de aperfeiçoamento contínuo por trás da espetacular ascensão da Toyota e de seu domínio de mercado (Liker, 2004).

Ciclo PFEA

O ciclo Planejamento-Execução-Verificação-Ação (PDCA) (Figura D6.2) foi desenvolvido pelo Dr. W. Edwards Deming, considerado por muitos como o pai do movimento moderno de qualidade. É uma ferramenta simples, mas poderosa, que deve ser aplicada nas iniciativas para o aperfeiçoamento contínuo do aprendizado. O ciclo PFEA é um processo infinito de planejamento e implementação de melhorias, medição do impacto causado e ação subsequente sobre os resultados para dar início ao próximo ciclo. Leitores astutos irão notar o paralelo entre o ciclo PFEA e as quatro fases da aprendizagem discutidas na D2, e entender por que adicionamos a Fase IV (avaliar o que foi realizado). Cada ciclo precisa de uma etapa de verificação para avaliar o progresso e orientar a próxima ação.

Figura D6.2
O ciclo de qualidade de Deming, Planejamento-Execução-Verificação-Ação

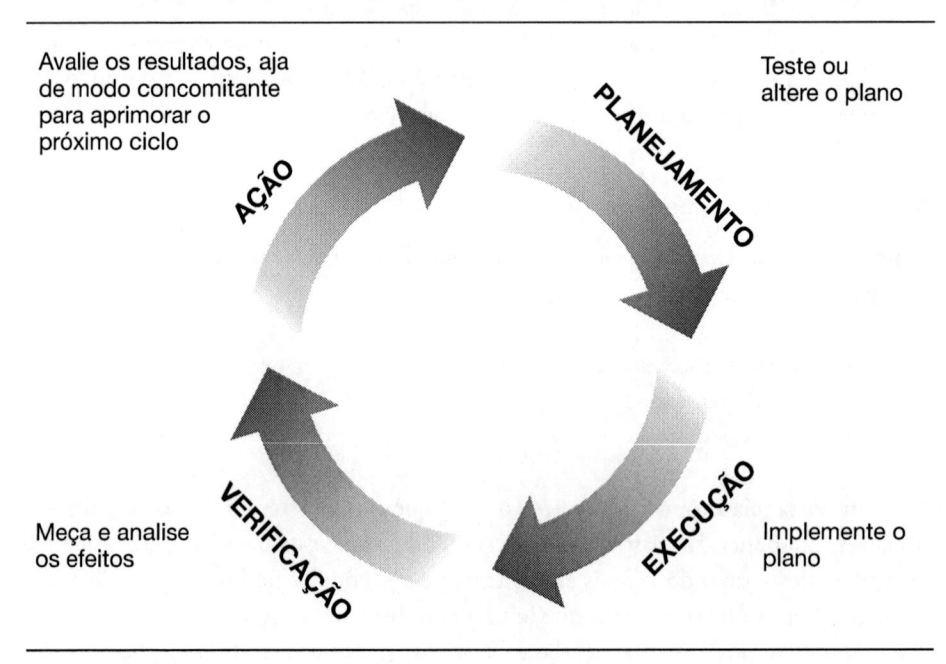

Avalie os resultados, aja de modo concomitante para aprimorar o próximo ciclo

Teste ou altere o plano

Meça e analise os efeitos

Implemente o plano

O Six Sigma usa um ciclo parecido, DMAIC (sigla em inglês equivalente a Definir, Medir, Analisar, Melhorar e Controlar) (Islam, 2006). Em ambos, a mensuração é o cerne. Eficácia e eficiência só podem ser aprimoradas por meio da avaliação rigorosa do rendimento atual, da implementação de ideias de melhoria, da mensuração do impacto e da repetição do ciclo. "Entendemos que a avaliação é a principal ferramenta dos líderes de aprendizagem para completar esta missão: construir e fortalecer competências de aprendizagem para que as organizações colham resultados cada vez melhores de seus investimentos em T&D" (Brinkerhoff & Apking, 2001, p. 165).

> "A avaliação é a principal ferramenta à disposição
> de líderes para o fortalecimento de competências."

Um exemplo prático desses princípios é o programa de desenvolvimento de liderança da *Humana*, cujas metas claras, planos de ação e resultados documentados foram usados para impulsionar melhoras nos ciclos subsequentes (ver Caso em Pauta D6.1).

O aperfeiçoamento contínuo depende de uma alimentação do sistema com avaliações precisas dos resultados. As primeiras tentativas são como disparos de artilharia. Os primeiros tiros são "disparos de reconhecimento". Depois de cada um, avalia-se o local do alvo e o local onde o tiro realmente acertou. Os resultados são usados para ajustar a mira antes do próximo disparo. A cada ciclo em que se mira, atira, mede e avalia, a precisão melhora. Com o tempo, todo tiro é certeiro, mas o ciclo de checagem e ajustes precisa continuar para garantir que eles continuem acertando o alvo conforme mudanças nas condições.

Agora, imagine os resultados de um pelotão de tiro que receba o melhor equipamento disponível, muita munição e um forte apoio da gestão, mas que esteja tão ocupado atirando que nunca se dê ao trabalho de ver onde seus disparos estão acertando. Os atiradores acompanham cuidadosamente o número de tiros, custo por tiro, o número de tiros por hora e assim por diante, mas não sabem se os tiros atingiram o alvo ou foram parar a um quilômetro de distância. Após cada disparo, eles ajustam a mira na direção que acham melhor, mas como não têm informações confiáveis quanto ao efeito nos resultados, acertam o alvo apenas ocasionalmente. Quando isso acontece, não conseguem repetir o tiro porque não sabem os fatores responsáveis pelo seu sucesso. Por falta de dados confiáveis sobre os resultados, são incapazes de melhorar a performance.

Infelizmente, muitos profissionais de educação corporativa estão em situação parecida. Eles sabem quais são as metas, recebem financiamento adequado e podem ajustar seus programas, mas não têm como saber se os resultados são relevantes – ou pior – têm disponíveis apenas medidas substitutas equivocadas que têm pouco a ver com acertar o alvo. Will Thalheimer afirma que a falta de métricas confiáveis impede o desenvolvimento profissional: "O fato é que recebemos muito pouco feedback válido sobre como estamos nos saindo enquanto profissionais de T&D. Simplesmente não recebemos feedback suficiente para melhorar a performance" (Thalheimer, 2008).

Caso em Pauta D6.1
Transformação na Humana, Inc.

Ray Vigil, CLO da *Humana, Inc.*, ajudou a liderar uma importante transformação na área de desenvolvimento de lideranças da empresa. Ele e sua equipe deram início às mudanças com uma meta em mente: o que os líderes precisam fazer de forma diferente e melhor para concretizar a visão organizacional e transformar a organização e a indústria.

Vigil também entendeu a necessidade de "fechar o ciclo", ou seja, colocar em funcionamento sistemas para medir e avaliar com rigor os resultados do programa para demonstrar que as metas estavam sendo alcançadas e dar apoio ao aperfeiçoamento contínuo. Ele explica: "Abordamos os 150 líderes principais do negócio e propusemos que passassem por um simulador em que tomariam decisões relacionadas a investimentos dentro de uma estratégia centrada no consumidor e no que realmente significavam na prática.

Ao final de cada sessão, pedíamos que selecionassem um plano de ação, que incluísse os resultados mensuráveis que seriam obtidos caso o plano fosse implementado. Após três ou quatro meses, voltamos e fizemos uma enquete perguntando quais desses planos de ação haviam sido implementados e se conseguiram identificar o valor gerado.

Economizamos cerca de $7 milhões. Portanto, conseguimos justificar o custo do programa em poucos meses. Também houve economias adicionais, que levarão um pouco mais de tempo para se concretizarem. No total, acreditamos ser possível chegar a pelo menos o dobro desse valor, assim que todos os resultados forem registrados.

Nosso foco é aplicar o aprendizado na prática. Esperamos que os participantes arrumam alguns itens pelas quais eles são responsáveis, façam mudanças e meçam os resultados. Deixamos claro que queremos fazer um follow-up, checar e ver como eles se saíram.

Fizemos algumas análises posteriores à ação para completar o ciclo e usamos o que aprendemos para propor uma segunda iteração. Embora a reação quanto à primeira simulação tenha sido bastante positiva, os participantes acharam a segunda ainda melhor. Seus comentários indicam que a simulação de fato vem alcançando o que queremos: fazer com que os líderes enxerguem o nosso negócio e os desafios que enfrentamos de uma forma diferente, saibam o que fazer a respeito e mudem seu comportamento".

D6 | O desafio da avaliação

Apesar de dúzias de livros sobre o assunto e inúmeros seminários sobre como medir os efeitos do aprendizado, isto ainda causa muita ansiedade para muitas organizações de T&D. Mais de um terço delas não estão satisfeitas com seus esforços de avaliação (Anderson, 2010; *American Society for Training and Development*, 2009). Em um estudo feito pela *Wharton School of Business*, executivos de T&D classificaram como seu desafio principal "a mensuração e comunicação de valor" (Betoff, 2007). Acreditamos que há três causas para isso:

- A primeira é a confusão entre métricas de processos internos e resultados reais.
- A segunda é o foco demasiado rápido em métodos ou tecnologias, sem análise suficiente do público, ambiente, propósito e políticas de avaliação.
- A terceira é uma profecia que se autorrealiza de que avaliação é muito difícil e cara, e não fornece resultados confiáveis, mesmo.

Resultados do negócio versus métricas do processo

Sejamos claros desde o início: a prática das 6Ds significa documentar *resultados*, não apenas métricas de treinamento. Por *resultados*, queremos dizer: *resultados* que sejam do *interesse do negócio*, e que tenham recebido uma contribuição concreta do *treinamento*.

Essa definição exclui muitas das métricas rotineiramente coletadas e relatadas pelas organizações de T&D, tais como número de participantes, avaliações de final de curso, autoavaliações, alinhamento, testes de conhecimento, taxas de conclusão, custo da entrega e assim por diante. Isso não significa que esses parâmetros não sejam úteis ou mesmo vitais para a gestão do processo de treinamento e de seu departamento. Por exemplo, apesar de as avaliações de reação não terem quase nenhuma correlação com os resultados verdadeiros (Alliger, Tannenbaum, Bennett, Traver & Shotland, 1997), elas ainda podem ser um importante processo de verificação *interna*. Como um CLO nos disse: "Se as pessoas odiarem o projeto-piloto, não irei desenvolvê-lo". Da mesma forma, um teste de conhecimento no fim do curso pode ser importante para cumprir uma exigência do regulamento, ou para assegurar que os participantes ao menos se lembrem do conteúdo, mas o aprendizado em si (avaliação do Nível 2) quase nunca é a meta real, é apenas um marco intermediário para a melhoria da performance (Figura D6.3). Curiosamente, o *U.S. Army Center for Lessons Learned* nem sequer considera que algo foi aprendido, *a não ser que isso resulte em uma mudança de comportamento* (Darling & Parry, 2001).

"A obtenção de resultados é o que interessa para o negócio."

Figura D6.3
Medições de aquisição de conhecimento e de competências quase nunca são as medidas que interessam para o negócio

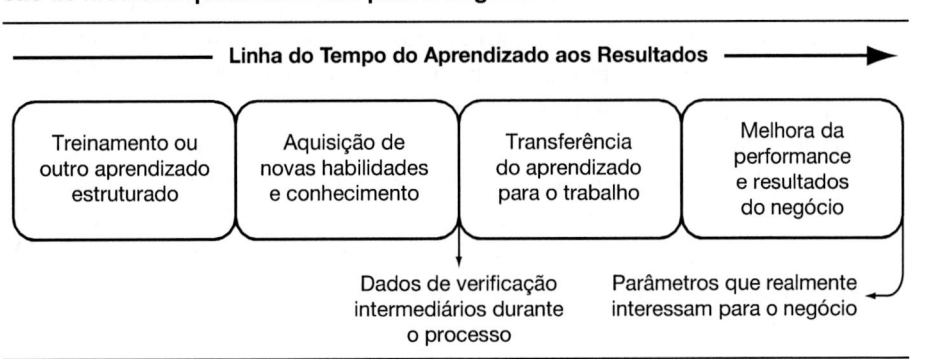

Linha do Tempo do Aprendizado aos Resultados →

| Treinamento ou outro aprendizado estruturado | Aquisição de novas habilidades e conhecimento | Transferência do aprendizado para o trabalho | Melhora da performance e resultados do negócio |

Dados de verificação intermediários durante o processo

Parâmetros que realmente interessam para o negócio

Por exemplo, se a "razão de ser" do programa for diminuir o número de acidentes por meio da redução de práticas de trabalho sem segurança, então provar que os praticantes *aprenderam* os procedimentos adequados não responde à pergunta: "O treinamento produziu o resultado esperado?" Conhecer o procedimento correto não é suficiente, "o conhecimento sobre aquilo que precisa ser feito com frequência não leva à ação ou ao comportamento consistente com esse conhecimento" (Pfeffer & Sutton, 2000, p. 4). Se o treinamento não levar a práticas de trabalho mais seguras e a um menor número de acidentes, qualquer aprendizado que possa ter ocorrido é irrelevante. (Sabemos que há casos nas indústrias altamente reguladas em que a única exigência é uma prova de frequência ou um teste de conhecimento. Nesses casos, a meta é cumprir com as exigências de regulamentação ou mitigar sentenças judiciais adversas. Assim, uma prova de conclusão satisfatória do curso atende às necessidades dos clientes, mesmo na ausência de qualquer indicação do seu impacto no trabalho.)

Nosso argumento é que, embora os parâmetros internos de aprendizagem, como satisfação do participante, alinhamento com o negócio, utilidade percebida ou até mesmo o montante aprendido, sejam essenciais para monitorar o processo, eles nunca devem ser confundidos com *resultados* ou apresentados como tal, pois quase nunca são os resultados que interessam. É possível fazer uma analogia com as checagens intermediárias nos processos de fabricação, essenciais para garantir que as peças individuais ou subsistemas montados estejam funcionando adequadamente. Mas essas medidas internas não importam para o cliente: sua única preocupação é que o produto final atenda suas expectativas. Ter 99% das verificações de processos classificadas como satisfatórias é irrelevante se o desempenho do produto final não for o esperado.

Uma vez que as empresas investem em treinamento e desenvolvimento com a meta de melhorar a performance, melhor performance é o "produto" esperado do treinamento. Essas expectativas podem incluir colaboradores que façam seu trabalho de forma mais eficiente ou eficaz; diminuir uma lacuna no desempenho; lançar um novo produto com sucesso; minimizar riscos; ou melhorar a satisfação do cliente. Ou seja, as únicas medidas que interessam para o negócio são as que respondem à questão: "O treinamento contribuiu para uma melhora da performance como era esperado?" Em outras palavras, houve "retorno sobre as expectativas?" (Kirkpatrick & Kirkpatrick, 2009). O fato de os participantes completarem o curso, a ele atribuírem um alto valor, ou mesmo terem aprendido muito, é irrelevante se a iniciativa não melhorar o desempenho das áreas-alvo.

Grande parte da confusão em torno da avaliação do impacto do aprendizado poderia ser solucionada por meio de uma distinção mais clara entre as medidas internas necessárias para gerenciar as funções relativas ao aprendizado e os resultados efetivos, ou seja, aqueles que importam para o negócio. Quando definimos a D6 como "documentar os resultados", estamos nos referindo somente a essas medidas (Tabela D6.1).

Assim, a primeira pergunta a ser feita sobre qualquer processo que se propõe a fazer uma medição – seja ele desenvolvido internamente, recomendado por um consultor, ou promovido pelo vendedor – é: "Isto aqui realmente mede o resultado para o qual o programa foi criado?" Se a resposta for "não" ou "não exatamente", então a medição não é um "resultado" e não deveria ser representada dessa forma.

Acreditamos que concentrar-se nos "*resultados* que são do *interesse do negócio*" é uma abordagem mais simples e eficiente do que falar sobre "níveis" de avaliação ou CBA, ROI, IOL, IOB, ou qualquer outra sopa de letrinhas introduzida nesse tipo de discussão nos últimos anos. Para alguns programas, a definição de sucesso é uma mudança no comportamento, para outros é uma melhor percepção por parte dos *stakeholders*, e para outros é uma medida quantitativa de impacto. É uma definição conjuntural, tal qual a liderança. O principal é mensurar o que importa para o cliente, levando a uma ação fundamentada.

> "Apoiadores querem ver evidências de melhora de desempenho, não parâmetros internos de treinamento."

Tabela D6.1
Exemplos de parâmetros internos de processos de aprendizagem *versus* resultados para os negócios

Parâmetros internos de processos de aprendizagem	Resultados para os negócios
• Número de participantes	• Melhorias documentadas em comportamentos positivos
• Cursos ministrados	• Aumento da produtividade
• Programas de ensino à distância	• Mais qualidade/menos erros
• Número de cursos concluídos	• Melhora da satisfação do cliente
• Número de horas de treinamento	• Maior envolvimento dos colaboradores
• Custos por programa, por participante ou por hora	• Redução de acidentes e tempo de inatividade
• Notas de avaliação	• Menor tempo para atingir produtividade
• Índices de satisfação	• Produtos melhores
• Índices de utilidade	• Menor custo de produção
• Alinhamento percebido	• Aumento na eficácia das vendas

Finalidades versus *meios*

Em D1 – Determinar os resultados para o negócio, apontamos como uma das armadilhas para o treinamento o problema "meios *versus* finalidades". Muitas organizações de T&D caem em uma armadilha similar quando se trata de avaliação, ou seja, escolher o processo antes de definir com clareza seu propósito. Grande parte da discussão sobre avaliação rapidamente se transforma em um debate entre este ou aquele método, se são quatro ou cinco ou seis níveis, ou nenhum. Em última instância, é claro, é preciso ter um método para fazer uma avaliação, mas os meios devem servir aos fins, e não o *oposto*. Nossa preocupação é que o método parece ter se tornado mais importante. O antídoto, descrito a seguir, é voltar a algumas diretrizes básicas e deixar a forma seguir a função.

Profecia autorrealizada

Em seu livro muito aclamado, *Mindset* (2006), Carol Dweck, psicóloga da Universidade de Stanford, cita centenas de estudos que demonstram, em campos tão diversos quanto negócios, educação, esportes, liderança, e até amor, como é poderosa a influência do modo de pensar de uma pessoa sobre o resultado. As pessoas que têm o que Dweck chama de "modo fixo de pensar" acreditam que as habilidades são fixas. Assim, há muitas coisas que elas simplesmente não conseguem fazer ou aprender. Por outro lado, pessoas com uma "mentalidade de desenvolvimento", acreditam que os seres humanos têm uma capacidade quase infinita para o crescimento e, como tal, estão convencidas de que praticamente qualquer coisa pode ser aprendida e dominada mediante interesse e esforço suficiente.

Uma série de experiências ilustra de que forma a mentalidade age no treinamento e desenvolvimento corporativo. Em uma pesquisa (Kray & Haselhuhn, 2007), metade dos participantes de um curso de habilidades de negociação leu um documento intitulado "Habilidades de negociação, assim como gesso, se mantêm estáveis ao longo do tempo". A outra metade leu "Habilidades de negociação são dinâmicas e podem ser desenvolvidas". A seguir, os participantes puderam escolher uma entre duas tarefas de negociação. A primeira opção lhes dava a possibilidade de demonstrar o que eles já sabiam, porém nesse caso não aprenderiam nada de novo. Já a segunda tarefa era mais difícil: eles poderiam se confundir e cometer erros, mas aprenderiam algumas habilidades de negociação bastante úteis. Enquanto 88% dos participantes que leram o documento com o tom "habilidades podem ser desenvolvidas" escolheram a tarefa "vamos errar e aprender", apenas metade dos estudantes que leram que "habilidade é fixa" fizeram essa escolha. Quando a real habilidade de negociação foi avaliada em um estudo posterior, aqueles que acreditavam poder aprender e desenvolver-se foram claramente os vencedores: "Aqueles que absorveram a mentalidade de desenvolvimento a perseveraram durante as dificuldades e impasses, obtendo resultados mais favoráveis" (Dweck, 2006, p. 138). Em outras palavras, tanto os participantes que acreditavam poder melhorar sua capacidade de negociação quanto aqueles que acreditavam que isso não era possível estavam certos.

O que isso tem a ver com a avaliação do aprendizado? A *American Society for Training and Development* (Sociedade Americana de Treinamento e Desenvolvimento – ASTD) faz uma observação interessante em seu estudo de 2009 sobre avaliação: "Devemos notar, contudo, que deve haver um problema de profecia autorrealizada aqui. As empresas que desistem de fazer uma avaliação por não conseguirem dar provas dos resultados obtidos podem muito bem estar sabotando sua própria eficiência em termos de aprendizagem. Afinal, os dados deste estudo mostram uma correlação negativa significativa entre o quanto os participantes consideram isso uma barreira, e a eficiência de sua própria avaliação do aprendizado" (American Society for Training and Development, 2009, p. 25). Em outras palavras, na condição de profissionais de T&D, possivelmente falamos, escrevemos e lemos tanto sobre como é difícil fazer uma boa avaliação, que passamos a acreditar nisso. Podemos ter criado uma mentalidade coletiva estagnada que nos impede até mesmo de tentar, experimentar, aprender e desenvolver nossas habilidades de avaliação.

"Pode haver aqui um problema de profecia que se autorrealiza."

Conforme discutiremos a seguir, temos uma mentalidade de desenvolvimento em relação à avaliação. Acreditamos que a capacidade de avaliação pode ser aprendida e que há inúmeras oportunidades para melhorar as práticas atuais. Estamos convencidos de que toda organização de T&D pode começar a medir resultados significativos. Claro, cometeremos alguns erros pelo do caminho, mas é assim que aprenderemos e cresceremos como profissionais. Fazer uma avaliação não é assim tão difícil, basta começar com alguns princípios básicos, aplicar o bom senso e pedir ajuda quando necessário.

D6 Diretrizes

Os seguintes princípios básicos simplificam a tarefa de decidir como avaliar melhor os resultados dos programas de T&D. Uma avaliação eficaz é:

- Relevante
- Crível
- Convincente
- Eficiente

A eficiência deve sempre ser considerada por último porque ela só interessa se os outros três princípios forem satisfeitos. Em outras palavras, medir rapidamente a coisa errada não é eficiente. Ou, como afirmou Drucker: "Não há nada mais inútil do que fazer com eficiência algo que não deveria ter sequer sido feito".

Esses quatro critérios devem ser os alicerces de qualquer plano para avaliar os resultados de um treinamento. Eles separaram o joio do trigo e orientam escolhas, mesmo que não definam especificamente as perguntas, timing, coleta de dados ou técnicas analíticas a serem empregadas. Considerando a variedade de assuntos cobertos pela educação corporativa, as diferentes metas envolvidas, e a gama de habilidades ensinadas e de efeitos esperados, simplesmente não pode existir uma abordagem única para avaliar todos os programas de treinamento. Ou, como disse H. L. Mencken: "Para cada problema complexo, existe uma resposta objetiva, simples e errada".

Apesar de acreditarmos não ser possível reduzir a avaliação do treinamento a uma simples solução *"plug and play"*, estamos convencidos de que a abordagem fundamentada nos princípios a seguir irá melhorar dramaticamente a credibilidade, confiabilidade e utilidade da documentação de resultados.

Avaliação eficaz

Definimos avaliação *eficaz* como uma avaliação que forneça *provas concretas* que apoiem *decisões embasadas* com vistas aos interesses da organização. Uma avaliação não é eficaz se não for confiável, se não fornecer informações, se não influenciar as decisões, ou se levar a decisões errôneas e prejudiciais. Avaliações eficazes sempre atingem um propósito duplo: *provam* (com um nível adequado de certeza) que o programa atingiu (ou não) o resultado esperado e fornecem *insights* para aprimorar os cursos ou iterações posteriores. Fornecem o que Berson chama de "informação acionável" (2008b, p. 13). Para conseguir isso, a avaliação do programa de treinamento deve ser relevante, crível, convincente e – cumpridas essas três condições – eficiente.

Relevante

O primeiro critério para uma avaliação eficaz é medir o que é relevante. Relevância tem dois aspectos: os parâmetros devem ser relevantes com relação as metas do programa e precisam ser consideradas relevantes pelo cliente.

Relevância em Relação as Metas do Programa O primeiro aspecto da relevância é mensurar o que reflete as metas do programa. Isso parece tão óbvio que ficamos um pouco envergonhados de mencionar esse aspecto, não fosse a frequência com que ele é ignorado.

O erro mais comum é usar dados de reações positivas como provas do sucesso do programa. A reação positiva seria uma medida de resultado apropriada se a única meta do programa fosse divertir as pessoas. Exageramos nesse argumento só para provocar reações, porém programas de treinamento e desenvolvimento não são financiados como entretenimento, e sim para resolver problemas do negócio, aproveitar oportunidades, melhorar serviços, aumentar a eficiência, ou melhorar a produtividade dos participantes de alguma outra maneira.

As medidas *relevantes*, portanto, são se o programa de treinamento e o ambiente de transferência alcançaram esses fins, e não se o programa propriamente dito foi divertido e informativo. Dados fundamentados em reações, especialmente percepções de utilidade, *podem* ser parâmetros internos úteis, mas eles não são medidas relevantes da eficácia do programa. A maior preocupação é que maximizar reações favoráveis pode, na verdade, não otimizar os resultados reais (Caso em Pauta D6.2).

> "Aquilo que é medido precisa refletir as metas do programa."

Exemplos Quais métricas são relevantes? Algumas analogias podem ajudar. Se sua empresa desenvolveu um novo aparelho que os engenheiros declaram usar apenas metade da energia que o aparelho da concorrência usa, é óbvia a maneira de comprovar a alegação: medir e comparar a eletricidade consumida pelos dois modelos. Se você quiser asseverar que o seu atendimento ao cliente é o melhor que existe, a mensuração adequada é óbvia: pedir que os clientes classifiquem seu serviço e o de seus concorrentes. Se você atuar no setor farmacêutico e quiser afirmar que desenvolveu um tratamento para a gripe, é claro que precisará tratar um monte de gente com gripe e obter dados relevantes, como duração da enfermidade, número de complicações, gravidade dos sintomas e assim por diante.

A metodologia empregada e os parâmetros específicos de mensuração são diferentes para cada um dos casos acima, mas o princípio é o mesmo: é preciso *medir o que se alega*. Não basta dizer: "Sabemos que funciona". Também não basta perguntar às pessoas se elas acham que o aparelho usa menos eletricidade ou se o remédio irá ajudá-las a melhorar mais rapidamente. No primeiro caso, você pode acabar em uma disputa legal com seu concorrente; no segundo, jamais obteria aprovação para produzir sua medicação.

Caso em Pauta D6.2
Melhor pontuação em reação pode não ser o melhor

Uma companhia europeia de tecnologia estava tendo sérios problemas com um de seus instrutores. Ele recebia avaliações fracas no questionário de fim de curso, que perguntava, em essência: "O que você achou do instrutor?" e "Você acha que ele foi eficaz?", então, a empresa consultou Neil Rackman, autor do best-seller *SPIN Selling*. Ao analisar o problema, obteve resultados surpreendentes.

Quando o parâmetro medido se referia aos ganhos de aprendizado para os participantes, o instrutor mal avaliado estava na verdade entre os melhores da equipe. "No final das contas", concluiu Rackman, "as folhas de avaliação do Nível I haviam dado aos gestores uma impressão completamente errada" (citado por Boehle, 2006).

A história de Rackman foi corroborada pelo trabalho de Roger Chevalier na *Imobiliária Century 21*. Chevalier e sua equipe acompanharam a trajetória de formandos de cada um dos cursos utilizando indicadores de resultados para o negócio (número de propriedades listadas, vendas e comissões geradas após o treinamento). Descobriu-se que um instrutor, classificado em penúltimo lugar entre todos os instrutores pelos participantes nas pesquisas de satisfação de Nível I, era, na verdade, um dos mais eficazes em termos do desempenho dos participantes nos primeiros três meses após o curso. De acordo com Chevalier: "Havia muito pouca correlação entre as avaliações de Nível I e o desempenho das pessoas em campo" (citado em Boehle, 2006).

Por que essa discrepância? Porque quando o critério é desempenho no trabalho, as coisas que tornam um instrutor eficaz (exigir participação em dramatizações, desafiar os participantes a pensar, dar feedback direto e meta) não o tornam necessariamente popular.

Por outro lado, ações que fazem subir a pontuação de reação ao instrutor não são necessariamente as que promovem aprendizagem ou sua aplicação prática. Uma empresa de treinamento relatou a seguinte experiência: haviam assinado um contrato por meio do qual o cliente pagaria um bônus se os escores de reação ultrapassassem um determinado limiar. Eles estavam recebendo o bônus de maneira consistente, mas, por vontade própria, disseram ao cliente que o contrato deveria ser renegociado. Admitiram estar diluindo o conteúdo do programa e diminuindo o rigor da aula para favorecer os escores de reação e receber o bônus pela boa avaliação.

Ou seja, "você recebe o que mede". Só que obter a mais alta classificação em termos de reação não é exatamente o mesmo que extrair o maior valor possível do treinamento.

Por que essa analogia com treinamento? Fundamentalmente, o treinamento confirma duas coisas:

1. Os colaboradores que participarem de um programa de treinamento apresentarão um desempenho melhor do que se não tivessem recebido nenhum treinamento.
2. O benefício para a organização superará o custo do treinamento.

Assim como nas analogias citadas, as métricas adequadas e respectivos métodos de coleta dependem do tipo de proposição. Quando se trata de treinamento, são os resultados específicos que o programa foi desenvolvido para atingir – o que as pessoas deveriam fazer melhor e diferentemente – e os efeitos que deveria produzir. Mais uma vez, é necessário usar parâmetros diretamente relacionados com o que se propõe. Se o programa foi desenvolvido a fim de melhorar algum aspecto do atendimento ao cliente, não se pode afirmar que ele foi eficaz a não ser que se registrem mudanças nesse sentido. Se o intuito do programa era melhorar a segurança, então é preciso mensurar mudanças nas práticas de segurança ou resultados nas áreas abordadas pelo programa. Se for um programa para melhorar a eficácia da liderança, então é necessário encontrar e coletar parâmetros de eficácia de liderança considerados relevantes e críveis n*a organização em questão* (ver Caso em Pauta D6.3).

Relevância para o Cliente   A "Voz do Cliente" é um preceito fundamental da metodologia de melhoria de qualidade *Six Sigma* (Islam, 2006, p. 19). A ideia é que, no final das contas, é o cliente quem decide se um determinado produto ou serviço atende às expectativas. Não importa o quanto uma empresa pense que é boa; o importante é saber se os clientes acham que o que está sendo fornecido satisfaz suas necessidades e vontades e, por consequência, se estão dispostos a pagar por isso.

O mesmo princípio se aplica à avaliação de programas. Não importa se o departamento de treinamento considera sua avaliação boa e convincente; o que importa é se ela vai ao encontro das necessidades e vontades do cliente – se a avaliação é relevante para ele. Para organizações de T&D, "clientes" são as pessoas que tomam decisões sobre orçamentos, já que decidem se "compram" ou não o que o treinamento oferece.

"Os clientes decidem se suas expectativas foram atendidas ou não."

Caso em Pauta D6.3
Funcionou?

Babcock & Wilcox, uma respeitada fornecedora de soluções para o setor de energia, defrontou-se com um desafio: 65% de sua alta liderança estava prestes a se aposentar, em cinco ou dez anos. Era, portanto, fundamental desenvolver a próxima geração de líderes antes que muito do conhecimento tácito e da experiência da atual gestão fosse perdido. A solução foi o programa *Leader to Leader*, desenvolvido em colaboração com Dave Schrader da LeadingWork.

Dentre as atividades desta longa e inovadora jornada de liderança com oito meses de duração estavam:

- Uma série de quatro workshops utilizando feedback 360 graus, palestras, pequenos trabalhos em grupo e participação em exercícios sobre liderança, coaching e desenvolvimento de novos líderes.
- Equipes contínuas de coaching, formadas por colegas, para reforçar a atribuição de responsabilidade e o apoio aos resultados.
- Projetos de action learning para aplicação dos conceitos e competências às atribuições usuais dos participantes.
- Um sistema on-line de apoio à performance (*DevelopmentEngine*) para acelerar a transferência do aprendizado e garantir resultados.

Considerando o tamanho do investimento e a importância estratégica do projeto para a empresa, a alta gestão estava muito interessada em saber se a abordagem estava funcionando, e buscou feedback junto aos participantes, seus gestores e seus subordinados. Sua linha de raciocínio dizia que, se o programa estivesse realmente melhorando a eficácia da liderança, as pessoas trabalhando com e para os líderes notariam a diferença e seriam capazes de dar exemplos específicos de mudanças. Os dados foram coletados por meio de enquetes, entrevistas e análise dos registros do *DevelopmentEngine*.

Os resultados foram excelentes. Muitos dos participantes do programa ocupavam posições de gerência há anos, e mesmo assim:

- 62% foram considerados, por seus subordinados diretos, como líderes mais eficientes após o programa.

- 43% foram considerados mais eficientes no desenvolvimento de seus próprios relatórios.
- 100% se auto-avaliaram considerando-se mais eficientes de maneira geral.

Fora isso, diversas "histórias de sucesso" deram exemplos específicos sobre como os participantes estavam usando o seu novo conhecimento e competências para melhorar tanto a sua performance pessoal quanto a de seu departamento ou setor.

Os resultados da pesquisa forneceram provas relevantes, críveis e convincentes sobre o valor do programa para a alta gestão, que posteriormente deu ordem para sua continuidade e expansão (Sturm & Schrader, 2007).

Entender o "que o cliente tem a dizer" é prerrequisito para o desenvolvimento tanto de um bom treinamento quanto de uma avaliação eficiente, motivo pelo qual demos tanta ênfase à abordagem consultiva da D1 – Determinar os resultados para o negócio. O melhor momento para "ouvir o que o cliente tem a dizer" – ter um diálogo proveitoso sobre o que constitui sucesso e provas plausíveis – é *antes* de o programa ser criado. Se isso não aconteceu, o segundo melhor momento é *antes* de a avaliação ser conduzida. Nada é mais trágico, causa mais desperdício de recursos, ou é mais prejudicial à reputação do treinamento do que fazer uma avaliação minuciosa para descobrir, somente após o fato, que a abordagem escolhida não era a que o cliente queria ou valorizava (ver Caso em Pauta D6.4).

Ouvir o cliente não significa, entretanto, que profissionais de treinamento e desenvolvimento devam seguir cegamente qualquer ordem do cliente ou conduzir uma avaliação inválida ou aquém do ideal. De fato, uma parte fundamental da função de um consultor de confiança é sustentar um ponto de vista com conhecimento e profissionalismo (Maister, Green & Galford, 2000, p. 198), discutindo com calma os pontos fortes e fracos da abordagem sugerida em um *diálogo* com o(s) stakeholder(s), e propondo alternativas quando necessário.

Um Resumo da Relevância Relevância é a *condição essencial* de qualquer avaliação eficaz. Para garantir a relevância da avaliação, ao desenvolvê-la sempre ouça o que o cliente tem a dizer e nunca imponha uma linguagem ou metodologia que o cliente não considere pertinente. Por conseguinte, a resposta à pergunta '*o que* medir para avaliar o impacto de um treinamento' é simples e direta: aquilo que for relevante para o cliente e refletir o que o programa prometeu fazer.

"A voz do cliente sempre se fará ouvir."

Caso em Pauta D6.4
A opinião do cliente... tarde demais

Uma grande empresa da indústria automobilística gastou por volta de $100.000 para avaliar o ROI de um de seus programas. Os resultados foram muito impressionantes, sugerindo um retorno multiplicado várias vezes. O departamento de treinamento estava exultante... quer dizer, até os resultados serem apresentados para a gestão. O Diretor Financeiro deu uma olhada nos dados e disse: "Não é assim que eu defino ROI; esses dados não servem para nada".

A moral da história não é se a metodologia usada estava certa ou errada *na teoria*. O fato é que não era a abordagem certa *para aquela situação*. Antes de dar início à pesquisa, eles deveriam ter ouvido o que o cliente tinha a dizer e confirmado com a administração se a abordagem proposta e os resultados que seriam medidos – bons, maus ou indiferentes – seriam vistos como relevantes ou críveis.

O cliente sempre se fará ouvir, é apenas uma questão de tempo. O melhor é ouvi-lo logo de início, antes de empreender tempo, recursos financeiros e esforços para fazer uma pesquisa, e não depois, quando será tarde demais.

Crível

O segundo critério para uma avaliação eficaz é que o público-alvo deve considerar os dados, análises e conclusões *críveis:* confiáveis ou plausíveis.

Uma avaliação crível possui cinco atributos. Ela deve ser:

- Inteligível
- Sensata
- Justa
- Rigorosa
- De fonte confiável

Inteligível O público-alvo precisa entender uma avaliação para considerá-la crível. As pessoas não dão crédito a coisas que não entendem, ninguém gosta de se sentir "no escuro". Quando não entendem a forma como uma avaliação foi feita ou explicada, os indivíduos tendem a colocá-la em dúvida. O termo "público-alvo" é a chave. O que é apropriado – ou até exigido – para dar credibilidade a uma publicação acadêmica pode ser ininteligível e contraproducente em um cenário de negócios. Para garantir a inteligibilidade:

- Use a abordagem mais objetiva para questão.
- Evite arquiteturas muito complexas ou técnicas analíticas antigas, a não ser que seja absolutamente necessário.
- Use termos e conceitos familiares aos líderes do negócio e evite jargões de T&D.

Sensata Na literatura de avaliação, isso também é conhecido como validade aparente. No vernáculo, é também conhecido como "teste de faro". Ao receber os resultados de uma avaliação, um líder rapidamente forma uma opinião sobre o quanto é "razoável". A abordagem utilizada parece ser uma forma razoável de se responder à questão?

Fez sentido reunir estes dados, desta forma, a partir destas fontes? As conclusões seguem uma lógica? As afirmações parecem ser boas demais para ser verdade?

A última pergunta aponta para um paradoxo interessante: quanto melhor o resultado, maior o nível de ceticismo e maior o ônus da prova requerido para que seja aceito como "verdade". Um dos paradoxos de cálculos ROI de T&D é que eles são tão melhores que os resultados convencionais (muitas vezes alegando retornos acima de 100%) que restringem sua credibilidade junto à gestão.

Justa A liderança é treinada para ser cética e analítica e procurará por qualquer indício de parcialidade intencional ou afirmação enganosa. Líderes irão se perguntar: a avaliação foi imparcial ou a pesquisa foi obviamente distorcida para preservar a imagem da organização de T&D? Uma avaliação equilibrada e imparcial gera credibilidade, ao passo que uma análise que é percebida como uma fraude acaba por destruí-la e compromete sua eficácia.

Rigorosa A avaliação precisa ser rigorosa o suficiente para ser crível. Líderes estão acostumados com um alto grau de rigor nas análises financeiras, planos estratégicos, pesquisas de mercado, entre outros relatórios que analisam. Uma análise superficial ou amadora será rejeitada de antemão. O uso da expressão "o suficiente" é proposital para chamar a atenção para o fato de que este é outro atributo relativo, que depende do público e da cultura, e para o qual, portanto, é impossível estabelecer um critério exato.

Por que não se esforçar sempre pelo nível mais alto de rigor? Porque uma avaliação leva tempo e custa dinheiro. De fato, a falta de tempo e recursos são desculpas frequentes para não fazer a documentação dos resultados de T&D com mais frequência. Portanto, a avaliação deve ser feita apenas com o nível de rigor necessário para tirar conclusões razoavelmente válidas e satisfazer o público-alvo. Nem todo estudo pode e deve ser feito nos padrões de uma tese de doutorado. Carly Fiorina prefere a expressão "perfeito o suficiente" (Anders, 2003). Rob Brinkerhoff sugere aplicar o padrão legal: "além de dúvida razoável" (Brinkerhoff, 2006, p. 9). Em outras palavras, não é preciso provar a eficácia do treinamento frente a *qualquer* dúvida, mas somente no nível de rigor necessário para que a gestão tome decisões com confiança. O estudo ASTD 2009 aconselha: "As empresas não deveriam tentar provar que uma experiência de aprendizagem afeta os resultados, mas sim mostrar que, dada a preponderância de provas em seu favor, é provável que isso aconteça". É provável que nunca se consiga prova absoluta de nada, até mesmo nas ciências mais "exatas".

> "A avaliação deve ser feita somente com o nível
> de rigor necessário para tirar conclusões válidas."

De Fonte Confiável   Por último, a credibilidade de uma avaliação é bastante influenciada pela reputação de sua fonte. Ou, como reza a Primeira Lei de Liderança de Kouzes – Posner: "Se você não acreditar no mensageiro, não acreditará na mensagem" (Kouzes & Posner, 2007, p. 38). Na D2, discutimos como é surpreendente o grau de influência dos preconceitos de um participante em relação ao seu instrutor. O mesmo efeito ocorre quando os gestores avaliam relatórios e propostas. Sob condições equivalentes, um relatório de uma fonte considerada confiável terá mais credibilidade do que o mesmo relatório provindo de uma fonte desconhecida ou pouco confiável.

Portanto, outro motivo importante para documentar resultados reais é construir e manter a credibilidade e autoridade da organização de T&D. Conquistar uma reputação leva tempo. Mantê-la requer cuidado constante: "Credibilidade é um dos atributos mais difíceis de serem conquistados, e é a mais frágil das qualidades humanas. Ela é conquistada minuto a minuto, hora após hora, mês após mês e ano após ano, mas pode ser perdida em um instante..." (Kouzes & Posner, 1990, p. 24). Para conseguir um lugar ao sol, uma voz em discussões estratégicas e os recursos necessários para completar sua missão, a função de T&D precisa consistentemente apresentar provas críveis de seu impacto.

Um Resumo da Credibilidade   Para ser eficaz, a avaliação de um programa – a documentação de seus resultados – precisa, em primeiro lugar e acima de tudo, ser crível. Para tanto, o público-alvo tem que entendê-la, ela não pode conter parcialidades óbvias ou práticas enganosas, deve parecer sensata (validade aparente); ser rigorosa em relação à grandeza e importância da decisão a ser tomada; e vir de uma fonte respeitável.

Convincente

O terceiro atributo de uma avaliação realmente eficaz é que ela seja *convincente* em relação a uma ação específica: por exemplo, para dar continuidade, expandir, analisar ou descontinuar uma iniciativa em particular. Mesmo se a avaliação for relevante e crível, portanto cumprindo os dois primeiros critérios, ela ainda pode ser malsucedida se não for suficientemente convincente.

Então, o que torna um caso convincente? No mínimo ele é:

- Memorável
- Impactante
- Conciso

Memorável   As principais conclusões precisam ser memoráveis para convencer os decisores a seguir o curso recomendado de ação. É preciso ter certeza de que as mensagens principais estarão na ponta da língua no momento crucial da decisão.

Mas a liderança, assim como todos nós, é constantemente bombardeada por centenas de mensagens (muitas vezes conflitantes), a maioria delas imediatamente esquecida; somente algumas poucas perduram. É preciso garantir que sua mensagem perdure e que seja lembrada sobrepondo-se ao ruído.

No seu best-seller, *Made to Stick*, Chip e Dan Heath (2008) se dispuseram a responder à pergunta: "Por que algumas mensagens ficam, enquanto outras se vão?" Após um exame de uma infinidade de mensagens que ficam – das lendas urbanas a Fábulas de Esopo, e até analogias científicas – eles concluíram que as mensagens memoráveis possuem seis atributos (p. 16). Elas são:

- Simples
- Inesperadas
- Concretas
- Críveis
- Emocionais
- Na forma de histórias

Esses atributos contrastam muito com as típicas apresentações e relatórios corporativos, que tendem a ser complexos, previsíveis, abstratos, maçantes e isentos de histórias. Após investir tempo e energia coletando, compilando e analisando toneladas de dados, o impulso natural de qualquer um é o de montar um grande e detalhado relatório, imprimi-lo, encaderná-lo e enviá-lo para a alta gestão. Esse é um grande erro. Poucos lerão o relatório, e um número ainda menor se lembrará das mensagens principais nele contidas. Sullivan observou sem rodeios: "A maioria dos relatórios de desenvolvimento são longos e monótonos demais, além de simplesmente entediantes" (Sullivan, 2005, p. 282).

> "A maioria dos relatórios de desenvolvimento são longos e monótonos demais, além de simplesmente entediantes."

Para criar uma avaliação convincente:

1. *Simplifique.* Certifique-se de que exista uma recomendação simples, clara e objetiva, partindo da análise.
2. *Surpreenda.* Encontre um ângulo ou elemento inesperado, se houver algum, ou apresente a informação de forma inusitada. Entretanto, use esta abordagem com cuidado: existe uma linha tênue entre apresentar uma informação de forma interessante e inesperada, e ser considerada "enigmática" ou astuta demais para ser levada a sério. O ponto onde passa essa linha depende da cultura da empresa, algumas são bem mais tolerantes a abordagens novas do que outras.

3. *Use histórias para tornar os resultados concretos, emocionalmente interessantes e memoráveis.* A história de um resultado surpreendente satisfaz ao mesmo tempo dois critérios para perdurar – mostrar algo *inesperado* e *na forma de história*. Mesmo se as métricas quantitativas forem sólidas, selecione e inclua algumas histórias para torná-las memoráveis (ver Caso em Pauta D6.5).

Caso em Pauta D6.5
Números demais, histórias de menos

Cometemos o erro de sermos muito formais e científicos em um de nossos primeiros trabalhos como consultores. Fomos chamados para ajudar uma empresa a avaliar as repercussões de uma importante iniciativa de treinamento/gestão de mudanças. Para ajudar a medir os resultados, pedimos aos participantes exemplos dos resultados alcançados, caso houvesse, usando o que haviam aprendido.

Juntamos centenas de exemplos ricos, detalhados, específicos e concretos de como o treinamento havia ajudado a acelerar o processo, eliminado desperdício, encantado clientes e assim por diante. Com ajuda do departamento financeiro, atribuímos valores plausíveis aos resultados e os comparamos com os custos do programa. O ROI era impressionante. Então preparamos o que achávamos ser uma série de gráficos, tabelas e slides eloquentes. *Mas não incluímos histórias.*

Por fim, a apresentação foi feita para o conselho de administração dessa empresa da *Fortune 50*, e eles ficaram bastante impressionados, mas é provável que nenhum deles se lembrasse de um único gráfico ou estatística no dia seguinte. Contudo, se tivéssemos contado algumas das incríveis histórias de sucesso, elas provavelmente ainda estariam sendo recontadas, mesmo anos depois. É esse o poder de uma história.

A moral é que, embora uma história não substitua a análise quantitativa, ela representa o fermento que transforma uma apresentação insossa em uma memorável.

Na área de negócios, tende-se a deixar as histórias de lado por serem triviais, anedóticas e sem seriedade suficiente para serem incluídas em relatórios ou apresentações para a liderança (Denning, 2005). Esse é um erro grave. Elas transportam as pessoas do que é conhecido para o que é memorável (ver D3). A identificação, coleta, validação e uso de histórias que "valem a pena ser contadas" é o cerne do Método de Avaliação de Casos de Sucesso para documentar resultados, e "contar histórias de treinamento" de uma forma memorável e convincente (Brinkerhoff, 2003, p. 19).

O ponto principal é que, independentemente dos outros dados coletados e métodos de análise usados, busque oportunidades para incluir histórias ilustrativas que tornem a mensagem memorável.

Impactante Uma argumentação persuasiva em favor de um treinamento exerce influência sobre aqueles que a leem ou escutam. Inclua um claro "chamado para a ação": o que se espera que o público faça como resultado do treinamento. Impacto é uma questão de conteúdo e estilo. Ter conteúdo é um prerrequisito, a análise precisa demonstrar resultados significativos e estratégicos o suficiente para chamar a atenção das pessoas. Para criar um argumento convincente, primeiro é preciso ter dados, depois demonstrar que as consequências de se empreender (ou não) a ação proposta trarão repercussões significativas junto a quem decide.

Estilo tem a ver com a forma como a mensagem é transmitida. É preciso que seja persuasiva, levando as pessoas a agir (ver Caso em Pauta D6.6). Em outras palavras, é preciso uma comunicação na mesma língua e a respeito do que mais importa. Não subestime suas descobertas, pense no que mais importa para o público-alvo e enfatize esses aspectos (ver *Vender o peixe,* na p. 313). É um desastre ter em mãos resultados significativos e não conseguir comunicá-los com impacto.

Caso em Pauta D6.6
Dados são convincentes

A missão da Universidade Steelcase é "promover os mais altos níveis de performance organizacional e individual, levando ao sucesso nos negócios". Por reconhecer a importância do apoio da gestão para concretizar sua missão, a Steelcase U começou a acompanhar o nível de envolvimento gerencial (discussões pré e pós-curso entre gestores e participantes do programa) e incluir essas métricas nos relatórios para a liderança. Demonstrando ainda mais criatividade, eles publicam os resultados no Portal de Aprendizagem da Universidade, onde ficam visíveis a todos os gestores e colaboradores, ajudando a desenvolver a sensibilização, reconhecimento e mudança de comportamento.

De acordo com Faye Richardson-Green, diretora de treinamento e desenvolvimento global: "A alta gestão da *Steelcase* sempre reconheceu a importância do apoio da gestão para atividades de treinamento. Ter dados atualizados sobre os níveis reais de envolvimento, entretanto, nos ajudou muito a conscientizar a gestão e aumentar seu interesse em administrar o processo".

Conciso Por fim, análises e recomendações convincentes são curtas e vão direto ao ponto. É mais fácil convencer uma pessoa com uma análise curta e afiada, do que com um argumento longo e complexo. Assegure-se de que sua linha de raciocínio seja fácil de ser seguida e inclua apenas os detalhes necessários para defender o caso.

Um Resumo Convincente O terceiro atributo de uma avaliação eficaz é que ela é convincente – ou seja, é suficientemente persuasiva para fazer com que o público-alvo aceite a ação recomendada. Qualquer que seja a metodologia exata da avaliação, certifique-se de que o relatório da análise seja memorável, impactante e que vá direto ao ponto.

Eficiente

Finalmente, uma avaliação tem que ser eficiente, mas apenas se ela já tiver sido relevante, crível e convincente. Eficiência é importante porque uma avaliação consome tempo e dinheiro. O desafio é conseguir a informação necessária ao menor custo possível.

Eficiência também é vital para garantir que os resultados da avaliação estejam disponíveis com agilidade suficiente para serem úteis. "Parte do sucesso de qualquer esforço de avaliação é ter as descobertas em mãos no momento certo... Às vezes (datas de entrega) estão relacionadas a ciclos de orçamentos, ao prazo de um pedido de financiamento, à produção e entrega de um lançamento, ou a uma 'necessidade de informação' antes de tomar outras ações. Quando as avaliações perdem esses prazos, suas descobertas podem ter utilidade limitada" (Russ-Eft & Preskill, 2009, p. 29). Use métodos eficientes de coleta de dados e "indicadores principais" de eficácia (ver adiante) para garantir que os resultados estejam disponíveis em tempo hábil para fundamentar as decisões relativas à continuidade, expansão, eliminação ou renovação de programas.

O custo e tempo requeridos para reunir os dados podem, com frequência, ser reduzidos pelo uso de métricas que já estejam sendo coletadas como parte das operações normais do negócio, ou de avaliações individuais, ou mesmo como parte do impulso à transferência do aprendizado. Se for necessário avaliar aspectos adicionais do desempenho, busque formas de automatizar a coleta de dados. Em programas extensos, use uma subamostra aleatória da população inteira; tentar incluir todos os participantes eleva o custo e, a partir de certo ponto, não fornece nenhum insight adicional.

Entretanto, em busca da eficiência, cuidado para não sacrificar muito a precisão ou relevância. Contrabalançar rigor e eficiência é uma atitude inevitável na arquitetura de uma avaliação para cumprir restrições de tempo e orçamento. Tais escolhas, contudo, devem ser feitas com cuidado e consciência do que se está perdendo e ganhando. Se a quantidade exigida de concessões for de tal ordem a destruir a credibilidade e relevância do estudo, então talvez seja melhor deixar a avaliação de lado. Parâmetros de fácil acesso, porém inválidos, podem levar a decisões que não sejam do interesse da empresa ou de seus colaboradores (ver Caso em Pauta D6.2).

O advento de pesquisas on-line relativamente simples e baratas aumentou em grande medida a eficiência da coleta de informações de um grande número de pessoas. Infelizmente, também contribuíram para diminuir a validade da pesquisa. Em parte, isso se deve ao fato de as pesquisas serem mal utilizadas, ou mal projetadas ou administradas.

Para certas metas de um programa, por exemplo, melhorar a percepção de qualidade de um serviço, o uso da opinião como parâmetro é apropriada. Para outros, é um substituto mais barato, porém impreciso. Pedir que as pessoas atribuam uma pontuação relativa a quanto acham que aprenderam, por exemplo, *não* é a mesma coisa que medir de fato a quantidade efetiva de aprendizado (avaliação de Nível 2 no jargão de T&D), e não deveria ser apresentado como tal. Perguntar às pessoas o valor que atribuem ao resultado de um treinamento não é a mesma coisa que avaliar o valor do treinamento de fato. Faz lembrar aquele desenho de um artista parado em frente a uma tela em branco proclamando: "É uma verdadeira obra-prima, esta que estou prestes a pintar".

Lembre-se de que a forma com que uma pesquisa é construída: formulação das perguntas, duração da pesquisa, escolha das escalas de avaliação e assim por diante afeta profundamente sua validade, confiabilidade e taxa de conclusão (Babbie, 2010). Procure ajuda de um especialista se não tiver experiência em desenvolver questionários. A Tabela D6.2 resume os atributos de uma avaliação eficaz.

> "A maneira como a pesquisa é projetada afeta profundamente a sua validade e confiabilidade."

Tabela D6.2
Atributos de uma avaliação eficaz

Relevante	• Frente as metas do curso (resultados desejados) • Para o cliente
Crível	• Inteligível • Sensata • Justa • Rigorosa • De fonte confiável
Convincente	• Memorável • Impactante • Concisa
Eficiente	• Cumpre os três primeiros critérios • Faz bom uso de tempo e recursos

D6 — Os seis passos do processo de avaliação

Há seis etapas para a D6 – Documentar os resultados (Figura D6.4):

1. Confirmar os resultados que interessam
2. Elaborar o detalhamento da avaliação
3. Coletar e analisar os dados
4. Relatar as descobertas para a gestão
5. Vender o peixe
6. Implementar melhorias

1. Confirmar os resultados que interessam: a conexão D1-D6

Escolher o que medir é a decisão mais importante do processo de documentação e avaliação de resultados. No cenário ideal, o debate e o consenso em torno dos resultados e do que se entende por sucesso já aconteceram na D1, como parte da discussão com o apoiador. Se a Roda de Planejamento de Resultados (Figura D6.5) foi usada na D1, então na D6 esse passo consiste apenas em rever o resumo da discussão e, se o programa tiver evoluído, confirmar ou ajustar parâmetros, cronograma e fontes de dados.

Quer faça parte da discussão de D1 ou da concepção de uma avaliação para um curso existente, a escolha dos parâmetros certos para as mensurações inclui:

- Entender quais métricas realmente importam para os stakeholders.
- Certificar-se de que o treinamento + transferência de aprendizado podem modificá-las.
- Reduzir a "poucos, porém indispensáveis".
- O fluxograma na Figura D6.6 pode ser usado como apoio.

Figura D6.4
Um processo de seis passos para a avaliação de resultados

1. Confirmar os resultados que realmente interessam
2. Elaborar o detalhamento
3. Coletar e analisar os dados
4. Relatar as descobertas
5. Vender o peixe
6. Implementar melhorias

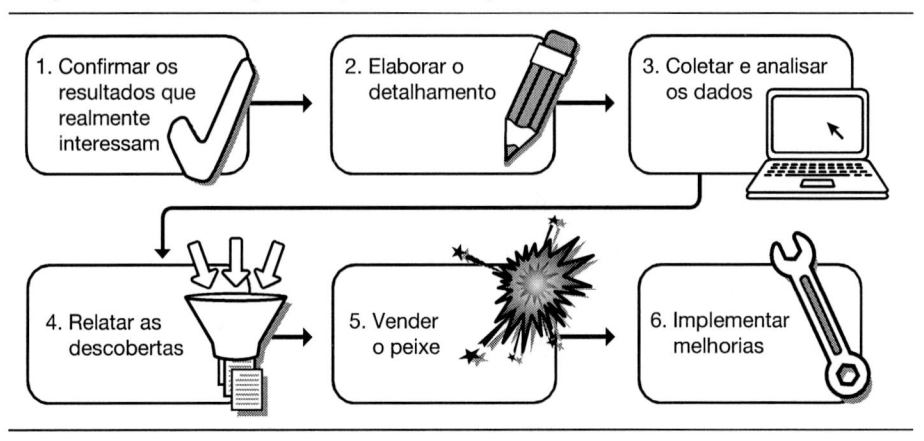

Figura D6.5
Roda de Planejamento de Resultados

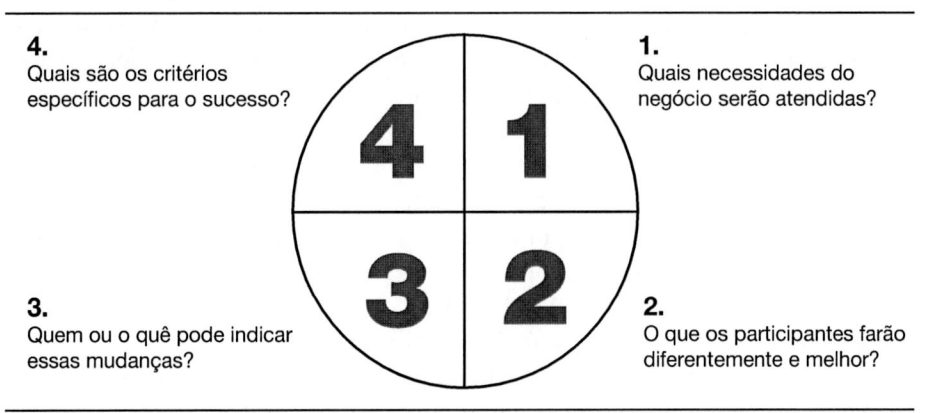

4. Quais são os critérios específicos para o sucesso?

1. Quais necessidades do negócio serão atendidas?

3. Quem ou o quê pode indicar essas mudanças?

2. O que os participantes farão diferentemente e melhor?

© 2010 Fort Hill Company. Usada sob permissão.

Figura D6.6
Árvore de decisões para a seleção dos parâmetros a serem medidos

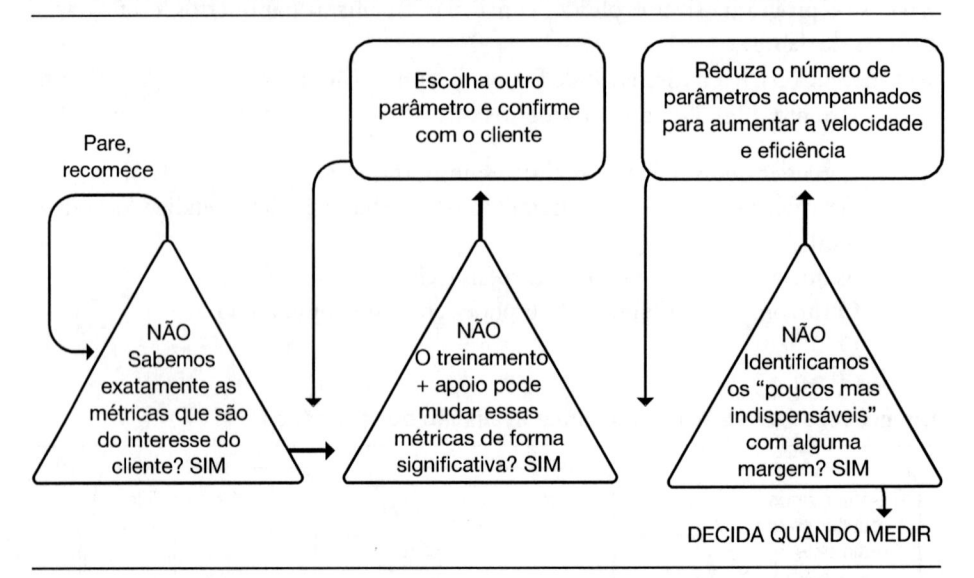

```
                    Escolha outro            Reduza o número de
                    parâmetro e confirme     parâmetros acompanhados
   Pare,            com o cliente            para aumentar a velocidade
   recomece                                  e eficiência

        NÃO              NÃO                      NÃO
    Sabemos          O treinamento           Identificamos
   exatamente as    + apoio pode            os "poucos mas
   métricas que são  mudar essas             indispensáveis"
   do interesse do   métricas de forma       com alguma
   cliente? SIM     significativa? SIM      margem? SIM

                                            DECIDA QUANDO MEDIR
```

Entender os parâmetros que realmente importam para os stakeholders

Avaliações eficazes começam ao se ouvir a opinião do cliente: entender por completo os resultados que interessam às pessoas que pagam a conta. Não se deve seguir em frente com um plano de medição até que essa questão esteja resolvida, do contrário o desastre é certo (ver Caso em Pauta D6.4). O êxito de todo esse empenho anterior depende de se compreender os resultados.

Entender o que *realmente* interessa para o *seu* eleitorado exige diálogo. Não se pode confiar em gurus de medição, vendedores ou livros técnicos para saber quais são os parâmetros que mais interessam. Eles não conhecem o *seu* cliente, *seu* programa, *sua* cultura. Você pode usar a Roda de Planejamento dos Resultados, a metodologia GAPS! (Robinson & Robinson), uma ferramenta Six Sigma de implementação funcional de qualidade (QFD) (Islam, 2006), ou qualquer outro método. A chave é ter uma abordagem sistemática de forma a entender como os apoiadores do programa definem sucesso e o que eles consideram ser prova concreta de bons resultados.

De acordo com nossa experiência, essas raramente são as métricas mais utilizadas pela gestão de T&D. Em alguns casos, os sistemas eletrônicos de gerenciamento do aprendizado pioraram a situação, uma vez que aceleram a coleta de dados e a elaboração dos relatórios de atividades e de custos, mas raramente agilizam resultados.

De acordo com o estudo da ASTD (2009), o segundo obstáculo mais comum à avaliação eficaz é a falta de dados úteis de avaliação como parte integrante do sistema de gerenciamento de aprendizagem da empresa (LMS). "O que indica que, à medida que as empresas passam a confiar mais em soluções de aplicativos para criar programas e proporcionar aprendizado, elas passam a depender desses sistemas para estabelecer os parâmetros utilizados. Mesmo que o sistema englobe funções adequadas de informação, ele pode não ser robusto o suficiente para fornecer os dados necessários para uma avaliação eficaz" (p. 25).

É difícil resistir ao poder de sedução de parâmetros como: número de horas-aula, cursos, participantes e custos, apesar de na realidade esses parâmetros apenas quantificarem o tamanho do investimento, não o benefício correspondente. Embora tais medidas possam ser essenciais à gestão de organizações de T&D (ver *Resultados do negócio* versus *métricas do processo*, na p. 269), elas raramente medem os resultados para o qual o programa foi criado ou pelo qual os apoiadores estão dispostos a pagar. Segundo Phillips e Stone (2002): "Como é fácil identificar custos, eles são informados de várias formas: custos do programa, custo por colaborador, custo por hora de contato e custo comparado ao padrão do setor. Ainda que esses métodos possam ser úteis para comparações de eficiência, eles nada têm a ver com resultados" (p. 202). De fato, na falta de métricas reais para os resultados, é impossível dizer se a companhia está investindo muito ou pouco em treinamento e se está tendo retorno sobre seu investimento. "Se você está gastando apenas $1 em treinamento, mas não está gerando valor para o negócio em contrapartida, então está gastando demais" (van Adelsberg & Trolley, 1999, p. 75).

Para compensar as deficiências de seus sistemas de gerenciamento do aprendizado quanto à avaliação de programas, cada vez mais as empresas estão recorrendo a sistemas projetados especificamente para mensurações relativas ao treinamento, como *Metrics That Matter* da *Knowledge Advisors, Inc*. Esses sistemas facilitam bastante a coleta e análise de dados pós-treinamento, mas sua serventia depende da relevância e credibilidade dos dados que coletam. Por exemplo, algumas empresas continuam a investir recursos consideráveis para coletar e examinar minuciosamente as avaliações de fim de curso, ainda que essas informações tenham sido colocadas por CEOs em último lugar em termos de dados de interesse, entre oito tipos de medição (Phillips & Phillips, 2009). Qualquer que seja a forma de coleta de dados, coletar os dados certos é determinante para o sucesso ou o fracasso da avaliação – apresentar provas críveis dos resultados valorizados pelos gestores do negócio.

"CEOs colocam avaliações de fim de curso em último lugar."

Certificar-se de que o treinamento + transferência de aprendizado podem levar a mudanças significativas

Ao selecionar as métricas para avaliar programas de treinamento, um importante passo de verificação é ser realista quanto à probabilidade de que o treinamento e a transferência de aprendizado levem a mudanças mensuráveis nessas métricas. O apoiador pode especificar claramente como quer medir o impacto do treinamento, mas essas podem não ser as melhores métricas, seja porque levam tempo demais para se evidenciarem, seja porque o impacto do treinamento será completamente obscurecido por outras mudanças no negócio ou ambiente.

Por exemplo, a meta principal de um programa de treinamento sobre consultoria de vendas é aumentar as vendas. Parece lógico concluir, portanto, que a medida de maior credibilidade e relevância quanto à eficácia do treinamento seria o acompanhamento dos números de venda. Na teoria, sim, mas em um mercado dinâmico, a introdução de um novo produto (pela empresa ou pela concorrência), flutuações econômicas, sazonalidade ou outras causas sem relação direta com o treinamento podem ofuscar seus efeitos. Quanto mais longos os ciclos de vendas, maior o impacto dessas causas não relacionadas. Embora seja possível isolar o efeito do treinamento por meio de grupos controlados, análises multivariadas, ou outros métodos (Echols, 2008b), é mais simples e informativo escolher um parâmetro diferente, mais diretamente relacionado ao treinamento em si (ver *Identificar os indicadores principais*, na p. 293).

Reduzir a poucos, mas indispensáveis

Em qualquer intervenção, muitas coisas podem ser medidas. Muitas podem ser eliminadas por não atenderem o critério de relevância ou credibilidade, mas, mesmo assim, ainda sobra uma quantidade considerável de métricas em potencial. É essencial, por razões de custo, tempo e facilidade do entendimento, reduzir o universo de parâmetros *possíveis* de se medir para aqueles poucos e indispensáveis que *serão* efetivamente medidos. Mais quantidade não é necessariamente melhor. Charles Jennings, chefe global de T&D da Reuters explica: "O foco em métricas muito detalhadas, pode resultar em uma situação em que se está aperfeiçoando o irrelevante e enredando-se na complexidade do processo. É preciso ponderar o esforço *versus* o valor que se está obtendo dele" (citado em Redford, 2007).

Quanto mais parâmetros são acompanhados, maiores os custos (de tempo e dinheiro), maior a quantidade de itens a explicar, e maior a probabilidade de encontrar algo que não se consegue explicar. É fácil perder a verdadeira mensagem em meio à confusão de medidas com valor apenas marginal. Lembre que uma análise simples, clara, e objetiva provavelmente será mais convincente do que uma análise complexa, longa e retorcida.

Por outro lado, não é bom "colocar todos os ovos em uma única cesta", medindo somente um parâmetro. Problemas inesperados com a coleta ou análise de dados podem surgir no decorrer de qualquer pesquisa, portanto, é essencial ter medições complementares ou alternativas de prontidão.

Inclua também entre os "poucos, mas indispensáveis" algumas perguntas e pontos que permitirão melhorar o programa em iterações subsequentes. Por exemplo, peça aos participantes que classifiquem os aspectos mais úteis do programa na prática ou que indiquem os obstáculos encontrados na fase de aplicação. O aperfeiçoamento contínuo é essencial para conservar a competitividade. Desenvolva a avaliação de forma que ela sirva para *testar* e *melhorar* o valor do aprendizado.

"Mais não é necessariamente melhor."

A necessidade de se estabelecer uma "cadeia de indicadores" é um tema recorrente nos artigos sobre avaliação de educação corporativa. Isso geralmente significa a necessidade de mensurar, em sequência, cada um dos quatro níveis de Kirkpatrick – primeiro, demonstrar que houve reação positiva; depois, que o aprendizado ocorreu; em seguida, que houve mudança de comportamento e, por fim, avaliar os resultados (Kirkpatrick & Kirkpatrick, 2009). Respeitosamente discordamos. Embora uma "cadeia de indicadores" faça todo o sentido em teoria, nunca vimos nenhum líder pedi-la. Se a análise mostrar que as pessoas que participaram do treinamento atingiram os resultados necessários em maior medida do que os que não o fizeram, os gestores pressupõem que os participantes tenham aprendido algo no treinamento, sem precisar de uma análise de Nível 2 separada. De fato, Holton (1996) afirma que o modelo de quatro níveis é, na realidade, uma classificação e não um modelo de avaliação, pois implica em correlações causais que não foram confirmados mediante pesquisas.

Considerando as limitações de tempo e de recursos disponíveis para a avaliação, recomendamos não gastá-los em medições de pouca importância para o negócio e de baixo valor preditivo. Esqueça o dogma; concentre seus esforços de avaliação nos poucos e indispensáveis resultados relevantes, e mensure-os de forma direta e crível.

2. Elaborar o detalhamento da avaliação

Após a seleção das principais métricas para avaliação do que realmente importa (para o cliente), é hora de arregaçar as mangas e projetar os detalhes do processo de avaliação. Isso inclui decidir quando coletar os dados, identificar os indicadores principais, escolher parâmetros de comparação, selecionar técnicas adequadas para coleta de dados e planejar as análises. A seguir discutiremos cada uma dessas etapas.

Decidir quando coletar os dados

Decidir *quando* coletar os dados é quase tão importante quanto decidir *o que* coletar. Uma vez que a D6 tem a ver com a documentação de resultados relevantes, isso exclui praticamente tudo o que for coletado no final do período de treinamento, pois os participantes ainda não terão feito nada que gere resultados. Eles precisam de tempo para *transferir* os novos conhecimentos e habilidades para o trabalho e *aplicá-los* por tempo o bastante para apresentar melhoras no desempenho. Só é possível coletar resultados relevantes após um tempo decorrido que permita que esses resultados sejam produzidos. Alguns tipos de treinamento, como atendimento ao cliente ou habilitação em sistemas de computador, produzem melhoras que podem ser verificadas em poucos dias. Outros, como vendas estratégicas, gestão, ou treinamento em liderança podem levar semanas ou meses para se manifestar e permitir que o efeito desejado seja documentado.

> "Decidir *quando* coletar é quase tão importante
> quanto decidir *o que* coletar."

Kirwan (2009) observa que adiar a avaliação também ajuda a ampliar a perspectiva dos participantes: "A avaliação de um treinamento será mais lógica e pensada se ocorrer após certo tempo, ficando menos relacionada ao evento propriamente dito" (p. 134).

O princípio geral é avaliar os resultados tão logo eles começarem a ficar evidentes. Quanto mais cedo o impacto puder ser avaliado, mais úteis os dados serão para o aperfeiçoamento contínuo do programa e para as decisões a respeito de sua expansão ou redução. O maior desafio está em programas de avaliação em que as mudanças desejadas levam tempo para serem implementadas e produzirem resultados. Ao tentar avaliar o impacto de programas com "cauda longa" muito rapidamente, pode-se acabar subestimando seu verdadeiro valor. Por outro lado, quanto mais tempo passar, maior o número de fatores que estão exercendo influência sobre os resultados, e mais difícil fica mensurar o impacto verdadeiro do treinamento (ver Figura D6.7).

Figura D6.7
Cronograma e avaliação

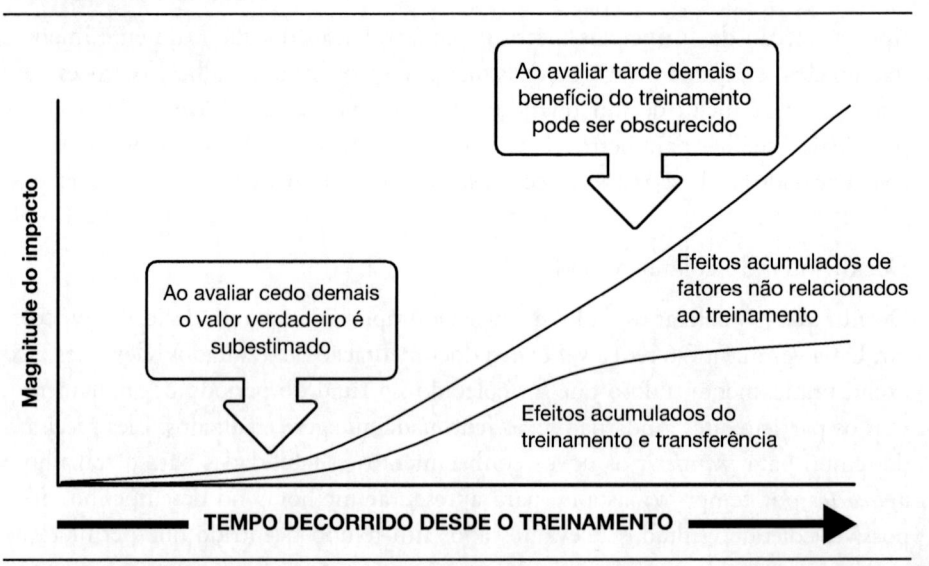

Identificar os indicadores principais

Para programas que exigem tempo para que os resultados se tornem evidentes, devem ser identificados os indicadores principais. O conceito de indicadores principais vem do trabalho pioneiro de Kaplan e Norton sobre "Balanced Scorecard" (Kaplan & Norton, 1992). A teoria de *balanced scorecards* é amplamente aceita como uma forma melhor de se acompanhar a performance corporativa do que demonstrações financeiras, pois inclui tanto as métricas financeiras tradicionais, que refletem ações já tomadas; como também métricas prospectivas de atividades operacionais, como satisfação ao cliente e produtos em desenvolvimento, que são os indicadores principais de performance futura. Mesmo que uma empresa esteja se saindo bem hoje, um cronograma de desenvolvimento de produtos vazio ou uma proporção crescente de clientes insatisfeitos indica um futuro nada animador. Por analogia, se for possível demonstrar que as abordagens mais eficazes aprendidas em um programa de treinamento estão sendo utilizadas, esse é um indicador importante de que os resultados esperados serão alcançados, mesmo que os resultados finais não sejam notórios durante algum tempo.

Na maioria dos casos, o principal indicador do sucesso de um treinamento é a adoção dos comportamentos vitais identificados no segundo quadrante da Roda de Planejamento dos Resultados. A necessidade do negócio pode ser, por exemplo, aumento de vendas. Nesse caso, um treinamento que ensine os representantes de venda a sondarem mais os clientes antes de lançar seu discurso de vendas pode contribuir para esse fim. Um primeiro indicador de sucesso, então, seria um aumento no número e qualidade de perguntas feitas, comparado ao que era costumeiro antes do treinamento. Um aumento significativo na ocorrência de comportamentos esperados pode ser observado antes de uma real mudança nos números de vendas, e menos sujeito a fatores que não dependem do treinamento, como sazonalidade, promoções, e ações da concorrência. Com frequência, os gestores já aceitam a correlação entre certos comportamentos e resultados, ficando mais predispostos a considerar o sucesso do treinamento como prova incontestável da mudança de comportamento.

David Brennan, CEO da AstraZeneca, explica da seguinte maneira:

> É óbvio que as pessoas querem quantificar os resultados para o negócio. Embora essa seja uma métrica importante, a qualidade dos efeitos dos programas sobre o comportamento é mais facilmente mensurável.
>
> Se considerarmos coaching como uma parte importante do processo de gestão da performance e implementarmos programas de coaching, então o que queremos medir é a qualidade do coaching, não do ponto de vista dos instrutores, mas dos participantes. Se o importante for demonstrar comportamentos que denotem a paixão da equipe por vencer, então precisamos examinar o ambiente de trabalho para verificar se esses comportamentos estão ocorrendo e se estão sendo fortalecidos pela liderança. Há outras métricas

mais difíceis de se implementar... mas em termos do ambiente operacional da organização, a avaliação precisa se concentrar muito mais nos resultados comportamentais desejados (Brennan, comunicação pessoal, 2004).

Desenhos de séries temporais são muito úteis na avaliação (Brethower, 2009). Ao tirar "fotos" periódicas do que está ocorrendo após o treinamento, os sistemas on-line de gestão de transferência do aprendizado fornecem os primeiros indicadores de como os participantes estão utilizando o que aprenderam, assim como exemplos de efeitos positivos percebidos pelas respectivas equipes, colegas, gestores e instrutores. Organizações que utilizam sistemas de gestão de transferência, como a *Kaiser Permanente*, valorizam o acompanhamento de esforços de transferência como os primeiros indicadores de que o treinamento está produzindo os efeitos desejados. "Assim como os sistemas de gestão do aprendizado possibilitaram o acompanhamento de cursos, inscrições e frequência relativos a milhares de colaboradores e programas, sistemas de gestão da transferência possibilitaram o acompanhamento da transferência e aplicação do aprendizado referente a milhares de participantes, programas, coaches e gestores... Antes da implementação do sistema de gestão da transferência, a área de T&D não sabia o que estava acontecendo após o programa de treinamento e desenvolvimento. Não havia maneiras de prontamente identificar casos de sucesso ou falhas na implementação e, assim, impulsionar o aperfeiçoamento contínuo" (Chai, 2009).

> "Avaliações precisam se concentrar
> muito mais em resultados comportamentais."

Escolher parâmetros de comparação

Afirmar que o treinamento provocou melhora na performance suscita a pergunta: "Com que base de comparação?" O que se argumenta é que a performance depois do treinamento ficou melhor do que era antes? Ou que as pessoas que participaram do treinamento produziram resultados melhores do que as que não participaram? Seja como for, sempre há uma comparação, implícita ou explícita.

Então, parte do desenho (ou aquisição) de um programa de avaliação envolve decidir com o que os resultados dos participantes serão comparados. Essa decisão é importante, pois sempre que houver comparações, será necessário mostrar que elas são válidas e, portanto, que suas conclusões são justificadas. Se as comparações feitas forem consideradas justas e relevantes, a avaliação terá credibilidade e, por conseguinte, será eficaz.

Há dois tipos básicos de comparações: históricas e contemporâneas. Uma comparação histórica típica mede a performance de cada pessoa antes e depois do treinamento. Um exemplo seria a comparação dos resultados do feedback 360 graus da

Pfizer antes e depois dos seus programas de liderança (Kontra, Trainor & Wick, 2007). Outra abordagem é pedir a observadores que comparem a atual performance de uma pessoa com sua performance passada. Essa abordagem foi usada por Goldsmith e Morgan (2004) para demonstrar a importância do follow-up.

Como cada pessoa é o seu próprio "grupo de controle", esse desenho evita vieses que surgem quando se comparam dois grupos diferentes de pessoas. Tem alto valor aparente: se a grande maioria dos participantes apresentar melhora, ou for mais bem-avaliada após o treinamento, à primeira vista, tem-se um ótimo indício de que o treinamento agregou valor.

Por outro lado, a abordagem não é perfeita. O desempenho das pessoas tende a melhorar com a experiência de um jeito ou de outro, assim, parte da melhora, ou toda ela, na segunda observação, pode apenas ser reflexo da curva de experiência, e não efeito do treinamento. Do mesmo modo, abordagens que pedem a um indivíduo que faça uma comparação entre o presente desempenho de alguém (pós-treinamento) e seu desempenho passado (pré-treinamento) confiam na memória humana, que é sabidamente falível.

Outro desafio às comparações históricas é que mudanças não relacionadas podem ocorrer no ambiente, entre as avaliações pré e pós-treinamento. Essas mudanças podem contribuir (de maneira positiva ou negativa) para alguma variável observável no desempenho, especialmente se houver um intervalo de muitas semanas ou meses entre medições. Mesmo consideradas essas reservas, comparações antes-depois são em geral uma boa escolha, que é bem-entendida e aceita pelos líderes do negócio.

Avaliações contemporâneas de controle de caso contornam muitas das preocupações relativas a comparações históricas. Um estudo de controle de caso é a abordagem clássica de pesquisas de laboratório, que compara um grupo experimental (neste caso, pessoas que receberam o treinamento) com um grupo de controle (sem treinamento). Um exemplo seria o estudo de Laurie Cusic (2009) sobre o impacto do coaching e do acompanhamento sobre o treinamento em eficácia para a liderança de vendas da *Wyeth*. Os indivíduos deveriam ser alocados de forma aleatória a um grupo ou outro para evitar diferenças sistemáticas (vieses) entre as populações sob comparação. Entretanto, essa atribuição aleatória não é viável em programas de educação corporativa. Provavelmente é desnecessária na prática, uma vez que profissionais de T&D usam o bom senso para evitar as fontes mais flagrantes de distorções.

"Há sempre uma comparação, implícita ou explícita."

Ao escolher grupos para comparação em um estudo de controle de caso, deve-se perguntar: "Existem diferenças preexistentes significativas entre os grupos que poderiam influenciar os resultados?" Pode parecer uma boa ideia, por exemplo, comparar os resultados de uma unidade, onde se está testando uma nova abordagem, com os de outra unidade "controle", onde o treinamento não foi implementado. Mas, uma vez que outras diferenças potencialmente significativas podem existir entre os dois lugares, é difícil ter certeza de que as diferenças medidas resultam, de fato, do treinamento. É melhor comparar grupos de colaboradores dentro de um mesmo ambiente, por exemplo, aqueles que já participaram do treinamento e aqueles que ainda não o fizeram, ou fazer medições antes e depois do treinamento em ambos os lugares e comparar a intensidade da mudança.

Outras fontes óbvias de viés a evitar são:

- *Viés de Seleção* – incluir somente pessoas com maior probabilidade de apresentar um retorno positivo, por exemplo, pedir somente àqueles que se saíram bem no programa para avaliar o treinamento, ou então incluir somente colaboradores com alto potencial no grupo de treinamento.
- *Viés de Questionário ou de Entrevistador* – estabelecer formulários ou processos de coleta de dados que "induzam a testemunha", ao tornar mais fácil responder com uma afirmativa.
- *Viés de Respostas* – sempre uma preocupação em pesquisas, especialmente se a taxa de resposta for baixa. Caso apenas um pequeno número de pessoas responda à pesquisa, surge a preocupação de não serem representativas do grupo como um todo, e sim exprimir apenas aqueles que tiveram uma reação particularmente positiva ou negativa ao treinamento.
- *Viés de Relator* – quando os colaboradores pensam que sua identidade pode de alguma forma ser revelada e que respostas negativas podem resultar em represálias (mesmo que isso não seja verdade), eles tendem a "dourar a pílula" nas suas respostas ou a selecionar respostas "politicamente corretas". Do mesmo modo, relatos pessoais sem fundamento tendem a ser muito acima da média quanto à dimensão da melhora ou da contribuição. Eles podem se tornar mais plausíveis se os resultados forem "triangulados", usando um segundo método de avaliação ou dados de outra fonte, como o gestor (Kirwan, 2009, p. 132).
- Consulte um livro técnico sobre avaliação (por exemplo, Russ-Eft & Preskill, 2009) ou sobre design experimental (Ryan, 2007) para uma discussão mais minuciosa. O ponto fundamental é que, para uma avaliação ser digna de confiança, todas as comparações precisam ser percebidas como legítimas. Quando os vieses não puderem ser eliminados por completo, reconheça-os e leve em conta o seu possível impacto nas conclusões.

Norma e benchmarks

Às vezes, vale a pena comparar os resultados de sua empresa com os de outras, ou do setor como um todo. Os sistemas de coleta de dados on-line facilitam o cruzamento dessas referências e comparações entre empresas. Contudo, é importante notar que *norma* e *benchmarks* não são a mesma coisa, apesar de serem com frequência confundidos ou trocados. Fazer benchmark é comparar a própria performance àquela de um líder reconhecido do setor ou à "melhor prática". Normas são médias ou valores típicos para o setor como um todo. Comparar os resultados do treinamento de sua organização com as normas ou benchmarks do setor fará ou não sentido conforme os mesmos critérios de escolha dos parâmetros de comparação internos:

- Os parâmetros são relevantes para os apoiadores e metas do curso?
- Os dados são dignos de confiança?
- Os outros cursos, programas e empresas são, de fato, comparáveis?
- Essa comparação leva a decisões melhores?
- Por exemplo, fazer benchmark do tempo e custo do desenvolvimento de uma hora de aprendizagem à distância confrontando-os com o das empresas mais eficientes do mercado faz sentido, desde que a complexidade dos assuntos e a qualidade do output sejam similares. Porém, não fará sentido comparar o índice de satisfação dos participantes de sua empresa com a norma do setor, uma vez que otimizar satisfação não leva necessariamente a resultados melhores (ver Caso em Pauta D6.2). Ter os índices mais altos de satisfação do setor não significa ser o mais eficiente na transformação de investimentos em aprendizagem em resultados.

Isolar os Efeitos do Treinamento   Muito tem sido escrito sobre a importância de isolar o efeito do treinamento. Para afirmar que o treinamento fez diferença, é importante tentar "isolar" os seus efeitos em relação a efeitos concomitantes, por meio de grupos de comparação ou dados comparativos, conforme discutido acima. Usando esta abordagem e análise multi-variada, por exemplo, o *Human Capital Lab* da Universidade Bellevue conseguiu isolar o efeito do treinamento sobre vendedores de carros de todas as demais influências (tamanho do negócio, localização, experiência e assim por diante) e calcular o efeito do treinamento em termos do número suplementar de veículos vendidos (Echols, 2008b).

Embora seja importante tentar controlar ao máximo as outras influências (pelo desenho, análise estatística, ou ambos), dois pontos importantes precisam ser estabelecidos: (1) em ambientes reais e complexos, é provavelmente impossível isolar por completo o efeito de qualquer variável, e (2) isso é raramente necessário para a tomada de decisões pragmáticas.

Concordamos com Brinkerhoff (2006), tentar calcular o percentual de melhora que deveria ser atribuído ao treinamento é fútil. Isso porque, conforme enfatizamos na D4 e D5, os efeitos do treinamento nunca podem ser desassociados do ambiente de transferência. Os dois estão indissociavelmente amarrados. O ambiente de transferência – e, em particular, o supervisor imediato do participante – tem grande influência sobre a capacidade do programa de produzir resultados. Um treinamento que não produz resultados costuma ser muito mais um reflexo de um ambiente de transferência inadequado, do que de instrução inadequada. Pelo mesmo raciocínio, quando o treinamento é bem-sucedido, isso se dá como resultado do treinamento *e* do apoio à implementação completa; nunca se pode separar completamente um do outro.

> "Os efeitos do treinamento e do ambiente
> de transferência são inseparáveis."

Tentar calcular o percentual da contribuição pode ser um exercício sem sentido. Por analogia: em um vôo de Nova York para São Francisco, em que proporção sua chegada ao destino como previsto se deve ao piloto? Qual o percentual de contribuição dos motores? E das rodas? Tentar responder a essas perguntas não traz nenhum insight sobre como gerir uma companhia aérea. Na realidade, o piloto, os motores e as rodas são todos 100% responsáveis pela sua chegada. A falta de qualquer um deles impediria o avião de sair do chão, cada um desses fatores é essencial para o sistema que o leva até seu destino.

Com treinamento acontece a mesma coisa. Preparação, aplicação no trabalho e apoio à performance fazem parte do sistema necessário para atingir o resultado. Em estudos cuidadosamente controlados, pode ser possível isolar os efeitos do "sistema de treinamento" por meio de técnicas estatísticas multi-variadas, como no estudo de vendedores de carros citado. Pode também ser possível avaliar o impacto relativo de partes do sistema; por exemplo, o envolvimento da gestão, como no estudo da American Express (2007) ou de Saks e Belcourt (2006) para ajudar a impulsionar o aperfeiçoamento contínuo.

Entretanto, a prática convencional de pedir aos participantes para estimar o percentual de melhora resultante do treinamento indica que eles teriam alcançado o restante mesmo sem treinamento. No entanto, isso não é o que se observa em uma comparação com um grupo de controle formado por pessoas que não participaram do treinamento. Além disso, a confiabilidade de tais estimativas nunca foi rigorosamente comprovada; de fato, é uma pergunta bastante difícil de se responder. Tente: quanto de seu sucesso pessoal se deve ao fato de ter aprendido a ler?

Se não tivesse aprendido a ler, não teria sequer sua ocupação atual. Portanto, aprender a ler foi essencial para seu sucesso, mas qualquer estimativa além disso não esclareceria nada. Uma avaliação precisa mostrar que o treinamento foi essencial (os participantes o apontam como fundamental para seu sucesso ou as pessoas que não participaram não atingiram os mesmos resultados), mas tentar dissecar a contribuição para além disso põe em risco a credibilidade e a utilidade de toda a avaliação.

Resumindo Métricas e Fatores de Comparação   Essas discussões não são meramente acadêmicas. O propósito da avaliação é dar apoio à tomada de decisões fundamentadas. A escolha da métrica ou do fator de comparação errado pode levar a conclusões equivocadas e, portanto, a decisões prejudiciais. Uma avaliação que superestime o verdadeiro valor de um programa levaria a uma decisão inadequada quanto ao lançamento ou expansão de uma iniciativa de eficácia insignificante. Talvez ainda mais trágico seja reduzir ou eliminar um programa porque uma avaliação mal projetada subestimou seu verdadeiro valor.

O desafio é encontrar o nível certo de rigor para a magnitude do investimento e a importância estratégica da iniciativa. Não se está tentando aplicar uma pesquisa que vença o Prêmio Nobel, mas erros podem acarretar consequências reais para o negócio e para os indivíduos envolvidos. O checklist no final deste capítulo pode ajudar na avaliação do desenho proposto.

> "O propósito da avaliação é dar apoio
> à tomada de decisões fundamentadas."

Selecionar técnicas de coleta de dados

Como obter os dados dos grupos e métricas selecionados? Como sempre, "o problema está nos detalhes". Os parâmetros escolhidos afetam a relevância da avaliação. *A maneira* como são medidos afeta sua credibilidade. Portanto, é necessário ter certeza de que o cliente esteja de acordo quanto ao *quê* será avaliado, e também quanto à maneira como a informação será colhida. "Um plano de avaliação funciona como um contrato entre o(s) avaliador(es), interno ou externo, e a organização, e representa o documento que os orienta por todo o processo de avaliação" (Russ-Eft & Preskill, 2009, p. 142).

Por exemplo, o apoiador pode concordar que determinada mudança de comportamento representa o sucesso de um determinado programa. Mas há diversas maneiras de documentar comportamentos. Autoavaliações são suficientes ("Eu estou realizando este tanto a mais")? É preciso a confirmação de um supervisor? Ou é necessário ter um observador para relatar comportamentos?

Da mesma forma, pode ser que o apoiador queira ver a análise do impacto financeiro. Quão rigorosa ela precisa ser? Estimativas fornecidas pelos participantes serão suficientes, ou a análise precisa vir do departamento financeiro? As respostas "corretas" para essas questões são contextuais: dependem do que é factível com os recursos disponíveis *e* do que é aceitável para o público-alvo. Olhe antes de pular (ver Caso em Pauta D6.4).

Há cinco tipos básicos de dados que se pode coletar: métricas do negócio, observações, estimativas, opiniões e histórias. Depois que a categoria dos resultados que se quer medir é determinada, segue-se a definição das formas de coleta dessas informações, uma vez que há um número limitado de métodos para cada uma (Tabela D6.3).

Tabela D6.3
Tipos de indicadores e métodos de coleta de dados

Tipo de dados	Exemplos	Métodos de coleta
Métricas do Negócio	• Vendas • Números de produção • Índices de qualidade • Dias perdidos • Turnover	• Extrair dos sistemas da empresa • Adicionar um sistema de acompanhamento, caso não esteja disponível
Observações	• Uso de procedimento adequado • Comportamento ao telefone • Técnica de vendas • Técnica de coaching • Habilidades interpessoais	• Levantamento junto aos observadores • Observação direta (aberta ou disfarçada) • Gravações • Demonstrações/Dramatização • Autoavaliação
Estimativas	• Economia de tempo • Número de vezes que se utilizou • Benefícios financeiros	• Levantamentos • Entrevistas
Opiniões	• Qualidade do serviço • Eficiência da liderança • Qualidade da apresentação • Medida da melhora • Valor do programa	• Levantamentos • Entrevistas • Grupos de pesquisa • Sistemas de gestão de transferência do aprendizado
Histórias	• Histórias de sucesso • Eventos críticos • Exemplos	• Levantamentos • Entrevistas • Sistemas de gestão de transferência do aprendizado

Métricas da Empresa São dados que a empresa coleta rotineiramente como parte das operações em andamento, abrangendo tudo, de vendas (número de itens e valores) ao número de erros ou custo de refugos, custos de fabricação, prazos, esgotamento de estoques, reduções, precisão das previsões e assim por diante. De fato, a maioria das empresas é coberta por uma inundação de dados que jamais serão completamente analisados e usados.

Se existe uma métrica que corresponda ao critério de resultado relevante para o programa, um que não será obscurecido por outros fatores, use-a. Essas métricas têm a vantagem de ser inteiramente confiáveis e relevantes para a empresa. E uma vez que elas já estão sendo coletadas, não implicam em custo adicional.

Se o plano for usar métricas da empresa para mensurar um resultado, certifique-se de que terá o acesso correspondente com o nível de detalhes necessário (participante individual). Esse grau de especificidade será necessário a fim de fazer comparações antes e depois do treinamento, ou com e sem treinamento. Em reuniões com o departamento de TI, financeiro, ou quem quer que possua os dados necessários, explique o que é preciso, de quem e por qual período. Se confidencialidade for um problema, pode ser possível contorná-lo codificando os dados, ou seja, substituindo nomes por números aleatórios. Os nomes dos participantes não são uma exigência para a análise, contanto que você saiba qual conjunto de dados representa o grupo de pós-treinamento, e qual representa o pré-treinamento.

Observações Para programas de treinamento nos quais o resultado que interessa é uma mudança no comportamento e atividades no trabalho, ou nos quais estes sejam indicadores necessários, as observações diretas são os dados mais importantes e confiáveis. Dependendo do nível de rigor exigido, elas podem ir de simples auto-observações, até checklists de performance preenchidos por observadores qualificados (ver Caso em Pauta D6.7). Um meio-termo de rigor muitas vezes é suficiente, como por exemplo, perguntar ao cliente "Você foi cumprimentado quando entrou na loja?" ou "O vendedor perguntou se você tem outras dúvidas ou preocupações?" Outro exemplo seria inquirir os gestores, colegas ou subordinados diretos a respeito de comportamentos específicos. Diversos formatos podem ser usados, incluindo contagens, escalas de avaliação ou pedidos de exemplos específicos.

"O que vale são mudanças de comportamento e alavancagem de resultados, as únicas justificativas para o treinamento", diz o fundador da *CallSource*, Jerry Feldman. "Para isso, é preciso ter dados relevantes e de alta qualidade. A verdadeira indagação não é se os colaboradores gostaram do treinamento, ou se aprenderam algo com ele. É preciso mostrar os benefícios que ele traz à empresa". Para que os dados sejam válidos, os avaliadores precisam ter a oportunidade de observar pessoalmente os comportamentos, precisam entender com clareza o que está sendo solicitado, e o timing deve ser ajustado de forma que eles consigam se lembrar com precisão.

Dados de observação são geralmente obtidos por pesquisa, mas também podem ser conseguidos por entrevistas ou por meio de checklists preenchidos e devolvidos por observadores.

> "A verdadeira indagação não é se os colaboradores gostaram do treinamento, mas se traz benefícios à empresa."

Caso em Pauta D6.7
Usar o treinamento para alavancar resultados

A *CallSource, Inc.*, com sede no sul da Califórnia, é um exemplo notável de como se impulsionam resultados por meio do treinamento e das mensurações. Com o suporte de uma plataforma que combina treinamento dirigido e sob demanda com análise de especialistas, a *CallSource* consegue ajudar seus clientes a aumentar substancialmente as vendas incrementais, sem qualquer investimento a mais em marketing ou propaganda.

A chave, de acordo com o fundador da empresa e Empreendedor do Ano de 2009, Jerry Feldman, não é só o treinamento – é a *avaliação contínua* e a reaplicação do treinamento para alcançar resultados mensuráveis e específicos.

"A maioria das organizações tem algum método de acompanhamento da performance de vendas dos colaboradores", diz Feldman. "Algumas delas até mesmo direcionam treinamentos com base nesses dados. Mas muito poucas realmente acompanham os resultados do treinamento para o negócio, fazendo os ajustes necessários e então recomeçando o ciclo".

A *CallSource* é uma empresa integrada de marketing, vendas, gestão e treinamento, e está estruturada de forma especial e única para preencher essa lacuna. O processo começa com uma análise abrangente da performance do colaborador em relação a métricas estabelecidas pelo mercado, seguido por um treinamento centrado nos comportamentos específicos que podem melhorar essas métricas. A empresa avalia rigorosamente os resultados do treinamento monitorando e avaliando performance e produtividade ao telefone, para, em seguida, usar os dados *tanto* para provar a eficiência do treinamento *quanto* para impulsionar o aperfeiçoamento contínuo. O treinamento constante sustenta o aperfeiçoamento mês a mês, enquanto a base de colaboradores recebe avaliações contínuas de desempenho e a respectiva classificação.

Como esse processo funciona no mundo real? Considere uma empresa que depende de pedidos por telefone. "Quando um representante mediano processa dez chamadas", explica Feldman, "gera quatro reuniões, que resultam em uma venda. Após o treinamento, esse mesmo representante passa a fazer cinco reuniões e duas vendas a cada dez chamadas, portanto, dobramos eficientemente a receita gerada, sem custos suplementares de marketing".

Como os representantes sabem que sua performance será avaliada, e por ver o aumento das vendas refletido em suas comissões, eles se esforçam para fazer bom uso do treinamento. Ao avaliar e acompanhar a efetiva performance no trabalho e os resultados, a *CallSource* consegue mostrar ao cliente provas convincentes de uma verdadeira mudança comportamental e, ao mesmo tempo, demonstrar como essas mudanças melhoram os rendimentos e a produtividade.

A *CallSource* concebeu um sistema de gestão do aprendizado que cria um scorecard pessoal para cada participante, indicando sua pontuação ao longo do tempo, pontos fortes, pontos a melhorar, e até mesmo os módulos específicos de treinamento que serão mais úteis. A consequente "cultura voltada à performance" mantém a dedicação de todos ao aperfeiçoamento contínuo. Sam Klein, gerente geral da *NOARUS Auto Group* e cliente da *CallSource*, relata: "Nossos colaboradores agora fazem uma análise crítica uns aos outros de forma que *todos* possam melhorar sua atuação ao telefone".

Por meio de dados financeiros fornecidos pelas empresas, os consultores na *CallSource* conseguem calcular os aumentos de receita e economias resultantes do treinamento, que representam invariavelmente muitas vezes o custo do sistema. Os consultores trabalham, então, junto aos líderes da empresa para estabelecer a meta e fazer a previsão de qual o próximo nível de lucratividade.

Estimativas   Estimativas são muito usadas em planejamento de negócios: "Quanto tempo você acha que irá levar?", "De quanto acha que precisará?", "Qual sua estimativa de vendas para o próximo trimestre?". Às vezes, estimativas são incorporadas à avaliação, como por exemplo: "Quantas vezes você aplicou algo que aprendeu no programa?", "Qual você acha que foi a validade?"

Por serem estimativas, são necessariamente menos confiáveis do que métricas ou observações diretas. Para garantir alguma validade, as pessoas que fornecem os dados precisam ter conhecimento e expertise suficientes para fazer uma estimativa procedente. Um profissional que processa reclamações provavelmente pode estimar com segurança quanto tempo leva o processamento de uma reclamação. Por outro lado, sua estimativa sobre quanto dinheiro a empresa poupará como resultado de um programa de treinamento não terá muita credibilidade junto à área de finanças, uma vez que ele não tem conhecimento real dos custos envolvidos ou dos princípios de alocação de custos por atividade.

Ao decidir usar estimativas como um dos resultados mensurados em uma avaliação, certifique-se de que o cliente esteja de acordo (de preferência na D1). Então, prepare um questionário ou manual de entrevista pedindo às pessoas que forneçam estimativas condizentes com seu campo de atuação e expertise.

Opiniões Opiniões, ou percepções, parecem possuir os mais baixos níveis de credibilidade. No entanto, há ocasiões em que opiniões são os resultados mais confiáveis e importantes a se medir. Lembre-se de que as pessoas compram produtos com base na *percepção* de valor. Portanto, as opiniões dos clientes são os principais indicadores da predisposição para voltar a usar seus serviços ou para recomendá-los a outras pessoas. Pesquisas ou entrevistas podem ser usadas para coletar opiniões, geralmente por meio de algum tipo de escala de classificação.

Por exemplo, as pessoas podem classificar de 1 a 10 a probabilidade de recomendarem o produto ou serviço para um colega ou amigo. De fato, as respostas a essa pergunta, aliadas ao *Net Promoter Score* decorrente (Ferramenta de Venda), foram consideradas o mais importante indicador de crescimento futuro (Reichheld, 2003). Muitas empresas líderes de mercado, tais como a *General Electric,* começaram a acompanhar o *Net Promoter Score* como uma métrica fundamental de performance (General Electric, 2008). Nessas empresas, portanto, demonstrar que um programa de T&D ajudou a aumentar o *net promoter score* relativo a um serviço ou função seria um forte indício de sucesso.

> "Há ocasiões em que opiniões são
> os resultados mais confiáveis e importantes."

De forma parecida, as decisões das pessoas de ficar ou deixar a empresa são fortemente influenciadas pelas *opiniões* que elas têm sobre as pessoas a quem se reportam. Por isso, mudanças na opinião de subordinados diretos antes e depois de o gestor participar de um programa de desenvolvimento seria uma confirmação de um resultado relevante, uma vez que a melhora da percepção que eles têm a respeito de seu chefe apresenta forte correlação com retenção. Ou, como diz o ditado, "As pessoas não deixam a empresa, elas deixam o seu chefe". David Campbell, do centro de Liderança Criativa, explica: "A opinião dos que são liderados é relevante para a avaliação do líder". Por esse motivo, muitas empresas usam melhorias em avaliações 360 graus ou pesquisas sobre o envolvimento de colaboradores como medida da eficácia de seus programas de liderança e desenvolvimento gerencial. Outra possibilidade é simplesmente pedir aos subordinados diretos de uma amostra de participantes e a um grupo de controle composto por gerentes para classificar a eficiência atual de seus gestores em comparação a, digamos, três meses atrás.

Opiniões são resultados relevantes quando constituem bons indicadores de ações futuras, como nos exemplos acima. Mas nem todas as opiniões são assim. O problema com avaliações de final de curso, que são um tipo de pesquisa de opinião, é que elas são maus indicadores do uso e da transferência do aprendizado. Como a coleta de grande número de escores de reação é fácil e barata e como esses números podem ser computados até muitos dígitos (não necessariamente significativos), a eles se atribui um valor preditivo muito além daquele mostrado por pesquisas (Caso em Pauta D6.8).

Dados de opiniões podem ser coletados também por meio de entrevistas estruturadas, mas hoje em dia geralmente são coletados em pesquisas on-line devido à conveniência e economia. Qualquer pessoa pode facilmente organizar, aplicar e tabular uma pesquisa on-line, usando algum dos inúmeros serviços comercialmente disponíveis e baratos.

Mas há uma diferença entre ser capaz de criar uma pesquisa e conseguir idealizar uma que seja válida e de qualidade. Muitas das que recebemos violam os princípios mais básicos de planejamento de pesquisas. A criação de tabulações que gerem dados válidos e confiáveis é uma ciência muito bem-estabelecida e estruturada. Pesquisas mal projetadas podem resultar em conclusões errôneas. Procure ajuda profissional se você não for um especialista em planejamento de pesquisas, ou consulte um dos vários textos específicos sobre o assunto, como o de Babbie (2010).

> "Há uma diferença entre ser capaz de criar uma pesquisa
> e ser capaz de idealizar uma pesquisa que seja válida."

Opinião de um Especialista   Uma subcategoria especial de medidas de opinião é a opinião de um especialista: a avaliação de um resultado por alguém "hábil naquela arte". A opinião de um especialista pode ser uma métrica apropriada para programas de treinamento que buscam melhorar produtos relacionados ao trabalho como por exemplo, cursos sobre técnicas de apresentação, técnicas avançadas de programação para engenheiros de softwares, simulações de planejamento estratégico e assim por diante.

Os resultados esperados nos três exemplos citados seriam, respectivamente, apresentações melhores, códigos de melhor qualidade, e planos estratégicos mais sólidos. Porém, somente conhecedores da arte de fazer apresentações, de programar softwares ou de elaborar um planejamento estratégico têm condições de avaliar se o programa realmente melhorou a qualidade do produto final e, portanto, se obteve os resultados esperados.

Especialistas não precisam ser necessariamente consultores externos, mas pode ser este o caso. A principal exigência é que os "juízes" tenham experiência e expertise suficientes para dar uma opinião confiável sobre a qualidade relativa antes e depois do treinamento. Quando o resultado desejado é um aperfeiçoamento de um produto relacionado ao trabalho, então a estratégia de medição é encontrar uma pessoa (ou um sistema objetivo de classificação) capaz de apresentar uma opinião especializada sobre a qualidade do resultado final.

Caso em Pauta D6.8
Valor preditivo de dados sobre reações

Reações ao final do curso são as opiniões mais habitual e amplamente colhidas. A ideia é que cursos com classificações mais altas são "melhores" do que cursos com baixa pontuação. Da mesma forma, um instrutor, um departamento de treinamento, ou um fornecedor de serviços de T&D que, consistentemente, apresentem pontuações mais altas que a média são considerados mais eficientes. Essa correlação é verdadeira no setor de entretenimento ou de turismo: filmes apreciados pelo público são mais valiosos para o negócio porque têm receitas de bilheteria mais altas.

Infelizmente, essa relação não é verdadeira quando o treinamento é visto pelo ponto de vista da empresa. As reações imediatas dos participantes ao programa não são capazes de predizer se o aprendizado será usado ou se agregará valor para o negócio. Boas avaliações de fim de curso pouco demonstram sobre quanto aprendizado verdadeiro ocorreu, se ele foi relevante para as metas da organização, e se será aplicado no trabalho de maneira proveitosa.

Diversas pesquisas investigaram essa correlação. Dixon (1990), por exemplo, não constatou correlação significativa entre os escores pós-curso e a percepção dos participantes sobre a relevância do programa, a estimativa deles sobre o montante aprendido, apreciação do curso, ou habilidade do instrutor. Alliger e colegas (1997) analisaram trinta e quatro estudos e descobriram uma correlação bastante fraca entre dados de reação, medidas objetivas do aprendizado e transferência do aprendizado para o trabalho. Mais recentemente, Ruona e colegas (2002) estudaram a relação entre reações dos participantes e transferência do aprendizado por meio do *Learner Transfer Systems Inventory* e concluíram: "este estudo apoia a proposição de que medidas de reação têm utilidade limitada na avaliação dos resultados do aprendizado e do desenvolvimento." Isso não deveria surpreender, considerando-se o número de outros fatores que afetam a transferência do aprendizado e o processo de criação de valor (Holton, 1996).

Opiniões podem ser medidas úteis das repercussões do treinamento, desde que sejam representativas quanto a comportamentos futuros. Infelizmente, os dados de reação do Nível 1 são falhos nesse aspecto.

Um exemplo seria o sistema "Checkpoints to Mastery" que o *Securian Financial Group* desenvolveu em cooperação com Frank Sarr da *Training Implementation Services*, para avaliar a performance de consultores recém-contratados. Após dez semanas de treinamento e apoio à performance no trabalho, os novos consultores devem demonstrar seu domínio não só do assunto em questão, mas também de habilidades de consultoria em uma interação ao vivo com uma equipe de gerentes experientes que avaliam sua performance com base em um conjunto de critérios predefinidos.

Histórias A quinta categoria, em certa medida, tem intersecção com as outras: são as histórias, exemplos de casos na forma de narrativas sobre o que os participantes conseguiram concretizar após a participação em uma oportunidade de treinamento ou desenvolvimento. Cada vez mais se reconhece o poder das histórias em ilustrar, educar, motivar e criar impressões duradouras na área corporativa (Denning, 2005).

As histórias compõem a parte central do *Success Case Evaluation Method*, desenvolvido por Rob Brinkerhoff. O processo é direto: em um momento apropriado, após o treinamento (dependendo de sua natureza e metas), os participantes respondem uma enquete. Eles dizem se usaram aspectos específicos do programa e classificam seu sucesso em uma escala que vai de "nenhum" a "sucesso nítido com resultados mensuráveis" (Brinkerhoff, 2003, p. 102). Uma amostra dos participantes que alegaram ter obtido sucesso são entrevistados para explorar os detalhes, confirmar as afirmações e, quando cabível, documentar ou estimar o impacto financeiro.

Uma amostra daqueles que relataram não haver obtido sucesso também são entrevistados para que se entenda o que os impediu de conseguir êxito, como seus colegas. As histórias de sucesso resultantes são usadas para demonstrar, "além de dúvida razoável", que o treinamento, aliado ao apoio adequado à transferência, podem produzir resultados valiosos para o negócio (e o fazem). Como os casos de sucesso estão no formato de histórias e contêm detalhes específicos, são memoráveis e motivadores. A comparação do valor criado pelos participantes que relataram sucesso com o número de participantes que relataram não ter obtido êxito algum ajuda os gestores a ter consciência da quantidade de aprendizado-sucata: o tamanho do valor potencial sendo "deixado sobre a mesa" quando à transferência do aprendizado não é bem-sucedida.

Os resultados da pesquisa e das entrevistas com as pessoas que não relataram sucesso na aplicação do treinamento fornecem insights valiosos sobre os obstáculos por eles encontrados. Em sua maior parte, estão relacionados ao ambiente de transferência e são questões que estão dentro da alçada dos gestores: falta de apoio de um supervisor, ou falta de alinhamento de incentivos. O importante é que essa abordagem usa as próprias palavras do participante para descrever os obstáculos, uma forma convincente de chamar a atenção dos gestores. Além da capacidade de ilustrar a magnitude do valor potencial não realizado, o *Success Case Evaluation Method* ajuda a motivar a alta liderança no sentido de realizar as ações necessárias para melhorar o apoio à transferência de aprendizado.

Uma ressalva importante, porém, sobre essa abordagem: é necessário confirmar de forma independente os relatos que serão usados como exemplares. Se um participante afirmar ter usado o treinamento para conseguir uma nova conta importante, verifique os registros de vendas ou contate o cliente. Se um outro alegar ter evitado que um colaborador essencial pedisse demissão, confirme com ele. Por quê? Porque nada destruirá sua credibilidade mais instantaneamente do que apresentar um exemplo de sucesso que mais tarde se mostra falso ou amplamente exagerado.

Automatizamos alguns aspectos da abordagem de casos de sucesso usando o sistema de gestão de transferência do aprendizado *ResultsEngine*. No final do período de transferência do aprendizado, pergunta-se aos participantes até que ponto os resultados foram atingidos e pede-se a eles para descrevê-los resumidamente. Em todos os programas, foi possível identificar histórias ricas e ilustrativas sobre o tipo de efeito que um programa de T&D e um ambiente adequados podem produzir (ver Caso em Pauta D6.9).

> "Sempre confirme de forma independente
> os casos que serão usados como exemplo."

Planejar a análise

A verificação final do projeto é prever como será a análise, ou seja, pensar sobre como os dados serão coletados, codificados se necessário, "processados" e resumidos, e também sobre as estatísticas a serem usadas. Uma consideração importante é ter certeza de que existem dados suficientes para tirar conclusões válidas. Em geral, quanto mais assuntos puderem ser incluídos no estudo, melhor, por dois motivos: (1) quanto maior o tamanho dos grupos estudados, mais provável que sejam realmente comparáveis, e (2) quanto maior o tamanho do grupo, mais fácil detectar com segurança diferenças que podem ser atribuídas ao treinamento.

Quanto menor o número de participantes estudados, maior a probabilidade de cometer erros do tipo I e II: encontrar um efeito visível quando não existir nenhum (I) ou não conseguir demonstrar um benefício que realmente existe (II). Mesmo quando a diferença entre os dois grupos parecer grande, ela pode ainda não ser estatisticamente "significativa", pois, se os grupos são pequenos, a diferença é tão passível de ser resultado do acaso, quanto efeito do treinamento.

Há métodos estatísticos para se determinar o número de participantes necessários para apontar uma diferença significativa com uma determinada dimensão. Consulte de antemão os estatísticos de sua empresa ou consultores externos para determinar se o projeto da avaliação é sólido o suficiente para detectar a diferença.

Rigor A quantidade de dados a se coletar e o rigor da análise dependem do que é necessário para tirar conclusões confiáveis e acionáveis. O nível de rigor exigido para publicações em revistas como *Science* ou *Harvard Business Review* é muito alto e bem-conhecido. O rigor comumente exigido para uma avaliação adequada de um programa de treinamento é menor, mas em que medida ele é menor depende de uma série de fatores, incluindo a cultura da empresa (algumas são mais analíticas que outras), a personalidade de quem toma as decisões (alguns são mais preocupados com detalhes, outros enxergam o panorama geral), a magnitude e importância estratégica da iniciativa (quanto maior e mais importante, mais rigor é necessário), e a política que cerca o programa.

"Toda avaliação é política."

Política pode parecer um conceito estranho para se introduzir em uma discussão sobre documentação de resultados de programas de treinamento. Mas a avaliação é inerentemente política ou, como disse um brincalhão (Patton, 1997, p. 352):
"Avaliações NÃO são políticas apenas quando as seguintes condições forem aplicáveis:

- Ninguém se importa com o programa.
- Ninguém ouviu falar do programa.
- Não há um tostão em jogo.
- Nenhum poder ou autoridade está em jogo"

Em outras palavras, toda avaliação é política, uma vez que sempre há dinheiro, poder, reputação e autoridade em jogo. Quanto maiores forem essas questões na organização, mais os resultados serão políticos e, de forma correspondente, mais rigorosos devem ser a coleta de dados, a análise e os relatórios.

Caso em Pauta D6.9
Histórias de sucesso

Uma empresa industrial de ponta ministra um programa intensivo de dois dias para apresentar aos gerentes sua abordagem singular de gestão. Para garantir que o programa leve a novos comportamentos e resultados, os participantes devem relatar os progressos de sua implementação a cada duas semanas, durante 10 semanas, em um sistema de gestão da transferência do aprendizado (*ResultsEngine*). Na última atualização, eles devem fornecer exemplos do que foi concretizado. A seguir estão algumas das muitas histórias de sucesso que demonstram o tipo de efeito que a aprendizagem e a transferência estão produzindo.

"Ao aplicar os princípios que aprendemos, conseguimos marcar uma reunião excelente com um novo distribuidor, com potencial de trazer US$ 1 milhão em novos negócios. Conseguimos isso procurando envolver todos que decidem e, dessa forma, cada um deles tinha interesses em jogo no tocante ao sucesso da iniciativa.

Durante uma reunião entre delegados sindicais e líderes de turno sobre o comprometimento com segurança, um operador estava tão concentrado nas compensações monetárias como único incentivo que não conseguia enxergar alternativas. Quando ofereci outros tipos de incentivo e perguntei o que achava de recompensas não financeiras, ele expressou um ponto de vista completamente diferente e até disse achar um simples 'obrigado' muito gratificante. Muitas outras pessoas também indicaram estar reconhecendo mais a importância de compensações não financeiras. Foi uma das mais gratificantes reuniões que já tive, do ponto de vista de aprendizado. Temos um longo caminho pela frente, mas agora dispomos das ferramentas certas para ir em frente.

Geralmente, leva cerca de 10 semanas para criarem-se essas estratégias de equipamentos. O processo-modelo, descoberto pelos membros de minha equipe, reduzirá facilmente esse tempo pela metade. Eu não tenho quantias para demonstrar isso no momento, mas parece evidente que uma queda de 50% no tempo de aplicação do processo é uma oportunidade de gerar valor em longo prazo que irá gerar redução expressiva de custos.

Eu diria que o impacto é significativo em toda minha equipe de vendas. Compartilhamos práticas melhores de venda, e vamos continuar a fazê-lo. O novo processo de revisão e a melhor comunicação levarão a um aumento de receita. Estimo que o impacto em minha área seja da ordem de $2 milhões em receitas nos próximos 12 meses. Isso se traduz em cerca de $100.000 por região, ou duas boas vendas por profissional da área comercial. Isso geraria $1,25 milhões em margem incremental.

Um de meus subordinados diretos começou a assumir mais responsabilidades. Acredito que isso seja resultado direto de nossas sessões de feedback, somado à forma como passei a compartilhar conhecimento. Assim que comecei a dirigir a atenção à comunicação das intenções de nossa visão e também dos princípios por trás de nossas metas, ele começou a reagir e assumiu um papel mais ativo no departamento".

Finalizar o Plano O passo final no desenvolvimento do projeto é criar um cronograma e plano, contendo todas as principais atividades (quando enviar lembretes e questionários, fazer entrevistas de follow-up, e assim por diante). Se você for inexperiente em avaliação, ou estiver usando um tipo de abordagem pela primeira vez, é bom pedir a um expert para rever seu projeto. Pode haver maneiras de agilizar o processo ou dar mais força à análise. Prever como será a análise e como os resultados poderão ser usados é importante; não faz sentido coletar dados sem um plano sobre o que fazer com eles.

3. Coletar e analisar os dados

Uma vez acertado e revisado, é hora de executar o desenho projetado. Alguém precisa ser o responsável pela gestão do projeto e execução do plano, pois até mesmo um desenho relativamente simples, como reunir opiniões de clientes internos, envolve um grande número de partes móveis.

Se não houver possibilidade de alocar uma pessoa dedicada à gestão do projeto, será necessário administrá-lo pessoalmente ou contratar alguém para fazê-lo. Em ambos os casos, não subestime a importância da execução. Uma execução deficiente é a causa mais comum para o fracasso na área de negócios (Bossidy & Charan, 2002, p. 5).

Reunir os dados

Antes de usar um questionário ou sistema de coleta de dados recentemente desenvolvido, é bom fazer primeiro um piloto para ter certeza de que as perguntas são compreensíveis e as respostas são registradas corretamente. No caso de entrevistas, é preciso ter o cuidado de garantir consistência e imparcialidade, questões discutidas em artigos sobre pesquisa qualitativa. Exceto por isso, a coleta de dados é sobretudo uma questão de monitoramento da informação que entra para ter certeza de que há um número adequado de respostas e de que o sistema está funcionando. É claro que poucos pesquisadores conseguem resistir à tentação de fazer algumas análises iniciais para ver se há tendências em desenvolvimento e para obter uma pré-leitura dos resultados.

Analisar os dados

Uma vez coletados os dados, começa a fase mais interessante: analisá-los para ver se o programa realmente cumpriu sua promessa. O processo principal é fazer uma comparação de um conjunto de resultados (pós-treinamento) com outro (pré--treinamento ou sem treinamento). Sistemas de avaliações on-line, como o *Metrics That Matter,* são capazes de fazer tabulação cruzada, ajudando nessas comparações. No caso de resultados qualitativos, é importante que a definição de temas e seleção de exemplos seja equilibrada. Resultados quantitativos (contagens, escalas de classificação, valores e assim por diante), exigem a inclusão de análises estatísticas para confirmar se os resultados não são apenas variações aleatórias.

A menção de estatísticas traz à memória a expressão popularizada por Mark Twain: "Existem mentiras, mentiras deslavadas e estatísticas". Muitas pessoas no mundo corporativo não ficam à vontade com análises estatísticas e não são persuadidas por argumentos delas derivados. Apesar disso, é preciso saber quanta confiança pode ser depositada nas diferenças observadas e se elas têm "significância estatística". Isso é essencial para decidir como posicionar os resultados, e se as análises estatísticas serão ou não incluídas no relatório final (ver *Vender o peixe,* na p. 313).

4. *Relatar as descobertas para a gestão*

É obrigatório relatar os resultados, positivos, negativos ou neutros, e fazê-lo de forma que eles fundamentem a tomada de decisões. Uma avaliação minuciosa documentando com rigor resultados magníficos não tem valor se ninguém ficar sabendo que existe.

> "É obrigatório relatar os resultados:
> positivos, negativos ou neutros."

Os resultados têm duas utilidades diferentes, mas vitais. A primeira é incluí-los em um relatório formal para a gestão; a segunda é usá-los na comunicação de marketing para todas as principais partes interessadas (o que chamamos *Vender o peixe*, abordado na p. 313).

Depois de investir tempo, dinheiro e esforço para ministrar programas de treinamento e desenvolvimento, as organizações de aprendizagem têm a responsabilidade de relatar aos apoiadores o que receberam em troca. Como investidores, os apoiadores buscam uma análise crítica do valor gerado. Eles querem ver indicadores relevantes, confiáveis e convincentes de que o investimento está tendo retorno, para assim justificar a decisão de continuar a investir na iniciativa. Não importa o quanto os resultados sejam bons, os apoiadores vão querer saber como você planeja para conseguir resultados ainda melhores no futuro. Nunca se consegue repousar sobre os louros por muito tempo no mundo corporativo.

Aspectos principais relacionados às comunicações

A principal (mas não exclusiva) comunicação com a liderança se dará sob a forma de algum tipo de relatório formal. Deve ser uma análise concisa, com base em fatos, pragmática e escrita no jargão do negócio.

Para maximizar a capacidade de compreensão e, por consequência, a credibilidade e o impacto, use termos e conceitos familiares aos líderes e evite jargões de aprendizagem. Por exemplo, a maior parte dos profissionais de aprendizagem está familiarizada com o modelo de Kirkpatrick e saberá o que você quer dizer com "fizemos uma análise de Nível 3". Entretanto, poucos líderes de negócio conhecem (ou se importam) com a classificação de Kirkpatrick. Segundo Sullivan (2005): "A história provou que gerentes não aprenderão a falar sua língua nem adotarão o seu ponto de vista, então é você quem tem de se adaptar" (p. 283). Em outras palavras, use uma linguagem simples ou a da empresa, não o jargão de treinamento. Diga: "Nós implementamos um análise computadorizada para verificar se os participantes aprenderam os conceitos principais", em vez de "Conduzimos uma análise de Nível 2". É muito mais importante ser entendido do que mostrar erudição.

Uma advertência semelhante se aplica à utilização de estatísticas. A maior parte das análises envolve algum nível de avaliação estatística para mostrar que os resultados não são apenas aleatórios. Entretanto, o conhecimento de estatística ou a aversão a ela varia muito entre os líderes. Não tente deslumbrá-los com análises complexas a não ser que seja absolutamente essencial (veja a sessão sobre "rigor"). Se a natureza das análises exigir métodos misteriosos e pouco usuais, explique-os de forma sucinta, assim como a lógica por trás deles. Importante: tenha certeza de que sabe do que está falando; nunca apresente algo que não consegue explicar com segurança – alguém na plateia pode ser faixa preta no assunto. Nada despedaça mais a credibilidade do que a incapacidade de explicar algo em uma apresentação.

"Nunca apresente algo que você não tem segurança para explicar."

Por fim, vá direto ao ponto. Líderes tendem a ser *drivers*; eles não têm tempo ou paciência para folhear páginas e páginas de texto ou pilhas de slides para encontrar a informação necessária à ação. Diretores e alto executivos em particular são muito ocupados e não têm tolerância para longos preâmbulos, mensagens tortuosas, ladainhas de treinamento e materiais mal organizados. No caso de não conseguirem chegar direto ao cerne do assunto em um ou dois parágrafos, provavelmente deixarão o relatório de lado ou o descartarão.

Sempre coloque na primeira página um sumário executivo. Isso é crucial: é só isso o que muitos dos altos executivos lerão. Apresente as descobertas e recomendações principais com clareza, de forma concisa e objetiva, sem ambiguidades. Seja direto e atenha-se a uma página ou menos. Resuma as necessidades do negócio que foram atendidas, as metas do programa, o que foi feito, como foi avaliado, os resultados, e recomendações para o futuro. Não é um romance, portanto, não faça suspense.

O sumário executivo é a parte mais difícil e trabalhosa do relatório. Como escreveu o grande matemático e filósofo francês Blaise Pascal: "Esta carta que redigi está mais longa do que de costume só porque não tenho tempo de fazê-la mais curta". Deixe o sumário executivo por último. O desafio é garantir que ele contenha os principais fatos e recomendações e, mesmo assim, seja breve e direto.

O restante do relatório deve fornecer detalhes que sustentem o que está no sumário, incluindo o desenho da experiência de aprendizagem completa, a metodologia da avaliação, tabelas de dados, histórias de sucesso e análises necessárias para embasar as conclusões. Executivos lidam com números, apresente informação quantitativa em tabelas e gráficos claros e bem-elaborados.

Certifique-se de que o relatório reflita a cultura particular da organização e da equipe de liderança: para algumas pessoas, ter dados demais é desanimador; para outras, ver muito poucos dados diminui a credibilidade. Inclua resumos gerais, tabelas e gráficos no corpo do relatório, deixando análises e tabelas detalhadas para os anexos.

Em muitas organizações, há uma tendência de se usar slides impressos (PowerPoint e similares) em vez de relatórios escritos. Concordamos com Edward Tufte, professor emérito de Ciência Política, Ciência da Computação e Estatística e crítico experiente de design gráfico na Universidade de Yale, quando ele afirma que isso é um erro. Por causa das limitações impostas por slides, "o estilo PowerPoint geralmente prejudica, domina e banaliza o conteúdo. Dessa forma, apresentações de PowerPoint com frequência se parecem com peças de teatro escolares – muito chamativas, muito lentas e muito simples" (Tufte, 2003). Se a cultura corporativa exige slides como veículo de comunicação primário, distribua também um sumário executivo de uma página e, de preferência, um relatório completo e bem-estruturado.

Lógica e organização

Uma excelente avaliação pode ser arruinada por um relatório malfeito. Certifique-se de que o relatório esteja organizado de uma forma fácil de entender, para que o leitor chegue às mesmas conclusões de quem o preparou. A aplicação da pesquisa deve seguir uma linha consistente com a questão proposta. As conclusões devem derivar dos dados de maneira lógica, sem alegar nada a mais do que aquilo que os dados fundamentam.

Se o relatório foi preparado por um consultor ou teve sua contribuição, trate de examiná-lo para se certificar de que esteja alinhado com o estilo preferido de comunicação do público-alvo. Mostre reconhecimento pela contribuição dos gestores e outros colaboradores fora da organização de aprendizagem e seja franco com relação às limitações da avaliação ou de suas conclusões. Explique as "lições aprendidas" e os planos para tornar os programas subsequentes ainda mais eficientes.

Apesar de ser necessário fazer um relatório formal para a alta liderança, não é suficiente. Um erro comum e caro é achar que distribuir um relatório é o mesmo que comunicar resultados. Para ter certeza de que sua mensagem seja ouvida em meio a todas as interferências, ela precisa ser fortalecida. Se possível, peça para fazer uma apresentação breve sobre os resultados, pessoalmente. Ressaltamos o "breve", dadas as restrições de tempo dos executivos. Vá direto ao ponto, limite o tempo e número de slides ao absolutamente imprescindível, transmita a mensagem de forma sucinta e termine antes do tempo fixado. Tente prever as perguntas e objeções mais prováveis e esteja preparado para responder a elas (com slides de apoio se for preciso). Na ausência de perguntas, resista à vontade de continuar falando, ouça o conselho dado a profissionais de vendas e "não compre de volta".

5. Vender o peixe

Resultados de avaliações são vitais para a construção de marca do aprendizado. O conceito de uma "marca" para o aprendizado pode parecer estranho, mas um recente documento da Corporate University Xchange apresenta um bom argumento:

> Tudo tem uma marca e a organização de aprendizagem não é exceção. A marca é constituída por opiniões, e é impossível evitar que as pessoas tenham opiniões. Se um líder de aprendizagem parar colaboradores, gerentes ou altos executivos no corredor, e perguntar a opinião deles sobre a organização de aprendizagem, sem dúvida alguma eles fornecerão uma opinião. (Dresner & Lehman, 2009)

Uma vez que a percepção das pessoas sobre a "marca" do aprendizado molda sua predisposição para investir tempo, dinheiro e esforços em programas de aprendizagem, é importante saber qual a marca de aprendizagem da sua organização para administrá-la ativamente.

Documentar os resultados do impacto do treinamento é uma das melhores maneiras de construir e sustentar a reputação da organização de aprendizagem... mas só se você souber vender bem. É preciso vender o peixe, ou, como disse Kevin Wilde, executivo de aprendizagem da *General Mills*, "É preciso vender o que se está fazendo, demonstrar valor e saber o que importa" (Wilde, comunicação pessoal, 2004). Se tiver obtido excelentes resultados, é necessário promovê-los de forma ativa: "não se pode ser sutil ou ingênuo se a meta for fazer com que os gestores prestem atenção às suas métricas" (Sullivan, 2005, p. 282).

> "Tudo tem uma marca, e a organização de aprendizagem não é exceção."

A palavra "M..."

Profissionais, em geral, foram condicionados para pensar em marketing como uma empreitada ligeiramente desonesta ou de mau gosto, uma prostituição de valores e éticas que não é digna de sua atenção. Acreditam que o valor de seu trabalho deveria falar por si próprio. Esse é um modo de pensar muito ingênuo e perigoso, pois segundo Sue Todd da Corporate University Xchange: "Sua organização de aprendizagem tem uma marca, quer você opte por gerenciá-la, quer não" (Todd, 2009). Abster-se de fazer marketing significa deixar sua reputação à deriva. Não buscar comunicar a contribuição trazida pela aprendizagem pode levar a uma marca de aprendizagem percebida como desprovida de valor.

"Uma marca é uma promessa ao cliente", diz Chris Quinn, presidente da Imprint Learning Solutions. "Está presente na cabeça do cliente como algo que resume os atributos de um produto, seus benefícios e seu valor. Marcas são importantes, portanto, devem ser gerenciadas. Marketing estratégico é um conjunto integrado de atividades-alvo e comunicações que influenciam positivamente a percepção de valor" (Quinn, 2009).

A chave é a "percepção de valor", uma vez que as pessoas tomam decisões com base em sua percepção de valor, não necessariamente no valor absoluto, valor este que podem não conhecer ou entender completamente. Portanto, é do interesse da organização de aprendizagem, e também da empresa, garantir que a alta liderança tenha a percepção correta do valor do treinamento. Nossa vivência indica que as organizações de aprendizagem colherão muitos benefícios investindo mais energia e tornando-se mais competentes em comunicar seu valor para públicos-chave – em outras palavras, tornando-se melhores em marketing.

"Uma marca é uma promessa para o cliente."

Segmentar e direcionar

O primeiro passo em marketing estratégico é segmentar e dirigir o foco aos clientes-alvo. *Segmentação* significa dividir os clientes em grupos com desejos e necessidades similares. *Direcionar o foco* significa concentrar os esforços de comunicação nos segmentos mais importantes.

Com relação ao processo de relatar resultados, pergunte-se:

- Quem é o público mais importante da área de aprendizagem e desenvolvimento?
- Quais mensagens precisam ser transmitidas, e para quem?

Por certo, as pessoas que decidem sobre o financiamento da educação corporativa representam um segmento crítico de clientes. Como discutido acima, a mensagem que precisa ser transmitida a esse grupo é que o tempo e o dinheiro gastos com o treinamento foram bem-gastos, que geraram um bom retorno em termos de resultados relevantes para o negócio. A promessa da marca de aprendizagem é que investimentos futuros trarão resultados similares, e que a organização de aprendizagem e desenvolvimento leva a sério a melhoria contínua de seu produto.

Alguns CLOs inteligentes buscam premiações como uma estratégia específica de construção de marca. Se ganharem, garantem a ampla comunicação de seu sucesso e, pela lógica, um departamento "premiado" tem mais chances de receber apoio contínuo. Uma recente enquete com CEOs (Philips & Philips, 2009) revelou que eles consideram prêmios uma validação externa de valor.

Apesar de muitos prêmios ainda darem muito peso a medidas de inputs ou de atividades, as avaliações vêm se tornando um critério cada vez mais importante. O formulário de inscrição da ISPI (*International Society for Performance Improvement*) para o "prêmio de destaque em iniciativa na área de recursos humanos", por exemplo, contém diversas perguntas sobre como o programa foi avaliado porque: "Avaliação tem a ver com a medição da eficiência e eficácia do que foi feito, como foi feito, e até que ponto a solução produziu os resultados desejados, de forma a permitir a comparação entre os custos incorridos e os benefícios gerados" (ISPN, 2010).

O segundo segmento principal de clientes é composto por aqueles que participaram da avaliação. Eles precisam saber que seus esforços foram valorizados, que a informação está sendo usada construtivamente, e que eles fizeram uma contribuição importante para o sucesso da empresa.

O terceiro segmento-alvo engloba colaboradores que ainda não participaram do programa. Eles são clientes em potencial. A comunicação com este grupo de clientes deve fazer com que queiram participar do programa, com que tenham expectativas positivas. Outros públicos-alvos para a comunicação podem incluir acionistas, para ilustrar como a empresa investe na construção de capacidades futuras e na comunidade de educação corporativa, para atrair profissionais de destaque para a equipe e promover um intercâmbio das melhores práticas.

Uma vez identificados os segmentos-alvo principais e suas preferências, é preciso adequar as mensagens e selecionar os veículos de comunicação mais eficientes para cada segmento.

> "Adequar as mensagens para os interesses,
> necessidades e preferências de cada público."

Repetição, repetição, repetição

Os anunciantes sabem que não importa o quão convincente seja a mensagem, é necessário repeti-la de forma a construir uma marca e obter *share of mind*. Empresas competentes em fazer marketing repetem a mesma mensagem principal muitas e muitas vezes em uma variedade de mídias (revistas, televisão, mala direta e assim por diante).

CEOs eficientes usam uma abordagem parecida, enfatizando alguns temas centrais repetidamente até que todos na empresa entendam a mensagem. Apesar de cada comunicação em particular ser adaptada ao meio e ao público, todas elas destacam as mesmas mensagens e temas centrais.

Organizações de aprendizagem e desenvolvimento precisam fazer o mesmo. Para ter certeza de que a mensagem foi compreendida, os resultados das iniciativas de aprendizagem e desenvolvimento devem ser comunicados diversas vezes, em diferentes ambientes e formatos. Faça adaptações para cada público-alvo, mas sempre dê ênfase àqueles atributos centrais da marca que você quer que "fiquem". A seguir, algumas sugestões.

Participantes e seus gestores

Os participantes de um programa estão naturalmente interessados nos resultados de seus esforços. Terão curiosidade sobre os resultados de qualquer avaliação de que tenham participado, e sobre como se saíram os outros membros do grupo. Aqueles que dedicaram um esforço concentrado para aplicar o que aprenderam e, como resultado, alcançaram algo significativo querem ser reconhecidos. Ajude a assegurar que isso aconteça.

Sempre que reconhecer as realizações dos participantes, não esqueça do papel fundamental desempenhado pelos gestores na transferência e aplicação do aprendizado. Reconheça as contribuições dos gestores para o sucesso da iniciativa e incentive a alta liderança a fazer o mesmo. Não se trata apenas do departamento de treinamento. Um paradoxo interessante é que, quanto mais os créditos forem compartilhados, mais crédito se recebe.

Aspectos Fundamentais das Comunicações   A primeira meta é agradecer àqueles que participaram da avaliação (como sujeitos ou como controles) pelo tempo dedicado ao programa. Tempo talvez seja o ativo mais precioso de qualquer profissional nos dias de hoje; qualquer que seja o tempo que os participantes dedicaram à avaliação, ele deve ser visto como um presente. Para obter participações em avaliações futuras, é preciso agradecer às pessoas por sua contribuição e dar uma sinopse das descobertas. Reconheça principalmente as sugestões de melhoria e, se possível, descreva as mudanças que serão feitas em programas futuros, como resultado do input recebido.

A segunda meta da comunicação com os participantes é reforçar o valor dos princípios do programa ao destacar histórias de sucesso. Uma maneira de alcançar essa meta é por meio de histórias "do interesse das pessoas", publicadas em periódicos da empresa, contendo relatos de realizações notáveis de indivíduos ou equipes. "O centro da documentação que eu considero realmente importante são histórias, não apenas métricas ou números", diz Richard Leider, fundador e presidente do *Inventure Group*. Ao descrever uma certa organização de aprendizagem bem-sucedida, ele explicou: "Eles se esforçam para construir histórias de liderança e para comunicá-las em diversos formatos de maneira que estejam por toda parte" (Leider, comunicação pessoal, 2004).

De forma similar, Jim O'Hern, quando era diretor de desenvolvimento de liderança na *Honeywell*, usou histórias de sucesso para conferir reconhecimento aos participantes que completavam todo o processo de implementação, e também para motivar os novatos no programa. Ele compilou exemplos de aplicações de sucesso com o sistema de gestão de transferência do aprendizado (*ResultsEngine*), incluindo feedback positivo de instrutores e gestores, e compartilhou-os com os participantes de programas subsequentes. Dessa forma, ele simultaneamente valorizou a performance acima da média dos participantes anteriores, ilustrou o que é possível quando os princípios do programa são aplicados e motivou os atuais participantes ao indicar que eles poderiam ser selecionados como avatares em sessões subsequentes (O'Hern, comunicação pessoal, 2005).

Veículos de Comunicação   Se os participantes têm acesso a e-mail, uma carta de agradecimento eletrônica e um pequeno resumo dos resultados podem ser suficientes para cumprir a primeira meta. Mas, considerando a sobrecarga de e-mails que hoje aflige a maioria dos gerentes, uma carta impressa e um resumo de uma ou duas páginas pode receber uma atenção maior. Se o desenho do programa incluir um reencontro do grupo, use a ocasião para reconhecer publicamente os exemplos de performance excepcional.

Tire proveito da maior quantidade de veículos possível, como newsletters, publicações internas e o website da empresa. Os editores desses tipos de comunicações estão sempre precisando de histórias interessantes e ilustrativas do valor e das metas da empresa. O Centro de Aprendizagem da Qualcomm, por exemplo, alimenta ativamente o seu departamento de comunicações corporativas com histórias de sucesso. Tanto um sistema eletrônico de gestão de transferência do aprendizado quanto a abordagem de casos de sucesso, são formas excelentes de identificar indivíduos e equipes que alcançaram resultados significativos. Chame a atenção do departamento de comunicações para esses casos, assim esse departamento poderá desenvolver uma história completa através de entrevistas de follow-up. Ter histórias de sucesso relatadas em publicações internas aumenta a percepção de valor do aprendizado e contribui para a construção da marca.

Colaboradores que protagonizam esses artigos estarão motivados a tentar realizações ainda maiores, e participantes futuros irão se empenhar para estar entre os que receberam reconhecimento. Além disso, fazer com que os outros falem sobre o valor do aprendizado tem mais valor do que 10 mensagens da própria organização de aprendizagem; ou, como diz o ditado: "Um dólar em relações públicas é o mesmo que 10 dólares em propaganda". Faça outras pessoas contarem a sua histórias sempre que for possível.

> "Tire proveito da maior quantidade de veículos possível."

Não participantes

Colaboradores que não participaram do programa são um terceiro alvo-chave para as comunicações. A meta é criar interesse ativo no programa, mostrar como a empresa investe em capital humano, motivar os outros ao reconhecer performances excepcionais e incentivar a liderança a apoiar o desenvolvimento dos colaboradores.

Aspectos Fundamentais das Comunicações Artigos que descrevem o programa e ilustram os benefícios obtidos pelos participantes apoiam essas metas. Histórias de interesse como as discutidas serão as mais motivadoras, especialmente se incluírem citações, fotos e exemplos dados por participantes, seus gestores e equipes. Considere a concessão de prêmios ou outras formas de reconhecimento para incentivar a participação e a transferência do aprendizado, mas tenha o cuidado de validar alegações de sucesso. Reconhecer publicamente realizações que no futuro se mostrem exageradas ou sem substância pode acabar com a reputação do programa inteiro.

Veículos de Comunicação Os principais veículos de comunicação são as publicações internas, blogs da empresa e sites de redes sociais, comunicações eletrônicas e reuniões de equipe e da empresa. Não subestime o poder do reconhecimento público; ele é um motivador muito forte. "Cada vez mais, pesquisas vêm indicado que dinheiro não é a chave para reter os bons profissionais. Quando colaboradores em todo o país responderam à pergunta, 'O que o fez ficar?', poucos colocaram valores entre as três principais razões. As pessoas querem ser reconhecidas por um trabalho benfeito" (Kaye & Jordan-Evans, 2008, p. 182).

> "As pessoas querem ser reconhecidas por um trabalho benfeito."

Outros stakeholders

Promover o sucesso da educação corporativa em desenvolver novas competências e competitividade contribui de forma positiva para a reputação de uma empresa. Quatro públicos externos que devem ser considerados são: clientes, colaboradores em potencial, acionistas e a comunidade de educação corporativa.

Aspectos Fundamentais das Comunicações A reputação global de uma empresa é um dos fatores considerados pelos clientes ao tomar uma decisão de compra. Eles estão mais propensos a comprar, mesmo a um preço maior, um produto ou serviço de uma firma que eles percebam como de alta qualidade e progressista, com boas perspectivas para o futuro. Dar exemplos de como a empresa está melhorando sua qualidade e performance por meio do treinamento e desenvolvimento ajuda a reforçar uma percepção positiva.

De forma análoga, a reputação de uma empresa como empregadora afeta a sua capacidade de recrutar colaboradores. Empreendimentos que são percebidos como dispostos a investir em seus colaboradores têm facilidade em atrair bons candidatos e um custo mais baixo de aquisição de talentos. Colaboradores mais jovens em particular, a chamada geração do milênio, querem trabalhar para empresas dispostas a investir em seu desenvolvimento (Phillips & Torres, 2008). Novas histórias ilustrativas de como a empresa investe no desenvolvimento de seus colaboradores melhorarão sua reputação como empregadora. Se você tem uma boa história para contar, trabalhe com o departamento de relações públicas para dar a ela o lugar que merece.

Os acionistas estão mais preocupados com as perspectivas futuras da empresa. Dar provas concretas de que a empresa está construindo capacidades em sua força de trabalho ajuda a reforçar a confiança deles sobre a prosperidade continuada da empresa. Inclua exemplos reais e análises financeiras; investidores inteligentes estão habituados e reconhecem manipulação de dados não substanciados. Prêmios de aprendizagem recebidos pela empresa também podem agregar algum mérito junto a esse público.

Por fim, é importante que profissionais de aprendizagem corporativa comuniquem sucessos (e fracassos) aos seus colegas. Isso não só aumenta a reputação da unidade, ajudando-a a atrair os melhores e mais talentosos praticantes do ramo, como também ajuda a criar uma rede para a troca aberta de ideias e de melhores práticas que transcendem as fronteiras corporativas. Essas redes resultam em contribuições econômicas reais e ROI substancial por mérito próprio (Dulworth & Forcillo, 2005).

Veículos de Comunicação Histórias de sucesso sobre como programas de aprendizagem estão agregando valor são um bom recheio para comunicação a clientes (newsletters, websites e outras publicações), e também podem interessar a publicações comerciais do ramo, lidas por clientes e colaboradores em potencial. As publicações comerciais têm a vantagem de ser "independentes" em comparação a publicações da própria empresa. Trabalhe em conjunto com o departamento de comunicações e relações públicas para assegurar a colocação dessas matérias.

Se houver provas da contribuição do treinamento para resultados fundamentais ao negócio, sugira que isso seja incluído no relatório anual da empresa. A competição por espaço nesses relatórios é intensa, mas se o programa realmente tiver aumentado o valor aos acionistas, será digno de menção. Por exemplo, o presidente da Honeywell, David Cote, optou por reconhecer a iniciativa de marketing estratégico da empresa no relatório anual para os acionistas: "O foco na excelência funcional e introdução do Curso de Marketing Estratégico está começando a dar resultados. Embora os benefícios pareçam óbvios, poucas empresas de manufatura são de fato eficientes nesse ponto" (Honeywell, 2004, p. 3). Para ter alguma chance de reconhecimento, contudo, é preciso ter resultados bem-documentados e relevantes para o negócio e para os acionistas.

Se o programa foi realmente inovador e conseguiu resultados excepcionais, a história pode até ser selecionada por alguma das principais publicações de negócios, como *The Wall Street Journal*. O impacto em termos de relações públicas seria enorme, não só para a organização de aprendizagem, mas para a empresa como um todo. Para até mesmo aspirar a um reconhecimento desse tipo, entretanto, é necessário algo que seja de fato notícia, com impacto bem-documentado para o negócio; dados de reações dos participantes não serão suficientes.

Entre os espaços para o compartilhamento de resultados com a comunidade de aprendizagem estão: conferências, periódicos de aprendizagem e desenvolvimento, workshops e redes sociais. Inscreva-se para apresentar suas descobertas em uma conferência de profissionais de aprendizagem, cada vez mais frequentes.

Resumo de vendas

Temos convicção de que as organizações de aprendizagem e desenvolvimento são com frequência pouco valorizadas porque, historicamente, não se esforçaram o bastante para medir o impacto que causam e, então, comercializar os resultados obtidos suficientemente. Como consequência, há uma enorme oportunidade para fortalecer a marca da aprendizagem e aumentar o "share of mind" sobre o valor gerado por programas bem-desenhados e bem-executados. Recomendamos fortemente usar as ideias deste capítulo para "vender o peixe": posicione-se e comunique o valor do treinamento e desenvolvimento, criando uma marca positiva para aprendizagem.

6. Implementar melhorias

O último e mais crítico passo do processo é implementar melhorias. Não importa o quanto os resultados tenham sido espetaculares, nem o quanto as histórias de sucesso sejam inspiradoras, ou mesmo quão eficiente foi a transferência do aprendizado, sempre é possível fazer melhor. A busca contínua e ações incansáveis na direção de oportunidades para melhoria – *kaizen* – é o que diferencia organizações realmente notáveis das meramente boas, da mesma forma que uma performance individual de destaque é o produto da prática deliberada e do feedback construtivo.

Geralmente preferimos ler comentários positivos e nos deleitamos com itens de alta pontuação. É tentador ignorar, rejeitar ou racionalizar reações negativas, mas as verdadeiras oportunidades de crescimento estão nas áreas com as piores pontuações e nos comentários críticos. Lembre-se de que, para desenvolver uma verdadeira expertise é necessário buscar feedback construtivo (Ericsson, Prituela & Cokely, 2007).

Todo programa deveria ser reavaliado periodicamente com vistas ao desenvolvimento de um plano de ação específico para aprimoramento. Em programas novos, a primeira revisão deve ocorrer assim que os dados estiverem disponíveis para descobrir o que está funcionando e o que precisa ser consertado. Programas em andamento devem ser revistos trimestralmente ou semestralmente, dependendo da frequência do programa, e até mesmo programas pontuais (iniciativas específicas que não serão repetidas) devem ser reavaliados como embasamento para programas futuros. Uma empresa de ponta em biotecnologia, por exemplo, realiza sessões de "lições aprendidas" após cada iniciativa de aprendizagem, sessões que incluem gerentes de marketing e de vendas, assim como profissionais de aprendizagem, com a meta de aprender com a experiência para melhorar ciclos futuros.

Abordagem

A seguinte abordagem é útil para desenvolver um plano de ação para aperfeiçoamento contínuo. Primeiro, examine os dados procurando pelas áreas mal avaliadas, por comentários negativos e por sugestões de melhoria e, depois, decida:

1. *Existe uma tendência, ou esses são comentários individuais isolados?* Jamais será possível atender as necessidades ou preferências de todos os participantes individualmente. Concentre esforços nos problemas que foram mal avaliados por um número significativo de participantes ou que foram mencionados repetidamente.
2. *Qual a vantagem?* Nem tudo o que pode ser melhorado deve ser melhorado. Procure pelas áreas com melhor potencial para melhorar o *impacto para o*

negócio, não só a satisfação do participante. Certifique-se de olhar além dos limites tradicionais de treinamento e desenvolvimento. Por exemplo, se envolvimento da gestão tiver baixa pontuação, é provável que melhoras nesse ponto resultem em maior geração de valor do que ações marginais em metodologia instrucional ou materiais.

3. *Quais são as causas de origem?* Após identificar as áreas com maior potencial de retorno, olhe para além da superfície. Qual o motivo pelo qual alguns participantes acharam que o que aprenderam teve pouca utilidade? O problema está no conteúdo ou no processo de seleção? Esses eram os participantes errados ou talvez os participantes certos na hora errada? Identifique qual é o verdadeiro problema antes de começar a pensar nas soluções.

4. *O que é preciso para consertar o defeito?* Uma vez que você sabe que áreas, caso aprimoradas, poderiam agregar maior valor, é hora de desenvolver um plano de ação com este propósito. Não ache que é preciso reinventar a roda. Leia a bibliografia existente e converse com profissionais de aprendizagem que enfrentaram problemas similares.

5. *O que resolver primeiro?* Por fim, escolha uma ou duas áreas para atacar primeiro, medindo os benefícios das melhoras em relação ao custo e ao tempo necessário para a solução do problema. Procure pelo que é conhecido como "o fruto mais acessível" na bibliografia de aperfeiçoamento de processos, ou seja, oportunidades com retorno significativo e que são relativamente fáceis ou baratas de se resolver.

6. *Decida como você identificará a melhora, e repita.* Como parte do plano de aperfeiçoamento, decida como identificar se a situação melhorou de fato, ou seja, o que será mensurado e quando. Repita o ciclo continuamente para construir, passo a passo, uma vantagem competitiva para sua organização de aprendizagem e para a empresa como um todo.

Vá a público

Da mesma forma que as pessoas têm maior probabilidade de atingir suas metas se as compartilhar, as organizações de aprendizagem devem anunciar publicamente as áreas que pretendem aprimorar. Apresentar uma apreciação equilibrada (*nós fizemos isso bem, e aquele é o ponto em que podemos melhorar*) e um plano específico para o aperfeiçoamento irá aumentar sua credibilidade e posição na organização.

D6 Uma ressalva

Muito da discussão sobre mensuração de treinamento e desenvolvimento parece ter um significado subjacente que diz: "Se ao menos fosse possível mensurar com segurança os resultados, então nossos problemas estariam resolvidos". Isso é ansiar em vão. Espera-se que a avaliação de iniciativas bem-projetadas seja positiva, claro. Mas sempre há a possibilidade de a avaliação mostrar que o programa não produziu nenhum benefício demonstrável ou que ele foi muito pequeno para justificar seu custo, especialmente se a transferência de aprendizagem foi fraca.

A hora de decidir o que fazer com descobertas negativas é *antes* da avaliação começar. Mesmo antes de colocar o plano em ação, responda: "No caso de a avaliação não ser favorável, o que faremos?" Uma vez que os dados tenham sido coletados, eles não poderão ser "abafados" ou ignorados. Há uma responsabilidade moral e administrativa de relatar tanto as descobertas negativas quanto as positivas, e de fazer recomendações consistentes com os dados: aperfeiçoar o programa ou acabar com ele.

Resultados negativos têm seu valor, e a possibilidade de que o resultado não seja favorável não deve impedir as organizações de aprendizagem de fazerem perguntas difíceis. Como explica Kevin Wilde, CLO da General Mills: "Alguns estudos não compensaram, outros sim, mas, a não ser que eu faça a pergunta, nunca saberei exatamente onde está o valor. Ao fazer este tipo de trabalho, estou interagindo com o CEO da mesma maneira profissional que ele espera de todos os demais executivos da empresa: obter resultados, produzir insights. Algumas coisas funcionam, outras não. É preciso ter coragem para fazer perguntas e descobrir o que está acontecendo" (Wilde, comunicação pessoal, 2004).

A documentação de resultados não é uma atividade para ser encarada de maneira leviana, e nem se deve pressupor que os resultados sempre confirmarão as hipóteses. Avaliação é uma faca afiada que corta dos dois lados. Quando fomos convidados a falar sobre métricas no Centro de Liderança Naval, recomendamos lidar com avaliações como se lida com explosivos: com muito cuidado. Usada de forma adequada, a avaliação dará um formidável impulso à credibilidade e ao respeito que sua organização inspira. Usada de forma displicente, ou direcionada para os resultados errados, pode sair pela culatra causando um belo estrago.

Da mesma forma, pode ser um erro avaliar um programa antes de contemplar as outras cinco disciplinas (Determinar os resultados para o negócio, Desenhar uma experiência completa, Direcionar a aplicação, Definir a transferência do aprendizado, Dar apoio à performance). Em particular, a avaliação de um programa que deixa a transferência do aprendizado ao acaso será provavelmente decepcionante, revelando um bom tanto de aprendizado-sucata. A simples mensuração de resultados não muda a equação. Tome atitudes para melhorar a experiência completa do aprendizado antes de mergulhar na avaliação, para assim aumentar a probabilidade de demonstrar os resultados buscados pela empresa.

Finalmente, lembre que a documentação dos resultados não é o final, mas apenas o começo do próximo ciclo. O que foi aprendido na D6, relativo a um programa, é o ponto de partida para a D1 do programa seguinte, que será ainda melhor e mais eficiente (ver Figura D6.8).

"Usada de maneira displicente, uma avaliação pode fazer um belo estrago."

Figura D6.8
Use os resultados da D6 para criar um ciclo de aperfeiçoamento contínuo

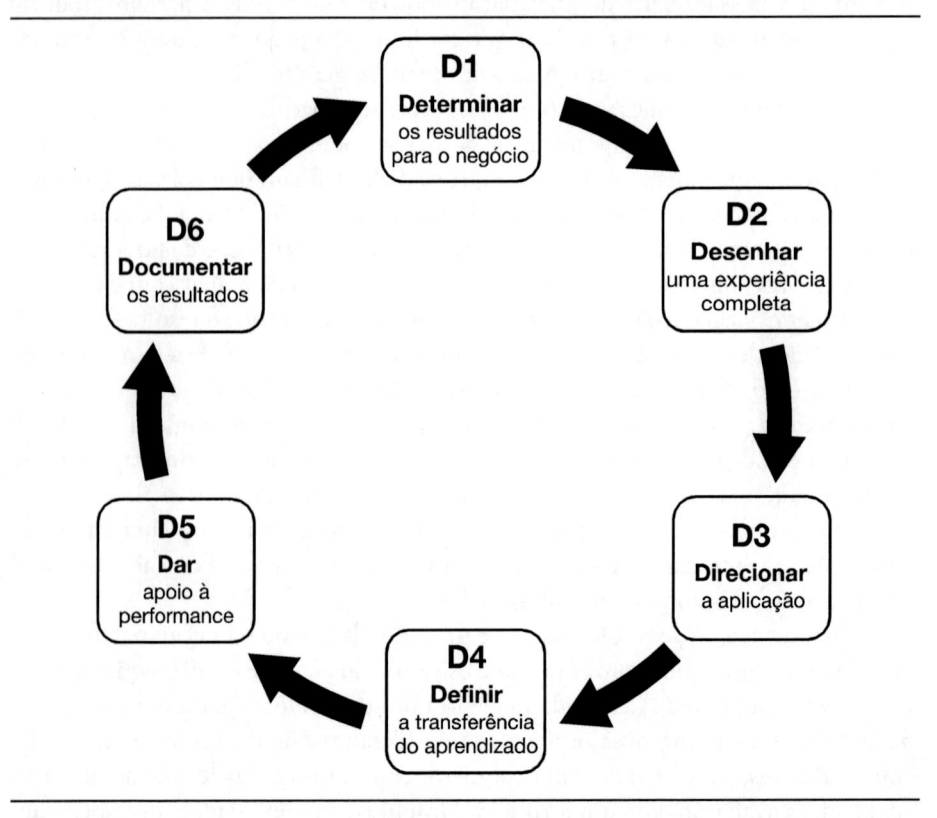

- **D1** Determinar os resultados para o negócio
- **D2** Desenhar uma experiência completa
- **D3** Direcionar a aplicação
- **D4** Definir a transferência do aprendizado
- **D5** Dar apoio à performance
- **D6** Documentar os resultados

D6 Resumo

A última das Seis Disciplinas – Documentar os resultados – é crucial para demonstrar o valor de todo o esforço e investimento anteriores. A análise rigorosa de resultados é essencial para estabelecer credibilidade e conferir valor ao aprendizado, justificar o investimento continuado na área de aprendizagem e desenvolvimento e apoiar seu aperfeiçoamento contínuo.

Avaliações eficientes são planejadas como parte do programa como um todo, de forma a serem relevantes, críveis e convincentes para o público-alvo, e a serem eficazes na sua execução. O planejamento envolve entrar em acordo sobre os parâmetros a serem observados, assim como sobre o cronograma, fontes de dados, parâmetros de comparação e a definição de sucesso. O projeto deve ser concebido em função das necessidades do cliente, da natureza do programa e dos resultados pretendidos para o negócio, e não com base em modelos teóricos de avaliação. Ele deve avaliar os resultados que interessam e não confundir métricas de gestão de aprendizagem com os resultados para o negócio.

As análises de dados precisam ser equilibradas, com relato de casos bem-sucedidos e também de pontos para aperfeiçoamento, e devem incluir histórias para fazer com que as conclusões principais sejam memoráveis. O relatório final deve ser conciso e objetivo, com conclusões-chave, recomendações e planos de aperfeiçoamento futuro claramente explicados no sumário executivo.

Finalmente, os resultados precisam ser vendidos ativamente: comunicados de forma ampla e eficaz por meio de uma variedade de mídias, para todos os stakeholders relevantes. O aprendizado e desenvolvimento só cumprirão por completo sua promessa de resultados e alcançarão a merecida reputação de agregar valor quando esses critérios forem atendidos.

O checklist para a D6 pode ajudar a garantir o desenvolvimento de um plano sólido para documentar resultados, provar o valor da experiência de aprendizagem e aperfeiçoar iterações subsequentes.

Checklist para D6

☑	Aspecto	Critério
☐	Acordo	A forma com que o programa vai ser avaliado foi antecipadamente discutida e combinada com o apoiador do programa.
☐	Indicadores-chave	Um pequeno número de indicadores-chave, sobre os quais espera-se que o programa tenha impacto, foram identificados e aprovados pelo apoiador e pela organização de treinamento e desenvolvimento.
☐	Indicadores preliminares	Os indicadores mais precoces de que o programa está funcionando foram identificados. Existe um plano para usar esses indicadores na verificação durante o processo e para impulsionar as melhoras no decorrer do processo.
☐	Oportunidades de melhoras	Os dados que serão coletados buscam explicitamente informações que ajudarão a identificar oportunidades para melhorar programas futuros.
☐	Fontes de dados	As fontes dos dados usados na avaliação foram identificadas e sua disponibilidade foi confirmada.
☐	Coleta de dados	Um plano foi traçado para reunir os dados necessários que não são coletados rotineiramente.
☐	Parâmetros de comparação	Considerou-se como o efeito do treinamento será isolado de outras causas e quais os parâmetros de comparação para os resultados pós-treinamento.
☐	Fatores que induzem ao erro	Os fatores mais passíveis de erro (obscurecer ou invalidar) quanto à análise dos efeitos foram levados em conta. Há um plano de controle desses fatores.

(continua)

(continuação)

☑ Aspecto	Critério
☐ Revisão	O plano de avaliação foi revisado por um profissional especializado de forma a confirmar sua validade e confiabilidade.
☐ Plano de apresentação	A forma com que os dados serão apresentados e relatados foi estabelecida.
☐ Marketing	Os públicos-alvos para os resultados foram identificados e há um plano de comunicação para cada grupo.

Ações

Para líderes do aprendizado
- Examine as provas que você tem em mãos para demonstrar que aprendizagem e desenvolvimento contribuem para o sucesso do negócio.
    - É possível defender de forma convincente o valor agregado pela atividade de aprendizagem e desenvolvimento?
    - É possível demonstrar de forma convincente por que uma redução desse investimento teria efeito negativo sobre a performance da empresa a longo prazo?
- Se a revisão do programa identificar deficiências, retifique a situação imediatamente.
- Certifique-se de que todos os "contratos" (explícitos ou implícitos) acertados para os programas de aprendizagem e desenvolvimento incluam planos para avaliação e a definição de sucesso.
- Seja pró-ativo. Comece a levantar múltiplas linhas de raciocínio para evidenciar valor. Se esperar até pedirem um estudo de ROI, será tarde demais.
- Venda valor.
    - Peça ajuda ao departamento de marketing.
    - Se tiver uma história de sucesso para contar sobre o valor criado, conte-a, não espere até as pessoas notarem.
    - Se você acredita no programa, precisa vendê-lo.

Para líderes de linha
- Revise as métricas atuais usadas na empresa para avaliação das iniciativas de aprendizagem e desenvolvimento.
    - Você está satisfeito?
    - Elas são tão rigorosas quanto os critérios usados na avaliação de outros investimentos de mesma grandeza?
- Exija que todo plano para uma iniciativa de aprendizagem e desenvolvimento inclua uma discussão dos critérios de sucesso e um plano para sua avaliação.
- Forneça aos líderes de aprendizagem oportunidades de acesso a especialistas em avaliação e comunicação, ou a consultores externos, se preciso.
- Por fim, guarde as apresentações do orçamento do treinamento – particularmente as sessões sobre os benefícios prometidos – e exija uma avaliação para determinar se esses benefícios foram conseguidos como prerrequisito a qualquer pedido de orçamento futuro.

CODA

*A não ser que objetivos sejam convertidos em ações,
eles não são objetivos; são sonhos.* — Peter Drucker

Ao longo deste livro enfatizamos quatro temas principais:

- Iniciativas de treinamento e desenvolvimento são investimentos estratégicos que uma empresa aplica em seu capital humano. Elas são tão importantes para o futuro da empresa quanto os investimentos em pesquisa, em desenvolvimento de novos produtos, em vendas e marketing, ou em aquisições.
- Treinamento e desenvolvimento podem trazer retornos significativos e vantagens competitivas, *desde que* sejam iniciativas planejadas, implementadas e geridas de forma sistemática e disciplinada.
- As 6Ds (ver Figura C.1), quando praticadas em conjunto, produzem um avanço na proporção do aprendizado que é convertido em valor e em resultados.
- A terceira fase do processo de aprendizagem – a transferência do aprendizado para o trabalho do indivíduo e para a empresa – oferece a maior oportunidade para mudança transformacional.

Reprise: As 6Ds que transformam educação em resultado para o negócio

D1 | Determinar os resultados para o negócio

A D1 é essencial para garantir que os recursos sejam direcionados para os problemas mais importantes, para esclarecer o que precisa ser feito e para definir como os resultados serão medidos no final. Ela exige um diálogo franco entre a gestão de operações e os líderes de aprendizagem, e um processo de avaliação das necessidades que associe as metas do negócio com a performance e os comportamentos necessários para alcançá-los, e com os correspondentes requisitos de aprendizado.

Figura C.1
As 6Ds que transformam educação em resultado para o negócio

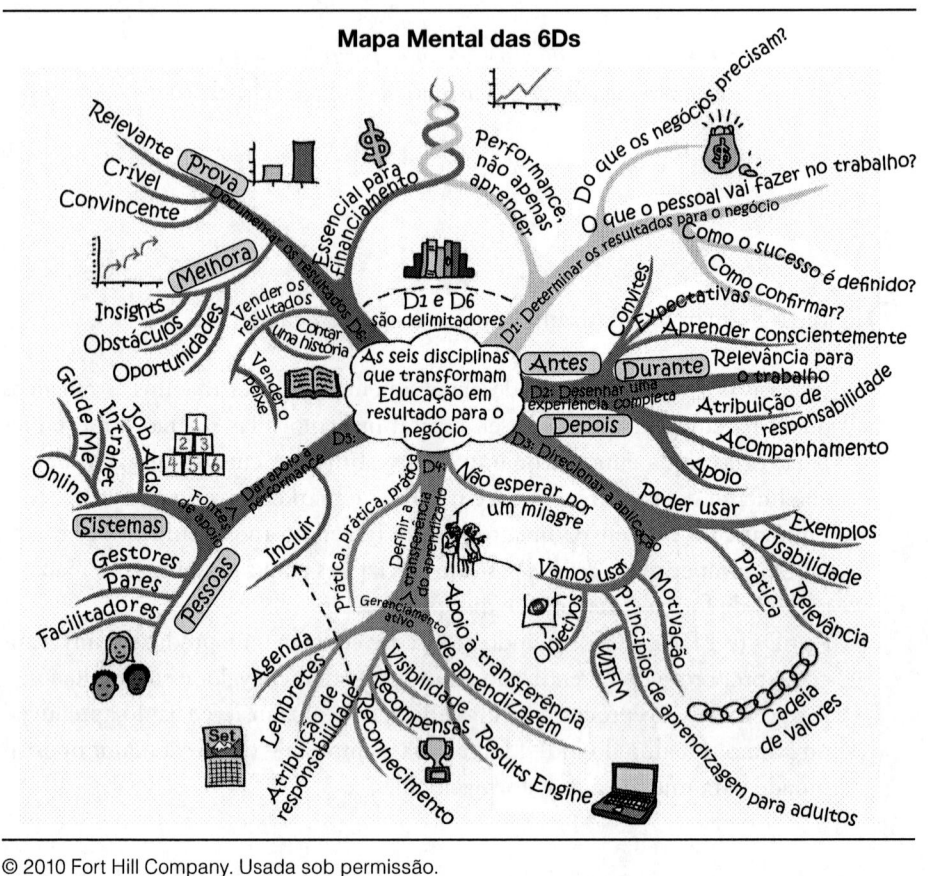

Mapa Mental das 6Ds

© 2010 Fort Hill Company. Usada sob permissão.

D2 | Desenhar uma experiência completa

A D2 chama a atenção para o fato de que a experiência de aprendizado do participante é muito mais ampla do que aquela que ocorre tradicionalmente durante o período da instrução. Ela começa antes e continua até muito depois. É uma experiência que sofre influência de muitos fatores organizacionais e do ambiente, em especial do supervisor direto do participante. A disciplina de desenhar uma experiência completa requer que se pense holística e sistematicamente a respeito da aprendizagem. É uma disciplina que desafia organizações de T&D a ativamente planejar e influenciar elementos fora do escopo histórico da área de aprendizagem e desenvolvimento.

D3 — Direcionar a aplicação

Praticar a D3 significa concentrar atenção intensiva e constante na meta final: ajudar os indivíduos a melhorarem sua performance e, por conseguinte, a da organização como um todo. Ela exige a utilização de métodos instrucionais que ajudem a preencher a lacuna entre aprender e fazer, estimulando a forma de pensar que será necessária no trabalho, e fornecendo prática com feedback. É uma disciplina que contextualiza, deixando nítidas a relevância e a utilidade, e ajudando os participantes a retomarem continuamente a questão de como podem usar o que estão aprendendo de maneira vantajosa.

D4 — Definir a transferência do aprendizado

A D4 visa garantir que o que é ensinado seja usado de maneira a apoiar as metas do negócio. Definir a transferência do aprendizado exige intensa colaboração entre a gestão de operações e a organização de aprendizagem para garantir que seja atribuída aos participantes a responsabilidade de usar o que aprenderam. Ela determina um novo modo de pensar em relação ao que significa completar o programa com sucesso, e demanda também ferramentas novas para gerir o processo.

D5 — Dar apoio à performance

A D5 diz respeito a dar o apoio necessário à performance dos participantes para que sejam bem-sucedidos enquanto se esforçam para transferir o aprendizado para o trabalho. Ela exige a mobilização de uma série de recursos: job aids, gestores, colegas e coaches dos participantes, instrutores e sistemas de informação on-line, a fim de proporcionar um ambiente fortemente propício para a transferência e aplicação do aprendizado. Ela requer predisposição para reaplicar recursos, da aula propriamente dita à aula somada ao apoio, e para refletir sobre sistemas de informação de uma maneira totalmente nova.

D6 — Documentar os resultados

A D6 representa tanto o começo quanto o fim do ciclo. É a disciplina que envolve mensurar, de forma relevante, crível e convincente, em que medida o programa cumpriu o que foi prometido na D1. Documentar resultados e comunicá-los bem e amplamente são essenciais para a construção de uma marca forte para o aprendizado, para justificar o investimento continuado, e para dar apoio ao aperfeiçoamento ininterrupto.

Coordenando tudo

A implementação das 6Ds ajudou muitas organizações de aprendizagem a aumentar a amplitude dos resultados alcançados e a diminuir o custo para atingi-los. Um breve esboço de como começar é apresentado no final deste capítulo (ver Quadro C.1).

Embora a prática de qualquer uma das disciplinas agregue valor, as 6Ds funcionam melhor quando operam em conjunto. A corrente é tão forte quanto seu elo mais fraco. Os resultados são reduzidos quando uma disciplina está ausente ou enfraquecida, não importando o quanto as demais possam ser bem-executadas. O aperfeiçoamento contínuo do treinamento e desenvolvimento depende da criação de um ciclo infinito para identificar o elo mais fraco, fortalecê-lo, medir o impacto e repetir o processo.

Aprendizagem é vital para se manter competitivo. Vamos nos empenhar para tornar nossas contribuições cada vez mais eficazes.

A jornada até aqui

Desde a publicação original de *6Ds* – as seis disciplinas que transformam educação em resultado para o negócio, nós ficamos encantados com o número de organizações que passaram por mudanças transformacionais, atingiram resultados notáveis e foram homenageadas pelo que alcançaram ao aplicarem as 6Ds. Dois derradeiros exemplos são apresentados a seguir – Casos em Pauta C.1 e C.2. Gostaríamos de ter espaço para incluir mais. O crédito, em todos esses casos, é todo dos progressistas e valentes líderes de aprendizagem que se dispuseram a abandonar o porto seguro do *status quo* e defender a mudança em águas desconhecidas. Se com isso conseguimos ajudar a mostrar o caminho até onde se encontram escondidos alguns tesouros do treinamento e desenvolvimento, então estamos genuinamente satisfeitos.

Durante os últimos cinco anos, nossos leitores nos apresentaram novos desafios e insights e incentivaram-nos a aprender junto com eles. Esta segunda edição é o resultado disso.

Caso em Pauta C.1
Programa premiado

O programa *Leading the Way* da *Ontario Lottery and Gaming* foi selecionado para um Prêmio de Excelência em 2010 pela Sociedade Internacional de Aperfeiçoamento de Performance (ISPI). Os critérios para o prêmio incluem uma abordagem sistemática quanto à identificação de problemas, análise de necessidades, desenho da intervenção, execução, monitoramento e avaliação.

A *Ontario Lottery and Gaming* (OLG) é uma agência provincial com responsabilidade fiduciária que exige uma gestão fiscal rigorosa. Em parceria com a *Rotman School of Management* e a *Fort Hill Company*, a OLG expandiu sua estratégia de intensificação do foco em resultados com a introdução de um programa de desenvolvimento de liderança, o *Leading the Way*. (Ontario Lottery and Gaming Corporation, comunicação pessoal, 2010).

As metas do programa eram:
- Engendrar uma cultura baseada em performance para líderes e gerentes
- Criar uma rotina de atribuição de responsabilidade quanto ao desenvolvimento do funcionário
- Expandir o repertório de habilidades de liderança, conhecimento e competências
- Desenvolver consistência na linguagem e aplicação de habilidades de liderança, conhecimento e competências por toda organização

Ao desenhar o programa, a organização de aprendizagem usou uma abordagem sistêmica que permitiu à equipe:
- Priorizar as áreas de maior necessidade de performance
- Incorporar os novos Princípios de Liderança desenvolvidos pelo CEO
- Mapear as metas de aprendizagem de cada módulo com vistas aos comportamentos de competência da OLG
- Identificar antecipadamente diversas barreiras e problemas
- Identificar pontos-chave para alavancagem e trabalhá-los colaborativamente

De acordo com Priscilla Fraser, gerente executiva de treinamento e desenvolvimento: "As chaves para o sucesso do programa incluíram desenhar uma experiência completa e dar apoio ativo. Ambos são fatores críticos para se estabelecer expectativas para os participantes, gestores e a alta liderança. Cada um desempenha um papel distinto para alcançar o sucesso compartilhado. Quando você desenha a experiência completa, esses papéis são identificados e alinhados, o que ajuda a garantir o envolvimento e o apoio ativo ao longo de toda a intervenção".

Outros fatores de sucesso incluem:
- Foco na aplicação (ideias que posso usar)
- Sistema de Apoio à Transferência do Aprendizado: *ResultsEngine* foi usado para dar apoio e direcionar a transferência do aprendizado para os resultados durante seis meses, seguido pela integração com metas de performance
- Ferramentas de apoio à performance, tais como job aids e e-mails contendo insights
- Feedback e coaching
  - Uma aula de coaching para altos executivos
  - Tutorial de coaching para os gestores dos participantes
  - Coaching on-line por meio do sistema de apoio à transferência
  - Avaliações de feedback e reconhecimento pela transferência a partir da alta gestão e descendo pela hierarquia
- A alta liderança da OLG se manteve envolvida no processo, comunicou expectativas antes, durante e depois da intervenção instrucional e deu feedback em

cascata para o grupo sobre como estavam se saindo em relação à performance esperada

Os resultados até o presente momento foram positivos. Cinco meses após completar o curso, pediu-se aos participantes e seus gestores que classificassem as mudanças percebidas em sua eficácia.

- 90% dos gestores concordaram ou concordaram plenamente que o programa havia melhorado a performance dos participantes.
- 90% dos participantes concordaram ou concordaram plenamente que o programa havia melhorado sua eficácia.
- Houve uma boa correlação entre as classificações dos gestores e as dos participantes.
- 82% das vezes AMBOS concordaram ou concordaram plenamente que o programa havia melhorado a eficácia.

Por exemplo: "Ao alcançar esta meta você contribuiu bastante com nosso Envolvimento do Funcionário. A dedicação que você aplicou a esta meta mostra que você se importa com este departamento, com nossos funcionários e com o sucesso de nossa equipe gerencial".

Karen Zidenberg, líder de aplicação e mensuração de programas oferece o seguinte conselho a outros líderes de aprendizagem: "Envolva seus parceiros para que eles estejam comprometidos com cada passo do caminho; certifique-se de estar ciente sobre o que eles acham que é o sucesso. Descubra rapidamente o que não está dando certo. Peça feedback e use a informação para se aperfeiçoar continuamente."

Caso em Pauta C.2
Revolucionando os resultados na Securian

O Grupo Financeiro Securian é um dos maiores provedores de proteção financeira a indivíduos e empresas dos EUA, sob a forma de seguros, planos de aposentadoria e investimentos. Quando Chris Jenkins assumiu a liderança da função de aprendizagem, ele se deparou com desafios assustadores: o índice de retenção de quatro anos para os consultores estava bem abaixo da média da indústria, e levava mais de um ano para preparar um novo consultor até que estivesse "pronto para ir ao cliente". Juntos, esses dois problemas estavam custando às agências da Securian milhares de dólares por ano. Quatro anos depois, o que Chris e seus colegas haviam alcançado era extraordinário:

- O tempo de preparação de novos colaboradores para atender clientes foi reduzido de 18 meses para 90 dias.
- Consultores treinados sob o novo sistema superavam os treinados sob o antigo em 100%.
- No primeiro ano, as taxas de retenção aumentaram em mais de 50%.
- Os custos do programa para as agências caíram em 68%.

Como eles chegaram a resultados tão notáveis? Primeiro, convenceram os gestores de que, para obterem resultados significativamente diferentes, tinham que mudar significativamente a forma como abordavam o treinamento. Segundo, aplicaram rigorosamente as Seis Disciplinas, com ênfase especial à Fase III do processo de aprendizagem.

Com relação a fazer as coisas diferentemente, Jenkins observa: "Não subestime o esforço necessário para atingir uma mudança cultural dos antigos métodos de treinamento – que se traduzem em uma cabeça falante baixando informações – para o aprendizado que de fato muda comportamentos e produz resultados" (Jenkins, comunicação pessoal, 2010). Surpreendentemente, muito da resistência veio dos gestores, até mesmo dos gestores que enfrentavam alguns dos desafios mais difíceis quanto à retenção. "Prepare-se para o 'nós sempre fizemos assim... é como eles esperam que seja'" avisa Jenkins. Para encontrar um defensor, Jenkins e seus colegas identificaram uma agência que enfrentava alguns dos maiores desafios financeiros, e convenceram o gerente de que, se ele quisesse um resultado diferente, tinha que tentar algo novo. Uma vez que ele estava em apuros e só tinha a ganhar, acabou por concordar, e agora é um defensor interno. A nova abordagem continha três elementos principais:

- Uma experiência de aprendizagem completa que começa com uma discussão (roteirizada) sobre o processo e sobre expectativas *durante o processo de contratação*, e que continua com um rigoroso processo de certificação, 10 semanas depois.
- A responsabilidade por coaching e por apoio é atribuída ao escritório local onde o consultor trabalha. A equipe central de aprendizagem faz o "trabalho pesado" ao prover processos de base, roteiros e assim por diante – até mesmo ensaiando com os gestores dos consultores – mas a liderança local tem a responsabilidade de garantir que o aprendizado seja praticado e aplicado.
- Há uma avaliação bem-definida e rigorosa – a *Checkpoints to Mastery* – após 10 semanas de treinamento e de coaching no trabalho. Novos consultores têm que demonstrar que conseguem discutir, explicar e demonstrar com eficácia em uma entrevista/exame ao vivo com a alta gestão.

De acordo com Jenkins: "As Seis Disciplinas nos deram uma estrutura de trabalho para abordar o treinamento de uma forma nova e mais eficaz. A prova está nos resultados que as agências da Securian conseguiram atingir. Como resultado dessa experiência, cheguei à conclusão de que, se não existir comprometimento com as três fases do aprendizado, não se deve implementar o programa. Será bem mais barato e quase tão eficaz apenas enviar o lanche do coffee break aos inscritos."

O futuro

Sir Isaac Newton, um dos maiores cientistas de todos os tempos, disse: "Se eu enxerguei além dos outros, foi por ter ficado sobre os ombros de gigantes", reconhecendo as contribuições de pensadores anteriores para seu próprio sucesso. Da mesma forma, as ideias que aqui apresentamos também foram levantadas sobre os ombros de gigantes: outros pesquisadores da área de aprendizagem e desenvolvimento, colegas profissionais, líderes de aprendizagem, participantes de programas, nossos clientes e colaboradores.

Convidamos você a aplicar e a construir sobre os conceitos e disciplinas que apresentamos, conquistando avanços por conta própria, acrescentando sua sabedoria ao conhecimento acumulado, e compartilhando insights com os outros.

Estamos ansiosos por escutá-los.

Quadro C.1
Um breve guia para começar a aplicar as 6ds

D1 Determinar os resultados para o negócio
1. Selecione um novo programa ou um que tenha importância crítica.
2. Entreviste líderes de negócios quanto às suas necessidades e expectativas para os resultados pós-programa usando a Roda de Planejamento dos Resultados; cheguem a um acordo sobre a definição de sucesso.
3. Triangule os resultados mediante leitura de planos de negócios, da realização de mais entrevistas, bem como da coleta de dados suplementares para completar a avaliação das necessidades.
4. Crie uma cadeia de valor que mostre as correlações entre as necessidades do negócio, os conhecimentos e competências exigidas e as experiências de aprendizagem propostas.
5. Confirme a sua análise junto a líderes de negócios e discuta o que mais precisa ser colocado em prática para maximizar a probabilidade de sucesso.

D2 Desenhar uma experiência completa
1. Complete o scorecard das 6Ds (ver Quadro C.1) para um programa novo ou em andamento, e identifique as oportunidades para aperfeiçoamento.
2. Revise o design instrucional proposto e certifique-se de seu alinhamento com as habilidades exigidas e com a atuação no trabalho, e também de que aborde as quatro fases do aprendizado.
3. Facilite discussões entre o participante e o gestor, antes e depois do curso
4. "Grude no aluno" como verificação final. Passe por todas as atividades planejadas utilizando o ponto de vista do aluno para garantir que sejam abrangentes e fortaleçam-se mutuamente.

D3 Direcionar a aplicação
1. Comece cada tópico e exercício com a lógica do negócio para dar aos participantes a resposta à pergunta "Que vantagem eu levo nisso?".
2. Assegure-se de que o método instrucional esteja alinhado com os conhecimentos e competências necessários no trabalho.
3. Faça com que os alunos pratiquem suas novas habilidades e comportamentos em simulações que imitem o ambiente de trabalho.
4. Após cada tópico principal, reserve um tempo para que os participantes reflitam sobre o que aprenderam e imaginem como aquilo poderá ser usado no trabalho.

D4 Definir a transferência do aprendizado
1. Estabeleça cronogramas claros para relatar o progresso e os resultados.
2. Periodicamente faça com que os participantes se lembrem da necessidade de aplicar o que aprenderam.
3. Identifique casos de sucesso e reconheça realizações excepcionais.
4. Faça um teste-piloto para comprovar o valor de se acrescentar um sistema de gestão da transferência do aprendizado.

D5 Dar apoio à performance
1. Envolva os gestores. Avise-os de seu papel e proporcione um processo direto, diretrizes claras e a informação de que precisam para dar apoio à transferência do aprendizado.
2. Promova a colaboração por meio de colegas de aprendizagem, equipes, responsabilidade compartilhada, colaboração on-line, entre outros.
3. Forneça job aids, conteúdo on-line e outras formas de apoio à performance.
4. Redirecione alguns recursos da aula propriamente dita para o apoio à performance após o treinamento.

D6 Documentar os resultados
1. Escolha um programa estrategicamente importante, novo ou em andamento.
2. Defina ou confirme junto ao apoiador a definição de "sucesso", e o que ele considera representar indicações relevantes, críveis e convincentes de sucesso.
3. Reduza a poucos, mas imprescindíveis, e colete os dados o mais eficientemente possível.
4. Analise os resultados conservadoramente.
5. Identifique casos de sucesso e use-os para ilustrar o valor do programa, em relatórios e para futuros participantes.
6. Relate os resultados de forma clara, concisa e convincente. Forneça um sumário executivo de qualidade em uma única página.
7. Venda os resultados.

Reflexões finais:
Aprendizagem é a habilidade-mestre

"Os líderes nascem assim ou são formados?" é uma pergunta a nós dirigida quase todas as vezes em que damos uma palestra ou um workshop. Nossa resposta? Nunca encontramos um líder que não tivesse nascido! Também nunca encontramos um contador, artista, atleta, engenheiro, advogado, físico, escritor ou zoólogo que não tivesse nascido. Todos nascemos. Isso é uma precondição. O que faz a diferença é o que você faz com aquilo de que dispõe, antes do fim da sua vida.

Ainda assim, nem todos acreditam nisso, por mais óbvio que possa parecer. Um mito insidioso persiste em nosso mundo de tecnologias avançadíssimas, o de que a capacidade de liderança – assim como muitas outras aptidões – está reservada a apenas alguns sortudos.

Então, vamos deixar claro desde o começo. Liderança não é algo predeterminado. Não é um gene, nem um traço de personalidade. Não há provas irrefutáveis para sustentar a alegação de que ela esteja gravada no DNA de apenas alguns indivíduos, e de que os outros tenham sido deixados de fora, inexoravelmente desorientados.

Já perdemos a conta de quantas vezes proferimos esta verdade nos últimos 30 anos, desde nosso primeiro livro, *O Desafio da Liderança*, até o mais novo, *A Verdade Sobre Liderança*. Liderança, como toda competência que vale a pena ser adquirida, pode ser aprendida – e precisa ser praticada.

A verdade é que os melhores líderes são os melhores alunos. Liderança é um padrão observável de práticas e comportamentos e um conjunto definido de habilidades e competências. Habilidades podem ser aprendidas, e quando acompanhamos o progresso de pessoas que participam de programas de desenvolvimento de liderança, observamos que elas melhoram com o tempo (Posner, 2009a). Elas aprendem a ser líderes melhores contanto que se envolvam em atividades que amparem sua aprendizagem. O mesmo é válido para os demais papéis que as pessoas desempenham em organizações – e na vida.

Mas aí é que está a dificuldade. Embora liderança possa ser aprendida, nem todo mundo aprende, e nem todos os que aprendem conseguem dominá-la. Por quê? Porque para dominar algo, é preciso um desejo intenso de chegar à excelência, uma crença inabalável de que se pode aprender novas habilidades e competências, e é preciso estar disposto a devotar-se ao aprendizado contínuo e à prática deliberada.

Em *6Ds* – as seis disciplinas que transformam educação em resultado para o negócio, Cal Wick, Roy Pollock e Andy Jefferson realizaram um trabalho extraordinário de esmiuçar as coisas que uma pessoa precisa fazer para traduzir treinamento e desenvolvimento em resultados para o negócio. Seguimos os conselhos deles e abertamente incorporamos o seu *ResultsEngine* ao *The Leadership Challenge Workshop*. Sabemos que o processo deles funciona. O que queremos oferecer nestas reflexões finais são nossas observações sobre o que continuará a trazer resultados não só após um programa, mas ao longo de toda uma carreira e de uma vida.

Aprendizagem é a habilidade-mestre

Ao longo do tempo, realizamos uma série de pesquisas empíricas para descobrir se líderes poderiam ser identificados pela variedade e profundidade das táticas de aprendizagem que utilizam. Queríamos saber se a maneira como aprendiam desempenhava algum papel em sua eficácia de liderança. Os resultados foram intrigantes. Primeiro, descobrimos que liderança pode ser aprendida de formas diferentes. Pode ser aprendida por meio de experimentação ativa, da observação dos outros, de estudo em sala de aula ou leitura, ou simplesmente refletindo sobre as próprias experiências e as dos demais (Posner, 2009b; Posner & Brown, 2001). Certos estilos contribuem para maior eficácia em algumas práticas, mas não existe um único estilo ótimo para aprender tudo o que há para se saber. O estilo não era determinante.

O mais importante era a intensidade do envolvimento das pessoas com o estilo que funcionava bem para elas. Aqueles líderes que se envolviam mais com cada um de seus estilos de aprendizagem, seja lá quais fossem, obtiveram pontuações mais altas em nossas medições de práticas de liderança. Os melhores líderes revelaram ser os melhores alunos. Essa mesma observação pode ser aplicada a qualquer conjunto de competências que se possa definir.

Aprendizagem vem primeiro. Quando as pessoas estão predispostas a serem curiosas e querem aprender algo novo, têm muito mais chances de se aperfeiçoarem naquilo do que as que não se envolvem plenamente.

Aprendizagem é a habilidade-mestre. Quando você se envolve completamente – quando se atira de corpo e alma na experimentação, reflexão, leitura ou coaching – sente a vibração do avanço e o sabor do sucesso. Mais é mais, quando se trata de aprendizagem.

Prática deliberada é obrigatória

Outro mito vem se infiltrando e cativando o universo do treinamento e desenvolvimento nos últimos anos. É o mito do talento, aceito por alguns como uma nova doutrina. Se procurarmos por toda parte, com a máxima perseverança, e pelo tempo que for necessário, conseguiremos identificar a pessoa certa para a função adequada no momento apropriado. Nem é preciso treinamento, somente encontrar a pessoa certa. Bem, se seguir esse caminho, boa sorte.

K. Anders Ericsson, professor da Universidade Estadual da Flórida, com reconhecida autoridade no assunto, defende a seguinte ideia:

> Até que a maior parte das pessoas reconheça que treinamento e esforço ininterrupto são prerrequisitos para atingir níveis de performance de especialista, elas continuarão a responsabilizar a falta de talento natural pela consecução de feitos menores, por conseguinte, tornando-se incapazes de maximizar o próprio potencial (Ericsson, 2006, p. 699).

Anders e seus colegas descobriram, durante seus 25 anos de pesquisa, que talento bruto não é tudo para alguém se tornar um profissinal de alta performance. Esportes, música, medicina, programação de softwares, matemática, não importa o campo de atuação investigado: talento não é a chave que liberta a excelência.

O que realmente separa as pessoas com performance de expert das que atingem performance adequada são as horas de prática (Colvin, 2008; Coyle, 2009; Gladwell, 2008). É preciso empenho para ser o melhor e, por certo, isso não vai acontecer em um final de semana. Para se ter uma medida aproximada do que é necessário para atingir o mais alto nível de expertise, a estimativa gira em torno de 10.000 horas de prática por um período de 10 anos (Ericsson, 2006, p. 692). Isso significa cerca de 2.7 horas por dia, todos os dias, por 10 anos!

Hoje em dia, ouve-se muito falar de como se deve ignorar as próprias fraquezas, ou encontrar alguém que seja bom naquilo em que você não é, e atuar em parceria com esse indivíduo. Embora pareça ser um conselho operacional aceitável, a mensagem não é consistente com aquilo que os estudiosos descobriram. Pesquisadores demonstraram que, em uma multiplicidade de ocupações e profissões, só há perspectivas de tornar-se o expert que se aspira ser dedicando-se àquilo que *não se consegue fazer* ainda (Ericsson, Prietula & Cokely, 2007).

Para se chegar ao máximo do próprio potencial, é imprescindível lidar com as fraquezas pessoais. Não é possível delegar ou conferir a outras pessoas as competências nas quais você não é bom. Fazendo isso, aperfeiçoamos-nos apenas até o nível de nossa competência mais fraca. Embora seja impossível tornar-se tão bom quanto os outros em tudo o que se faz, por meio de prática, prática e mais prática, cria-se espaço para melhorar. Por esse caminho, obtém-se também maior conscientização do motivo pelo qual persistência é outro dos atributos que diferenciam os melhores dos razoáveis.

Então, aqui está o mantra para o aluno do século XXI: não importa em que medida eu seja bom, sempre posso ficar melhor. O segredo do sucesso é a prática incansável, persistente, dedicada e deliberada. Esse é o significado de disciplina. E é completamente apropriado que Cal, Roy e Andy tenham escolhido essa palavra para colocar no título deste livro. Disciplina vem do latim "ensino" e "instrução". Aplicando essas disciplinas, o indivíduo se torna um estudante, um aprendiz, um discípulo, se torna alguém que se dedica ao aprimoramento contínuo de suas aptidões e de seu caráter.

Insistimos que o leitor leve a sério as disciplinas deste livro. Quando se determina, desenha, direciona, define, dá apoio e documenta, os resultados serão consequência do trabalho disciplinado. E, de quebra, adquire-se uma consciência renovada do motivo pelo qual alguns indivíduos desenvolvem uma maestria, enquanto outros permanecem amadores. Aqueles que atingem os níveis mais altos de performance compreendem que aprendizagem é a habilidade-mestre e que não termina ao final de um curso. Na verdade, não para nunca. Aprendizagem é a jornada de uma vida, que nos permite permanecer abertos a oportunidades para transformar o local de trabalho em campo de treino prático e para transformar cada experiência em oportunidade de crescimento.

Junho de 2010

Jim Kouzes e Barry Posner
Santa Clara, Califórnia

Referências

Abrashoff, D. (2002). *It's your ship:* management techniques from the best damn ship in the Navy. Nova York: Grand Central Publishing.

Akerman, J., Ekelund, H. & Parisi, D. (2005). Using business simulations for executive development. *In:* J. F. Bolt (Ed.), *The future of executive development* (p. 25-39). San Francisco: Executive Development Associates, Inc.

Allen, C. (2008, October). Power messaging and Sold. Documento apresentado em Fort Hill Best Practices Summit, Mendenhall, Pennsylvania.

Alliger, G., Tannenbaum, S., Bennett, W., Jr., Traver, H. & Shotland, A. (1997). A meta-analysis of the relations among training criteria. *Personnel Psychology, 50* (2), 341-358.

Associação Americana de Pesquisa Educacional, Associação Americana de Psicologia, Conselho Nacional de Medições na Educação. (1996). Normas para educação e teste psicológico. Washington, DC: Associação Americana de Psicologia.

American Express. (2007). The real ROI of leadership development: Comparing classroom *vs.* online *vs.* blended delivery. Retirado em abril de 2010. Disponível em: <www.ninthhouse.com/papers/AmEx_RealROI.pdf>. Acesso em: abr. 2010.

Anders, G. (2003). *Perfect enough:* Carly Fiorina and the reinvention of Hewlett--Packard. New York: Penguin.

Anderson, J. (2010). *Cognitive psychology and its implications* (7. ed.). New York: Worth.

Aperian Gobal. (2010). Globe Smart features. Disponível em: <www.globesmart.com/about_globesmart.cfm?content_11>. Acesso em: abr. 2010.

Atkinson, T. & Davis, J. (2003). *Principles of workplace learning: insights and tools for performance improvement*. Boston: Forum Corp.

Babbie, E. (2010). *The practice of social research* (12. ed.). Belmont, CA: Wadsworth.

Bahrick, H. & Hall, L. (2005). The importance of retrieval failures to long – term retention: a metacognitive explanation of the spacing effect. *Journal of Memory and Language, 52* (4), 566-577.

Baldwin, T. & Danielson, C. (2000). Building a learning strategy at the top: Interviews with ten of America's CLOs. *Business Horizons, 43* (6), 5-14.

Baldwin, T. & Ford, J. (1988). Transfer of training: a review and directions for futureresearch. *Personnel Psychology, 15*, 63-105.

Basarab, D. (in press). *Predictive evaluation:* maximize the value of training on your business. San Francisco: Berrett-Koehler.

Bell, L. (2008). Raising expectations for concrete results: leadership development at Holcim. *In:* T. Mooney & R. Brinkerhoff (Eds.), *Courageous training: bold actions for business results* (p. 175-193). San Francisco: Berrett-Koehler.

Bennis, W. (n.d.). Human capital is the basis for competitive advantage. Disponível em: <www.50lessons.com/viewlesson.asp?l=487>. Acesso em: abr. 2010.

Berk, J. (2008). The manager's responsibility for employee learning. *Chief Learning Officer, 7* (7), 46-48.

Bersin, J. (2008a). Leadership development in 2008. *Chief Learning Officer, 7* (2), 18.

Bersin, J. (2008b). *The training measurement book:* Best practices, proven methodologies, and practical approaches. San Francisco: Pfeiffer.

Betoff, E. (2007, September). Profile of the chief learning officer: executive program inwork-based learning leadership. Documento apresentado em Fort Hill Best Practices Summit, Mendenhall, Pennsylvania.

Bingham, T. & Galagan, P. (2008, November). No small change. *T+D, 62* (11), 32-37.

Blanchard, K. (2004). Prefácio em S. Blanchard & M. Homan, *Leverage your best, ditch the rest: the coaching secrets top executives depend on* (p. ix-xii). New York: HarperCollins.

Blanchard, K., Meyer, P. & Ruhe, D. (2007). *Know can do! Put your know – how into action*. San Francisco: Berrett-Koehler.

Blee, B., Bonito, J. & Tucker, R. (2005). Pfizer Inc. *In:* L. Carter, M. Sobol, P. Harkins, D. Giber & M. Tarquino (Eds.), *Best practices in leading the global workforce: how the best companies ensure success throughout their workforce* (p. 249-288). Burlington, MA: Linkage Press.

Bloom, B., Englehart, M., Furst, E., Hill, W. & Krathwohl, D. (1956). *Taxonomy of educational objectives: the classification of educational goals. Handbook I: Cognitive domain*. New York: Longmans Green.

Boehle, S. (2006). Are you too nice to train? *Training, 43* (8), 16-22.

Bolt, J. (2005). Mapping the future of executive development: Forces, trends, and implications. *In:* J. F. Bolt (Ed.), *The future of executive development* (p. 3-21). San Francisco: Executive Development Associates, Inc.

Bordonaro, F. (2005). What to do. *In:* M. Dulworth & F. Bordonaro (Eds.), *Corporate learning:* proven and practical guides for building a sustainable learning strategy (p. 123-232). San Francisco: Pfeiffer.

Bossidy, L. & Charan, R. (2002). *Execution:* the discipline of getting things done. New York: Crown Business.

Boston, J. S., Allred, S. & Cappy, C. (2009). McKesson: Leaders teaching leaders – Accelerating the development of high potentials. *In:* D. Giber, S. Lam, M. Goldsmith & J. Bourke (Eds.), *Linkage Inc.'s best practices in leadership development handbook* (p. 171-192). San Francisco: Pfeiffer.

Boudreau, J. (2010). *Retooling HR:* using proven business tools to make better decisions about talent. Boston: Harvard Business Press.

Brafman, O. & Brafman, R. (2008). *Sway: the irresistible pull of irrational behavior.* New York: Doubleday.

Brethower, D. (2009). It isn't magic, it's science. *Performance Improvement, 48* (10), 18-24.

Brinkerhoff, R. (2003). *The success case method:* find out quickly what's working and what's not. San Francisco: Berrett-Koehler.

Brinkerhoff, R. (2006). *Telling training's story:* using the success case method to improve learning and performance. San Francisco: Berrett-Koehler.

Brinkerhoff, R. & Apking, A. M. (2001). *High impact learning:* strategies for leveraging business results from training. New York: Basic Books.

Brinkerhoff, R. & Gill, S. (1994). *The learning alliance:* systems thinking in human resources development. San Francisco: Jossey-Bass.

Brinkerhoff, R. & Montesino, M. (1995). Partnerships for learning transfer: Lessons from a corporate study. *Human Resource Development Quarterly, 6* (3), 263-274.

Broad, M. (2005). *Beyond transfer of training:* engaging systems to improve performance. San Francisco: Pfeiffer.

Broad, M. & Newstrom, J. (1992). *Transfer of training:* action – packed strategies to ensure high payoff from training investments. Cambridge, MA: Perseus Books.

Burke, L. & Hutchins, H. (2007). Training transfer: an integrative literature review. *Human Resource Development Review, 6*, 263.

Buzan, T. & Buzan, B. (1993). *The mind map: Radiant thinking.* Londres: BBC Books.

Campbell, D. (1974). *If you don't know where you're going, you'll probably end up somewhere else.* Valencia, CA: Tabor.

Carter, L., Ulrich, D. & Goldsmith, M. (Eds.). (2005). *Best practices in leadership development and organization change:* how the best companies ensure meaningful change and sustainable leadership. San Francisco: Pfeiffer.

Chai, S. (2009). Small changes result in big improvements. *Chief Learning Officer, 8* (1), 48-49.

Charan, R., Drotter, S. & Noel, J. (2001).*The leadership pipeline:* how to build the leadership – powered company. San Francisco: Jossey-Bass.

Charlton, K. & Osterweil, C. (2005, Outono). Measuring return on investment in executive education: a quest to meet client needs or pursuit of the Holy Grail? *360° – The Ashridge Journal*, p. 6-13.

Christensen, C. & Raynor, M. (2003).*The innovator's solution:* creating and sustaining successful growth. Boston: Harvard Business School Press.

Clark, R. (1986). Defining the D in ISD. Part I: Task – general instruction methods. *Performance and Instruction, 25* (3), 17-21.

Clark, R., Nguyen, F. & Sweller, J. (2006). *Efficiency in learning:* evidence – based guidelines to manage cognitive load. San Francisco: Pfeiffer.

Clark, T. & Gottfredson, C. (2008). In search of learning agility: assessing progress from 1957 to 2008. TRClarkLLC. Disponível em: <www.trclarkglobal.com/pdf/TRCLARK-in_search_of_learning_agility-2008.pdf>. Acesso em: abr. 2010.

Collins, J. (2001). *Good to great:* why some companies make the leap... and others don't. New York: HarperCollins.

Colvin, G. (2006). What it takes to be great. *Fortune, 154* (9), 88-96.

Colvin, G. (2008). *Talent is overrated:* what really separates world – class performers from everybody else. New York: Penguin.

Connolly, M. & Burnett, S. (2003). Hewlett-Packard takes the waste out of leadership. *Journal of Organizational Excellence, 22* (4), 49-59.

Connolly, M. & Rianoshek, R. (2002).*The communication catalyst:* the fast (but not stupid) track to value for customers, investors, and employees. Chicago: Dearborn Trade Publishing.

Conselho de Pesquisa Nacional. (2000). *How people learn:* brain, mind, experience and school. Washington, DC: National Academy Press.

Cooper, G. (1990). Cognitive load theory as an aid for instructional design. *Australian Journal of Educational Technology, 6* (2), 108-113.

Covey, S. (2004). *The 7 habits of highly effective people:* powerful lessons in personal change (2. ed.). New York: Simon & Schuster.

Coyle, D. (2009). *The talent code.* Greatness isn't born. It' s grown. Here' s how. New York, Bantam Dell.

Cromwell, S. & Kolb, J. (2004). An examination of work – environment support factors affecting transfer of supervisory skills training to the workplace. *Human Resource Development Quarterly, 15* (4), 449-471.

Csikszentmihalyi, M. (1990). *Flow:* the psychology of optimal experience. New York: Harper & Row.

Cusic, L. (2009, outubro). A control – test case study: business impact of coaching and follow – through support. Documento apresentado em Fort Hill Best Practices Summit, Mendenhall, Pennsylvania.

Danielson, C. & Wiggenhorn, W. (2003) The strategic challenge for transfer: Chief learning officers speak out. *In:* E. Holton III & T. Baldwin (Eds.), *Improving learning transfer in organization* (p. 16-38). San Francisco: Jossey-Bass.

Darling, M. & Parry, C. (2001). After – action reviews: Linking reflection and planning in a learning practice. *Reflections, 3* (2), 64-72.

Denning, S. (2005).*The leader's guide to storytelling:* mastering the art and discipline of business narrative. San Francisco: Jossey-Bass.

Deutschman, A. (2005, maio). Making change. *Fast Company*, p. 52-62.

Dilworth, R. & Redding, J. (1999). Bridging gaps: an update from the ASTD research committee. *Human Resource Development Quarterly, 10* (3), 199-202.

Dixon, N. (1990). The relationship between trainee responses on participation reaction forms and posttest scores. *Human Resource Development Quarterly, 1*, 129-137.

Dresner, M. & Lehman, L. (2009). The astounding value of learning brand: Learning brand is the learning organization's most valuable intangible asset. Disponível em: <http://documents.corpu.com/research/CorpU_Astounding_Value_of_Learning_Brand.pdf>. Acesso em: abr. 2010.

Drucker, P. (1954). *The practice of management.* New York: Harper & Row.

Drucker, P. (1974). *Management:* tasks, responsibilities, practices. New York: Harper & Row.

Dugdale, K. & Lambert, D. (2007). *Smarter selling:* next generation strategies to meet your buyer's needs – every time. Harlow, UK: Pearson Education.

Dulworth, M. & Bordonaro, F. (Eds.). (2005). *Corporate learning:* proven and practical guides for building a sustainable learning strategy. San Francisco: Pfeiffer.

Dulworth, M. & Forcillo, J. (2005). Achieving the developmental value of peer-to--peer networks. *In:* M. Dulworth& F. Bordonaro (Eds.), *Corporate learning:* proven and practical guides for building a sustainable learning strategy (p. 107-121). San Francisco: Pfeiffer.

Dweck, C. (2006). *Mindset:* the new psychology of success: New York: Ballantine Books.

Dyer, D., Dalzell, F. & Olegario, R. (2004). *Rising tide:* lessons from 165 years of brand building at Procter&Gamble. Boston: Harvard Business School Publishing.

Ebbinghaus, H. (1913). *Memory:* a contribution to experimental psychology. New York: Teachers College, Columbia University.

Echols, M. (2005). *ROI on human capital investment* (2. ed.). Arlington, TX: Tapestry Press.

Echols, M. (2008a). *Creating value with human capital investment.* Wyomissing, PA: Tapestry Press.

Echols, M. (2008b). Why is business impact important? *Chief Learning Officer, 7* (4), 12.

Ericsson, K. (2006). The influence of experience and deliberate practice on the development of superior expert performance. In K. A. Ericsson, N. Charness, P. Feltovich & R. Hoffman (Eds.), *The Cambridge handbook of expertise and expert performance* (p. 683-704). New York: Cambridge University Press.

Ericsson, K., Charness, N., Feltovich, P. & Hoffman, R. (2006). *The Cambridge handbook of expertise and expert performance.* Cambridge, UK: Cambridge University Press.

Ericsson, K., Krampe, R. & Tesch-Romer, C. (1993). The role of deliberate practice in the acquisition of expert performance. *Psychological Review, 100* (3), 363-406.

Ericsson, K., Prietula, M. & Cokely, E. (2007). The making of an expert. *Harvard Business Review, 85* (7/8), 114-121.

Feldstein, H. & Boothman, T. (1997). Success factors in technology training. *In:* J. J. Phillips & M. L. Broad (Eds.), *Transferring learning to the workplace* (p. 19-33). Alexandria, VA: ASTD.

Flanders, V. & Willis, M. (1996).*Web pages that suck:* learn good design by looking at bad design. San Francisco: Sybex.

Gagné, R., Briggs, L. & Wager, W. (2004). *Principles of instructional design* (4. ed.). Belmont, CA: Wadsworth/Thompson Learning.

Gebelein, S., Nelson-Neuhaus, K., Skube, C., Lee, D., Stevens, L., Davis, B. & Hellervik, L. (Eds.). (2004). *Successful manager's handbook:* develop yourself, coach others (7. ed.). Minneapolis: Personnel Decisions Int'l.

General Electric Company. (2008). GE citizenship report 2007-2008: Investing and delivering in citizenship. Disponível em: <www.ge.com/files_citizenship/pdf/GE_07_08_Citizenship_Report.pdf>. Acesso em: abr. 2010.

Georgenson, D. (1982). The problem of transfer calls for partnership. *Training and Development Journal, 36* (10), 75-78.

Gick, M. & Holyoak, K. (1983). Schema induction and analogical transfer. *Cognitive Psychology 15* (1), 1-38.

Gilley, J. & Hoekstra, E. (2003). Creating a climate for learning transfer. *In:* E. Holton, III & T. Baldwin (Eds.), *Improving learning transfer in organizations* (p. 271-303). San Francisco: Jossey-Bass.

Girone, M. & Cage, P. (2009, Outubro 7-8). Redesigning for enhanced learning transfer. Documento apresentado em Fort Hill Best Practices Summit, Mendenhall, Pennsylvania.

Gladwell, M. (2008).*Outliers:* the story of succes. New York: Little, Brown.

Goldsmith, M. (1996). Ask, learn, follow up, and grow. *In:* F. Hesselbein, M. Goldsmith & R. Beckhard (Eds.), *The leader of the future:* new visions, strategies, and practices for the next era (p. 227-237). San Francisco: Jossey-Bass.

Goldsmith, M. (2002, Summer). Try feedforward instead of feedback. *Leader to Leader, 25,* 11-14.

Goldsmith, M. & Morgan, H. (2004, Outono). Leadership is a contact sport: the follow-up factor in management development. *Strategy + Buisness, 36,* 71-79.

Grawey, J. (2005, May). Sony electronics talent and organizational development. Documento apresentado em Fort Hill Company's 2005 Best Practices Summit, Mendenhall, Pennsylvania.

Gregoire, T., Propp, J. & Poertner, J. (1998). The supervisor's role in the transfer of training. *Administration in Social Work, 22* (1), 1-18.

Hammonds, K. (2005, August). Why we hate HR. *Fast Company*, p. 40-47.

Harburg, F. (2004). They're buying holes, not shovels. *Chief Learning Officer, 3* (3), 21.

Heath, C. & Heath, D. (2008). *Made to stick:* why some ideas survive and others die. New York: Random House.

Heller, R. & Hindle, T. (1998). *Essential manager's manual.* New York: DK Publishing.

Holton III, E. (1996). The flawed four-level evaluation model. *Human Resources Development Quarterly. 7* (1), 5-21.

Holton III, E. (2003). What's *really* wrong: diagnosis for learning transfer system change. *In:* E. Holton III & T. Baldwin (Eds.), *Improving learning transfer in organizations* (p. 59-79). San Francisco: Jossey-Bass.

Holton III, E., Bates, R. & Ruona, W. (2000). Development of a generalized learning transfer system inventory. *Human Resource Development Quarterly, 11* (4), 333-360.

Honeywell Corporation. (2004). *Annual report.* Morristown, NJ: Author.

Ibarra, H. (2004, February). Breakthrough ideas for 2004. *Harvard Business Review*, p. 13-32.

Islam, K. (2006). *Developing and measuring training the 6 sigma way:* a business approach to training and development. San Francisco: Pfeiffer.

Jefferson, A., Pollock, R. & Wick, C. (2009). *Getting your money's worth from training and development:* a guide to breakthrough learning for participants. San Francisco: Pfeiffer.

Jefferson, A., Pollock, R. & Wick, C. (2010). How to get your money's worth from training and development [eLearning program]. Wilmington, DE: Fort Hill Company and Option 6.

Kaplan, R. & Norton, D. (1992). The balanced scorecard – measures that drive performance. *Harvard Business Review, 70* (1), 71-79.

Kaye, B. & Jordan-Evans, S. (2008). *Love 'em or lose 'em:* getting good people to stay (4. ed.). San Francisco: Berrett-Koehler.

Keefer, D. (2010, March 4). Driving organizational change: ADP's approach to create a world class service culture. Documento apresentado em Knowledge Advisors Analytics Conference, National Harbor, Maryland.

Kelley, H. (1950). The warm-cold variable in first impressions of persons. *Journal of Personality, 18* (4), 431-439.

Kesner, I. (2003, May). Leadership development: perk or priority? *Harvard Business Review*, p. 29-38.

Kirkpatrick, D. (1998). *Evaluating training programs:* the four levels (2. ed.). San Francisco: Berrett-Koehler.

Kirkpatrick, D. & Kirkpatrick, J. (2005).*Transferring learning to behavior:* using the four levels to improve performance. San Francisco: Berrett-Koehler.

Kirkpatrick, J. & Kirkpatrick, W. (2009). *Kirkpatrick then and now:* a strong foundation for the future. St. Louis, MO: Kirkpatrick Partners, LLC.

Kirwan, C. (2009). *Improving learning transfer:* a guide to getting more out of what you put into your training. Surrey, England: Gower.

Knowles, M., Holton III, E. & Swanson, R. (2005).*The adult learner:* the definitive classic in adult education and human resource development (6. ed.). Burlington, MA: Elsevier.

Knudson, M. (2005).Executive coaching. In: J. Bolt (Ed.), *The future of executive development* (p. 40-53). San Francisco: Executive Development Associates.

Kontra, S., Trainor, D. & Wick, C. (2007, setembro, 12). Leadership development at Pfizer: What happens after class. Disponível em: <www.corpu.com>. Acesso em: jan. 2010.

Kouzes, J. & Posner, B. (1990). *The leadership challenge.* San Francisco: Jossey-Bass.

Kouzes, J. & Posner, B. (2007).*The leadership challenge* (4. ed.). San Francisco: Jossey-Bass.

Kray, L. & Haselhuhn, M. (2007). Implicit negotiation beliefs and performance: experimental and longitudinal evidence. *Journal of Personality & Social Psychology, 93* (1), 49-64.

Kuhn, T. (1962). *The structure of scientific revolutions.* London: The University of Chicago Press, Ltd.

Langley, G., Nolan, K., Nolan, T., Norman, C. & Provost, L. (1996). *The improvement guide:* a practical approach to enhancing organizational performance. San Francisco: Jossey-Bass.

Levinson, S. & Greider, P. (1998). *Following through:* a revolutionary new model for finishing whatever you start. New York: Kensington Books.

Liker, J. (2004). *The Toyota way.* New York: McGraw-Hill.

Loehr, J. (2007). *The power of story.* New York: The Free Press.

Lombardo, M. & Eichinger, R. (2009). *FYI:* for your improvement (5. ed.). Minneapolis, MN: Lominger International.

Mager, R. & Pipe, P. (1997). *Analyzing performance problems, or You really oughtawanna* (3. ed.). Atlanta, GA: CEP Press.

Maister, D., Green, C. & Galford, R. (2000).*The trusted advisor.* New York: The Free Press.

Mankins, M. & Steele, R. (2005, July/August). Turning strategy into great performance. *Harvard Business Review*, p. 65-72.

Margolis, F. & Bell, C. (1986). *Instructing for results.* São Diego, CA: University Associates.

Martin, J. & Power, M. (1982). Organizational stories: more vivid and more persuasive than quantitative data. *In:* B. Staw (Ed.), *Psychological foundations of organizational behavior* (p. 161-168). Glenview, IL: Scott Foresman.

McDonald, D., Wiczorek, M. & Walker, C. (2004). Factors affecting learning during health education sessions. *Clinical Nursing Research, 13* (2), 156-167.

McLagan, P. (2003). New organizational forces affecting learning transfer. *In:* E. Holton III & T. Baldwin (Eds.), *Improving learning transfer in organizations* (p. 39-56). San Francisco: Jossey-Bass.

Medina, J. (2008). *Brain rules.* Seattle, WA: Pear Press.

Mohl, L. (2007). Leadership development with impact: the definition of Done? Documento apresentado em Fort Hill Best Practices Summit, Mendenhall, Pennsylvania.

Mohl, L. (2008). Diary of a CLO: executive development at Children's Healthcare of Atlanta. In: T. Mooney & R. Brinkerhoff (Eds.), *Courageous training:* bold actions for business results (p. 139-158). San Francisco: Berrett-Koehler.

Mosel, J. (1957). Why training programs fail to carry over. *Personnel, 34* (3), 56-64.

Nadler, J., Thompson, L. & Van Boven, L. (2003). Learning negotiation skills: four models of knowledge creation and transfer. *Management Science, 49* (4), 529-540.

Newstrom, J. W. (1986). Leveraging management development through the management of transfer. *Journal of Management Developmen*t, *5* (5), 33-45.

Nielsen, J. (1997). How users read on the web. Disponível em: <www.useit.com/alertbox/9710a.html>. Acesso em: abr. 2010.

Nielsen, J., Schemenaur, P. & Fox, J. (n.d.). *Writing for the web*. Disponível em: <www.sun.com/980713/webwriting>. Acesso: abr. 2010.

Paine, N. (2003, April). Apresentação na Conferência UNICOM, Ashridge, Inglaterra.

Pallarito, K. (2009). E-mailing your way to healthier habits. *Health News*. Disponível em: <www.healthfi nder.gov/news/newsstory.aspx?docid_627207>. Acesso em: abr. 2010.

Park, Y. & Jacobs, R. (2008, February 20-24). Transfer of training: Interventions to facilitate transfer of training based on time and role perspective. Documento apresentado na Conferência Internacional de Pesquisa e desenvolvimento de Recursos Humanos das Américas, Cidade do Panamá, Flórida.

Patterson, K., Grenny, J., Maxfield, D., McMillan, R. & Switzler, A. (2008). *Influencer:* the power to change anything. New York: McGraw-Hill.

Patton, M. (1997). *Utilization – focused evaluation:* the new century text. Newbury Park, CA: Sage.

Peterson, B. & Nielson, G. (2009). *Fake work:* why people are working harder than ever but accomplishing less and how to fix the problem. New York: Simon Spotlight Entertainment.

Pfeffer, J. & Sutton, R. (2000). *The knowing – doing gap:* how smart companies turn knowledge into action. Boston: Harvard Business School Publishing.

Phillips, C. & Torres, C. (2008). The inside scoop on what spurs millennial hires. *Advertising Age, 79* (35), 56.

Phillips, J. (2003). *Return on investment in training and performance improvement programs* (2. ed.). New York: Butterworth Heinemann.

Phillips, J. & Broad, M. (Eds.). (1997). *Transferring learning to the workplace*. Alexandria, VA: ASTD.

Phillips, J. & Phillips, P. (2002, September). 11 reasons why training & development fails... and what you can do about it. *Training*, p. 78-85.

Phillips, J. & Phillips, P. (2009). The real reasons we don't evaluate. *Chief Learning Officer, 8* (6), 18-23.

Phillips, J. & Stone, R. (2002). *How to measure training results:* a practical guide to tracking the six key indicators. New York: McGraw-Hill.

Pink, D. (2006). *A whole new mind.* New York: Riverhead Books.

Pink, D. (2009). *Drive:* the surprising truth about what motivates us. New York: Penguin Group.

Plotnikoff, R., McCargar, L., Wilson, P. & Loucaides, C. (2005). Efficacy of an e-mail intervention for the promotion of physical activity and nutrition behavior in the workplace context. *American Journal of Health Promotion, 19* (6), 422-429.

Porter, M. (1985). *Competitive advantage:* creating and sustaining superior performance. New York: The Free Press.

Posner, B. (2009a). A longitudinal study examining changes in students' leadership behavior. *Journal of College Student Development, 50* (5), 551-563.

Posner, B. (2009b). Understanding the learning tactics of college students and their relationship to leadership. *Leadership & Organization Development Journal, 30* (4), 386-395.

Posner, B. & Brown, L. (2001). Exploring the relationship between learning and leadership. *Leadership & Organization Development Journal, 22* (6), 274-280.

Prokopeak, M. (2009). Passion and precision. *Chief Learning Officer, 8* (6), 26-29.

Quinn, C. (2009). Branding: Marketing Foundations Suite. Online course. Durham, NC: Imprint Learning Solutions.

Redford, K. (2007, June). What's the point of ROI? *Training & Coaching Today,* p. 12-13.

Reichheld, F. (2003, December). One number you need to grow. *Harvard Business Review.*

Richardson-Green, F. (2010, March 4). How Steelcase is evolving its talent measurement. Documento apresentado em Knowledge Advisors Analytics Conference, National Harbor, Maryland.

Ries, A. & Trout, J. (2001). *Positioning:* the battle for your mind. New York: McGraw-Hill.

Robinson, D. & Robinson, J. (1995). *Performance consulting:* moving beyond training. San Francisco: Berrett-Koehler.

Robinson, D. & Robinson, J. (2008). *Performance consulting:* a practical guide for HR and learning professionals. San Francisco: Berrett-Koehler.

Robison, J. (2008, May, 8). Turning around employee turnover. *Gallup Management Journal.* Disponível em: <http://gmj.gallup.com/content/106912/turning-around-your-turnover-problem.aspx#1>. Acesso em: abr. 2010.

Roche, T. & Wick, C. (2005). Agilent Technologies. *In:* L. Carter, M. Sobol, P. Harkins, D. Giber & M. Tarquinio (Eds.), *Best practices in leading the global workforce:* how the best global companies ensure success throughout their workforce (p. 1-23). Burlington, MA: Linkage Press/Linkage, Inc.

Roche, T., Wick, C. & Stewart, M. (2005). Innovation in learning: agilent technologies thinks outside the box. *Journal of Organizational Excellence, 24* (4), 45-53.

Rossett, A. & Schafer, L. (2007). *Job aids and performance support:* moving from knowledge in the classroom to knowledge everywhere. San Francisco: Pfeiffer.

Rothwell, W., Lindholm, J. & Wallick, W. (2003). *What CEOs expect from corporate training:* building workplace learning and performance initiatives that advance organizational goals. New York: AMACOM.

Ruona, W., Leimbach, M., Holton III, E. & Bates, R. (2002). The relationship between learner utility reactions and predicted learning transfer among trainees. *International Journal of Training and Development, 6* (4), 218-228.

Russ-Eft, D. & Preskill, H. (2009). *Evaluation in organizations:* a systematic approach to enhancing learning, performance, and change (2. ed.). New York: Basic Books.

Ryan, T. (2007). *Modern experimental design.* Hoboken, NJ: John Wiley & Sons.

Saks, A. (2002). So what is a good transfer of training estimate? A reply to Fitzpatrick. *Industrial-Organizational Psychologist, 39* (3), 29-30.

Saks, A. & Belcourt, M. (2006). An investigation of training activities and transfer of training in organizations. *Human Resources Management, 45* (4), 629-648.

Santana, L. (2009). Making the value of development visible: a sequential mixed methodology study of the integral impact of post – classroom leader and leadership development. Unpublished doctoral dissertation, Leadership and Change Program, Antioch University, Yellow Springs, Ohio.

Saslow, S. (2005). Executive education best practices. In: M. Dulworth & F. Bordonaro (Eds.), *Corporate learning:* proven and practical guidelines for building a sustainable learning strategy. San Francisco: Pfeiffer.

Schaffer, R. & Thomson, H. (1992, January/February). Successful change programs begin with results. *Harvard Business Review,* p. 2-11.

Scherkenbach, W. (1988). *The Deming route to quality and productivity:* road maps and roadblocks. Rockland, MD: Mercury Press.

Schettler, J. (2003). The 2003 training top 100: top five profile & ranking: Pfizer. *Training, 40* (3), 18-68.

Senge, P. (1990). *The fifth discipline:* the art and practice of the learning organization. New York: Doubleday.

Shapiro, B., Rangan, V. & Sviokla, J. (1992). Staple yourself to an order. *Harvard Business Review, 70* (4), 113-122.

Sharkey, L. (2003). Leveraging HR: how to develop leaders in "real time." *In:* M. Effron, R. Gandossy & M. Goldsmith (Eds.), *Human resources in the 21st century* (p. 67-78). San Francisco: Jossey-Bass.

Shrock, S. & Coscarelli, W. (2007). Measuring learning – Evaluating level II assessments within the eLearning Guild. *In:* S. Wexler (Ed.), *Measuring success:* lligning learning success with business success (p. 155-164). Santa Rosa, CA: The eLearning Guild.

Simons, D. & Chabris, C. (1999). Gorillas in our midst: sustained inattentional blindness for dynamic events. *Perception, 28* (9), 1059-1074.

Smith, P. & O' Neil, J. (2003a). A review of the action learning literature 1994-2000. Part 1: Bibliography and comments. *Journal of Workplace Learning, 15* (2), 63-69.

Smith, P. & O' Neil, J. (2003b). A review of the action learning literature 1994-2000. Part 2: Signposts into the literature. *Journal of Workplace Learning, 15* (4), 154-166.

Smith, P. L. & Ragan, T. (2005). *Instructional design* (3a. ed.). Hoboken, NJ: John Wiley & Sons.

Smith, R. (2008, November). Aligning learning with business strategy. *T + D, 62* (11), 40-43.

Sociedade Americana de Treinamento e Desenvolvimento. (2000, novembro/dezembro). Playing with the rules: an interview with Thiagi. Alexandria, VA: ASTD. Disponível em: <www.thiagi.com/about-thiagi-astd-magalog.html>. Acesso em: abr. 2010.

Sociedade Americana de Treinamento e Desenvolvimento. (2009). *Value of evaluation:* making training evaluations more effective. Alexandria, VA: ASTD.

Sociedade Internacional para a Melhora da Performance. (n.d.).*What is human performance technology?* Disponível em: <www.ispi.org/content.aspx?id _ 54>. Acesso em: abr. 2010.

Sociedade Internacional para a Melhora da Performance. (2002). *Performance Technology Standards.* Silver Spring, MD: ISPI.

Sociedade Internacional para a Melhora da Performance. (2010). Award submission guidelines. Disponível em: <www.ispi.org/content.aspx?id _ 954>. Acesso em: abr. 2010.

Stolovitch, H. & Keeps, E. (2004).*Training ain't performance*. Alexandria, VA: ASTD Press.

Sturm, R. & Schrader, D. (2007, October). Leader to leader. Documento apresentado em Fort Hill Best Practices Summit, Mendenhall, Pennsylvania.

Sullivan, J. (2005). Measuring the impact of executive development. *In:* J. F. Bolt (Ed.), *The future of executive development* (p. 260-284). New York: Executive Development Associates, Inc.

Swanson, R. (2003). Transfer is just a symptom. The neglect of front end analysis. Em E. Holton III & T. Baldwin (Eds.), *Improving learning transfer in organizations* (p. 119-137). San Francisco: Jossey-Bass.

Sweller, J. (1994). Cognitive load theory, learning difficulty and instructional design. *Learning and Instruction, 4,* 295-312.

Thalheimer, W. (2006). Spacing learning events over time: what the research says. Disponível em: <www.work-learning.com/catalog>. Acesso em: jan. 2010.

Thalheimer, W. (2007, April). Measuring learning results: creating fair and valid assessments by considering findings from fundamental learning research. Disponível em: <www.work-learning.com/catalog/DocumentDownloadPages/DL_MeasuringLearningR.htm>. Acesso em: abr. 2010.

Thalheimer, W. (2008). We are professionals, aren't we? What drives our performance? *In:* M. Allen (Ed.), *Michael Allen's 2008 e-learning annual* (p. 325-337). San Francisco: Pfeiffer.

Tharenou, P. (2001). The relationship of training motivation to participation in training and development. *Journal of Occupational and Organizational Psychology, 74* (5), 599-621.

Thomson, H. (1992, January/february). Successful change programs begin with results. *Harvard Business Review,* p. 2-11.

Tobin, D. (1998). The fallacy of ROI calculations. Disponível em: <www.tobincls.com/fallacy.htm>. Acesso em: abr. 2010.

Todd, S. (2009, October). Branding learning and development. Documento apresentado em Fort Hill Best Practices Summit, Mendenhall, Pennsylvania.

Trainor, D. (2004, February). Using metrics to deliver business impact. Apresentação em The Conference Board's 2004 Enterprise Learning Strategies Conference, New York.

Tufte, E. (2003). *The cognitive style of PowerPoint.* Cheshire, CT: Graphics Press.

vanAdelsberg, D. & Trolley, E. (1999). *Running training like a business: Delivering unmistakable value.* San Francisco: Berrett-Koehler.

Vanthournout, D., Olson, K., Ceisel, J., White, A., Waddington, T., Barfield, T., Desai, S. & Mindrum, C. (2006). *Return on learning:* training for high performance at Accenture. Chicago: Agate.

Vroom, V. (1995). *Work and motivation* (classic reprint). San Francisco: Jossey-Bass (originalmente publicado em 1964).

Wall, S. & White, E. (1997). Building Saturn's organization – wide transfer support model: Saturn Corporation. *In:* J. J. Phillips & M. L. Broad (Eds.), *Transferring learning to the workplace* (p. 165-187). Alexandria, VA: ASTD.

Watkins, M. (2003). *The first 90 days:* critical success strategies for new leaders at all levels. Boston: Harvard Business School Press.

Webster's college dictionary. (2001). New York: Random House.

Welch, J. (2005). *Winning.* New York: HarperCollins.

Wexley, K. & Baldwin, T. (1986). Post-training strategies for facilitating learning transfer: an empirical exploration. *Academy of Management Journal, 29* (3), 503-520.

Wick, C. (2003). Going beyond the finish line. *Training and Development, 58* (7), 17-18.

Wick, C., Pollock, R. & Jefferson, A. (2008).*The six disciplines workshop* [Workbook]. Wilmington, DE: Fort Hill Company.

Wick, C., Pollock, R. & Jefferson, A. (2009). The new finish line for learning. *T + D, 63* (7), 64-69.

Wick, C., Pollock, R., Jefferson, A. & Flanagan, R. (2006). *The six disciplines of breakthrough learning:* how to turn learning and development into business results. San Francisco: Pfeiffer.

Zenger, J., Folkman, J. & Sherwin, R. (2005). The promise of phase 3. *Training and Development, 59* (1), 30-35.

Sobre a Fort Hill

Fort Hill é uma empresa de consultoria, treinamento e tecnologia de aprendizagem cujo foco exclusivo é ajudar organizações e indivíduos a colocar o aprendizado em prática e a demonstrar e aumentar seu impacto. Reforçamos nosso comprometimento com a afirmação de que o aprendizado gera vantagens competitivas para indivíduos e organizações, desde que propriamente direcionado, apoiado e aplicado.

A *Fort Hill* identificou as seis disciplinas que transformam educação em resultado para o negócio e desenvolveu o primeiro sistema on-line de gestão da transferência do aprendizado. Desde então, suas ferramentas de acompanhamento (follow-through) foram utilizadas por mais de 100.000 participantes em 48 países. A *Fort Hill* também provê aconselhamento e consultoria sobre as melhores práticas de desenho, execução, mensuração, acompanhamento e marketing de programas, para ajudar organizações a intensificar o impacto positivo de suas iniciativas de treinamento e desenvolvimento.

Para mais informações, visite www.forthillcompany.com.

A parceria entre LAB SSJ e Fort Hill

A norte-americana *Fort Hill* é uma consultoria especializada na transferência de aprendizado para gerar resultados ao negócio, baseada na metodologia das seis disciplinas. Assim como o *LAB SSJ*, a principal meta da *Fort Hill* é fazer do aprendizado uma oportunidade para aumentar a competitividade das organizações por meio das pessoas, alavancando o negócio. Por esta sintonia, o *LAB* e a *Fort Hill* estabeleceram uma importante parceria para trazer ao Brasil esta estratégia. Esta aliança, torna o *LAB SSJ* representante exclusivo da metodologia 6Ds no Brasil.

Metodologias

Estudo de caso

Uma apresentação, em forma de narrativa, de um fato real que tenha ocorrido dentro da organização. Estudos de caso não são prescritivos, nem são usados para defender um ponto de vista, mas para desenvolver análise crítica e competências para tomada de decisão. Um estudo de caso tem uma duração específica, explicita uma sequência de eventos, tem estrutura narrativa e contém um enredo – um problema (o que deveria ter sido feito/foi feito?). Use estudos de caso quando a meta for capacitar os participantes a aplicar teorias aprendidas anteriormente às circunstâncias do caso, decidir o que é pertinente, identificar os verdadeiros problemas, decidir o que deveria ter sido feito e desenvolver um plano de ação.

Energizador

Uma atividade curta que promove prontidão para a próxima sessão ou evento de aprendizagem. Energizadores são usados mais comumente após um break ou após o almoço, para estimular ou recuperar a concentração do grupo. Muitos deles envolvem algum tipo de atividade física, constituindo, assim, uma forma útil de combater a letargia após uma refeição. Outras utilidades incluem a transição de um assunto para outro, no caso de a "distância" mental ser importante.

Atividade de aprendizagem empírica (AAE)

Uma intervenção liderada por um facilitador que conduz os participantes pelo ciclo de aprendizagem, da experiência à aplicação (também conhecida como Experiência Estruturada). AAEs são desenhos cuidadosamente concebidos com um propósito de aprendizagem e um resultado desejado claramente definidos. Cada passo – tudo que os participantes fazem durante a atividade – facilita a realização da meta estabelecida. Cada AAE inclui instruções completas para facilitar a intervenção e metas claramente expressas, sugestão de timing e tamanho do grupo, materiais necessários, explicações sobre o processo e, quando cabível, possíveis variações da atividade (para mais detalhes sobre Atividades de Aprendizagem Empírica, veja a Introdução do *Reference Guide to Handbooks and Annuals*, 1999, Pfeiffer, São Francisco).

Jogos

Atividades em grupo com o propósito de alimentar o espírito de equipe e de união, como complemento à realização de uma meta preestabelecida. Normalmente usando um contexto artificial, tal como o empreendimento de uma expedição ao deserto; este tipo de método de aprendizagem oferece meios envolventes para os participantes demonstrarem e praticarem suas habilidades interpessoais e de negócios. Jogos são eficazes para criar espírito de equipe e promover desenvolvimento pessoal, principalmente porque a meta é secundária em relação ao processo – os meios pelos quais os participantes chegam a uma decisão, colaboram entre si, comunicam-se e criam uma relação de confiança e entendimento. Jogos geralmente envolvem as equipes em uma competição "amigável".

Quebra-gelo

Uma atividade (geralmente) curta para ajudar os participantes a superar a ansiedade inicial em uma sessão de treinamento e/ou para os participantes se conhecerem melhor. Um quebra-gelo pode ser uma atividade divertida, ou pode estar ligada a assuntos específicos ou a determinadas metas do treinamento. Embora seja uma ferramenta útil por si só, um quebra-gelo vem a calhar em situações nas quais há tensão ou resistência dentro do grupo.

Instrumento

Um dispositivo usado para aferir, apreciar, avaliar, descrever, classificar e resumir diversos aspectos do comportamento humano. O termo usado para descrever um instrumento depende essencialmente de seu formato e propósito. Dentre esses termos, estão levantamento, questionário, inventário, diagnóstico, enquete e pesquisa. Alguns usos de instrumentos abrangem fornecer feedback instrumental aos membros do grupo, estudar processos ou funcionamentos atuais, manipular a composição do grupo e avaliar resultados de treinamento e de outras intervenções.

Instrumentos são populares nas áreas de treinamento e RH porque, em geral, um maior crescimento pode ser obtido se um indivíduo for munido de um método para se concentrar especificamente em seu comportamento. Instrumentos também são usados para obter informações que irão servir como base para mudanças e para apoiar os esforços de planejamento da força de trabalho.

Testes em papel ainda dominam a paisagem. O pacote típico inclui um guia para o facilitador, oferecendo conselhos sobre como administrar o instrumento e interpretar os dados obtidos, e um conjunto inicial de instrumentos. Instrumentos complementares ficam disponíveis separadamente. A Pfeiffer, contudo, está investindo bastante em e-instrumentos. A instrumentação eletrônica facilita a distribuição e, para grandes grupos em particular, proporciona vantagens sobre os testes em papel quanto ao tempo requerido para analisar os dados e dar feedback.

Lecturette

Uma palestra curta que oferece explicações sobre um princípio, modelo ou processo que seja pertinente quanto às atuais necessidades de aprendizagem dos participantes.

Uma lecturette tem a intenção de estabelecer um vínculo de linguagem entre o instrutor e os participantes ao fornecer um sistema de referência mútuo. Use uma lecturette como introdução para uma atividade em grupo ou um evento, como interjeição durante um evento, ou como material de apoio.

Modelo

Uma representação gráfica de um sistema ou processo e do relacionamento entre seus elementos. Modelos proporcionam uma estrutura de referência, e também algo mais tangível e mais facilmente relembrado do que uma explicação verbal. Modelos também dão aos participantes algo em que se apoiar, capacitando-os a acompanhar seu próprio progresso conforme vivenciem a dinâmica, os processos e os relacionamentos representados no modelo.

Dramatização/role play

Uma técnica na qual as pessoas assumem um papel em uma situação/cenário: um representante de atendimento ao cliente fazendo uma interação com um cliente irritado, por exemplo. A forma pela qual o papel é exercido é, então, discutida, com oferecimento de feedback. O role play com frequência é repetido usando-se uma abordagem diferente e/ou incorporando mudanças decorrentes do feedback. Em outras palavras, role playing é uma interação espontânea envolvendo comportamentos realistas sob condições arficiais (e seguras).

Simulação

Uma metodologia para compreender as inter-relações entre componentes de um sistema ou processo. Simulações diferem de jogos por testarem ou usarem um modelo que representa ou espelha algum aspecto da realidade em sua forma, e não necessariamente em seu conteúdo. A aprendizagem ocorre pelo estudo dos efeitos da mudança sobre um ou mais fatores do modelo. Simulações são muito usadas para testar hipóteses sobre o que está acontecendo em um sistema – também conhecidas como análises "e se?" – ou para examinar melhores/piores cenários.

Teoria

A apresentação de uma ideia sob uma perspectiva conjetural. Teorias são úteis por nos incentivar a estudar comportamentos e fenômenos usando uma lente diferente.

Este livro foi impresso em papel Couché Premium 90 g pela Edições Loyola.

Calhoun Wick
Roy Pollock
Andrew Jefferson

6Ds

As seis disciplinas
que transformam
educação em resultados
para o negócio